普通高等教育“十一五”国家级规划教材　计算机系列教材

蒋银珍　周红　张志强　编著

# 计算机信息技术案例教程

清华大学出版社

北京

## 内容简介

本教程主要介绍了Windows操作系统的安装、使用、备份与恢复，常用工具软件（包括文件压缩、网页浏览、FTP服务、电子邮件、即时通信以及资源下载软件）的使用、办公自动化软件（Word 2003、Excel 2003、PowerPoint 2003、FrontPage 2003以及Access 2003）的使用。每章均包含若干个具体代表性的应用案例，图文并茂，操作步骤描述详尽。

本教程可作为高等院校的大学计算机基础课程教材，也可作为一级计算机等级考试培训教材。



**图书在版编目(CIP)数据**

计算机信息技术案例教程/蒋银珍等编著. --北京：清华大学出版社，2012.9

（计算机系列教材）

ISBN 978-7-302-29831-1

Ⅰ. ①计…　Ⅱ. ①蒋…　Ⅲ. ①电子计算机－高等学校－教材　Ⅳ. ①TP3

中国版本图书馆CIP数据核字(2012)第191939号

**责任编辑**：高买花　薛　阳
**封面设计**：常雪影
**责任校对**：焦丽丽
**责任印制**：何　芊

**出版发行**：清华大学出版社
**网　　址**：http://www.tup.com.cn，http://www.wqbook.com
**地　　址**：北京清华大学学研大厦A座　　**邮　　编**：100084
**社 总 机**：010-62770175　　**邮　　购**：010-62786544
**投稿与读者服务**：010-62776969，c-service@tup.tsinghua.edu.cn
**质 量 反 馈**：010-62772015，zhiliang@tup.tsinghua.edu.cn
**课 件 下 载**：http://www.tup.com.cn，010-62795954
**印 刷 者**：北京富博印刷有限公司
**装 订 者**：北京市密云县京文制本装订厂
**经　　销**：全国新华书店
**开　　本**：185mm×260mm　　**印　张**：21.25　　**字　　数**：519千字
**版　　次**：2012年9月第1版　　**印　　次**：2012年9月第1次印刷
**印　　数**：1～9000
**定　　价**：36.00元

产品编号：048799-01

# 前　言

FOREWORD

信息化时代，人们的工作、学习、生活都离不开计算机与互联网。熟悉并掌握计算机常用的软件、计算机的基础知识以及一些常用的工具软件，已经成为衡量一个人能否胜任本职工作、适应社会发展的一个标准。

随着计算机与网络的飞速发展，如何针对信息化社会中计算机应用领域的不断扩大和高校学生计算机知识起点的不断提高等特点，开展高校非计算机专业的计算机教学改革，一直是各级领导与广大教育工作者所关心与研究的问题。为此，教育部高等学校计算机教学指导委员会提出了“关于进一步加强高等学校计算机基础教学的意见”(简称白皮书)，对目前我国高校计算机基础教学有重要的指导意义。

目前，虽然大多数中学开设有“信息技术”课程，越来越多的大学新生的计算机基础水平已经摆脱了“零起点”。但近几年的教学情况表明，由于不同中学对信息技术课程的重视程度不同，学生的计算机水平参差不齐。随着高校招生规模的扩大，大学计算机基础课程的教学任务愈加繁重。在大班化教学模式下，为了让计算机水平较高的学生学到更多、更深的新知识，计算机水平稍低的学生也能快速提高自身能力，适应大学的授课方式，本教程在内容安排上由浅入深，精心设计各章案例，案例的实施步骤描述详尽，兼顾了各层次的学生。书中的选做案例主要是针对学有余力的学生设计的。

本教程分为6章，第1章介绍 Windows XP 的基本操作和几个常用软件的使用；第2～6章分别介绍了 Word 2003、Excel 2003、PowerPoint 2003、FrontPage 2003 以及 Access 2003 的使用。

参与本书编写的有蒋银珍、周红、张志强，最后由蒋银珍进行统稿。本书在构思与编写过程中得到了苏州大学计算机科学与技术学院大学计算机教学部全体老师的关心和支持，并在内容的设置上给出了非常宝贵的建议，在此表示感谢。

由于编者水平有限，书中难免有不妥之处，敬请批评指正。

作　者

2012年7月于苏州

# 目录

CONTENTS

# 第1章　Windows及常用软件基本操作

## 1.1　Windows基础

### 1.1.1　Windows概述

计算机系统有两个基本组成部分，即计算机硬件和计算机软件。计算机硬件的核心是中央处理器(Central Processing Unit,CPU)和存储器，CPU和存储器的主要功能分别是执行程序和存储程序。计算机软件的核心是程序，所谓程序即人们根据任务需要编写的指令序列。计算机的所有功能都是由CPU通过执行程序中的指令来实现的。

计算机软件不仅仅包含程序，还包含与程序相关的数据和文档。操作系统是计算机系统中最重要的软件，它负责管理计算机系统中的各种软、硬件资源，负责启动、控制、结束并协调各种应用软件的运行。

一般情况下，用户都是通过操作系统使用计算机的，所以它是沟通用户和计算机之间的"桥梁"，是人机交互界面，也是用户与计算机之间的接口。没有操作系统作为中介，一般用户很难使用计算机。因此，掌握操作系统的基本操作是使用计算机的必备技能。目前绝大多数计算机系统中都包含操作系统，著名的操作系统有UNIX、Linux、Windows、Mac OS等。Windows操作简便、功能成熟，是目前最流行的、用户最多的操作系统，也是广大用户最容易得到的操作系统。

Windows操作系统由Microsoft公司在1983年春开始研制，并在1985年推出了Windows 1.0，在1987年推出了Windows 2.0，但由于功能不强，所以影响不大。直到1990年5月，Microsoft公司推出了Windows 3.0，该系统在功能和界面上相对于当时在IBM-PC兼容机上流行的DOS和Windows 2.0有了重大的改进和增强，终于取得了成功。Microsoft公司后来又陆续推出了Windows NT 3.5、Windows 95、Windows NT 4.0、Windows 98、Windows 2000、Windows XP、Windows Vista、Windows 7、Windows 8等重要Windows系列操作系统。其中Windows 8是可以在PC、手机、平板电脑上同时使用的第一款操作系统。

到目前为止，Windows XP是Microsoft最为成功的操作系统，专业版零售价格约2000元人民币，由Microsoft公司最重要的研发团队每年投入数十亿美元研发，全球用户已超过10亿，每年获利上百亿美元，是Microsoft公司最重要的软件产品之一。本章将以Windows XP为基础进行讲述。由于Windows系列操作系统的工作原理基本相同，操作上也具有极大的相似性，所以用户很容易通过Windows XP的学习快速掌握其他版本Windows操作系统的使用方法。

**1. Windows XP 的启动**

接通计算机电源,电源就开始向主板和其他计算机设备供电。计算机主板上的控制芯片会向 CPU 发出并保持一个 RESET(重置)信号,让 CPU 内部电路自动恢复到初始状态,然后 CPU 自动从内存指定位置读入加电自检程序并开始执行。该加电自检程序首先进行计算机硬件自检,如果硬件自检成功,则开始执行系统启动程序启动 Windows XP,系统启动程序可以在硬盘、光盘或 U 盘等存储器中。Windows XP 启动成功后进入 Windows XP 登录界面(如图 1-1 所示)。

图 1-1　Windows XP 登录界面

Windows XP 为多用户操作系统,它允许多个用户共同使用一台计算机,并可以为每个用户保存不同的操作界面和设置信息。用户在启动 Windows XP 后可以选择属于自己的用户登录,从而进入自己的操作界面。

为了保护每个用户的隐私,可以为不同用户设置不同的登录密码。如果设置了用户密码,在 Windows XP 登录界面中选择用户图标,会弹出"输入密码"文本框。在文本框中输入正确的密码,按回车键或用鼠标单击密码框右侧的按钮,即可进入系统的操作界面 Windows XP 桌面,如图 1-2 所示。

如果系统只有一个用户,并且没有设定密码或设定了自动登录功能,则操作系统启动成功后直接进入系统的操作界面——Windows XP 桌面,并不显示系统的登录界面。

**2. Windows XP 的桌面**

系统启动并登录后进入 Windows XP 操作界面,显示器上的整个画面称为 Windows XP 的桌面。桌面由图标显示区(兼工作区)和任务栏两部分组成。

图 1-2 Windows XP 桌面

1）图标显示区

Windows XP 的图标显示区通常显示若干个桌面图标。所谓桌面图标就是一个固定大小的小图片，它可以用来代表一个程序、一个文件或一个文件夹等，也可以是一个程序、一个文件或一个文件夹对应的快捷操作方式。用鼠标双击图标就可以启动该图标对应的程序或打开对应的文件或文件夹。桌面图标下可以显示若干文字作为图标的简要说明。

安装好 Windows XP 中文版后，桌面上通常显示有"我的电脑"、"我的文档"、"网上邻居"、"回收站"、Internet Explorer 等桌面图标，用户也可以建立自己的桌面图标。

"我的电脑"：双击该图标可在打开的"我的电脑"窗口中显示连接到此计算机的驱动器和硬件。利用它可以对计算机进行文件管理，更改计算机的软、硬件配置。

"我的文档"：双击该图标可以打开"我的文档"窗口，其中包括各种类型的文档以及文件，它是给当前用户默认存储文件的地方。

"网上邻居"：双击该图标可以打开"网上邻居"窗口，如果计算机已经连接到网络上，该窗口中显示共享的计算机、打印机及网络上的其他资源。

"回收站"：系统临时存放当前用户删除的文件或文件夹，双击该图标可以在打开的"回收站"窗口中看到已删除的文件和文件夹。在这里，可以将删除的文件还原到原处。

Internet Explorer：用来浏览和阅读网页的应用程序。双击该图标，打开 Internet Explorer 窗口，在该窗口中可以查找并显示 Internet 上的信息和网站。

2）任务栏

在默认情况下，任务栏是出现在桌面最下方的矩形长条栏。在 Windows XP 操作系统中，任务栏是一个非常重要的工具。通过任务栏，用户可以快速地打开应用程序、查看系统日期和时间、调节音量大小等。此外，如果有多个应用程序同时运行，还可以通过选择任务栏中的应用程序图标,在不同的应用程序窗口之间进行切换。

任务栏包含的内容有以下几个。

"开始"按钮:选择该按钮可执行启动程序、获取帮助、切换用户、关闭计算机等任务。

快速启动工具栏:选择相应的图标可以快速启动程序。快速启动工具栏中显示常用程序的图标,可以自行增、删。当然也可以建立自己的快速工具栏。

任务窗口显示按钮区:显示已经打开的程序名称。选择任务显示区的按钮可以在程序窗口之间进行切换。

语言栏:可以选择或设置输入法。

系统通知区:也称"提示区域",用于提示当前的系统工作状态,包括当前的日期时钟图标。系统通知区域也可以显示一些正在运行的程序的图标。

**3. Windows XP 的退出**

退出 Windows XP 可以选择注销或关机两种方式。

1) 注销

Windows XP 能够支持多用户的操作,该操作系统提供注销功能以便于不同用户快速登录计算机。注销 Windows XP 的方法如下。

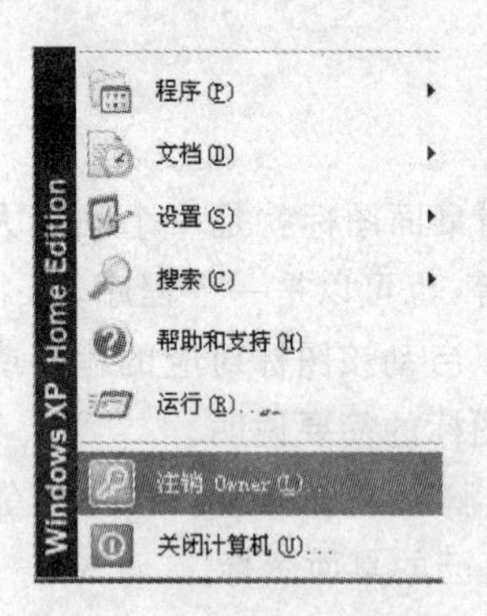


图 1-3 "开始"菜单

方法 1:切换用户。选择任务栏上的"开始"按钮,任务栏上弹出"开始"菜单,如图 1-3 所示。选择"注销"按钮,弹出"注销 Windows"对话框,如图 1-4 所示。选择"切换用户"按钮,可以在不关闭当前登录用户的情况下切换到另一个用户。

方法 2:退出当前登录用户。在图 1-4"注销 Windows"对话框中,选择"注销"按钮,系统将保存设置并退出当前登录用户。

2) 关机、待机和重启

关闭计算机的方法是:选择任务栏上的"开始"按钮,在弹出的"开始"菜单中选择"关闭计算机"按钮,弹出如图 1-5 所示的"关闭计算机"对话框。选择"关闭"按钮,Windows 会退出所有运行的程序,然后自动关闭计算机电源。

图 1-4 "注销 Windows"对话框

图 1-5 "关闭计算机"对话框

待机的方法是:选择任务栏上的"开始"按钮,在弹出的"开始"菜单中选择"关闭计算机"按钮,弹出"关闭计算机"对话框。在该对话框中选择"待机"按钮,可使计算机处于待机状态,此时并没有退出 Windows XP,而是转入低能耗状态,以便暂时不用计算机时节省能源。

重新启动计算机的方法是：选择任务栏上的"开始"按钮，在弹出的"开始"菜单中选择"关闭计算机"按钮，弹出"关闭计算机"对话框。在"关闭计算机"对话框中选择"重新启动"按钮，即可重新启动计算机。

## 1.1.2 基本操作

### 1. 桌面图标的操作

Windows 的桌面图标可以进行更改、删除、创建、移动等操作。

1) 修改桌面图标

下面以"我的电脑"图标为例修改桌面图标。

第1步：在桌面的空白处，右击，在弹出的子菜单中选择"属性"功能，出现"显示属性"对话框(如图1-6所示)。

第2步：在如图1-6所示的"显示属性"对话框中，单击"自定义桌面"，在弹出的"桌面项目"对话框中的"常规"选项卡下选中"我的电脑"图标，然后单击"更改图标"按钮，如图1-7所示。

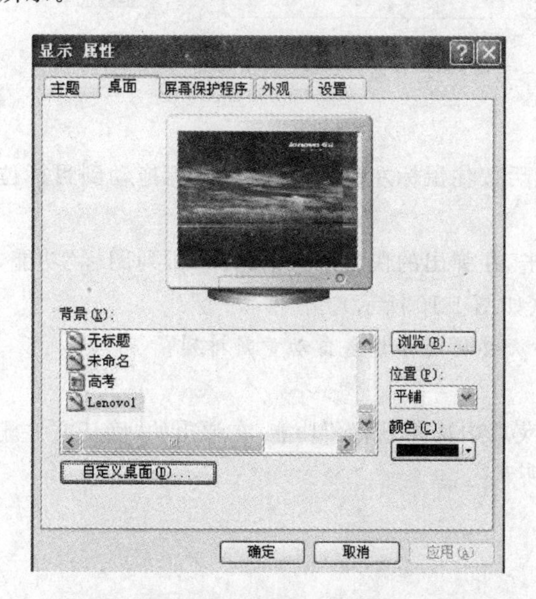


图1-6 "显示属性"对话框

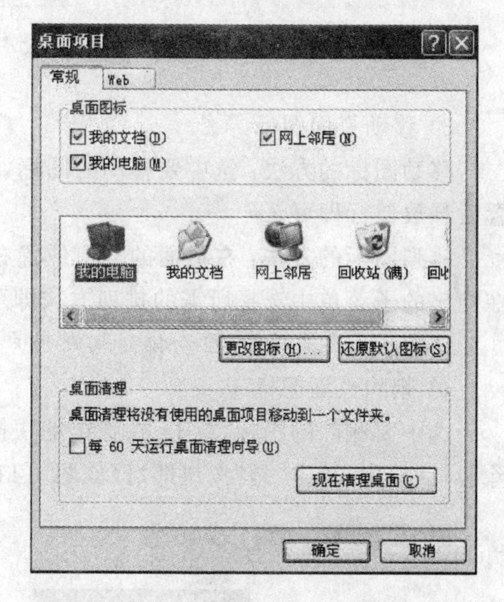


图1-7 "桌面项目"对话框

第3步：在"更改图标"对话框(如图1-8所示)中，在"从以下列表选择一个图标"列表框中选择一个图标即可。或在该对话框中，选择"浏览"按钮，选择合适的图标。

2) 创建桌面图标快捷方式

用户为了快捷地使用某个应用程序或快速打开某个文件或文件夹，可以在桌面上为其创建快捷方式图标。一般这种快捷方式通常会在图标的下方有一个箭头，当要执行该程序或打开相应的文件或文件夹时，双击该图标即可。在桌面上创建快捷方式图标有以下两种方法。

方法1：在"开始"菜单中添加快捷方式图标。

单击"开始"按钮，在"开始"菜单中选择要创建快捷方式的程序。按住鼠标右键，将其拖动到桌面的空白位置，释放鼠标，在弹出的快捷菜单中选择“复制到当前位置”功能即可。

方法 2：使用快捷菜单创建快捷方式图标。

选中要创建快捷方式图标的程序或文件，右击，在弹出的快捷菜单中选择“发送到”|“桌面快捷方式”功能即可(如图 1-9 所示)。

图 1-8 “更改图标”对话框

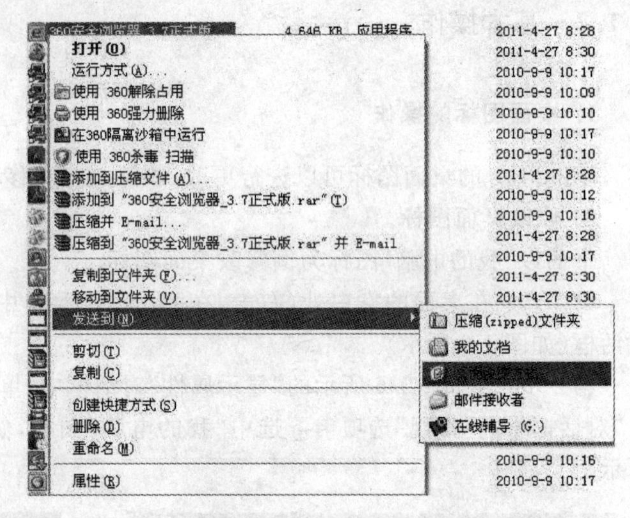


图 1-9 创建快捷方式

3）移动桌面图标

移动图标的方法：选中要移动的图标，然后按住鼠标左键不放，将该图标拖动到目标位置后释放鼠标即可。

排列图标的方法：在桌面的空白位置右击，在弹出的快捷菜单中选择“排列图标”功能，在弹出的子菜单中选择所需的排列方式即可(如图 1-10 所示)。

**注意**：如果选择了“自动排列”，则用户每次移动图标都会自动重新排列。

4）删除桌面图标

选中要删除的图标，右击，在弹出的快捷菜单中选择“删除”功能，在弹出的“确认文件删除”对话框中，单击“是”按钮即可(如图 1-11 所示)。

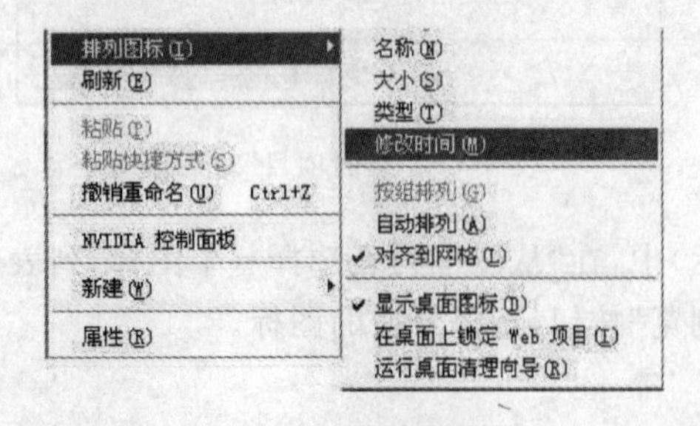


图 1-10 “排列图标”菜单

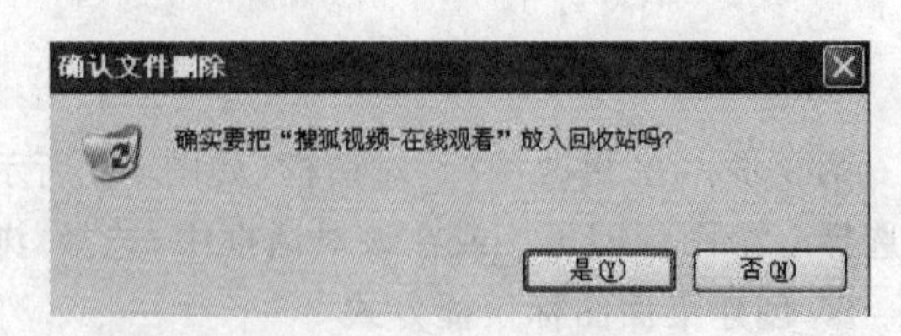


图 1-11 删除桌面图标

5）重命名桌面图标

选中要重新命名的桌面快捷图标，然后右击，在弹出的快捷菜单中选择“重命名”功能，这时快捷图标的名称变为蓝色，按 Delete 键删除原来的文字，然后直接输入新名称即可。

**2. 任务栏的操作**

用户可以锁定任务栏、改变任务栏的位置和大小、隐藏和显示任务栏、分组相似任务栏按钮、显示快速启动区及设置通知区域显示内容等。用户还可以根据自己的习惯来设置具有个性化的任务栏，这样可以方便用户对计算机的管理和使用。

1）设置任务栏属性的方法

在任务栏的空白处右击，在弹出的快捷菜单中选择“属性”功能，在弹出的“任务栏和「开始」菜单属性”对话框中选择“任务栏”选项卡(如图 1-12 所示)。

在“任务栏”选项卡中的“任务栏外观”选区中有 5 个复选框，根据需要选中不同的复选框，然后单击“确定”按钮。复选框的功能如下。

- “锁定任务栏”：若选中该复选框，则不能改变任务栏的位置和大小。
- “自动隐藏任务栏”：若选中该复选框，任务栏自动缩小为一条线。如需显示任务栏，将鼠标指针指向该线即可。
- “将任务栏保持在其他窗口的前端”：若选中该复选框，任务栏总是在最前端显示。
- “分组相似任务栏按钮”：若选中该复选框，则将相同的程序按钮放在一起。
- “显示快速启动”：若选中该复选框，则将在任务栏中显示快速启动图标。

在“通知区域”选区中有两个复选框和一个“自定义”按钮。

- “显示时钟”：若选中该复选框，则可在状态区中显示时间。
- “隐藏不活动的图标”：若选中该复选框，则可隐藏不活动的项目。
- “自定义”：单击该按钮，可以为用户常用的项目进行显示与隐藏的自定义设置(如图 1-13 所示)。

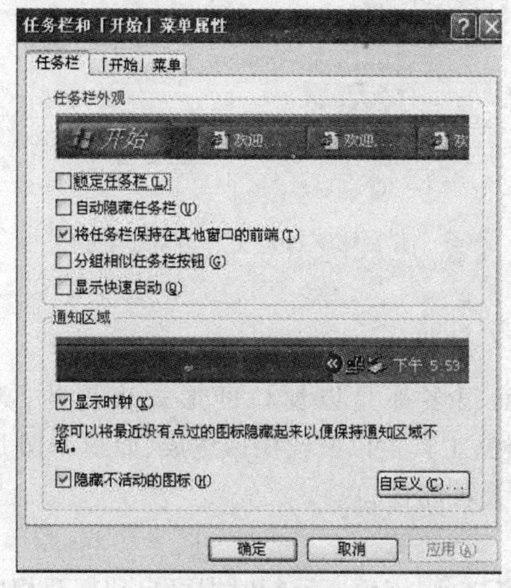


图 1-12　任务栏属性

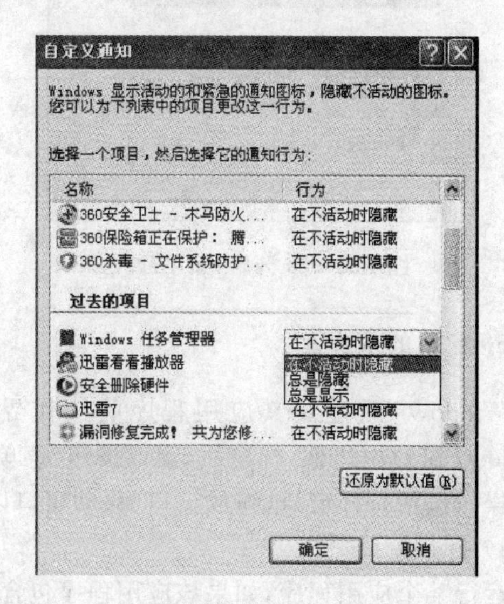


图 1-13　“自定义通知”对话框

2）改变任务栏大小的方法

当用户打开的窗口比较多而且都处于最小化状态时，在任务栏上显示的按钮将变得很小，用户观察很不方便。这时就需要改变任务栏的宽度来显示所有窗口。改变任务栏大小的方法如下。

在任务栏空白处右击，在弹出的菜单中取消“锁定任务栏”的选定，将鼠标指针放在任务栏的边缘上，当指针变为双向箭头时，按住鼠标左键并拖动到合适的位置，即可改变任务栏的大小。

3）改变任务栏位置的方法

用户可以根据个人喜好和需要将任务栏放在桌面的上、下、左、右4边中的任何一边。其方法如下。

在任务栏空白处右击，在弹出的菜单中取消“锁定任务栏”选项，然后再将鼠标指针指向任务栏的空白处，按住鼠标左键不放并拖动鼠标，移动到桌面的任意一侧，释放鼠标左键，任务栏即移到指定的一边。

4）“开始”菜单的设置方法

在“开始”按钮上右击，在弹出的快捷菜中选择“属性”功能，在“任务栏和「开始」菜单属性”对话框的“「开始」菜单”选项卡中，用户根据需要选择所使用的“「开始」菜单”类型（如图1-14所示）。如果需要自定义开始菜单中的内容，单击“自定义”按钮，在“自定义经典「开始」菜单”对话框（如图1-15所示）中，根据需要进行设置即可。

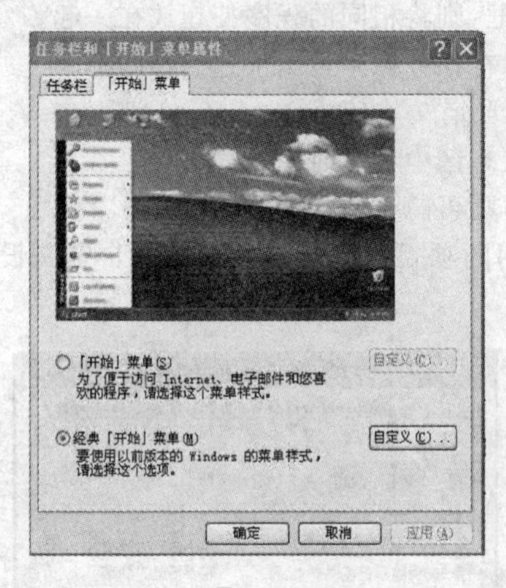


图1-14 “「开始」菜单”属性

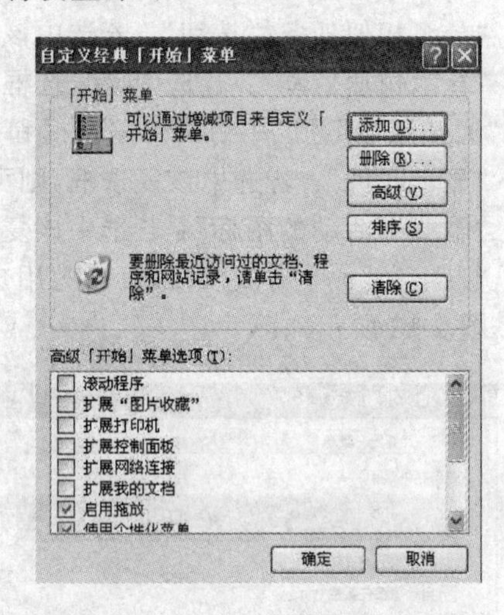


图1-15 自定义“「开始」菜单”

**3. 窗口的操作**

Windows系统及其应用程序的操作界面很多都是以窗口的形式出现的，典型的Windows窗口由边框、标题栏、窗口按钮、菜单栏、工具栏以及绘图区组成（如图1-16所示）。窗口操作包括打开窗口、缩放窗口、移动窗口以及关闭窗口等。

1）打开窗口

运行某个应用程序，如果该应用程序包含窗口，则该程序运行时即可自动打开相应的窗口，在某些情况下也可以使用以下两种方法打开窗口。

方法1：选中要打开窗口的图标或菜单，双击即可。

方法2：选中要打开窗口的图标或菜单，右击，选择快捷菜单中的“打开”功能即可。

2）缩放窗口

缩放窗口的方法：将鼠标指针移到窗口的边框上，当指针变为双向箭头时，按住鼠标左键并拖动即可，如果窗口标题栏右侧有最大化和最小化按钮，也可以通过这两个按钮将窗口最大化或最小化。

3）移动窗口

移动窗口的方法：将鼠标指针移到窗口的标题栏上，按住鼠标左键并拖动到需要的位置。

4）关闭窗口

关闭窗口的方法有两种。

方法 1：单击标题栏上的“关闭”按钮。

方法 2：按快捷键 Alt＋F4。

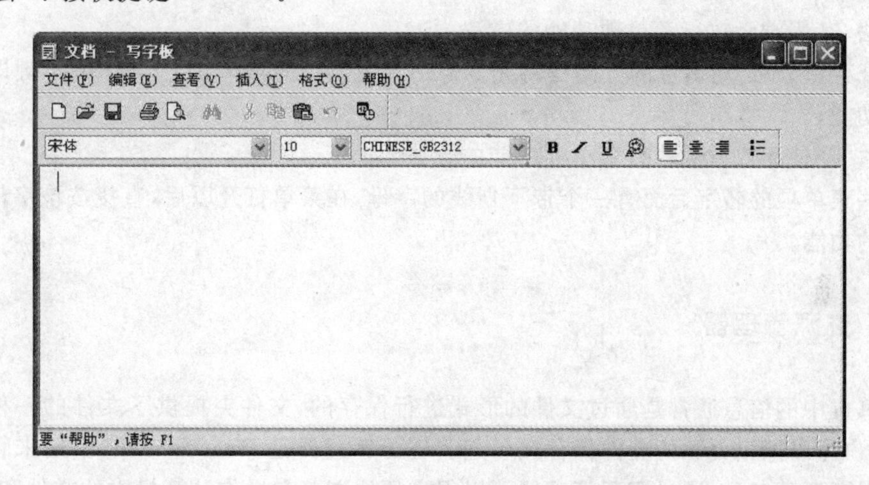


图 1-16 Windows 窗口

### 4. 对话框的操作

Windows 系统及其应用程序的操作界面包含大量的对话框，对话框也是一个窗口，如图 1-14 和图 1-15 所示。但对话框又不同于一般的窗口，它包含有一些特殊的子窗口，这些子窗口被称为对话框的控件，对话框的主要功能要通过对这些控件的操作来实现。

对话框的操作(除了关闭操作)方法与其他窗口的操作方法基本相同。

关闭对话框的方法有 3 种。

方法 1：通过设置控件参数后，选择对话框中的“关闭”按钮，可退出并关闭对话框，相应的设置被忽略。

方法 2：通过设置控件参数后，选择对话框中的“确定”按钮，可退出并关闭对话框，相应的设置被保存下来。

方法 3：通过设置控件参数后，选择对话框中的“取消”按钮，可退出并关闭对话框，相应的设置被忽略，效果等同方法 1。

### 5. 菜单的操作

1）打开菜单的方法

方法 1：用鼠标打开菜单的方法。

将鼠标指针移动到要打开的菜单的标题上，单击，即可打开这个菜单。

方法 2：用键盘打开菜单的方法。

按下 Alt 键或 F10 键后，光标停留在菜单标题栏最前方，然后按下右方向键选择不同的菜单，选定需要打开的菜单标题，按回车键或上、下方向键就可以打开菜单了。

方法 3：使用快捷键打开菜单的方法。

Alt＋菜单名称后的字母键就可以打开菜单。

2) 执行菜单项功能的方法

方法 1：用鼠标执行菜单项功能的方法。

打开菜单以后，将鼠标指针移动到要执行的菜单项，单击，即可执行相应的功能。

方法 2：用键盘执行菜单项功能的方法。

打开菜单以后，用键盘的方向键将光标停留在要执行的菜单项上，按 Enter 键即可执行相应的功能。

方法 3：使用快捷键执行菜单项功能的方法。

有些菜单项的名字后面有一个带下划线的字母，在菜单打开以后，直接按该字母即可执行相应的功能。

### 1.1.3 资源管理器

计算机中的信息通常是通过文件的形式进行保存的，文件夹提供了文件的一种管理方式，使用户可以把相关联的文件保存在一起。资源管理器是 Windows XP 中用来管理文件和文件夹资源的工具，通过资源管理器可以很方便地浏览和操作计算机中的文件和文件夹。

#### 1. 打开“资源管理器”

打开“资源管理器”的方法有很多，下面介绍 3 种。

方法 1：从“开始”菜单打开。

选择“开始”|“程序”|“附件”|“Windows 资源管理器”功能即可打开资源管理器，如图 1-17 所示。

方法 2：从“开始”按钮打开。

右击任务栏上的“开始”按钮，在弹出的快捷菜单中单击“资源管理器”功能即可打开“资源管理器”。

方法 3：从“我的电脑”图标打开。

双击桌面上“我的电脑”图标，或选中“我的电脑”图标后，右击，在弹出的快捷菜单中，单击“资源管理器”功能即可打开“资源管理器”。

#### 2. 浏览文件与文件夹

在“资源管理器”窗口(如图 1-18 所示)中，如果在驱动器或文件夹项的左边有“＋”标记，单击“＋”标记可以展开它所包含的子文件夹。当驱动器或文件夹全部展开后，即文件夹已经展开至最低层，“＋”标记就会就成“-”标记。单击“-”标记可以把已经展开的内容折叠起来，“-”标记重新变成“＋”标记。

选择“资源管理器”左侧窗口中的“我的电脑”图标，在右侧窗口中将显示“我的电脑”中

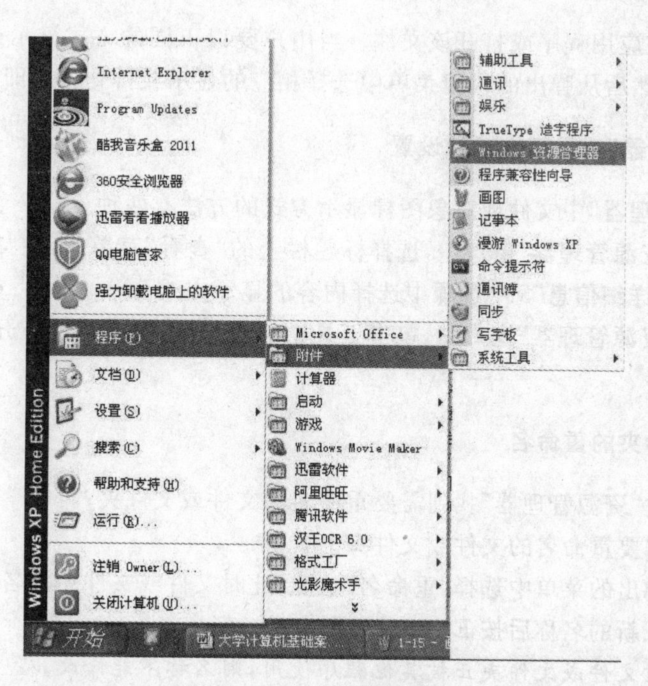


图 1-17 打开资源管理器

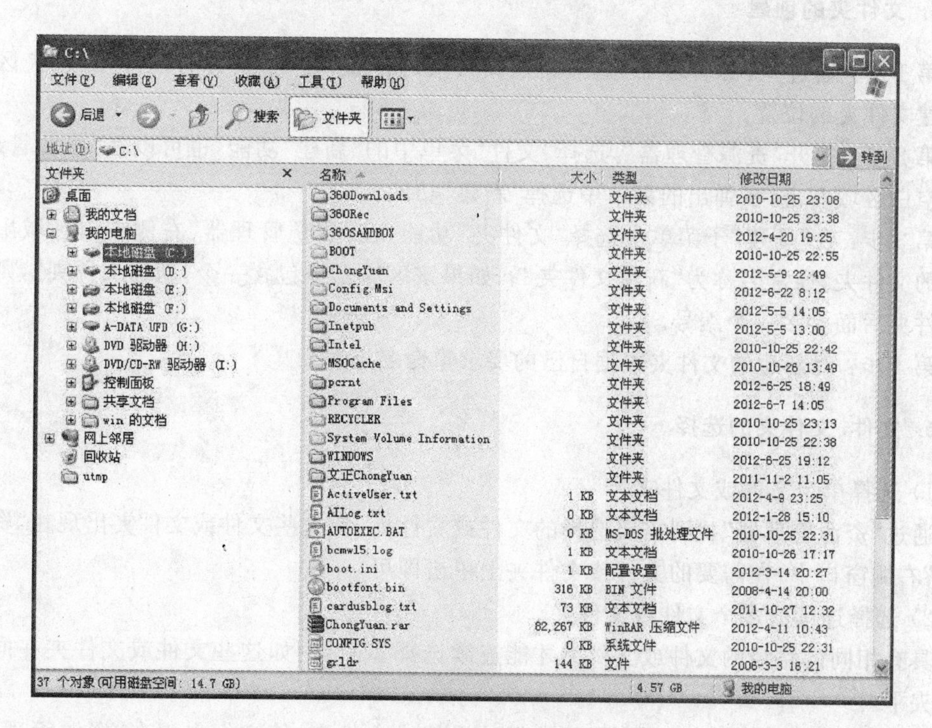


图 1-18 “资源管理器”窗口

的内容。如果要在左侧窗口中浏览某个选项(我的电脑、存储器或文件)的子文件夹,可单击该选项前面的“+”标记。单击左侧窗口中的某个选项,可以在左、右两个窗口中同时显示下级文件夹及文件。如果要打开某个文件,则可以按此方法逐步展开文件夹找到文件,双击文件图标即可启动该应用程序或打开该文件。当用户要以不同的方式显示或排列文件时，右击窗口的空白处，然后从弹出的快捷菜单中选择相应的显示或排列方式即可。

### 3. “资源管理器”中显示方式的设置

改变“资源管理器”中文件或对象图标显示方式的方法有两种。

方法1：在“资源管理器”窗口中，选择标题栏上的“查看”菜单后，在“缩略图”|“平铺”|“图标”|“列表”|“详细信息”5个选项中选择内容的显示方式。

方法2：在“资源管理器”窗口中，单击工具栏中的“查看”按钮，在打开的菜单中选择内容的显示方式。

### 4. 文件、文件夹的重命名

第1步：通过“资源管理器”找到需要重命名的文件或文件夹；

第2步：在需要重命名的文件或文件夹上右击；

第3步：在弹出的菜单中选择“重命名”功能，此时文件或文件夹的名称为反显状态；

第4步：输入新的名称后按Enter键即可。

**注意**：如果该文件或文件夹正被其他程序使用，则名称不能修改。

### 5. 文件夹的创建

第1步：通过“资源管理器”选择新建文件夹的位置，即在“资源管理器”文件夹区域找到新建文件夹的位置。

第2步：打开“资源管理器”，选择“文件”菜单中的“新建”功能，也可以在“资源管理器”右侧空白区域右击，在弹出的菜单中选择“新建”功能。

第3步：在“新建”子菜单中选择“文件夹”功能，在“资源管理器”右侧空白区域出现一个新的文件夹，通常名称为“新建文件夹”。如果该区域已经包含一个“新建文件夹”，则新建的文件夹后面会多一个编号。

第4步：对新建的文件夹根据自己的要求重命名即可。

### 6. 文件、文件夹的选择

1）选择单个文件或文件夹

通过“资源管理器”找到需要选择的文件或文件夹，使这些文件或文件夹出现在“资源管理器”右侧窗口中，在需要的文件或文件夹上单击即可。

2）选择连续的多个文件或文件夹

具有相同的路径的文件或文件夹才能连续选择多个，例如这些文件或文件夹在同一个文件夹下。

首先通过“资源管理器”找到需要选择的文件或文件夹，使它们出现在“资源管理器”的右侧窗口中，并在需要选择的第一个文件或文件夹上单击，然后按住Shift键不放，在需要选择的最后一个文件或文件夹上单击即可。

3）选择不连续的多个文件或文件夹

具有相同的路径的文件或文件夹才能不连续地选择多个，例如这些文件或文件夹在同一个文件夹下。

首先通过“资源管理器”找到需要选择的文件或文件夹，使它们出现在“资源管理器”的右侧窗口中，并在需要选择的第一个文件或文件夹上单击，然后按住 Ctrl 键不放，在需要选择的文件或文件夹上逐个单击即可。

4）选择右侧窗口中的全部文件或文件夹

首先通过“资源管理器”找到需要选择的文件或文件夹，使它们出现在“资源管理器”的右侧窗口中，选择“编辑”菜单中的“全部选择”功能，或按 Ctrl＋A 即可。

5）取消选择的文件或文件夹

- 取消对个别文件或文件夹的选择

按住 Ctrl 键不放，在需要取消选择的文件或文件夹上逐个单击即可。

- 取消对全部文件或文件夹的选择

单击“资源管理器”内的空白区域即可。

**7. 文件、文件夹的复制**

第 1 步：选择需要复制的文件或文件夹。

第 2 步：将复制内容记录到 Windows 剪贴板上。方法是：右击，在弹出的菜单中选择“复制”功能，或在“资源管理器”窗口中选择“编辑”菜单中的“复制”功能，或按 Ctrl＋C 快捷键。

第 3 步：通过“资源管理器”选择新的存放位置。

第 4 步：复制选择的文件和文件夹。方法是：右击，在弹出的菜单中，选择“粘贴”功能，或在“资源管理器”中，选择“编辑”菜单中的“粘贴”功能，或按 Ctrl＋V 快捷键。

**8. 文件、文件夹的移动**

第 1 步：选择需要移动的文件或文件夹。

第 2 步：将移动内容记录到 Windows 剪贴板上。方法是：右击，在弹出的菜单中选择“剪切”功能，或在“资源管理器”窗口中，选择“编辑”菜单中的“剪切”功能，或按 Ctrl＋X 快捷键。

第 3 步：通过“资源管理器”选择新的存放位置。

第 4 步：移动选择的文件或文件夹。方法是：右击，在弹出的菜单中，选择“粘贴”功能，或在“资源管理器”中选择“编辑”菜单中的“粘贴”功能，或按 Ctrl＋V 快捷键。

**9. 文件、文件夹的删除**

第 1 步：选择需要删除的文件或文件夹。

第 2 步：删除文件或文件夹。方法是：右击，在弹出的菜单中选择“删除”功能，或在“资源管理器”窗口中选择“编辑”菜单中的“删除”功能，或按 Delete 键。

第 3 步：“资源管理器”弹出“确认删除”对话框。

第 4 步：单击“是”按钮或直接回车，确认删除。

**10. 文件、文件夹的查找**

在使用计算机的过程中，经常需要在计算机中查找某个文件或文件夹。在“资源管理器”中，可以选择一个位置，然后在该位置下面查找具有某类特征的文件或文件夹。

第1步：在“资源管理器”右侧文件夹窗口中右击，在弹出的菜单中选择“搜索”功能，弹出“搜索结果”窗口如图1-19所示。

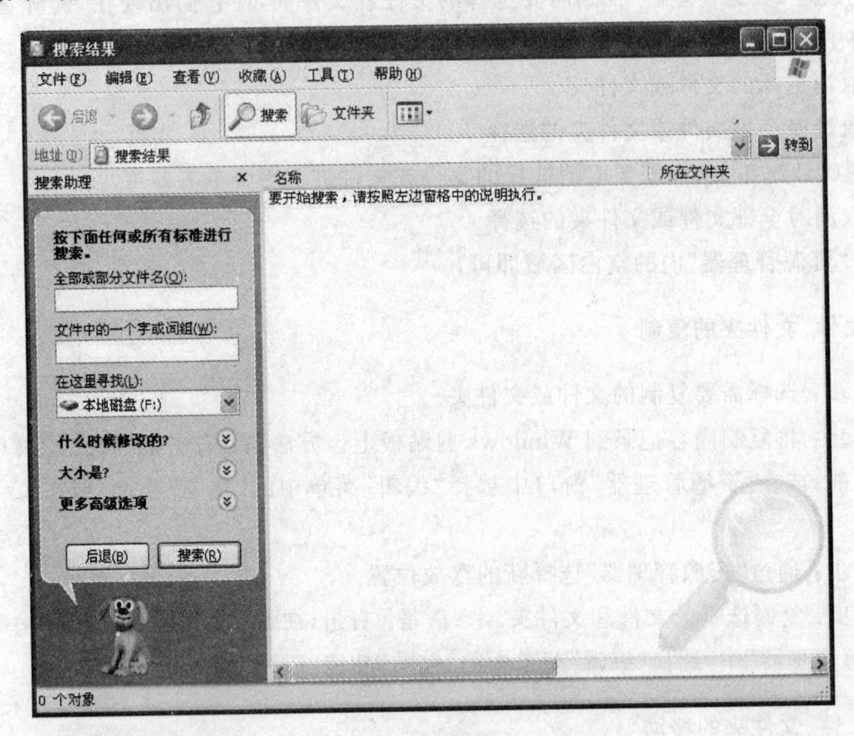


图1-19 搜索

第2步：在“全部或部分文件名”栏输入要查找的文件、文件夹名称的部分或全部。

在“全部或部分文件名”栏输入要查找的文件、文件夹名称中可以使用通配符“*”和“?”。“*”代表一个任意内容的字符串，“?”代表一个任意的字符。

例如“H*.C”可以表示文件名前面有“H”后面有“.C”的任意文件或文件夹，如“HABCD.C”、“HX.C”等

例如“H?.C”可以表示文件名前面有“H”后面有一个任意字符，最后是“.C”的文件或文件夹，如“HA.C”、“HX.C”等。

第3步：在“在这里查找”栏选择搜索的路径。

图1-19表示在F盘查找，如果希望改变搜索路径，可以单击路径栏右侧的按钮，更改搜索路径。

第4步：指定附加搜索条件。

用户可以指定附加的搜索条件，如通过指定“什么时候修改的?”，可以查找指定日期或日期范围内创建或修改的文件或文件夹，也可以指定文件的类型或文件的大小等。

第5步：选择“搜索”按钮显示查找的结果。

### 1.1.4 控制面板

“控制面板”是 Windows 系统的管理程序。它提供了一组特殊用途的管理工具,使用这些工具可以配置 Windows 系统和应用程序的工作模式和应用环境。

**1. 打开“控制面板”**

打开“控制面板”的方法如下：打开“开始”菜单,选择“设置”|“控制面板”功能,如图 1-20 所示。

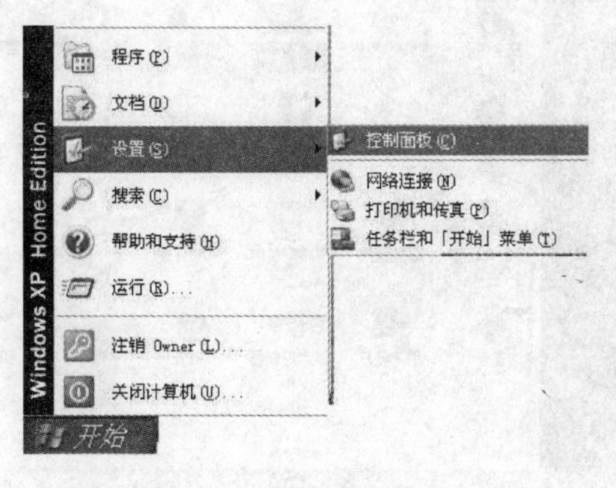


图 1-20 打开“控制面板”

“控制面板”包括两种视图：经典视图和分类视图。分类视图(如图 1-21 所示)可根据用户要执行的任务显示“控制面板”中的相关图标,可以选择窗口左侧的“切换到经典视图”功能切换到“控制面板”的经典视图。

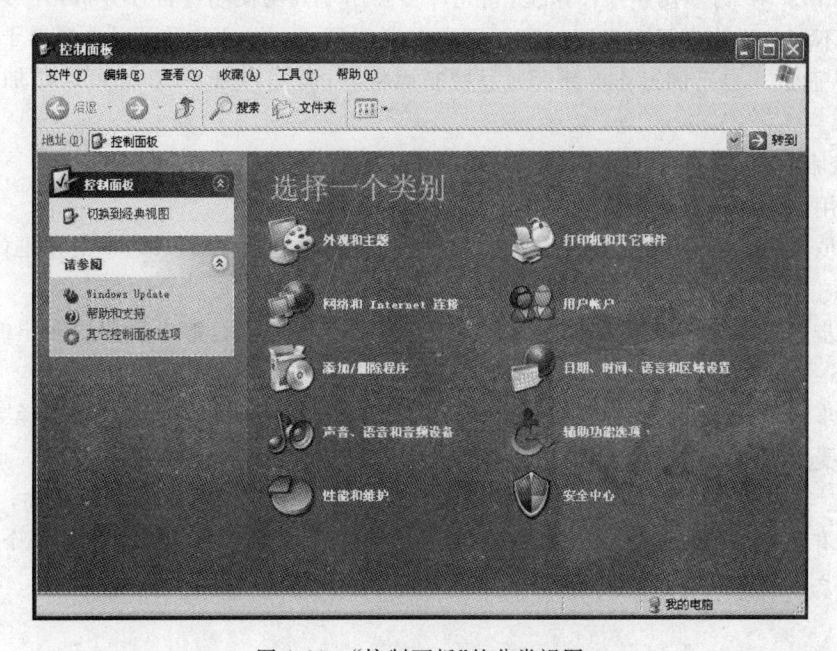


图 1-21 “控制面板”的分类视图

经典视图(如图 1-22 所示)是早期 Windows 系统中控制面板的视图格式。可全部显示"控制面板"中的相关图标,可以选择窗口左侧的"切换到分类视图"功能切换到"控制面板"的"分类视图"。通常情况下,"分类视图"适合初学者生使用,使用"经典视图"操作更加快捷。

图 1-22 "控制面板"的经典视图

### 2. 设置用户账户

Windows XP 为多用户操作系统,它允许多个用户共同使用一台计算机,并可以为每个用户保存不同的操作界面和设置信息。用户在启动 Windows XP 后可以选择属于自己的用户登录,从而进入自己的操作界面。通过控制面板中的"用户账户"功能可以添加、删除、管理用户。

1) 添加用户

添加用户的具体步骤如下。

第 1 步:打开"控制面板"窗口,双击"用户账户"图标,弹出"用户账户"对话框(如图 1-23 所示)。

第 2 步:选择"创建一个新账户",窗口显示如图 1-24 所示,输入新用户账户的名称,然后单击"下一步"按钮。

第 3 步:窗口显示如图 1-25 所示,根据想要指派给新用户的账户类型,选择"计算机管理员"或"受限",然后选择"创建账户",用户创建完成。

**注意**:指派给账户的名称就是将出现在"欢迎"屏幕和"开始"菜单上的名称;受限的用户可能会有某些系统功能不能使用,也可能会有些软件不能安装;必须将第一个添加到计算机的用户指派为计算机管理员账户。

图 1-23 “控制面板”用户账户管理 1

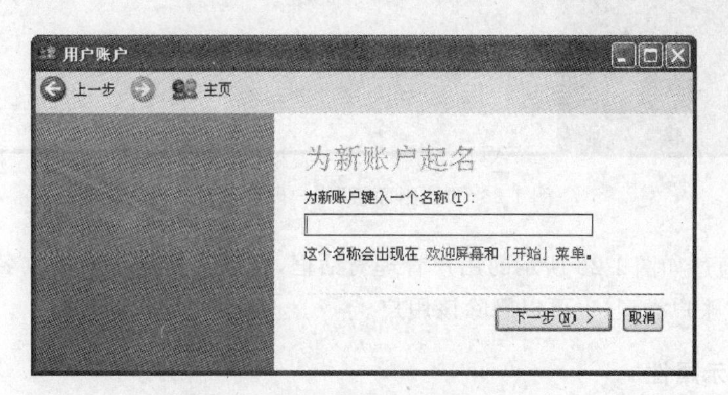


图 1-24 “控制面板”用户账户管理 2

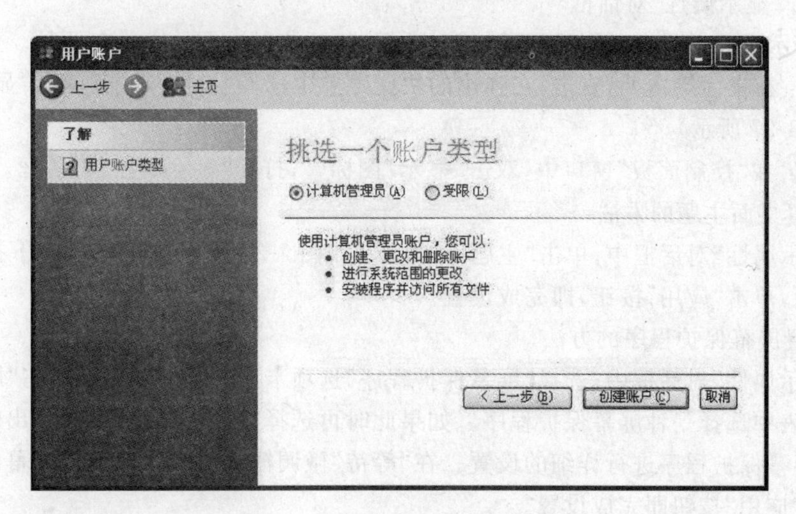


图 1-25 “控制面板”用户账户管理 3

2）管理用户

第1步：打开"控制面板"窗口，单击"用户账户"图标，进入用户账户管理对话框（如图1-23所示）。

第2步：单击需要管理的用户，进入用户管理对话框（如图1-26所示）。

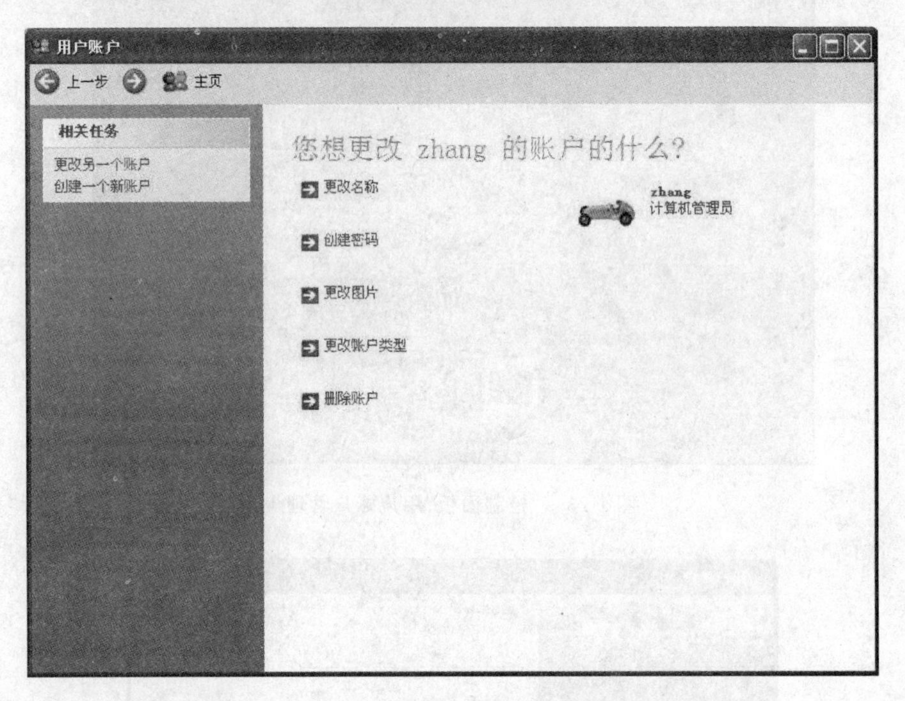


图1-26 "控制面板"用户账户管理4

第3步：通过如图1-26所示的用户管理对话框，可以为指定用户更改名称、创建密码、更改图片、更改账户类型，也可以删除该用户。

**3. 设置显示属性**

1）打开"显示属性"对话框

设置显示属性，要先打开"显示属性"对话框，打开该对话框的方法有两种。

方法1：在桌面空白处，右击，在弹出的快捷菜单中选择"属性"功能，弹出"显示属性"对话框（如图1-27所示）。

方法2：在"控制面板"窗口中，双击"显示"图标，打开"显示属性"对话框。

2）设置桌面主题的方法

在"显示属性"对话框中，单击"主题"选项卡（如图1-28所示），在"主题"下拉列表中选择一种主题，单击"应用"按钮，即完成设置。

3）设置屏幕保护程序的方法

在"显示属性"对话框中，选择"屏幕保护程序"选项卡（如图1-29所示），在"屏幕保护程序"下拉列表中选择一种屏幕保护程序。如果此时再选择"设置"按钮，可在弹出的对话框中对选择的屏幕保护程序进行详细的设置。在"等待"微调框中输入等待使用屏幕保护程序的时间，选择"应用"按钮即完成设置。

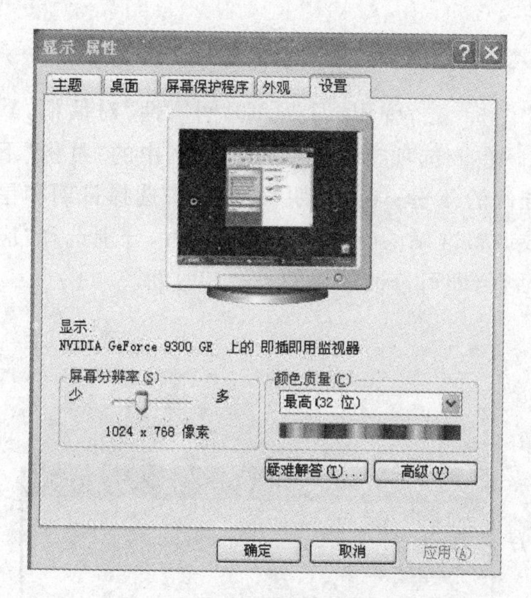


图1-27 "显示属性"对话框1

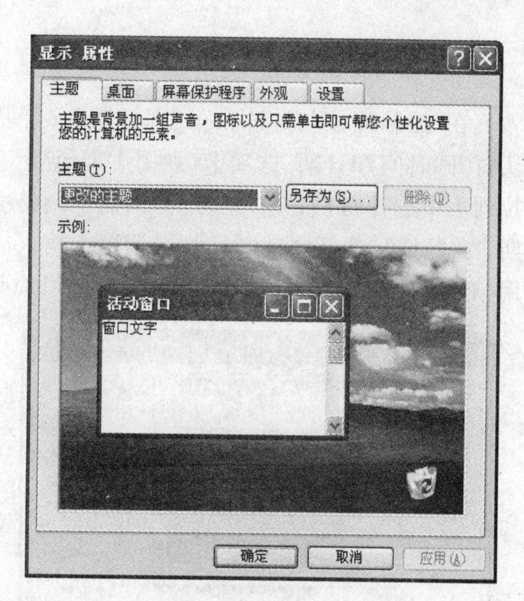


图1-28 "显示属性"对话框2

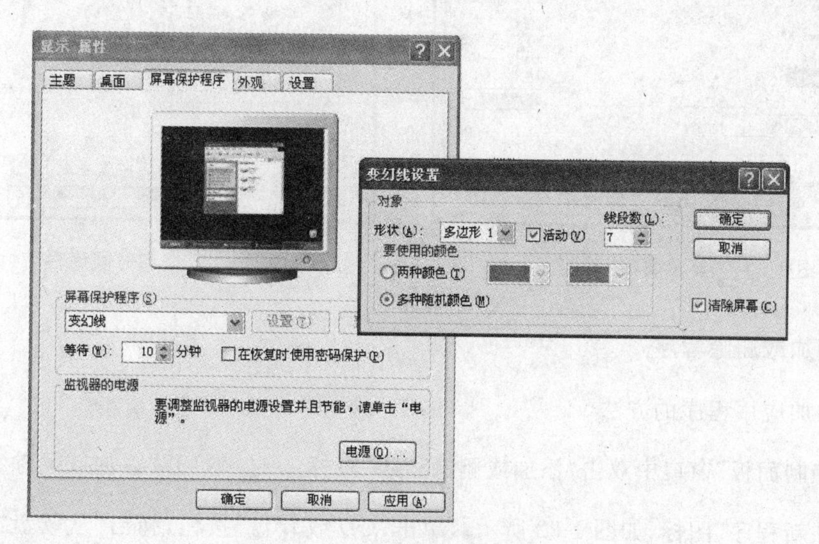


图1-29 "显示属性"对话框3

4）设置桌面的方法

在"显示属性"对话框中单击"桌面"选项卡(如图1-30所示)，在"背景"列表框中选择一种背景，或单击"浏览"按钮选择一个背景图片文件。在"位置"下拉列表中选择"平铺"或"拉伸"，在"颜色"下拉列表中选择一种颜色作为桌面的背景色。设置完成后，单击"确定"或"应用"按钮。

5）显示器分辨率的设置方法

在"显示属性"对话框中打开"设置"选项卡(如图1-27所示)，在该选项卡中用鼠标左键拖动"屏幕分辨率"栏下边的滚动条，拖动过程中会在其下边显示出当前的分辨率值，待数据变成适合的数值后放开鼠标，选择"应用"和"确定"按钮即可完成对显示器分辨率的设置。

**4. 设置日期和时间**

在“控制面板”窗口中，双击“日期和时间”图标，弹出“日期和时间属性”对话框，默认打开“时间和日期”选项卡(如图1-31所示)。在该选项卡中的“日期”选区中的“月份”下拉列表中选择月份；在“年份”微调框中调整准确的年份；在“日期”列表框中选择日期和星期；在“时间”选区中的“时间”微调框中输入或调整准确的时间。设置完成后，分别选择“应用”和“确定”按钮，关闭“日期和时间属性”对话框，即可修改系统的日期和时间。

图1-30 “显示属性”对话框5

图1-31 “日期和时间属性”对话框

**5. 添加或删除程序**

1) 添加应用程序的方法

在“控制面板”窗口中双击“添加或删除程序”图标，打开“添加或删除程序”窗口，选择“添加新程序”图标，如图1-32所示。单击“CD或软盘”按钮，弹出“从软盘或光盘安装程序”对话框，选择“下一步”按钮，弹出“运行程序”对话框。通过“浏览”按钮，找到要添加的应用程序，双击该程序进行安装，返回到“运行安装程序”对话框，然后选择“完成”按钮，安装新程序向导将启动该安装程序。

2) 删除应用程序的方法

在“添加或删除程序”窗口中选择“更改或删除程序”图标，在列表框中选择要删除的程序，选择“更改”或“删除”按钮。如果选择的是“更改”按钮，则按照弹出的对话框一步步进行操作。如果单击“删除”按钮，则在弹出的对话框中，选择“是”完成删除，或“否”放弃删除。

3) 添加或删除Windows组件的方法

在“添加或删除程序”窗口中选择“添加/删除 Windows 组件”图标，弹出

“Windows 组件向导”对话框，在“组件”列表中选定要添加的组件，使其前的复选框被选中，选择“下一步”按钮，按照出现的对话框的提示，一步步即可完成组件的添加。在“Windows 组件向导”对话框的“组件”列表中选定要删除的组件，使其前的复选框不被选中，选择“下一步”按钮，按照出现的对话框的提示，一步步即可完成该组件的删除。

图 1-32　添加程序

**6. 添加或删除中文输入法**

用户在操作计算机时，经常需要向计算机中输入汉字。中文 Windows XP 为用户提供全面的中文环境支持，为用户在中文 Windows XP 环境下输入汉字提供了方便。目前 Windows XP 自带的中文输入法有多种，如拼音输入法、智能 ABC 输入法等，用户可根据需要，选择一种合适的输入法输入汉字。

1）添加中文输入法的方法

在“控制面板”窗口中双击“区域和语言选项”图标，在弹出的“区域和语言选项”对话框中，打开“语言”选项卡（如图 1-33 所示）。选择“详细信息”按钮，弹出“文字服务和输入语言”对话框（如图 1-34 所示）。在该对话框中打开“设置”选项卡，单击“添加”按钮，弹出“添加输入语言”对话框，在该对话框中选择要添加的输入法，按“确定”按钮即可完成。

2）删除中文输入法的方法

在“文字服务和输入语言”对话框中，选定要删除的输入法，单击“删除”按钮即可完成。

3）中文输入法的切换

在需要输入文字时，经常会需要在中文输入法和英文输入法之间进行切换。在“文字服务和输入语言”对话框中，选择“键设置”，可以设置按哪些组合按键可以实现不同输入法之间的切换。

**7. 系统属性的设置**

1）打开“系统属性”对话框的方法

方法 1：右击桌面上的“我的电脑”图标，在弹出的快捷菜单中选择“属性”功能，弹出“系统属性”对话框，如图 1-35 所示。

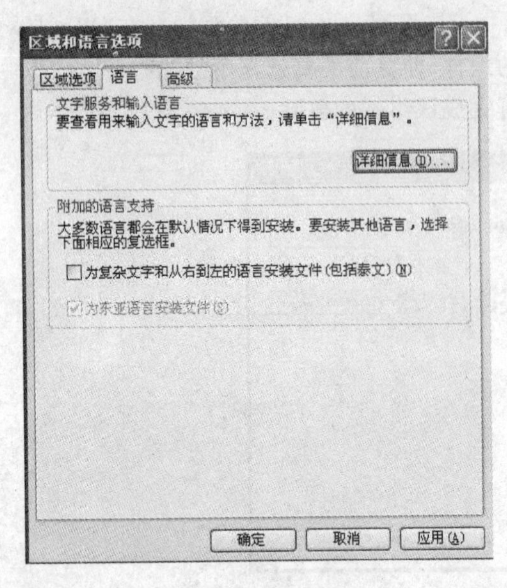


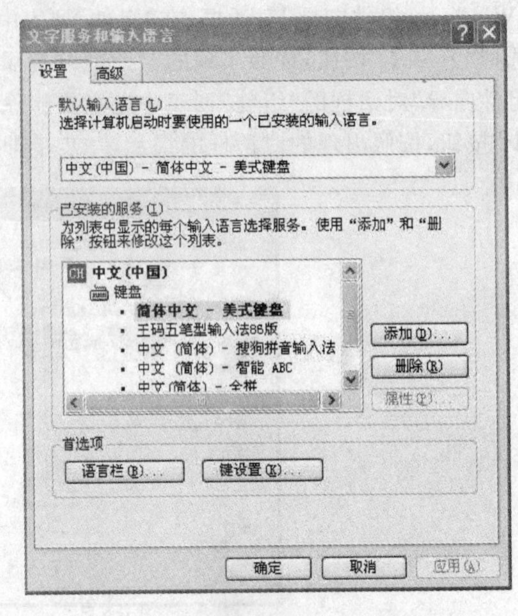


图 1-33 "语言"选项卡

图 1-34 "文字服务和输入语言"对话框

方法 2：在"控制面板"窗口中，双击"系统"图标 ，打开"系统属性"对话框。

2）更改计算机名的方法

在"系统属性"对话框中选择"计算机名"选项卡，如图 1-36 所示，在该对话框中选择"更改"按钮，弹出"计算机名称更改"对话框，在弹出的对话框中输入要更改的名字，单击"确定"按钮即可。

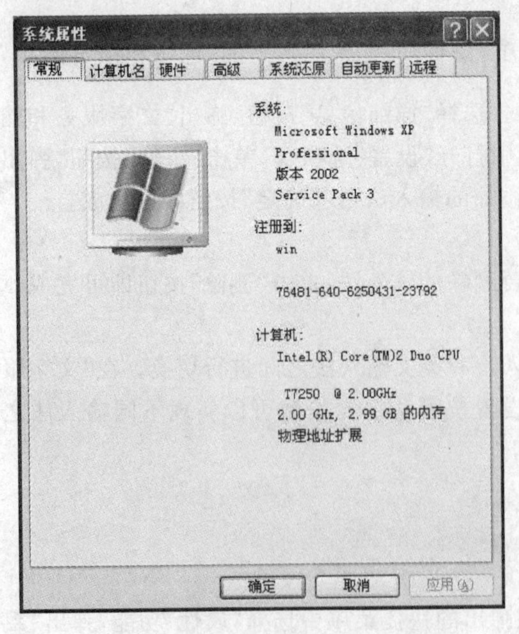


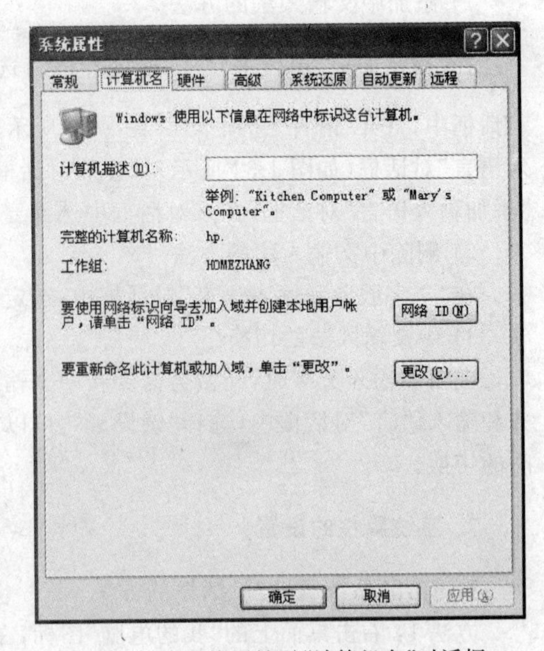


图 1-35 "系统属性"|"常规"对话框

图 1-36 "系统属性"|"计算机名"对话框

3）打开“设备管理器”的方法

在“系统属性”对话框中打开“硬件”选项卡（如图 1-37 所示），在该选项卡下选择“设备管理器”按钮，打开“设备管理器”窗口，在该窗口中可以对计算机的硬件设备进行设置。

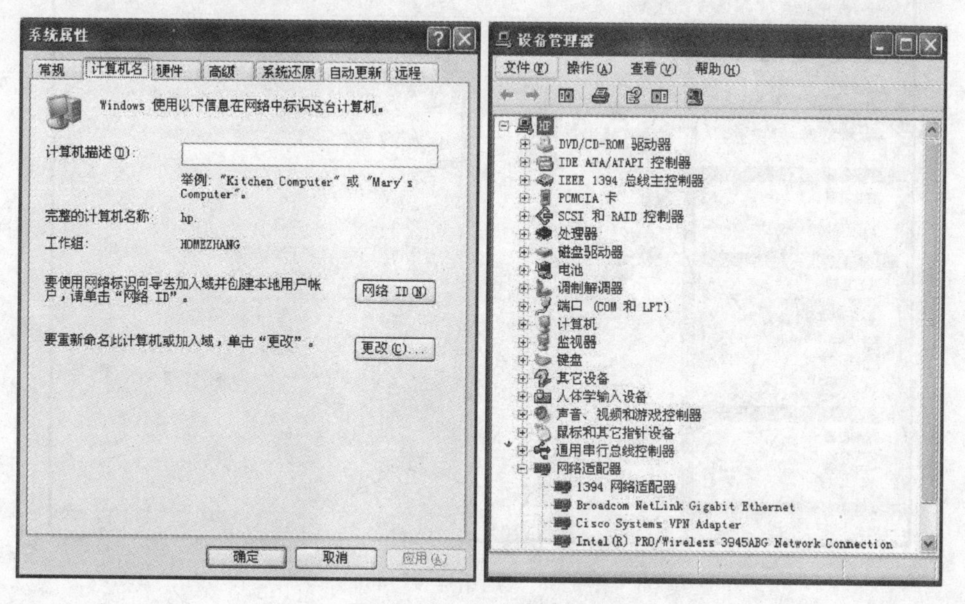


图 1-37 “系统”|“硬件管理”

另外，在“系统属性”对话框中还可以进行“高级”、“系统还原”、“自动更新”和“远程”的设置。读者如果有兴趣可以查阅相关的资料进行学习。

**8. 设置网络属性**

用户使用计算机上网，必须进行正确的网络设置。Windows XP 可以通过“控制面板”中的“网络连接”配置网络参数。目前常用的网络连接主要有通过有线网络的局域网连接、通过无线网络的局域网连接、ADSL 宽带连接。

1）有线网络的局域网连接

如果计算机通过网线接入局域网，网络设置方法如下。

第 1 步：打开“网络连接”对话框

方法 1：打开“控制面板”，在“控制面板”窗口中双击“网络连接”图标，弹出“网络连接”对话框，如图 1-38 所示。

方法 2：在 Windows XP 桌面找到“网络邻居”桌面图标，在图标上右击，然后在弹出的快捷菜单上选择“属性”功能，弹出 “网络连接”对话框（如图 1-38 所示）。

第 2 步：打开本地连接

在“网络连接”对话框中找到连接局域网的本地连接设备，双击打开“本地连接”属性对话框（如图 1-39 所示）。

第 3 步：设置 IP 地址

在“本地连接属性”对话框中的“此连接使用下列项目”框中选择 “Internet 协议（TCP/IP）”，然后单击“属性”按钮，进入“Internet 协议（TCP/IP）属性”对话框（如图 1-40 所示）。

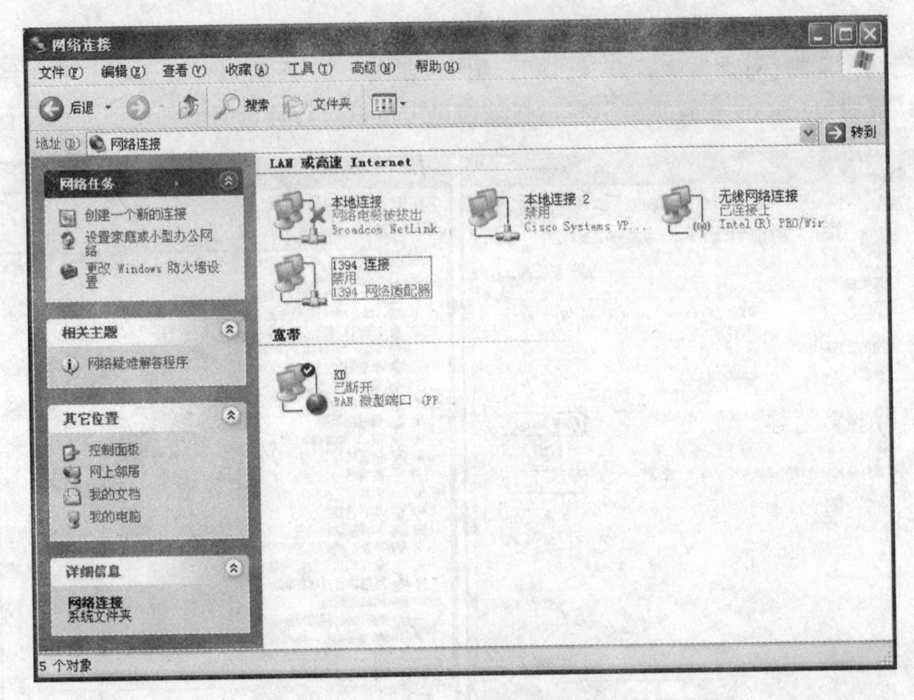


图 1-38 “网络连接”窗口

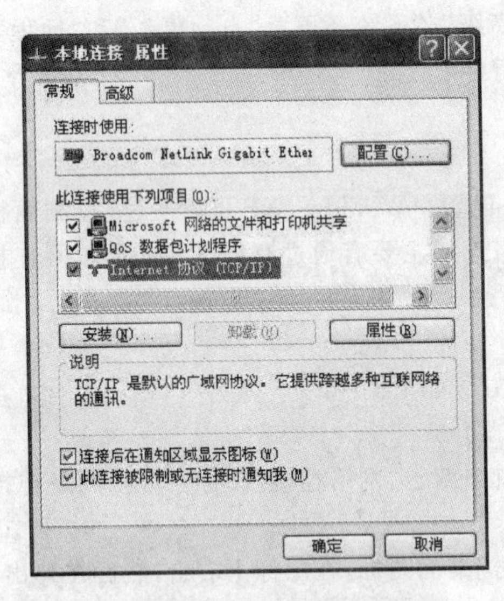


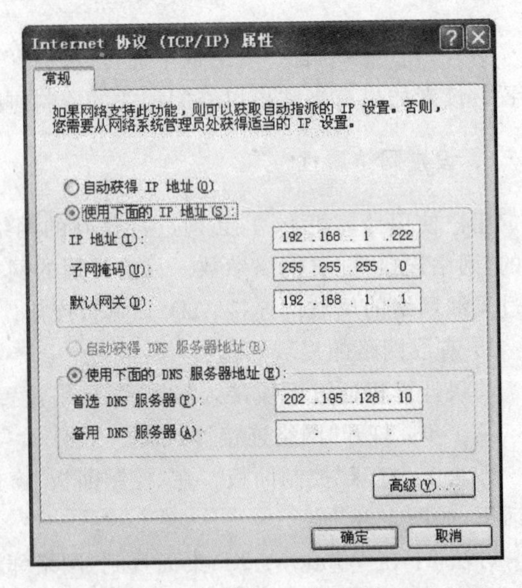


图 1-39 “本地连接属性”对话框　　图 1-40 “Internet 协议(TCP/IP)属性”对话框

用户根据本地局域网的实际情况进行设置，完成后选择“确定”即可。

2) 无线网络的局域网连接

如果计算机通过无线网卡接入局域网，网络设置方法如下。

第 1 步：打开“网络连接”对话框

方法与有线网络局域网相同，“网络连接”窗口如图 1-38 所示。

第 2 步：打开无线连接

在“网络连接”窗口中找到连接局域网的无线连接设备，双击打开“无线网络连接”对话框（如图 1-41 所示）。对话框右侧便是无线网卡在本区域内探测到的可用无线网络，从中可以获得网络是否加密、无线网络的名称、连接情况以及信号强度等信息。

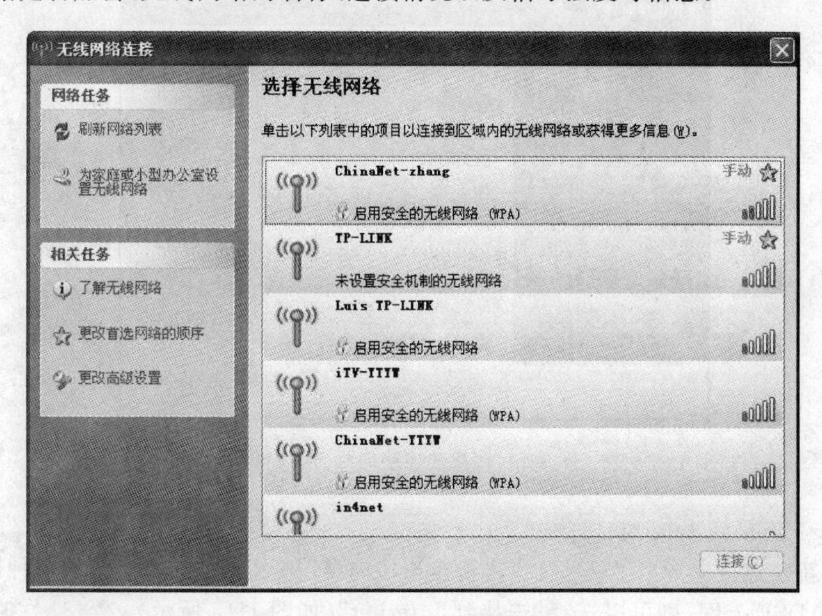


图 1-41 “无线网络连接”对话框

第 3 步：连接到无线网络

从“无线网络连接”对话框右侧的列表中选择希望连接的无线网络，双击，系统将自动尝试连接该无线网络。如果该无线网络是启用安全的无线网络，则会跳出如图 1-42 所示的对话框，提示用户输入网络密钥。

第 4 步：连接到无线网络

输入密钥后，选择“连接”按钮，即开始尝试连接到指定的无线网络（如图 1-43 所示），连接成功后即可以开始使用该无线网络。

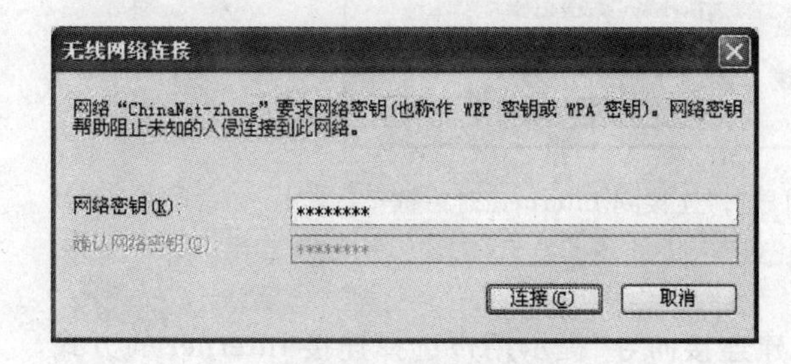


图 1-42 输入网络密钥

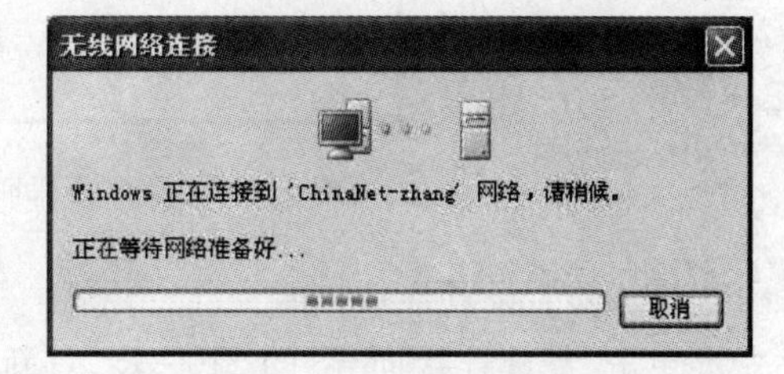


图 1-43 连接到无线网络

3) ADSL 宽带连接

计算机可以通过 ADSL 接入网络，网络设置方法如下。

第 1 步：打开“网络连接”对话框

方法与有线网络局域网相同，“网络连接”对话框如图 1-38 所示。

第 2 步：创建连接

单击“网络连接”对话框左侧的“网络任务”下面的“创建一个新的连接”，系统实现创建连接向导（如图 1-44 所示）。

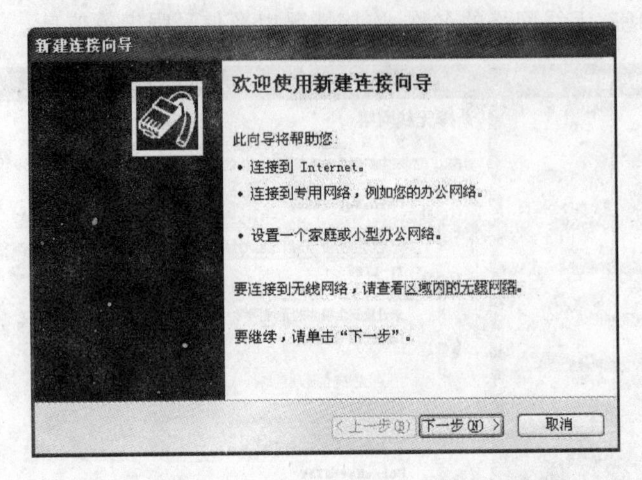


图 1-44 “新建连接向导”对话框

第 3 步：连接到 Internet

单击“新建连接向导”的“下一步”，“新建连接向导”提示用户选择连接到何种网络，如果用户通过 ADSL 上网，则可以选择“连接到 Internet”（如图 1-45 所示）。

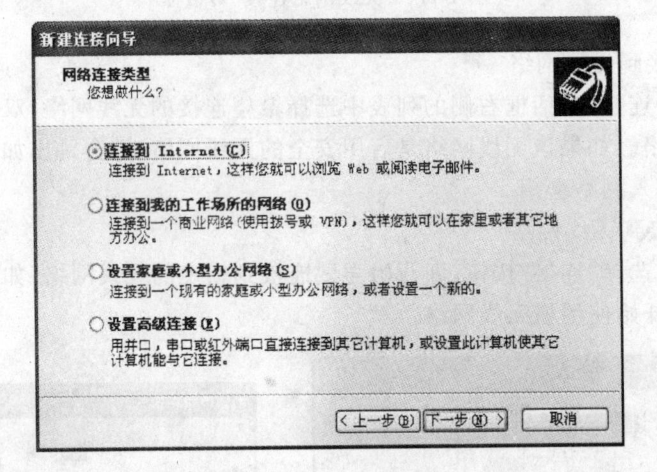


图 1-45 “新建连接向导”|“连接到 Internet”对话框

第 4 步：设置连接方式

单击“新建连接向导”的“下一步”，“新建连接向导”提示用户选择连接 Internet 的方式。如果用户是需要通过登录上网的，可以选择“手动设置我的连接”，然后选择“下一步”，再选择“用要求用户名和密码的宽带连接来连接”（如图 1-46 所示）。

第 5 步：创建连接名称

单击“新建连接向导”的“下一步”，“新建连接向导”提示用户输入连接的名称，该名称可由用户自行命名（如图 1-47 所示）。

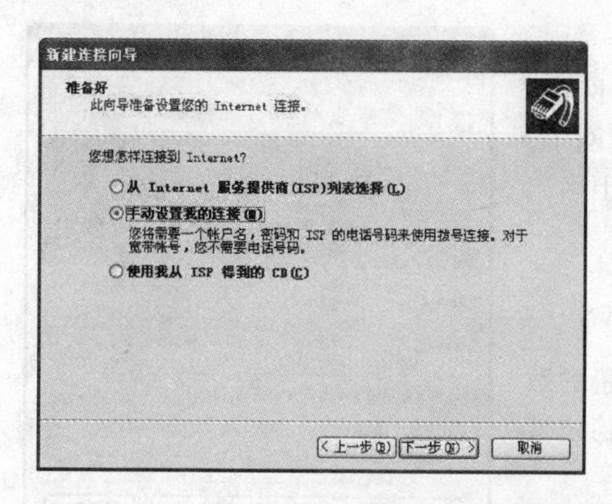


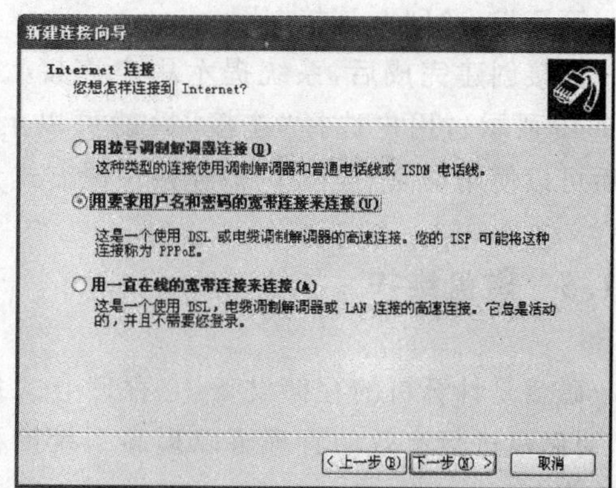


图 1-46 “新建连接向导”设置连接方式



图 1-47 “新建连接向导”|“连接名”对话框

第 6 步：设置账户信息

单击“新建连接向导”的 “下一步”,“新建连接向导”提示用户输入宽带账户名和密码(如图 1-48 所示)。用户输入相应网络服务提供商授权的用户名、密码,然后选择“下一步”,进入新建连接向导的最后一步,建议勾选“在我的桌面上添加一个到此连接的快捷方式”,然后选择“完成”。



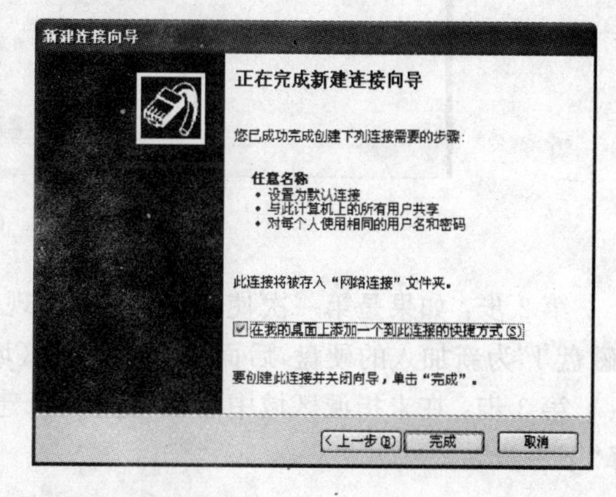


图 1-48 “新建连接向导”设置账户信息

第 7 步：ADSL 连接上网

连接创建完成后，系统提示用户连接上网(如图 1-49 所示)，用户选择“连接”后就可以上网了。以后可以使用桌面上创建的该连接快捷方式上网。

图 1-49　连接上网

## 1.1.5　磁盘维护

磁盘是计算机的存储设备，它存储有大量的数据，对磁盘进行有效的管理可以提高系统的稳定性和效率。

### 1. 磁盘分区

对磁盘进行合理的分区有利于数据的管理和系统的维护。磁盘分区有两种情况。一种情况是在装系统的时候分区，另一种是在装好系统以后分区。安装 Windows XP 系统时的分区方法在 1.3 节有详细介绍，本节主要介绍系统装好以后如何分区。

系统安装完成后分区的步骤如下。

第 1 步：在桌面上“我的电脑”图标上右击，在弹出的快捷菜单中选择“管理”功能，进入“计算机管理”窗口，在该窗口中选择“磁盘管理”功能(如图 1-50 所示)。

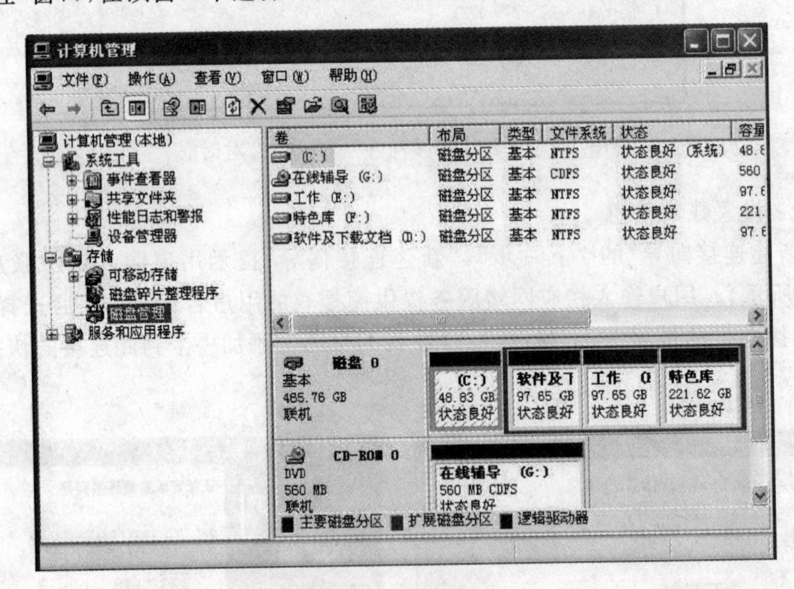


图 1-50　磁盘管理

第 2 步：如果是第一次使用，系统会出现磁盘初始化的提示，确认后在界面右栏中的“磁盘 1”为新加入的硬盘，后面的“未指派”区域表示没有建立磁盘分区的空间。

第 3 步：在未指派区域中右击，选择“新建磁盘分区”项。选择后会出现分区向导。选择“下一步”。

第 4 步：在选择要创建的磁盘分区类型中选择“主磁盘分区”即可，选择“下一步”。

第 5 步：根据需要选择分区的大小，然后选择“下一步”。

第 6 步：指派驱动器号，即给新建分区命名，然后选择“下一步”。

第 7 步：根据需要选择适合的磁盘分区文件系统并进行格式化。

第 8 步：单击“完成”按钮，完成分区操作。剩下的容量可以按照上面的步骤重新创建新分区。

**注意**：系统安装完成后，不能对安装系统所在的分区进行修改。

**2. 磁盘碎片整理**

磁盘在使用过一段时间以后，会产生一些“碎片”，它们占据着磁盘的空间，影响磁盘的读写速度。Windows XP 提供的磁盘碎片整理程序可以重新安排文件在磁盘中的存储位置，将文件的存储位置整理到一起，同时合并可用空间，提高运行速度。

磁盘碎片整理的具体操作步骤如下。

第 1 步：打开“开始”菜单，选择“程序”|“附件”|“系统工具”|“磁盘碎片整理程序”菜单项，打开“磁盘碎片整理程序”(如图 1-51 所示)。

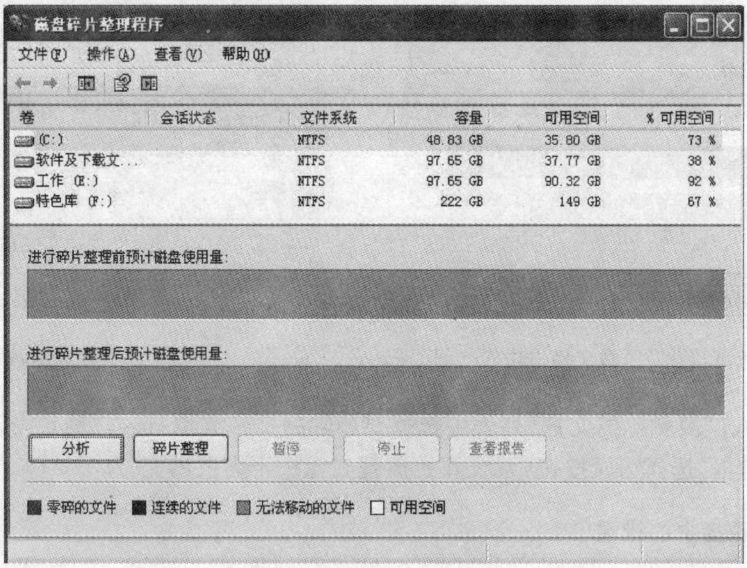

图 1-51　磁盘碎片整理程序

第 2 步：选择需要整理的磁盘，选择“分析”按钮，系统弹出“磁盘碎片整理程序”对话框(如图 1-52 所示)。

第 3 步：根据需要选择“查看报告”按钮或“碎片整理”按钮。如果单击“碎片整理”按钮，系统开始对所选择的磁盘进行碎片整理。

第 4 步：磁盘碎片整理完成后，在弹出的窗口中单击“关闭”按钮，即可关闭该程序，完成了磁盘碎片的整理。

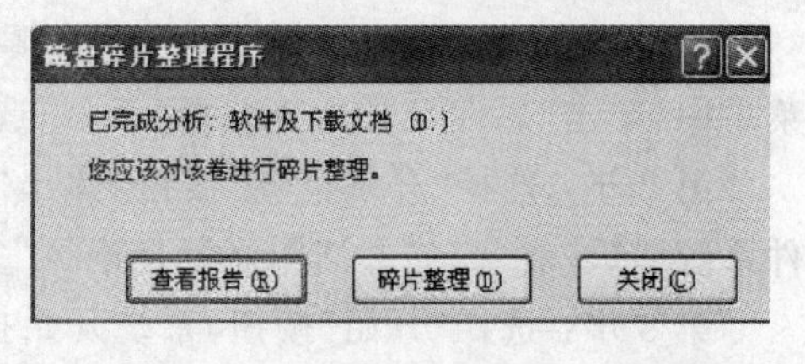


图 1-52　“磁盘碎片整理程序”对话框

### 3. 磁盘清理

Windows XP 为用户提供了一个磁盘清理程序。该程序可用于清理用户的磁盘，删除不用的文件，以便释放更多的磁盘空间。磁盘清理的具体操作步骤如下。

第 1 步：打开“开始”菜单，选择“程序”|“附件”|“系统工具”|“磁盘清理”菜单项，弹出“选择驱动器”对话框(如图 1-53 所示)。

第 2 步：在该对话框中选择一个磁盘驱动器，例如选择 D 盘。然后选择“确定”按钮，先弹出“磁盘清理”对话框(如图 1-54 所示)，查找、计算 D 盘可以释放磁盘的空间。

计算 D 盘可以释放磁盘的空间完成后，磁盘清理程序弹出“软件及下载文档(D:)的磁盘清理”对话框，显示各种可以清理的文件占用磁盘空间的多少(如图 1-55 所示)。

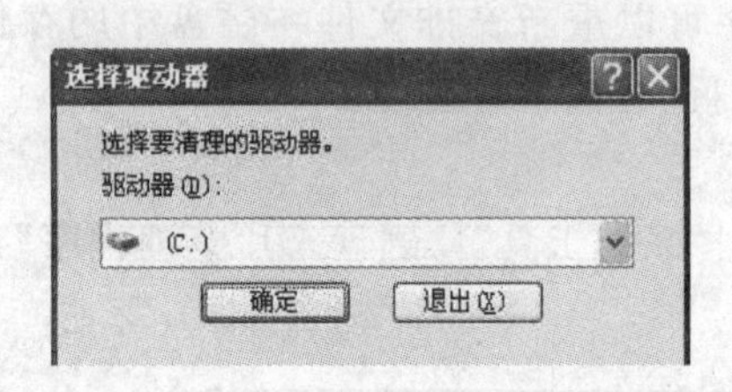


图 1-53 “选择驱动器”对话框

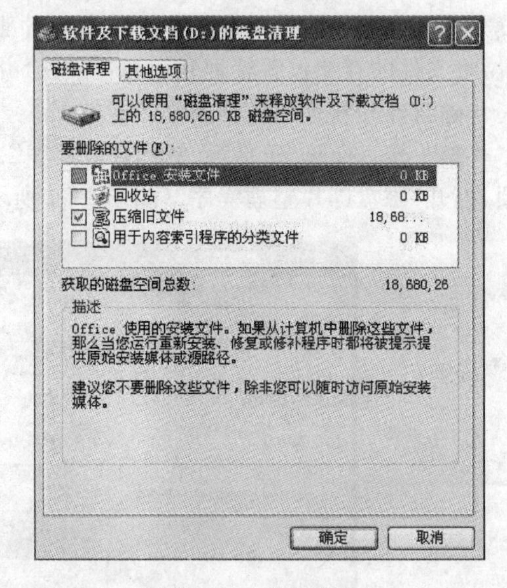


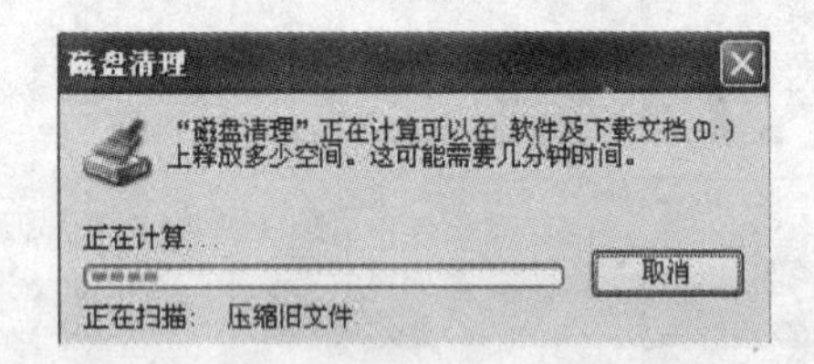


图 1-54 计算软件及下载文档占用的空间

图 1-55 磁盘清理

第 3 步：在“要删除的文件”列表中选择要删除的文件类型，选择“确定”按钮，系统弹出一个确认提示框，选择“是”按钮，系统开始清理磁盘中不需要的文件。

### 4. 检查磁盘中的错误

如果计算机经常出错，例如 Windows 启动缓慢、频繁死机、保存的文件不能正常运行，应检测磁盘是否出现了逻辑错误。如果出现了逻辑错误，可用系统提供的磁盘检测程序对其进行修复。

下面以 E 盘为例，检查并修复错误，具体操作步骤如下。

第 1 步：打开“资源管理器”，在“资源管理器”窗口中选择 E 盘，并右击，在弹出的快捷菜单中，单击“属性”功能，并选择“工具”选项卡，出现如图 1-56 所示的对话框。

第 2 步：选择“开始检查”按钮，弹出“检查磁盘工作(E：)”对话框。选中“自动修复文件系统错误”和“扫描并试图恢复坏扇区”复选框(如图 1-57 所示)。

第 3 步：选择“开始”按钮，系统开始扫描并修复磁盘。

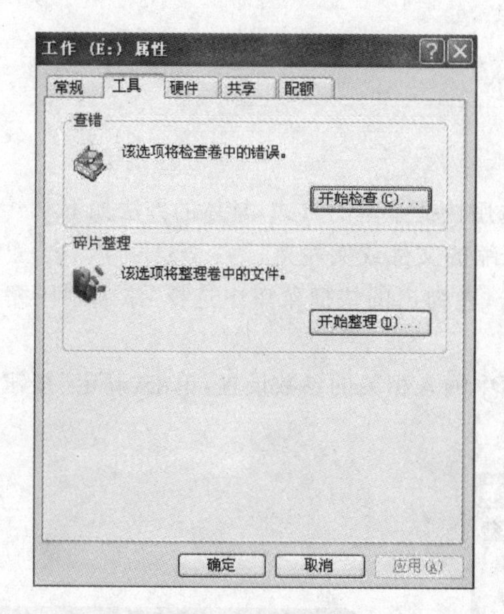


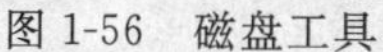
图 1-56 磁盘工具

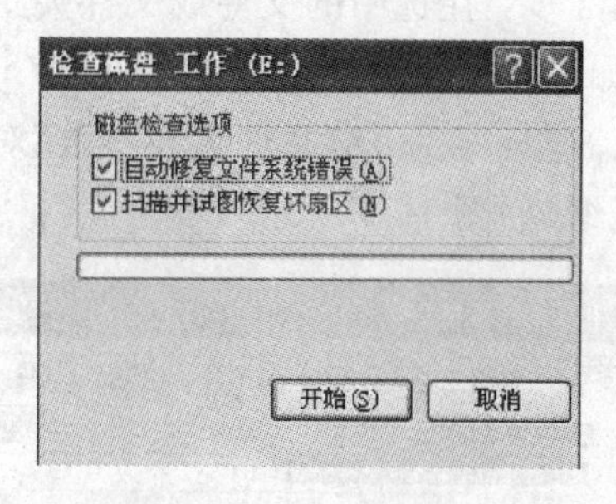


图 1-57 磁盘修复

第 4 步：扫描结束后，系统将出现一个对话框提示扫描完毕。

第 5 步：选择“确定”按钮，返回到“E：属性”对话框中，再选择“确定”按钮即可。

## 1.2 常用软件

### 1.2.1 文件压缩

一个或若干个文件经压缩后，产生了另一个比原来小的文件。而这个较小的文件，称为是这些较大的(可能一个或一个以上的文件)文件的压缩文件。而压缩此文件的过程称为文件压缩。压缩的原理是通过数学方法把文件的二进制代码压缩，把相邻的 0、1 代码减少。例如有 000000，可以把它变成 6 个 0 的写法 60，来减少该文件的空间。

要使用这些经过压缩的文件，就必须能够将这些经过压缩处理的文件还原成原来压缩前的文件。而还原文件的过程称为文件解压缩。目前常用的压缩与解压缩软件有 WinRAR、WinZip、好压等。这些软件的操作方法大同小异，下面介绍目前应用最广泛的压缩软件 WinRAR 的使用方法。

WinRAR 是在 Windows 的环境下对压缩文件进行管理和操作的一款压缩软件。WinRAR 可以支持很多压缩格式，除了. RAR 和. ZIP 格式的文件外，WinRAR 还可以为许多其他格式的文件解压缩。同时，使用这个软件也可以创建自解压可执行文件。

**1. WinRAR 的安装**

WinRAR 由俄罗斯程序员 Eugene Roshal 开发，每套软件收费 200 元左右，目前全世界有上亿人在使用。WinRAR 软件可以通过网络下载获得。在用户获得 WinRAR 后，可以直接运行该程序进行安装，安装方法比较简单，可以按照提示完成。安装完成后可以免费使用 40 天。

**2. 压缩与解压缩**

1）压缩文件

利用 WinRAR 进行文件的压缩，可以选用快捷菜单的方式，具体的方法如下。

第 1 步：通过“资源管理器”选中需要压缩的文件或文件夹。

第 2 步：在选中的文件或文件夹上右击，在弹出的快捷菜单中选择“添加到压缩文件”功能(如图 1-58 所示)。

第 3 步：在“压缩文件名和参数”对话框中输入相关的参数设置，单击“确定”按钮，开始进行压缩(如图 1-59 所示)。

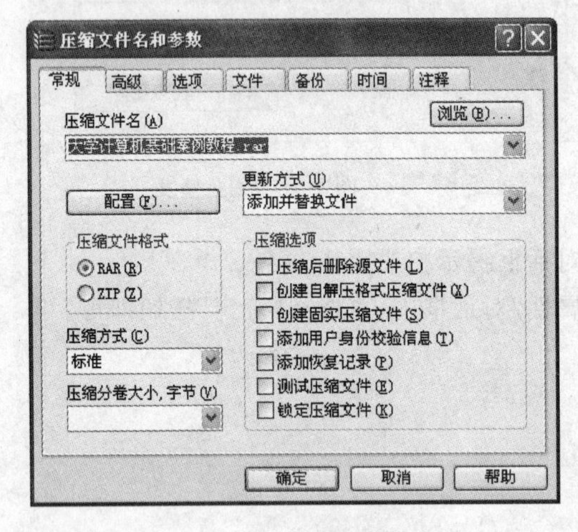


图 1-58 设置压缩文件参数

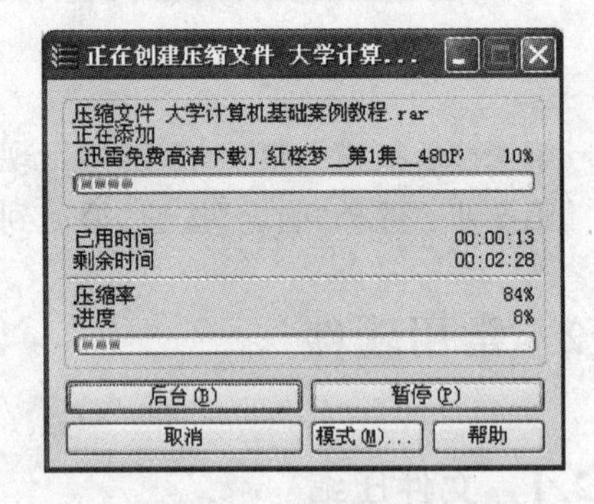


图 1-59 开始压缩文件

2）解压缩文件

第 1 步：通过“资源管理器”选中要解压的文件。

第 2 步：在选中的文件上，右击，在弹出的快捷菜单中选择“解压文件”功能。

第 3 步：在“解压路径和选项”对话框中选择“目标路径”、“更新方式”、“覆盖方式”等(如图 1-60 所示)。单击“确定”按钮，完成解压。

**3. 加密压缩文件**

可以为压缩文件指定解压密码，如果没有解压密码便无法解压压缩文件。

第 1 步：通过“资源管理器”选中需要压缩的文件或文件夹。

第 2 步：在选中的文件或文件夹上右击，在弹出的快捷菜单中选择“添加到压缩文件”功能。

第 3 步：打开“高级”选项卡(如图 1-61 所示)。

第 4 步：在该选项卡中单击“设置密码”按钮，打开“带密码压缩”对话框(如图 1-62 所示)。

第 5 步：在“输入密码”框和“再次输入密码以确认”框中输入一致的密码。同时可以选择是否要显示密码和加密文件名。单击“确定”按钮，返回“压缩文件名和参数”对话框。

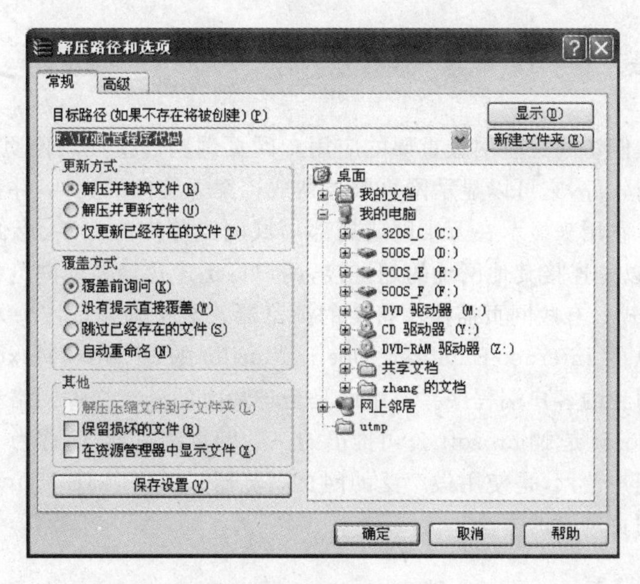


图 1-60 解压缩文件

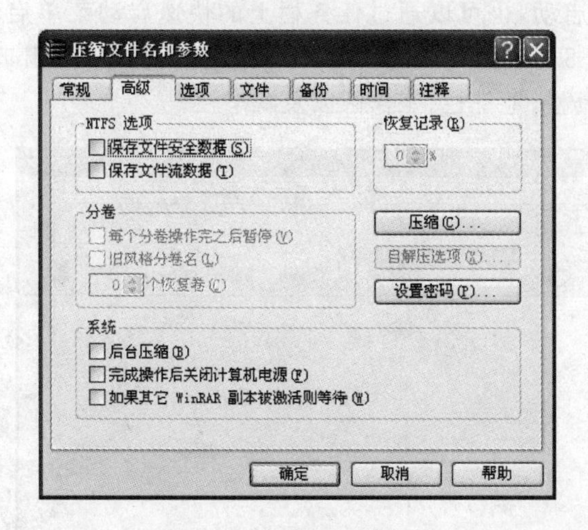


图 1-61 加密解压缩文件

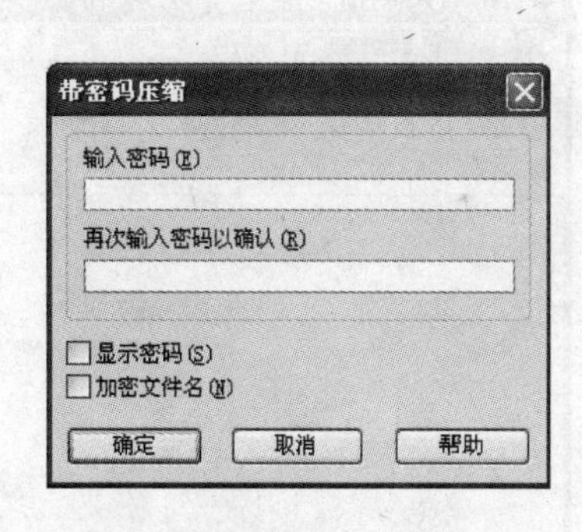


图 1-62 输入压缩密码

#### 4. 创建自解压文件

考虑到压缩后的文件可能将会在没有安装 WinRAR 或其他可兼容的压缩软件计算机上使用。为了保证压缩文件可以被打开，可以利用 WinRAR 将文件压缩成自解压文件。自解压文件是一个具有自动解压缩的可执行文件。方法如下。

第 1 步：重复压缩文件中的相关步骤，打开如图 1-58 所示的“压缩文件名和参数”对话框。

第 2 步：在“压缩选项”区域中，打开“常规”选项卡，选中“创建自解压格式压缩文件”复选框，选择“确定”按钮，使用默认方式创建自解压文件。

另外，根据需要还可以对自解压文件进一步进行设置。感兴趣的读者可以自己查阅相关资料自选练习。

### 1.2.2 网页浏览

网页浏览是人们访问互联网最重要的应用。网页浏览需要使用网页浏览器,网页浏览器是一个网络应用软件,它可以显示网页服务器或档案系统内的文件,并让用户与这些文件互动的一种软件。它用来显示在万维网或局部局域网路等内的文字、影像及其他资讯。这些文字或影像,可以是连接其他网址的超链接,用户可迅速及轻易地浏览各种资讯。网页一般是 HTML 的格式。有些网页需使用特定的浏览器才能正确显示。个人电脑上常见的网页浏览器包括微软的 Internet Explorer、Opera,Mozilla 的 Firefox、Maxthon 和 Safari。浏览器是最经常使用到的客户端程序。万维网是全球最大的链接文件网络文库。

Internet Explorer 是 Microsoft 公司推出的一款网页浏览器,简称为 IE,它随 Windows 操作系统提供给用户使用,是使用最广泛的网页浏览器。下面以 IE 8.0 为例介绍一下使用网页浏览器进行网页浏览的方法。

**1. 启动 IE 浏览器**

IE 可以通过桌面上的快捷方式图标启动,也可以通过任务栏上的快速启动菜单启动,IE 8.0 启动后的界面如图 1-63 所示。IE 8.0 是一个标准的 Windows 应用程序,其窗口内元素自上到下依次为标题栏、菜单栏、工具栏、地址栏、工作区以及状态栏。

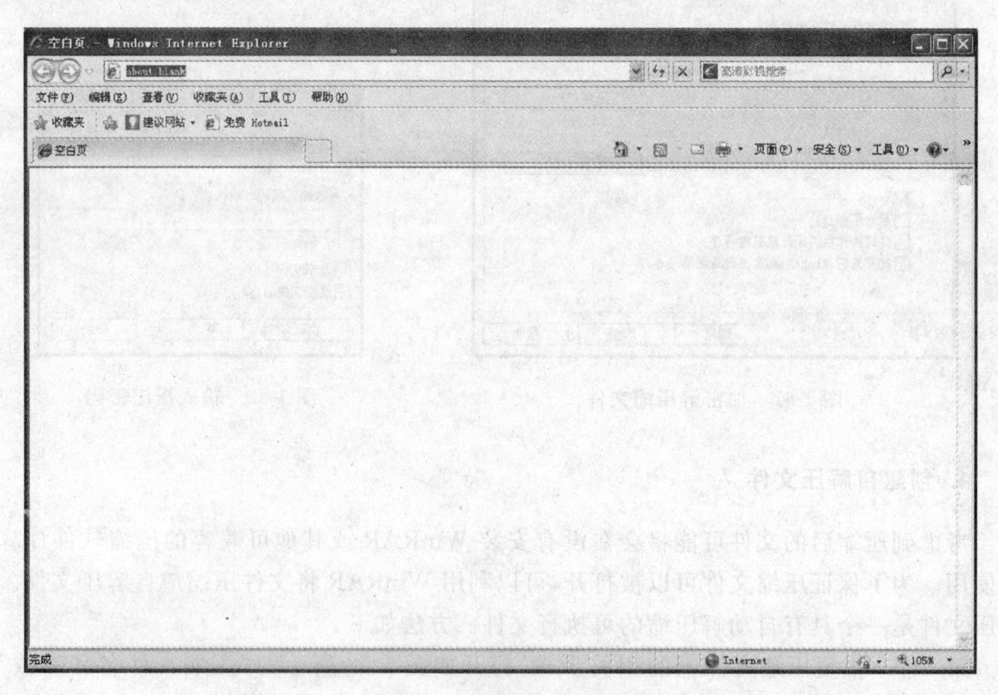


图 1-63 IE 8.0 启动窗口

**2. 访问网页**

将计算机连入 Internet 后,即可通过 IE 访问 Internet 上的 WWW 资源。访问方法是在地址栏中输入需要访问的网页地址，然后单击“转到”按钮或Enter键即可，在地址栏中输入新浪主页的地址，然后单击“转到”按钮，结果如图1-64所示。

图1-64　用IE 8.0打开新浪网页

除了直接在地址栏中输入网页（网站）的地址外，也可以通过执行“文件”菜单中的“打开”功能来输入网址。选择地址栏下面的“收藏夹”按钮，浏览以前曾经访问过的网址列表，可以从中选择欲浏览的网站。

**3. 访问网页中的链接**

打开网页后，单击网页上任意带有超链接的内容，浏览器即可自动打开链接所指向的网页。

## 1.2.3　FTP服务

FTP就是File Transport Protocol文件传输协议的缩写，FTP服务器能够在网络上提供文件传输服务，合法用户可以下载文件，也可以上传文件。FTP服务器根据服务对象的不同可分为匿名服务器（Anonymous Ftp Server）和系统FTP服务器。前者任何人都可以使用，后者就只能是在FTP服务器上有合法账号的人才能使用。

使用网页浏览器和资源管理器都可以访问FTP服务器，访问的方法与访问网页类似，都需要输入服务器的地址。例如网络上有一台FTP服务器的地址为aaa.bbb.ccc.ddd，在浏览器或资源管理器的地址栏输入FTP://aaa.bbb.ccc.ddd，即可访问该FTP服务器，进行文件的上传或下载。如果使用资源管理器访问 FTP 服务器，文件的上传、下载的方式与访问本地文件的方式基本相同。

### 1. 从 FTP 下载文件

方法 1：打开浏览器并输入 FTP 地址(如图 1-65 所示)。

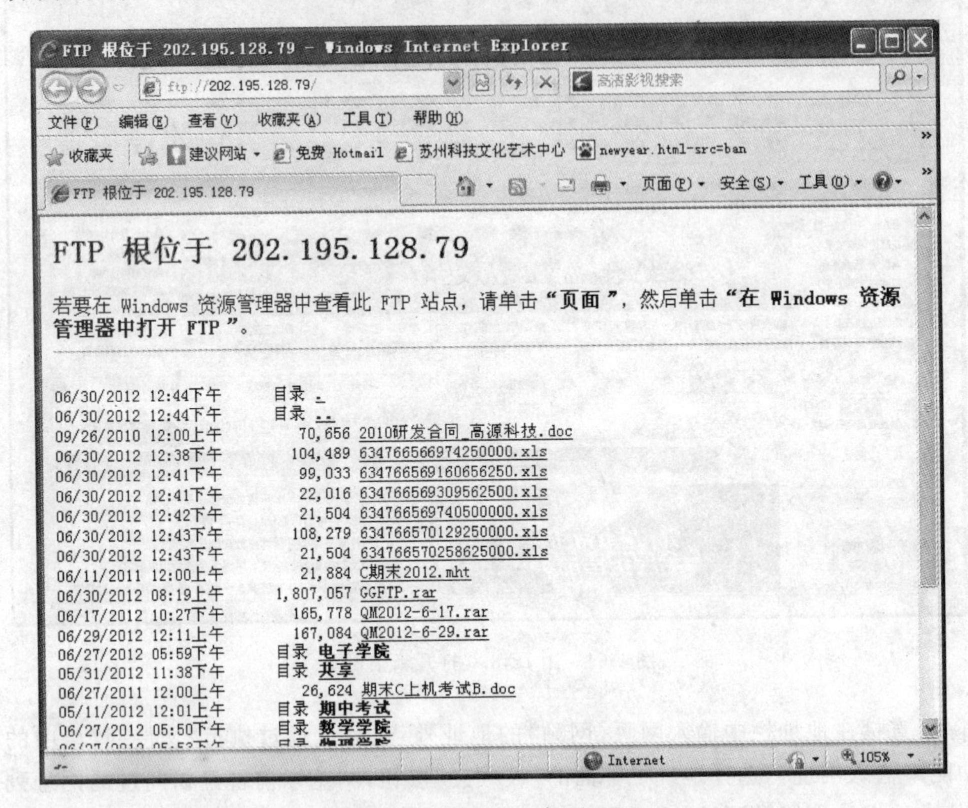


图 1-65 用 IE 8.0 打开 FTP

单击指定文件夹可以打开该文件夹，单击指定文件可以打开该文件。如果文件不能打开，则会显示文件下载对话框。如果右击文件，在弹出的快捷菜单中选择“目标另存为”功能，也会弹出“文件下载”对话框(如图 1-66 所示)。

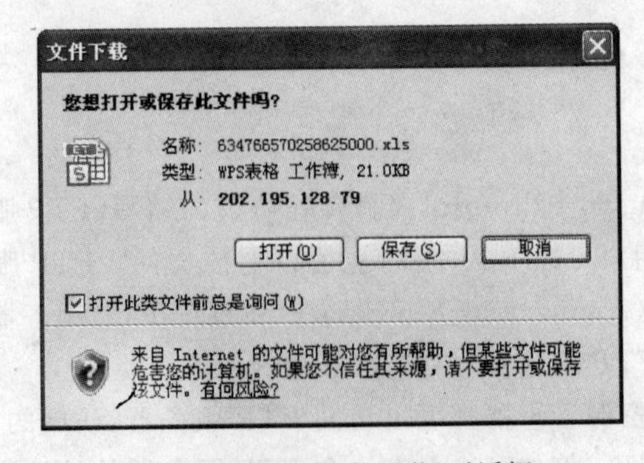


图 1-66 FTP“文件下载”对话框

方法 2：打开“资源管理器”，在地址栏中输入 FTP 地址(如图 1-67 所示)。

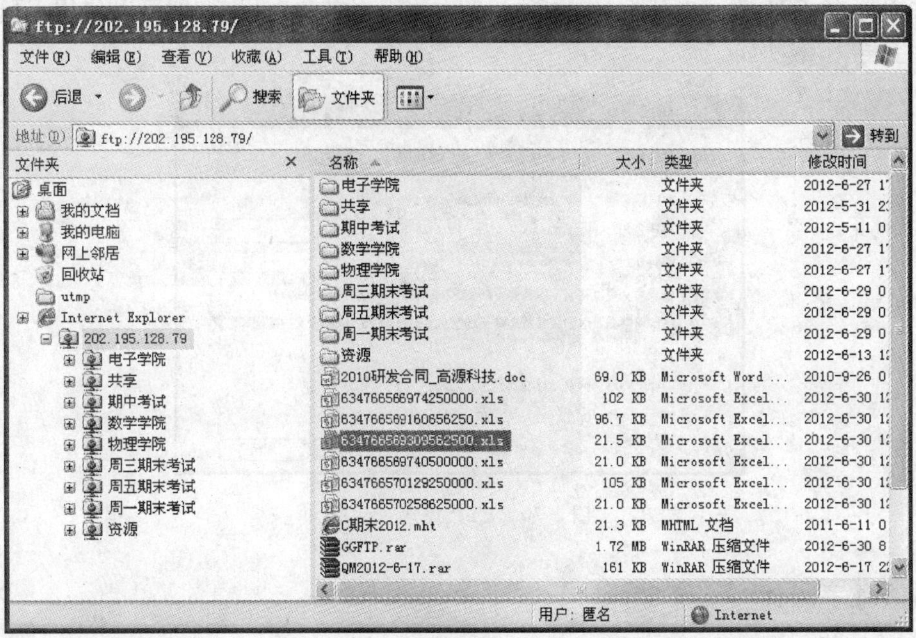

图 1-67　用“资源管理器”打开 FTP

使用“资源管理器”打开 FTP，选择需要下载的文件或文件夹，拖到本地电脑的目标位置并放开鼠标，选择的文件或文件夹被下载到本地电脑指定的位置，下载过程如图 1-68 所示。

另外，也可以使用剪贴板复制、粘贴的方式下载。

**2. 上传文件到 FTP**

使用资源管理器打开 FTP，选择需要上传的文件或文件夹，拖到 FTP 下的目标位置并释放鼠标，选择的文件或文件夹被上传到服务器指定的位置，上传过程如图 1-69 所示。

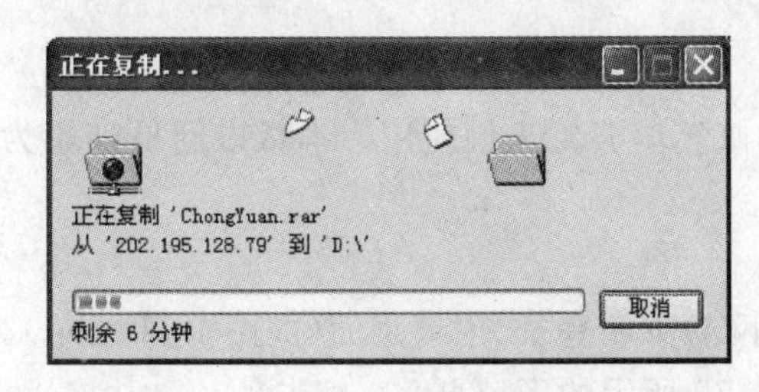


图 1-68　FTP 文件下载窗口

图 1-69　FTP 文件上传窗口

另外也可以使用剪贴板复制、粘贴的方式上传。

**3. 登录到 FTP**

通常，FTP 服务器为了限制用户权限，可以为用户指定用户名、用户密码和用户权限。用户访问这些 FTP 服务器需要登录后才能使用，登录方法如下。

在"资源管理器"的地址栏中输入FTP地址,选择"文件"菜单中的"登录"功能,显示如图1-70所示的FTP登录对话框,用户输入合法的用户名和密码后,即可以使用FTP提供的文件上传、下载功能。

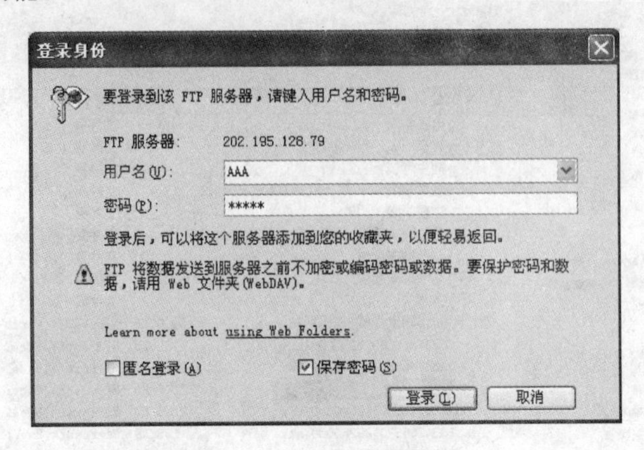


图1-70 FTP登录对话框

### 1.2.4 电子邮件

电子邮件(Electronic Mail,E-mail,)又称电子信箱,它是一种用电子手段提供信息交换的通信方式。是Internet应用最广的服务之一。

通过网络的电子邮件系统,用户可以用非常低廉的价格(不管发送到哪里,都只需负担电话费和网费即可),以非常快速的方式(几秒钟之内可以发送到世界上任何你指定的目的地),与世界上任何一个角落的网络用户联系。这些电子邮件可以是文字、图像、声音等各种方式。

电子邮件服务由专门的服务器提供,Gmail、Hotmail、网易邮箱、新浪邮箱等邮箱服务也是建立在电子邮件服务器基础上的。目前绝大多数电子邮件服务都是免费的,用户只要挑选一个电子邮件服务平台注册一个邮箱,就可以使用该邮箱发送电子邮件了。

#### 1. 申请邮箱

在Internet上有些网络运营商提供了免费的邮箱服务供人们使用。本章以网易邮箱为例,介绍申请邮箱的方法。

第1步:打开网易邮箱登录、申请页面。

打开浏览器,输入网址www.126.com,打开网易邮箱登录、申请页面(如图1-71所示)。

第2步:选择网页上的"注册"按钮,进入图1-72所示的下一页。

第3步:根据页面提示输入个人的用户名、密码、手机号码、验证码。

**注意**:使用的用户名必须是在该邮箱服务器上没有人注册过的用户名,如果发现冲突,需要换名重新输入。手机号码可不输入。

第4步:输入完成后,选择网页上"注册"按钮。注册成功后用户就拥有了一个免费邮箱,以后用户可以通过本次注册的用户名和密码使用该网易邮箱。

图1-71　网易邮箱登录窗口

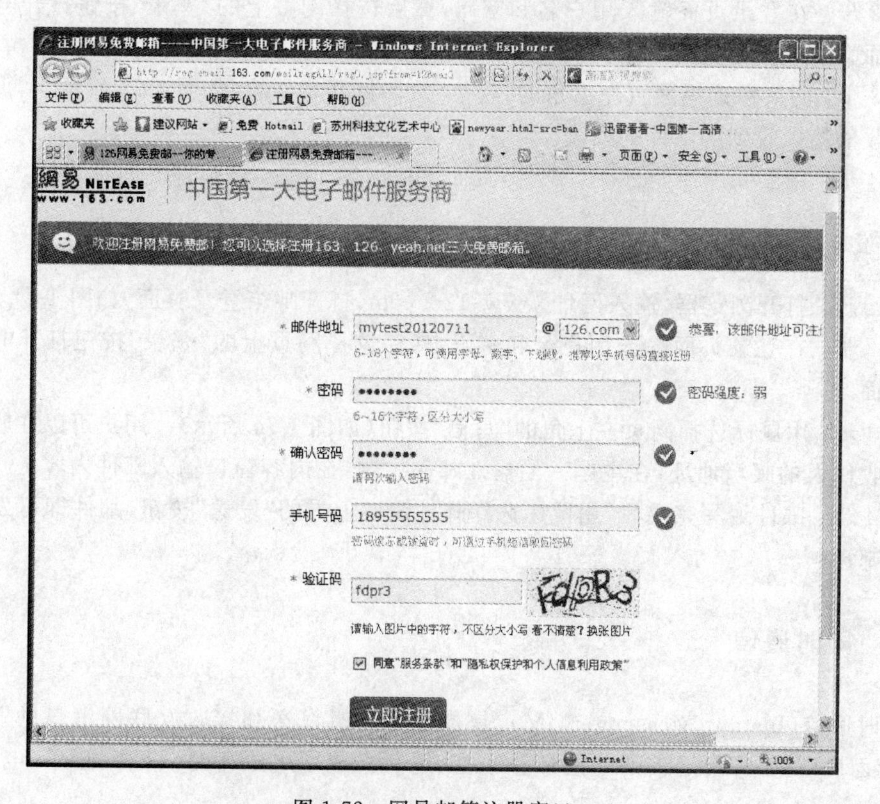


图1-72　网易邮箱注册窗口

**2. 收电子邮件**

第 1 步：打开浏览器，输入网址 www.126.com，打开邮箱登录页面，如图 1-73 所示。

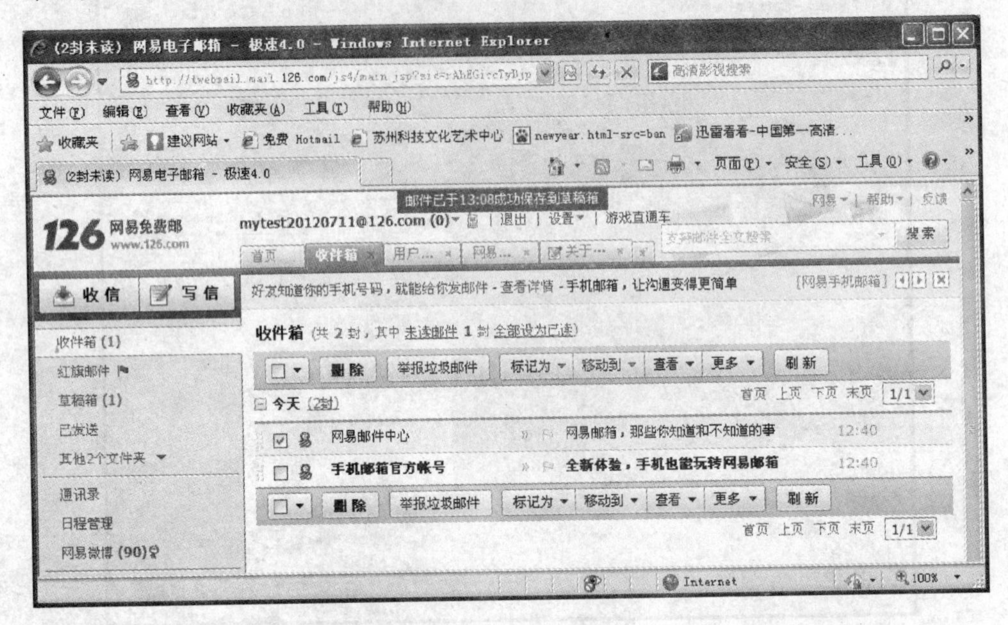


图 1-73　网易收邮件窗口

第 2 步：在登录页面输入用户名和密码，然后选择网页上的“登录”按钮打开电子邮箱管理页面。

第 3 步：用鼠标选择网页左上角的“收信”按钮打开收件箱(如图 1-73 所示)。页面窗口内显示收件箱内收到的邮件的列表。

第 4 步：用鼠标选择任意一封邮件，页面窗口内即可显示该邮件的内容。

**3. 发电子邮件**

第 1 步：打开浏览器，输入网址 www.126.com，打开邮箱登录页面，如图 1-71 所示。

第 2 步：在登录页面输入用户名和密码，然后选择网页上的“登录”按钮打开电子邮箱管理页面。

第 3 步：用鼠标选择网页左上角的“写信”按钮(如图 1-74 所示)。用户可以在收件人一栏输入收件人的邮箱地址，在主题一栏输入邮件主题，在内容窗口输入邮件内容。

第 4 步：邮件编写完成后，用鼠标选择邮件窗口上方的“发送”按钮，邮件即可发送到收件人的邮箱。

### 1.2.5　即时通信

即时通信(Instant Messenger，IM)，是指能够即时发送和接收互联网消息的业务。自 1998 年面世以来，即时通信的功能日益丰富，逐渐集成了电子邮件、博客、音乐、电视、游戏

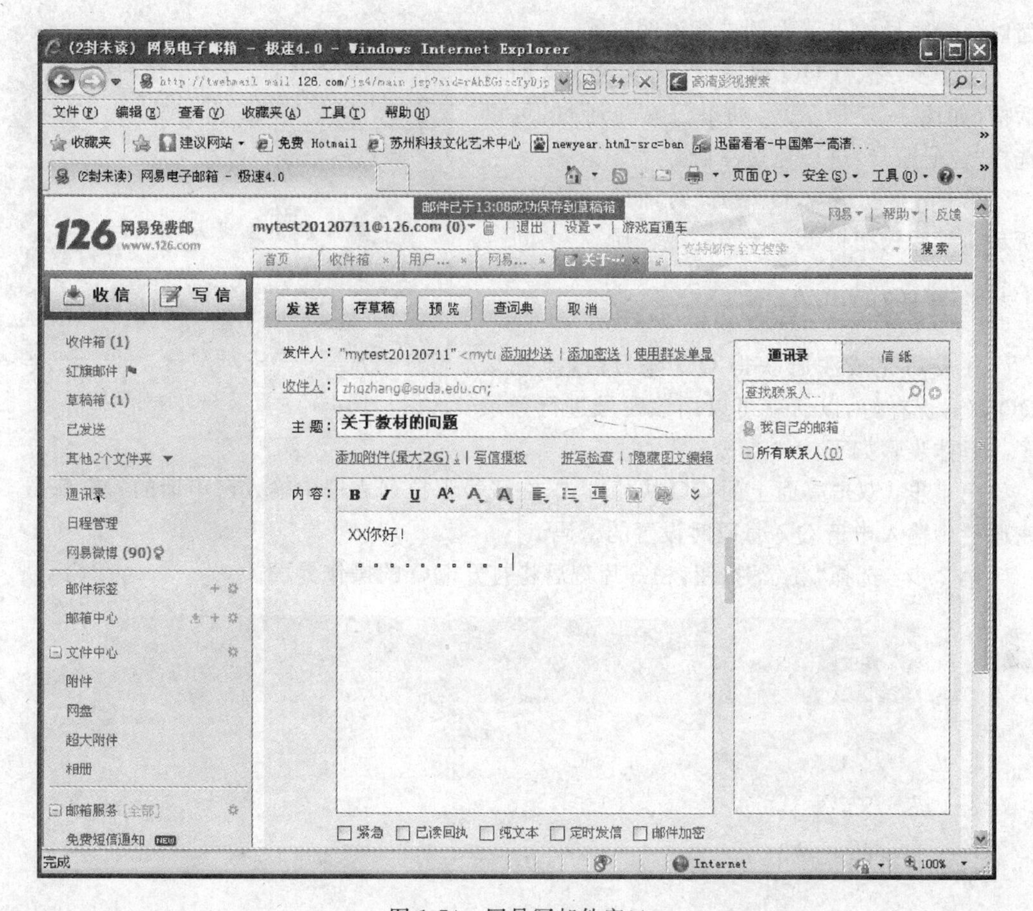


图 1-74　网易写邮件窗口

和搜索等多种功能。即时通信不再是一个单纯的聊天工具,它已经发展成集交流、资讯、娱乐、搜索、电子商务、办公协作和企业客户服务等为一体的综合化信息平台。是一种终端连网即时通信网络的服务。即时通信与 E-mail 的不同是它的交谈是即时的。大部分的即时通信服务提供了状态信息的特性——显示联络人名单、联络人是否在线与能否与联络人交谈。

常用的即时通信软件有 ICQ、MSN、QQ、阿里旺旺、UC 等。下面介绍目前世界上用户最多的即时通信软件——QQ。

QQ 是一款可以在多种操作系统下运行的即时通信软件。于 1999 年 2 月由深圳腾讯计算机系统有限公司马化腾和张志东开发,在与微软的 MSN 竞争中以更好的稳定性、更高的安全性以及更全面的功能脱颖而出,目前全球注册用户已超过 10 亿。

### 1. 安装 QQ

用户可以从腾讯网站 http://im.qq.com 上直接下载最新版的 QQ 安装软件,直接运行该程序进行安装。安装方法比较简单,可以按照提示完成。

### 2. 申请 QQ 账号

要使用 QQ 进行通信,必须要申请 QQ 账号。QQ 账号有免费账号和付费账号两种,下面以免费账号的申请为例进行说明。

第 1 步：执行 QQ 程序，打开登录 QQ 的对话框（如图 1-75 所示）。如果没有注册过，可以选择“注册账号”进行免费注册。

第 2 步：打开“QQ 注册”对话框（如图 1-76 所示），然后根据提示一步步完成注册。

图 1-75　登录 QQ 的对话框

### 3. 登录 QO

在成功完成注册获得 QQ 账号后，要把该 QQ 账号保存好，以后就可以用该账号进行登录了。具体步骤如下。

第 1 步：双击桌面上的 QQ 快捷方式，在账号下拉列表框中输入已申请的 QQ 账号，在密码栏中输入申请 QQ 号码时设置的密码。

第 2 步：选择“登录”按钮，稍等片刻后将打开 QQ 的操作界面。

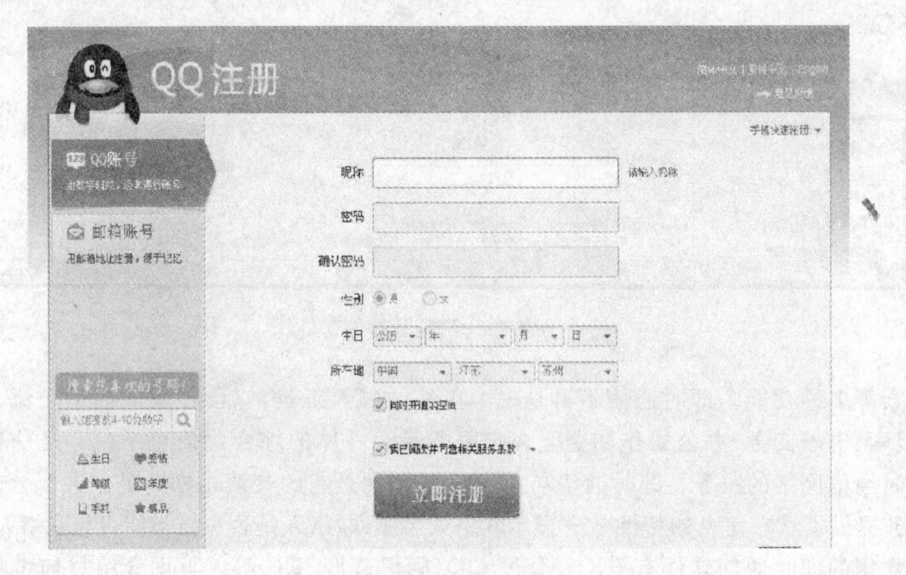


图 1-76　“QQ 注册”对话框

### 4. 添加好友

添加好友有两种途径：一种是随意查找；另一种是添加已知的 QQ 账号。下面以添加已知 QQ 账号为好友为例介绍具体的步骤。

第 1 步：单击 QQ 工作界面下侧的“查找”按钮，选中“找人”选项卡，弹出如图 1-77 所示的“查找联系人”对话框。

第 2 步：按“精确查找”单选按钮，在“查找”文本框中输入已知好友的 QQ 账号。选择“查找”按钮，在下方显示查找到的用户（如图 1-78 所示）。

第 3 步：判断找到的用户是否符合要求，单击用户信息右侧的⊕图标，弹出“添加好友”对话框（如图 1-79 所示）。

图 1-77 “查找联系人”|“找人”对话框

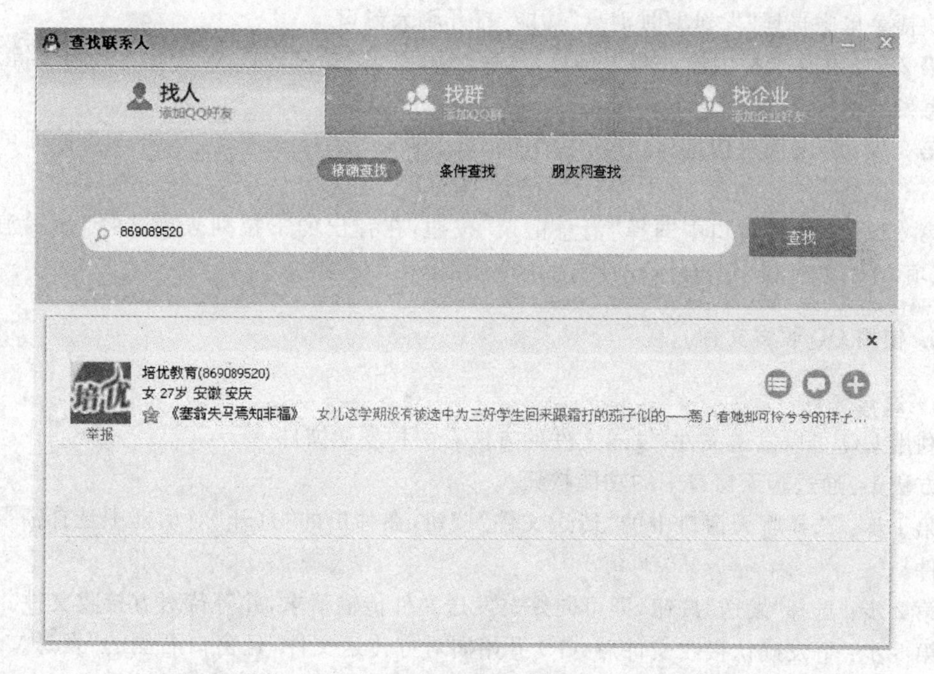


图 1-78 “QQ查找联系人”|“找人”对话框

冰苏 - 添加好友
备注姓名:
分 组: 我的好友
新建分组
培优教育
869089520
性别: 女
年龄: 27岁
所在地: 安徽 安庆
下一步
取消

图 1-79 QQ“添加好友”对话框

第4步：在"添加好友"对话框中可以输入备注姓名，该姓名在好友列表中显示。另外还可以选择将好友添加到指定的分组，方便对好友进行管理。然后单击"下一步"即完成该好友的添加。

**注意**：有些QQ用户要求验证通过才能添加好友，这时需要发送验证信息给对方，对方确认同意后才能成功添加好友。

### 5. 使用QQ通信

成功添加好友后，就可以和好友通信了，具体步骤如下。

第1步：在主窗口的"我的好友"列表中，双击好友的头像，或使用右击好友头像，在弹出的快捷菜单中选择"发送即时消息"功能，打开聊天窗口。

第2步：在文本栏中输入聊天信息，然后选择"发送"按钮(或按下Ctrl＋S组合键)即可将信息发送给好友。

第3步：好友回复信息后，任务栏中的QQ图标会不停地闪动，单击该图标即可看到信息。

第4步：在聊天窗口中选择"消息记录"按钮，在弹出的下拉列表中选择"显示消息记录"选项，在右侧窗口中会显示出所有的聊天记录。

### 6. 使用QQ收发文件

1) 发送文件

利用QQ可以发送文件，发送文件的方法有两种发送文件。

方法1：通过聊天窗口中的功能按钮

第1步：选择聊天窗口中的"传送文件"按钮，在弹出的"打开"对话框中选择需要传送的文件。

第2步：选择"发送"按钮，即可向好友发送文件传输请求，并等待对方接收文件。

第3步：好友确认接收文件后，QQ开始向对方传送文件，且窗口右侧的"发送文件"栏将显示文件的传送进度。

第4步：文件发送完毕后，消息框中将提示文件已经发送完毕，关闭聊天窗口即可。

方法2：直接将文件拖动到聊天窗口。

第1步：打开资源管理器，选中要发送的文件。

第2步：用鼠标拖动该文件到聊天窗口中，即可向好友发送文件传输请求，并等待对方接收文件。

第3步：与方法1的第3步相同。

第4步：与方法1的第4步相同。

2) 接收文件

第1步：当好友给自己传送文件时，会自动弹出聊天窗口，选择"另存为"链接，弹出"另存为"对话框，在该对话框中为文件选择保存路径。

第2步：选择"保存"按钮，即可开始接收文件，且窗口右侧的"发送文件"栏将显示文件的接收进度。

第3步：文件接收完毕后，消息框中将提示文件已保存。

**7. 使用 QQ 邮箱**

在注册 QQ 账号成功后，腾讯自动提供一个 QQ 邮箱，邮箱的地址为用户的 QQ 账号加@qq.com。

1) 利用 QQ 发送邮件

第 1 步：在登录 QQ 成功后，单击 QQ 主界面上侧的 按钮，即可进入该账号下的 QQ 邮箱，并使用默认浏览器打开 QQ 邮箱页面(如图 1-80 所示)。

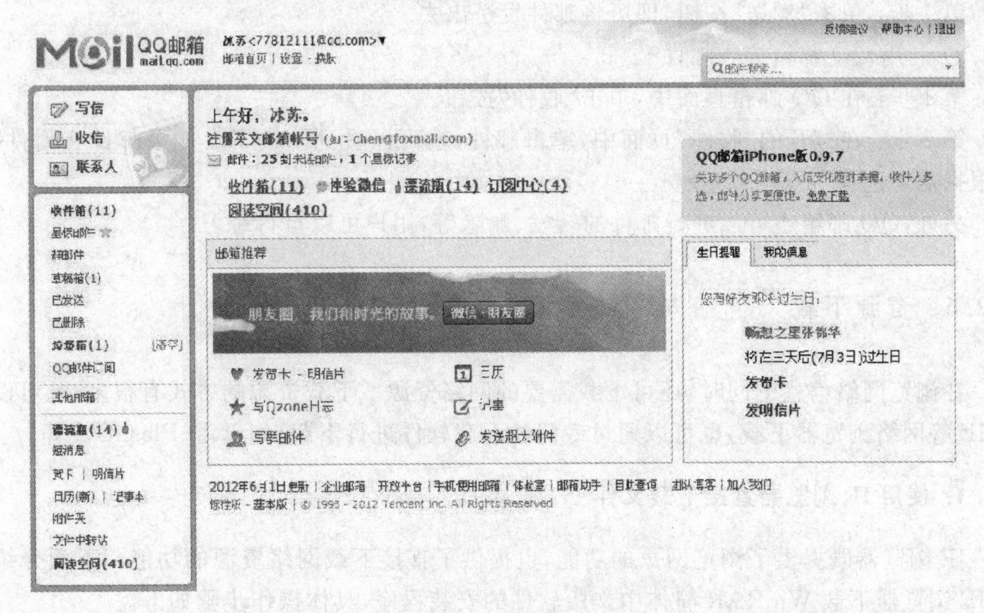


图 1-80 “QQ 邮箱”页面

第 2 步：单击 QQ 邮箱页面中的“写信”按钮，在浏览器中弹出如图 1-81 所示的写邮件页面。

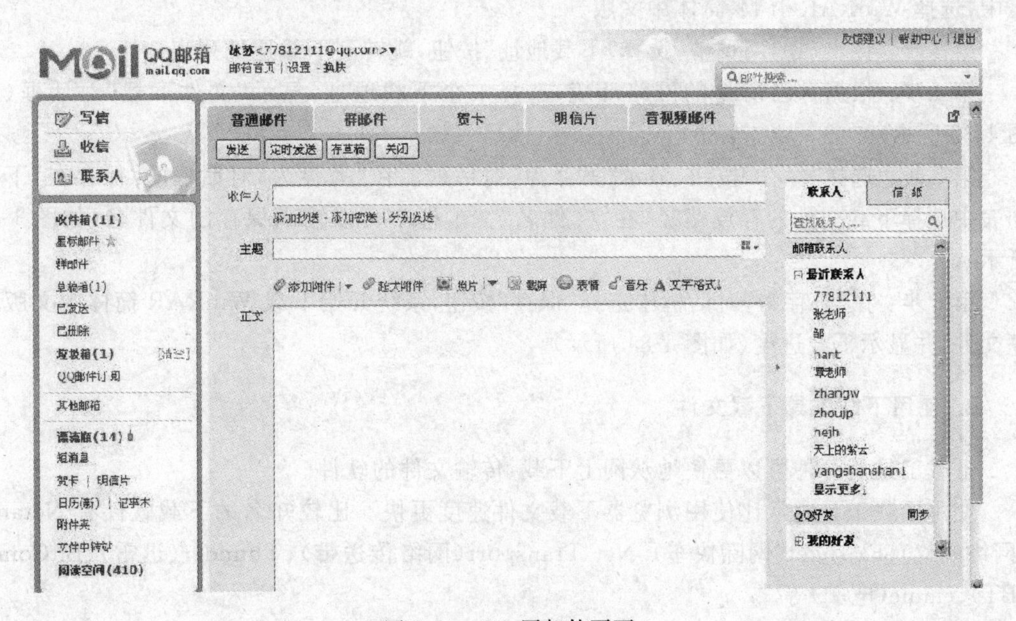


图 1-81 QQ 写邮件页面

第 3 步：在“收件人”一栏输入收件人的邮箱地址，也可以单击选择“联系人”列表中的一位或多位联系人作为收件人。

第 4 步：在“主题”一栏中输入邮件的标题。

第 5 步：如果要随信附带文件或图片，单击“添加附件”按钮，在弹出的对话框中，选择要添加的附件后单击“打开”，也可单击附件名称后面的红叉按钮，删掉不要的附件。若要添加多个附件，可重复单击“添加附件”。

第 6 步：在“正文”框中填写信件的正文内容。

第 7 步：单击“发送”按钮，即可将邮件发送出去。

2）利用 QQ 邮箱接收邮件

第 1 步：在 QQ 邮箱页面中，单击“收件”按钮。

第 2 步：在打开的“收件”页面中，单击邮件，就可以看到邮件了。如果邮件有附件，可以根据需要选择“下载”或“预览”。

另外，QQ 邮箱还可以进行邮件的转发、删除等，用户可以自行练习。

### 1.2.6 资源下载

在浏览网络信息的同时，还可下载需要的网络资源。下载资源的方式有很多，既可以使用 IE 等网络浏览器下载，也可以通过专门的下载软件进行下载，如迅雷、FlashGet 等。

#### 1. 使用 IE 浏览器直接下载文件

IE 浏览器既提供了浏览网页的功能，也提供了直接下载网络资源的功能。下面介绍通过 IE 浏览器下载 WinRAR 简体中文版软件的安装程序，具体操作步骤如下。

第 1 步：打开 IE，在地址栏中输入网址 http://www.skycn.com，进入“天空软件站”。

第 2 步：在“软件搜索”框中输入“WinRAR”，然后选择“软件搜索”按钮，在搜索结果列表中，选择 WinRAR 4.11 简体中文版。

第 3 步：在出现的网页中，选择“下载地址”按钮，跳转到下载地址列表。

第 4 步：根据自己所处的网络环境，选择一个下载地址，显示“文件下载”对话框（如图 1-82 所示）。

第 5 步：选择“保存”按钮，显示“另存为”对话框。在“另存为”对话框的“保存在”下拉列表中选择下载文件的存放路径，在“文件名”文本框中可以输入保存的文件名（如图 1-83 所示）。

第 6 步：在“另存为”对话框中选择“保存”按钮，系统开始下载 WinRAR 简体中文版程序文件，并显示下载进度（如图 1-84 所示）。

#### 2. 使用下载工具下载文件

下载工具是一种可以更快地从网上下载、传输文件的软件。

使用下载工具通常比使用浏览器下载文件速度更快。比较知名的下载软件有 Netants（网络蚂蚁）、Flashget（网际快车）、Net Transport（网络传送带）、Thunder（迅雷）、BitComet（BT）、emule（电驴）等。

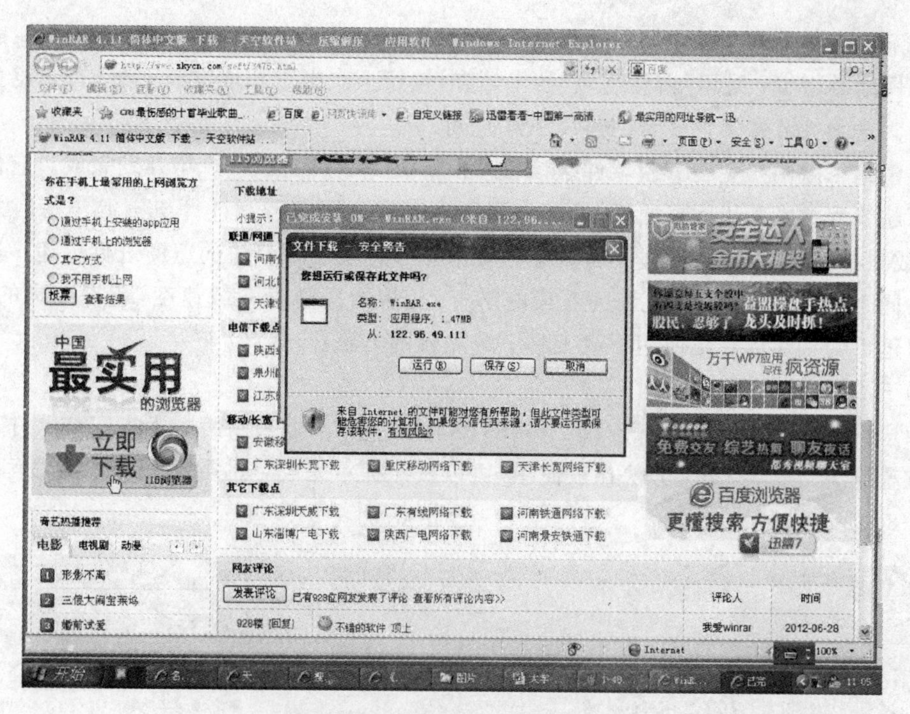


图 1-82 “文件下载”对话框

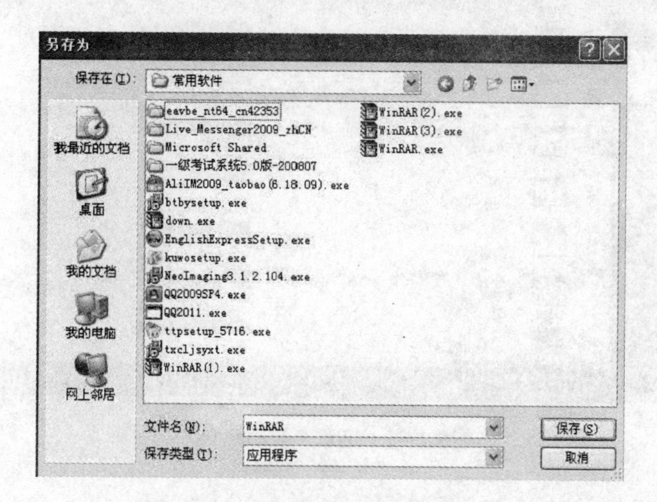


图 1-83 “另存为”对话框

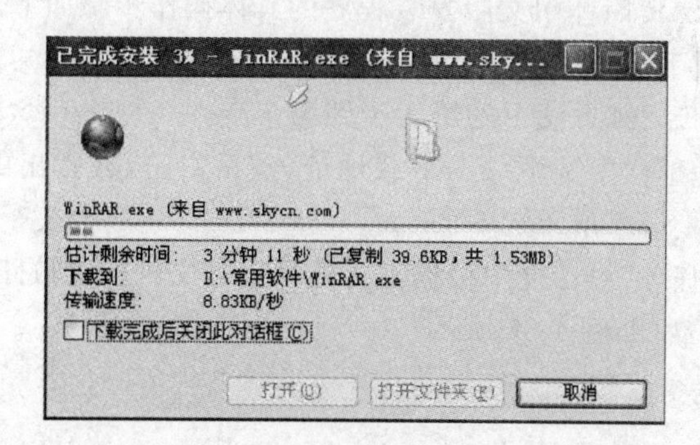


图 1-84 文件下载进程对话框

用下载工具下载文件之所以快是因为它们采用了“多点连接”(分段下载)技术,能更充分利用网络的带宽;采用“断点续传”技术,随时接续上次中止部位继续下载,有效避免了重复劳动。这大大节省了下载者的连线下载时间。

迅雷是一款国产免费下载软件。该软件由邹胜龙、程浩在2002年开发完成。它使用的多资源超线程技术基于网格原理,能够将网络上存在的服务器和计算机资源进行有效的整合,构成独特的迅雷网络,通过迅雷网络各种数据文件能够以最快的速度进行传递。通过该软件可同时从服务器、镜像和节点下载网络资源,从而提高了下载速度,节省宝贵的时间。下面以迅雷为例简单介绍使用下载工具下载软件的方法。

1) 迅雷的安装

用户可以从迅雷网站 http://dl. xunlei. com 上直接下载最新版的迅雷安装软件。直接运行该程序进行安装,安装方法比较简单,可以按照提示完成。迅雷7安装完成后运行界面如图1-85所示。

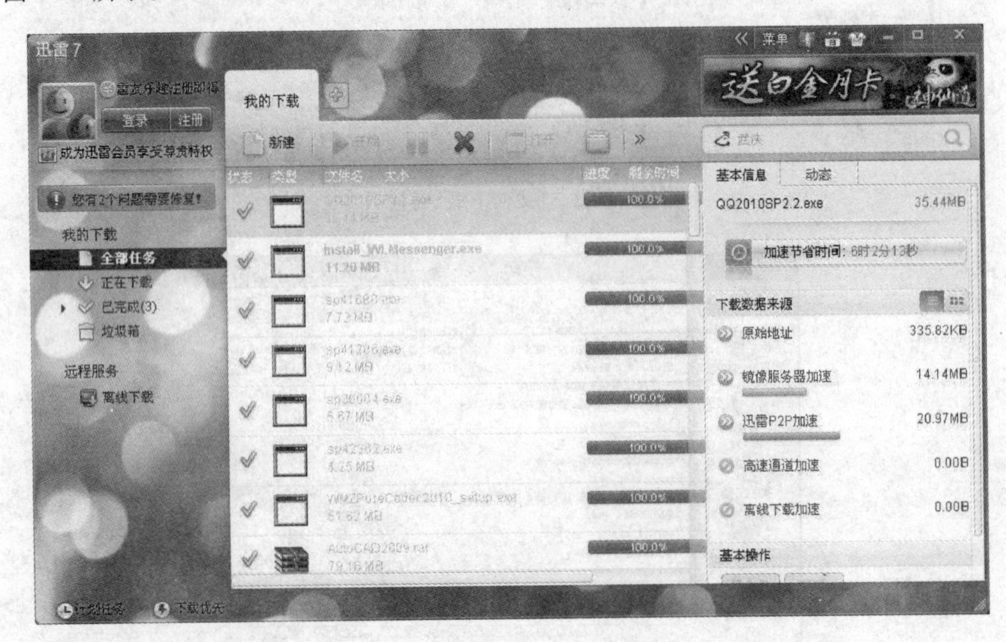


图1-85 迅雷7启动窗口

2) 使用迅雷下载文件

用迅雷下载 WinRAR 简体中文版安装程序的具体操作步骤如下。

第1步:启动迅雷下载软件。

第2步:重复用IE下载方法中的第1步到第3步。

第3步:在下载地址栏中选中一个下载地址,然后右击,在弹出的快捷菜单中选择“使用迅雷下载”功能(如图1-86所示)。

第4步:在“新建任务”对话框中根据需要选择下载文件的存放路径,然后单击“立即下载”即可完成文件的下载(如图1-87所示)。

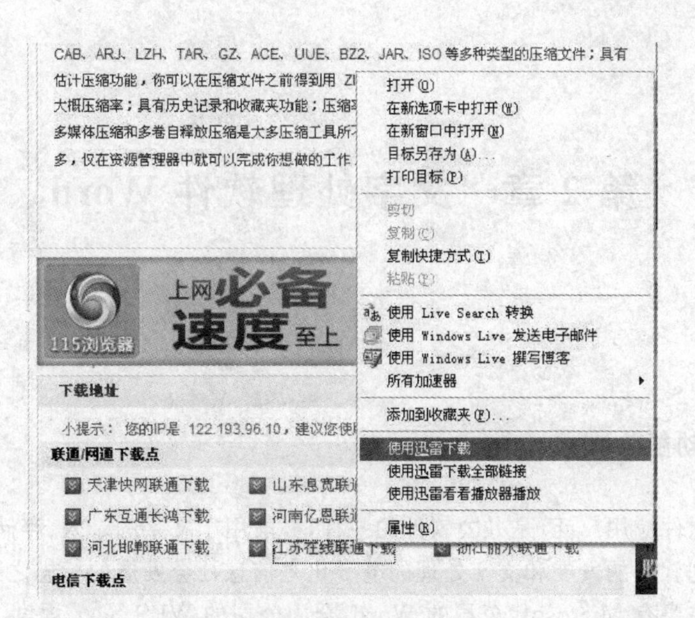


图 1-86　使用迅雷下载文件

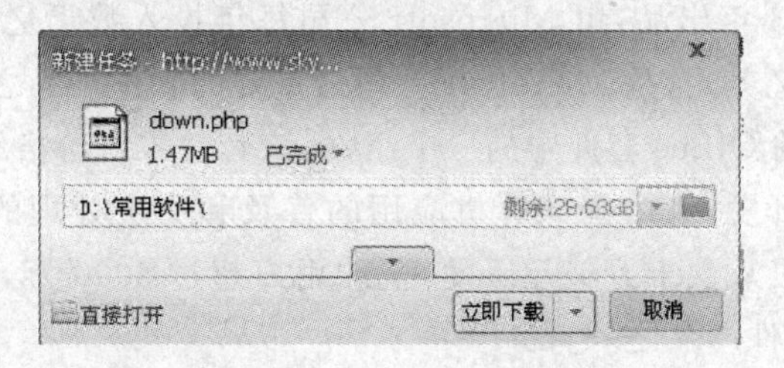


图 1-87　使用迅雷下载文件选择下载路径

# 第2章　文字处理软件 Word

## 2.1　概述

### 2.1.1　主要功能

文字处理软件应用广泛，是办公软件的一种，一般用于文字的录入、存储、编辑、排版、打印等。文字处理软件的发展和文字处理的电子化是信息社会发展的标志之一。现有的中文文字处理软件主要有 Microsoft 公司的 Word、金山公司的 WPS 等。

Word 是 Microsoft 公司的 Office 套件中的一个组件，该套件零售价格约 3500 元人民币。该软件最早于 1983 年出品，由 Microsoft 公司每年投入数十亿美元研发，全球用户超过 5 亿，每年获利上百亿美元，是 Microsoft 公司最重要的软件产品之一。

WPS 是金山公司的 Office 套件中的一个组件，该套件零售价格约 600 元人民币。由程序员求伯君于 1989 年开发，为中国计算机应用的普及和文字处理的电子化做出了重要贡献，现由金山公司每年投入数十万美元研发，全球用户超过 5000 万，每年获利上百万美元，是金山公司最重要的软件产品之一。

本章内容将以 Word 为基础进行讲述。由于 Word 与 WPS 两者主要功能接近，操作方法相仿，具有极大的相似性，所以用户也很容易通过 Word 的学习快速掌握 WPS 的使用方法。

作为一款出色的文字处理软件，Word 具有以下几个主要功能。

#### 1. 直观的操作界面

Word 软件界面友好，提供了丰富多彩的工具，利用鼠标就可以完成选择、排版等操作，所有操作都可以以打印效果进行显示，即所见即所得。

#### 2. 多媒体混排

用 Word 软件可以编辑文字、图形、图像、声音、动画，还可以插入其他软件制作的信息，也可以用 Word 软件提供的绘图工具进行图形制作、编辑艺术字及数学公式，能够满足用户的各种文档处理要求。

#### 3. 强大的制表功能

Word 软件提供了强大的制表功能，不仅可以自动制表，也可以手动制表。Word 的表格线自动得到保护，表格中的数据可以自动计算，表格还可以进行各种修饰。在 Word 软件中，还可以直接插入电子表格。用 Word 软件制作表格，既轻松又美观、既快捷又方便。

### 4. 打印功能

Word 软件提供了打印预览功能,具有对打印机参数的强大的支持性和配置性,使用户可以精确地打印排版的内容。

## 2.1.2 界面组成

启动 Word 2003 后,出现如图 2-1 所示的界面。界面的主要元素有标题栏、菜单栏、工具栏、状态栏、标尺、视图按钮等。

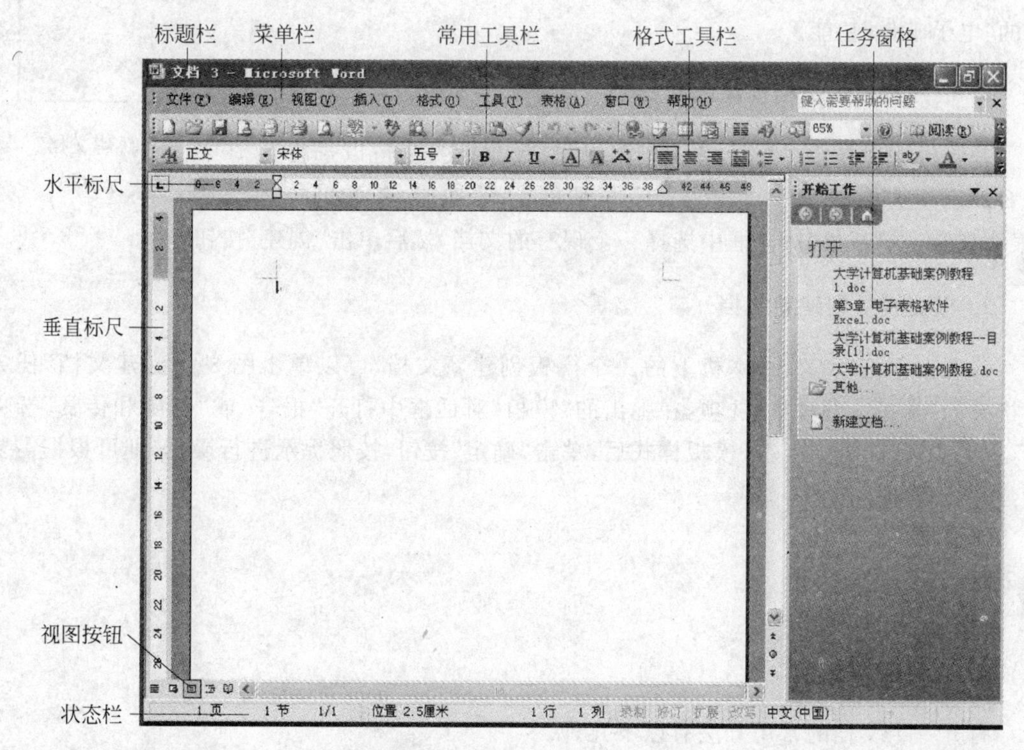


图 2-1 Word 2003 启动界面

# 2.2 文档操作

## 2.2.1 新建文档

### 1. 创建空文档

默认情况下,每次启动 Word 都会自动建立一个新文档,名称为“文档 1”。

如果在 Word 已经启动了之后想要建立一个空文档,有如下两种方法。

方法 1:使用菜单。选择“文件”菜单中的“新建”功能,在窗口右侧出现“新建文档”任务窗格,如图 2-2 所示。单击“空白文档”选项,Word 2003 将会创建一个新的空白文档。

方法 2：使用工具栏按钮。单击“常用”工具栏上的“新建空白文档”按钮。

1）创建一个 XML 文档

若要创建一个 XML 文档，可以选择图 2-2“新建文档”任务窗格中的“XML 文档”功能。

2）创建一个网页文档

若要创建一个网页文档，可以选择图 2-2“新建文档”任务窗格中的“网页”功能。

3）创建一个电子邮件

若要创建一个电子邮件，可以选择图 2-2“新建文档”任务窗格中的“电子邮件”功能。

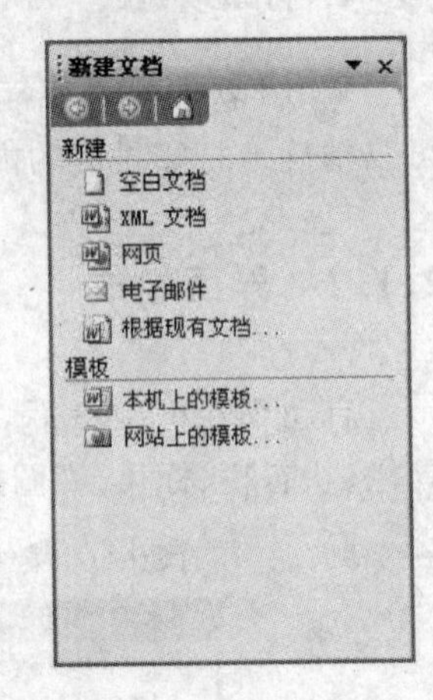


图 2-2 “新建文档”任务窗格

**2. 根据现有的文档创建新文档**

若要根据现有的文档创建一个类似的新空白文档，可以选择图 2-2“新建文档”任务窗格中的“根据现有文档”功能，在弹出的“根据现有文档新建”对话框中选择一个现有的文档，然后单击“创建”按钮。

**3. 根据模板创建新文档**

若要根据已经安装在本机上的一个模板创建新文档，可以单击图 2-2“新建文档”任务窗格中的“本机上的模板”选项，在弹出的“模板”对话框中打开“报告”或“信函和传真”选项卡，根据实际需要选择一个模板样式后，单击“确定”按钮，按照提示进行操作，即可根据需要创建一个新的文档。

## 2.2.2 打开文档

**1. 打开一个文档**

打开一个文档的常用方法有以下几种。

方法 1：使用菜单。

选择“文件”菜单中的“打开”功能，弹出如图 2-3 所示的“打开”对话框，从“查找范围”下拉列表框中选择要打开的文档，单击“打开”按钮即可打开文档。

方法 2：使用工具栏按钮。

选择“常用”工具栏中的“打开”按钮，弹出如图 2-3 所示的“打开”对话框，接下来的方法如同方法 1。

方法 3：使用快捷键。

在 Word 打开的情况下，按下 Ctrl＋O 快捷键，也可以打开如图 2-3 所示的“打开”对话框，接下来的方法如同方法 1。

方法 4：打开 Word 关联文件。

打开“资源管理器”或“我的电脑”窗口，在窗口中找到要打开的 Word 文档，双击文件图标即可打开文档。

方法 5：打开最近使用过的文件。

单击 Word 工作窗口中的“文件”菜单，在弹出的下拉菜单底部显示最近使用过的文件。默认情况下，最多列出 4 个最近使用过的文件。选择“工具”菜单中的“选项”功能，在窗口中打开“常规”选项卡，在该选项卡下可以修改此默认值。

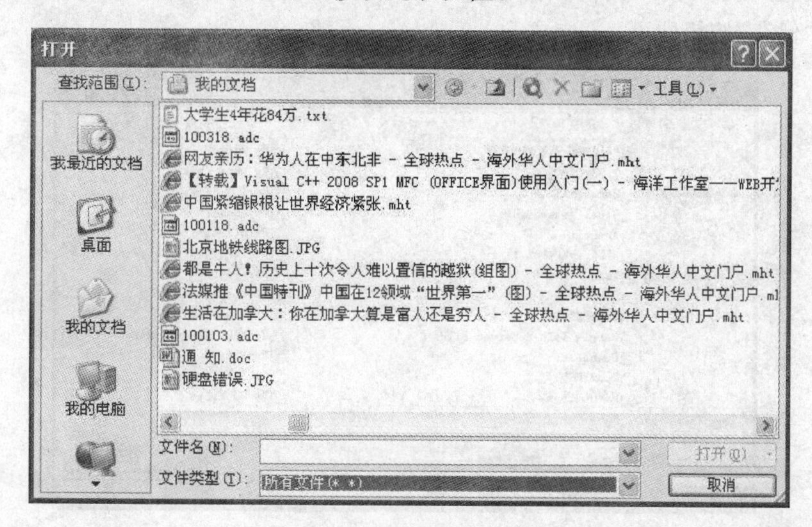


图 2-3 “打开”对话框

**2. 合并文档**

在 Word 文档的编辑过程中，也可以将其他文件中的内容插入到当前正在编辑的 Word 文档中，从而实现多个文档的合并。合并文档的方法有以下几种。

方法 1：将光标定位到插入位置，选择“插入”菜单中的“文件”功能，在弹出的“插入文件”对话框中选取要插入的文件，单击“插入”按钮即可。如果要插入的不是 Word 文档，则需要更改一下文件类型，才能显示被插入的文件。

方法 2：先打开编辑的文件，再打开要插入的文件，选中要插入文件的所有内容，然后选择“编辑”菜单中的“复制”功能，再到编辑的文件窗口中，选择“编辑”菜单中的“粘贴”功能，将需要的内容插入到打开的 Word 文档中。

## 2.2.3 保存文档

**1. 主动保存**

在进行文档的编辑的过程中，为防止数据丢失，应及时保存文档文件。保存的具体方法有以下几种。

方法 1：使用菜单。选择“文件”菜单中的“保存”功能，即可保存正在编辑的文档。如果是保存新建的文本，会弹出如图 2-4 所示的“另存为”对话框，在该对话框中的“保存位置”中选择文件所要保存的位置，在“文件名”输入框中输入文件名，单击“保存”按钮。若当前文档文件不是新建文件，则直接以原来的文件名保存。

方法 2：使用快捷键 Ctrl＋S。

方法 3：使用工具栏按钮。单击“常用”工具栏中的“保存”按钮。

方法 4：保存备份。选择“文件”菜单中的“另存为”功能，可实现对文档文件的备份保存，在弹出的如图 2-4 所示的“另存为”对话框中，选择文档文件所要存放的位置，输入文件名后，单击“保存”按钮即可。

图 2-4 “另存为”对话框

**2. 文档的自动保存**

除了用户主动保存之外，也可以让系统定时自动保存。在需要设置自动保存的文档窗口中选择“工具”菜单中的“选项”功能，或在进行保存操作时弹出的“另存为”对话框中选择“工具”菜单中的“保存选项”命令，打开“保存”选项卡，其中有一项是“自动保存时间间隔”，选中该项并设置自动保存时间，单击“确定”按钮即可。

**3. 关闭保存**

对文档的操作完成后，需要将其关闭。关闭文档的常用方法有以下几种。

方法 1：选择“文件”菜单中的“关闭”功能，将关闭当前的文档。若文档未保存，则会出现询问是否需要保存的对话框。

方法 2：选择“文件”菜单中的“退出”功能，将会关闭所有文档，并将 Word 软件也同时关闭，即退出 Word。

方法 3：单击文档窗口中的“关闭”按钮，关闭文档。

方法 4：单击 Word 窗口中的“关闭”按钮，通过关闭窗口来关闭文档。它与方法 3 的区别是，方法 3 只是关闭了文档，并没有将当前的 Word 窗口关闭，而方法 4 是在关闭文档的同时将当前的 Word 窗口也关闭了。

**4. 保护文档**

在需要设置口令的文档窗口中选择“工具”菜单中的“选项”功能，在弹出的“选项”对话框中打开“安全性”选项卡，就可以进行两种权限密码的设置。除此之外，也可以在进行文档保存操作时弹出的“另存为”对话框中，选择“工具”菜单中的“安全措施”功能，同样可以进行权限密码的设置。

## 2.3 文档编辑

### 2.3.1 输入文本

#### 1. 输入文字

输入文字是文档操作的第一步，打开文档后，在工作区中可以看到一个闪烁的光标，这就是当前要输入文本的位置。在 Word 中输入文字的操作步骤如下。

第 1 步：单击桌面右下角的输入法图标，从弹出的输入法菜单中选择所需的输入法。或者按 Ctrl＋Space 组合键在选定的汉字输入法与英文输入法间进行切换。按 Ctrl＋Shift 或 Alt＋Shift 组合键可在各种输入法之间进行切换。

第 2 步：从键盘输入文字。

第 3 步：当出现错别字时，可以按键盘上的 Back Space 键或 Delete 键删除错别字。Back Space 键用来删除光标之前的文字；Delete 键用来删除光标之后的文字。

第 4 步：整个文档输入完毕后，保存并关闭文档。

#### 2. 插入与改写文本

在对文本进行编辑的时候，经常需要在原有文本的基础上插入新内容，或用新内容改写原有的某些内容，在 Word 下实现该插入操作十分方便。在 Word 操作界面状态栏的右侧有“改写”项，当此项暗淡时为插入状态，输入的文字将依次出现在插入点之后。双击暗淡的“改写”项，或者按下键盘上的 Insert 键，“改写”项显示出来，此时输入的文字将依次改写插入点之后的文字。双击状态栏上的“改写”项，或按键盘上的 Insert 键，可以实现文字录入的插入与改写状态的切换。

#### 3. 输入特殊符号

有些特殊符号(如“√”等)无法从键盘上输入，可以采用以下几种方法输入。

方法 1：选择“插入”菜单中的“符号”功能，弹出“符号”对话框，在该对话框中选择要插入的符号后，单击“插入”按钮。

方法 2：选择“插入”菜单中的“特殊符号”功能，弹出“插入特殊符号”对话框，打开所需的符号类型选项卡，选择要插入的符号后，单击“确定”按钮。

方法 3：根据要输入的特殊符号类型(如希腊字母、标点符号、数学符号等)，打开中文输入法状态下的相应软键盘，单击软键盘上的按键便可将对应符号输入。

#### 4. 插入日期和时间

在文档编辑过程中，有时需要插入当前的日期和时间，具体的操作步骤如下。

第 1 步：将光标定位到要插入日期和时间的位置，进入输入状态。

第 2 步：选择“插入”菜单中的“日期和时间”功能，弹出“日期和时间”对话框(如图 2-5 所示)。

第 3 步：根据需要选择日期和时间的格式，然后单击“确定”按钮，完成日期和时间的输入。

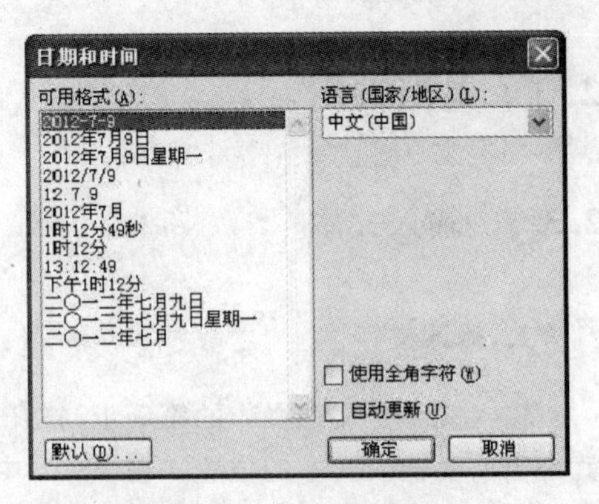

图 2-5 “日期和时间”对话框

## 2.3.2 编辑文本

### 1. 选定文本

选定文本的方法有两种：一种是利用鼠标选定文本；另一种是利用键盘选定文本。

1) 用鼠标选定文本

用鼠标选定文本的方法如表 2-1 所示。

表 2-1 利用鼠标选定文本

| 被选对象 | 操作方法 |
| --- | --- |
| 一个词 | 双击该词的任意部分 |
| 连续的几个字词 | 将鼠标指针置于要选定文本的开始位置，拖动鼠标至所需内容的末尾，释放鼠标 |
| 一行 | 将鼠标指针移动到该行左侧，当鼠标指针变为箭头时单击 |
| 连续多行 | 将鼠标指针移动到第一行(或最后一行)的左侧，按住鼠标左键向上(或向下)拖动，直到选定所需行为止 |
| 一个段落 | 方法 1：将鼠标指针移动到该段左侧，当鼠标指针变为向右倾斜的箭头时双击<br>方法 2：在该段落中的任意位置连续单击鼠标 3 次 |
| 连续多个段落 | 在选中一个段落(双击或三击鼠标)后，不要松掉鼠标按键，继续按住鼠标向上(或向下)拖动到其他的段落后再释放鼠标，即有多个段落被选定 |
| 连续较长的文本 | 单击要选定文本的开始处，然后在要选定文本的末尾处按住 Shift 键，同时单击，则两次单击之间的文本就被选定了 |
| 一块矩形区域文本 | 按住 Alt 键的同时拖拉鼠标 |
| 选定整篇文档 | 方法 1：将鼠标指针移动到文档中任意正文的左侧，当鼠标指针变为箭头时连续单击 3 次<br>方法 2：执行“编辑”\|“全选”命令 |
| 不连续的多个区域 | 按前述的方法先选定一个区域，然后按住 Ctrl 键的同时选定其他区域 |
| 取消选定 | 在选定的区域之外，单击即可 |

2) 用键盘选定文本

用键盘选定文本的方法如表 2-2 所示。

表 2-2 利用键盘选定文本

| 快捷键 | 选定范围 |
| --- | --- |
| Shift+↑ | 选定从当前光标处到上一行文本 |
| Shift+↓ | 选定从当前光标处到下一行文本 |
| Shift+← | 选定当前光标处左边的文本 |
| Shift+→ | 选定当前光标处右边的文本 |

续表

| 快捷键 | 选定范围 |
| --- | --- |
| Ctrl＋A | 选定整个文档 |
| Ctrl＋Shift＋Home | 选定从当前光标处到文档开头处的文本 |
| Ctrl＋Shift＋End | 选定从当前光标处到文档结尾处的文本 |

**2. 移动文本**

在 Word 2003 中，可以将选定的文本移动到同一文档的其他位置，或另外一个打开的文档的指定位置。常用的移动文本的操作方法有以下几种。

方法1：使用鼠标。选定要移动的文本，将鼠标移动到选定的文本上，按住鼠标左键，并将该文本块拖到目标位置，释放鼠标即可。

方法2：使用菜单。选定要移动的文本，选择“编辑”菜单中的“剪切”功能，然后将光标定位到目标位置，选择“编辑”菜单中的“粘贴”功能。

方法3：使用快捷菜单。选定要移动的文本，右击，在弹出的快捷菜单中选择“剪切”；然后将光标定位到目标位置，右击，在弹出的快捷菜单中选择“粘贴”。

方法4：使用快捷键。选定要移动的文本，按 Ctrl＋X 快捷键；将光标定位到目标位置，按 Ctrl＋V 快捷键。

方法5：使用工具按钮。选定要移动的文本，单击“常用”工具栏中的“剪切”按钮，然后将光标定位到目标位置，再单击“常用”工具栏中的“粘贴”按钮。

**3. 复制文本**

在 Word 2003 中，可以将选定的文本复制到同一文档的其他位置，或另外一个打开的文档的指定位置。常用的复制文本的操作方法有以下几种。

方法1：使用鼠标。选定要复制的文本，将鼠标移动到选定的文本上，按住 Ctrl 键的同时拖动鼠标到目标位置，释放鼠标即可。

方法2：使用菜单。选定要复制的文本，选择“编辑”菜单中的“复制”功能，然后将光标定位到目标位置，选择“编辑”菜单中的“粘贴”功能。

方法3：使用快捷菜单。选定要复制的文本，右击，在弹出的快捷菜单中选择“复制”，然后将光标定位到目标位置，右击，在弹出的快捷菜单中选择“粘贴”。

方法4：使用快捷键。选定要复制的文本，按 Ctrl＋C 快捷键，将光标定位到目标位置，按 Ctrl＋V 快捷键。

方法5：使用工具按钮。选定要复制的文本，单击“常用”工具栏中的“复制”按钮，然后将光标定位到目标位置，再单击“常用”工具栏中的“粘贴”按钮。

**4. 选择性粘贴**

在 Word 文档的编辑中，复制与粘贴是经常要用到的操作，“选择性粘贴”具有更为强大的功能。具体的操作步骤如下。

第1步：打开需要粘贴的文件，选定要粘贴的文本，选择“编辑”菜单中的“复制”功能。

第 2 步：切换到要粘贴到的文档窗口中，将光标定位到要粘贴的位置，选择“编辑”菜单中的“选择性粘贴”功能，弹出如图 2-6 所示的“选择性粘贴”对话框。

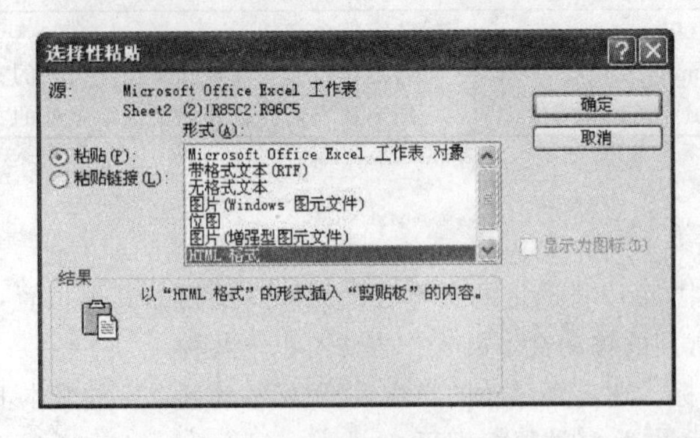


图 2-6 “选择性粘贴”对话框

第 3 步：根据不同的需要选择不同的粘贴形式。

例如：要将一个网页中的文字内容复制粘贴到 Word 文档中，如果只是选择“粘贴”命令，就会将一些无关的信息复制过来，由于内容比较多，会造成假死机的现象。这时候如果使用“选择性粘贴”，并且选择“无格式文本”方式进行粘贴，就可以快速地将文本粘贴到指定位置。同样，使用“选择性粘贴”也可以方便地粘贴 Excel 中的数据。

选择性粘贴对话框里的组件说明。

- “源”：标明了复制内容来源的程序和在磁盘上的位置或者显示为“未知”。
- “粘贴”：将复制内容嵌入到当前文档中之后立即断开与源程序的联系。
- “粘贴链接”：将复制内容嵌入到当前文档中的同时还建立与源程序的链接，源程序中关于该内容的任何修改都会反映到当前文档中。
- “形式”：供用户选择复制对象用什么样的形式插入到当前文档中。
- “结果”：对形式内容进行说明。

**5. 删除文本**

在文档的编辑中，有时要删除一些文本。删除文本的常用方法有以下几种。

方法 1：先选定要删除的文本，然后按 Delete 键或 Back Space 键。

方法 2：将光标定位到要删除文本的第一个字符之前，然后连续按 Delete 键直到删掉所有想删除的文字。

方法 3：将光标定位到要删除文本的最后一个字符之后，然后连续按 Back Space 键直到删掉所有想删除的文字。

方法 4：选定文本，然后右击，在弹出的快捷菜单中选择“剪切”功能。

方法 5：选定文本，选择“编辑”菜单中的“清除”子菜单中的“内容”功能。

**6. 插入其他文档中的文字**

插入来自其他文件的内容的操作方法有如下 2 种。

方法 1：将光标定位到插入位置，选择“插入”菜单中的“文件”功能，在打开的“插入文件”对话框中选取可插入的文件。若插入的不是 Word 文档，则需要更改一下文件类型，才能显示被插入的文件。

方法 2：先打开要插入的文件，然后选定要插入的内容，选择“编辑”菜单中的“复制”功能，或使用 Ctrl+C 快捷键。然后将窗口切换到被插入的文件窗口，将光标定位到要插入文件的位置，然后选择“编辑”菜单中的“粘贴”功能，或使用 Ctrl+V 快捷键，将需要的内容插入到当前的 Word 文档中。

#### 7. 撤销与恢复

在文本编辑的过程中，常常会无意中做错了某个动作，如删除了不该删的内容、文本复制错了位置、刚做的排版效果不理想等，Word 2003 具有强大的恢复功能，只要磁盘空间允许，可以在关闭文件之前撤销几乎所有已做的操作。与撤销操作相对应，Word 2003 还有一个恢复功能，它可以将刚刚的撤销操作恢复。

1）撤销

撤销最近一步操作结果的方法是：选择“编辑”菜单中的“撤销”功能，或单击“撤销”按钮，或按 Ctrl+Z 快捷键。

撤销最近多步操作结果的方法是：多次单击“常用”工具栏中的“撤销”按钮，或单击该按钮右侧的三角按钮，在弹出的下拉列表中单击要撤销的选项，则该项操作及其以前的所有操作都将被撤销。

2）恢复

恢复最近一步撤销操作的方法是：选择“编辑”菜单中的“恢复”功能，或单击“常用”工具栏中的“恢复”按钮，或按 Ctrl+Y 快捷键。需要注意的是有些菜单操作是不能撤销的，如“文件”菜单的“打开”、“保存”等菜单命令。

### 2.3.3 查找、替换

Word 的查找、替换功能不仅可以快速地定位到想要的内容，还可以批量修改文章中相应的内容。

#### 1. 查找文本

在长篇文档中想找到某个字、词、句子或者段落，如果单靠眼睛一个一个地去搜寻那简直是大海捞针。利用 Word 中的查找、替换功能可以轻松地找到想要的内容。

若要在指定文档范围内查找，则首先要选定要查找的文档，否则将对整个文档进行查找工作。查找文字的具体操作步骤如下。

第 1 步：选择“编辑”菜单中的“查找”功能，或直接按 Ctrl+F 快捷键，打开“查找和替换”对话框，单击“高级”按钮，该对话框可实现更多的查找选项（如图 2-7 所示）。

第 2 步：在“查找内容”中输入要查找的文字。

若要查找具有一定格式的文字，可在展开的对话框中单击“格式”按钮，对要查找的文字设定格式，如字体、字号、颜色等。

“查找和替换”对话框里的选项说明。

- “突出显示所有在该范围找到的项目”：若选中该复选框，则单击“查找全部”按钮后，所有要查找的内容全部被选中。

- “搜索”：搜索范围有3种情况，“向下”是从当前光标所在处向下搜索，直到文档末尾为止；“向上”是从当前光标所在处向上搜索，直到文档第一个字符为止；“全部”搜索的范围包括了向上和向下两个动作，这种搜索方式将要查遍整个文档。如果选中“突出显示所有在该范围找到的项目”复选框，该项目就变为灰色，即默认以“全部”方式进行搜索。
- “区分大小写”：把同一个字符的大写和小写形式视为两个不同的字符。
- “全字匹配”：表示查找的字符要和指定的字符完全匹配。
- “使用通配符”：使用通配符进行查找的主要目的是为了在一个句子或单词中找到关键的几个字符，而对夹在中间的其他字符并不关注。
- “同音(英文)”：要求查找的字符同音，主要针对的是英文的音标读音，其目的是查找发音相同的所有字符。
- “查找单词的所有形式(英文)”：查找出所有含有该单词的英文，无论是大写还是小写，或者是在其他单词中含有的该词都被查找出来。例如查找内容为“come”，那么文本中无论是Come、COME或者是welcome中的come都将被查找出来。
- “区分全/半角”：表示要查找的字符和指定字符的全角、半角格式完全相同。

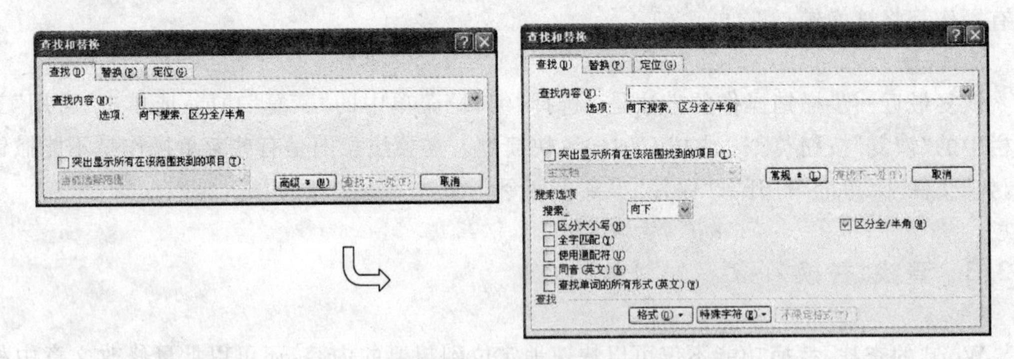


图2-7 “查找和替换”对话框之“查找”选项卡

第3步：单击“查找下一处”按钮，或“查找全部”按钮，Word将自动查找指定的文字，并选中找到的文字。查找到文档的末尾，会自动弹出一个窗口，提示“Word已完成对文档的搜索”。

**2. 替换文本**

进行文字的替换，必须要先查找所需要替换的内容，然后按照指定的要求进行替换。若要在指定文档范围内替换文本，则首先要选定要替换的文档，否则将对整个文档进行替换。具体操作步骤如下。

第1步：选择“编辑”菜单中的“替换”功能，或按Ctrl＋H快捷键，打开“查找和替换”对话框，单击“高级”按钮，该对话框可实现更多选项(如图2-8所示)。

第2步：在“查找内容”输入框中输入要查找的文字，在“替换为”输入框中输入要替换成的文字。

- “替换为”输入框的内容可为空(即不输入任何内容)，此时的替换操作相当于删除要查找的文本内容。

- 通过单击"格式"按钮,可对要查找的文本以及要替换的文本设定格式,如字体、字号、颜色等。
- 各复选框的含义与"查找"选项卡下的相同。

第 3 步: 单击"全部替换"、"替换"、"查找全部"或"查找下一处"按钮。

- "替换": 替换当前光标处符合条件的文本,同时自动查找下一个符合条件的文本。
- "全部替换": 一次性替换所有符合条件的文本,弹出完成搜索并替换完毕提示框; 单击对话框中的"确定"按钮将返回"查找和替换"对话框。
- "查找下一处": 光标定位到下一个符合条件的文本。

第 4 步: 单击"关闭"按钮,结束替换操作。

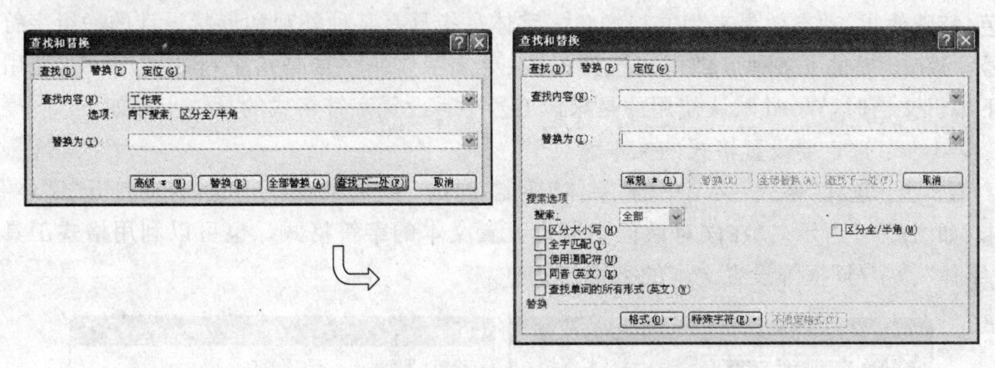

图 2-8 "查找和替换"对话框之"替换"选项卡

### 3. 定位

定位就是快速将插入点插入到所要插入的位置。在 Word 2003 中定位的方法有以下几种。

方法 1: 使用键盘。在屏幕上可以使用键盘上的 4 个方向箭头来进行定位,这种方法适合于插入点在小范围内的移动。

方法 2: 使用鼠标。使用鼠标直接单击想要插入的位置来进行定位。

方法 3: 使用菜单。选择"编辑"菜单中的"定位"功能,弹出"查找和替换"对话框,并自动打开"定位"选项卡(如图 2-9 所示),通过在"定位目标"列表框中选择要定位的目标类型,如页、节、行或批注等,输入指定的页号、行号等,就能够快速地把光标定位在文档中的任意一页的某一行,还可以定位在某个脚注或尾注之处。

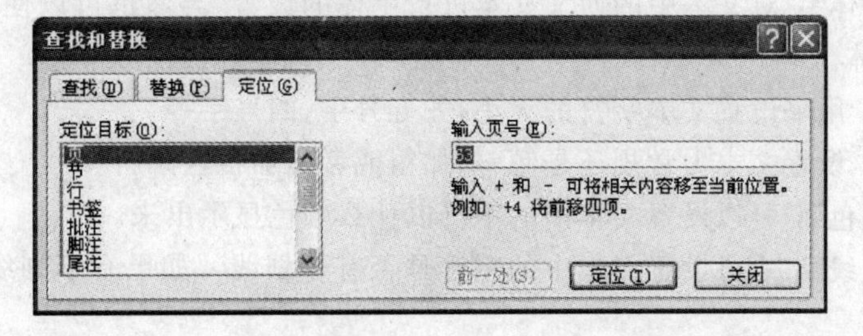

图 2-9 "查找和替换"对话框之"定位"选项卡

方法 4：使用快捷键。按 Ctrl+G 快捷键，弹出“查找和替换”对话框，然后设置方法如同方法 3。

## 2.4 文档格式

### 2.4.1 文字格式

#### 1. 字体

Word 除了可以使用 Windows 系统提供的字体以外，还能使用种类繁多的字体、字号、颜色、特殊效果、动态效果来为文档增色。字体是指具有某种外观和形状设计的一组字符和符号。Word 提供了多种可供用户选择的中、英文字体。字号是指字符的大小。在通用模板下编辑文档时，Word 默认使用的是宋体五号字。设置字符格式的具体步骤如下。

第 1 步：选定要设置格式的文本。

第 2 步：选择“格式”菜单中的“字体”功能，弹出“字体”对话框，并且自动打开“字体”选项卡(如图 2-10 所示)。在该对话框中可以设置文本的字符格式。也可以利用格式工具栏的“字体”、“字号”框等设置文本的字符格式。

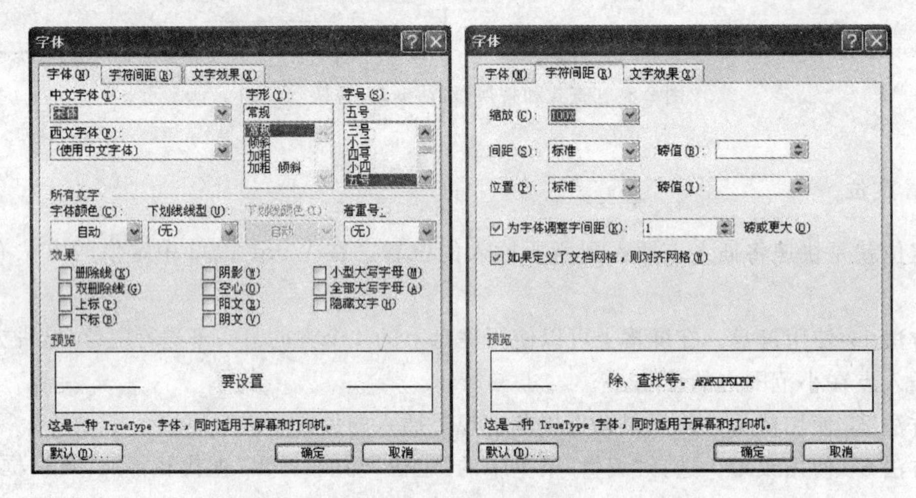


图 2-10 “字体”对话框

- “中文字体”：可以设置中文文本所选用的字体，如宋体、隶书等。
- “西文字体”：对文本中的西文文本进行字体的设置，当然也可以使用与中文文本相同的字体。
- “字号”：用来设置文本字符的大小，如五号字、四号字等。
- “字形”：设置文本为常规还是倾斜、加粗或者是加粗且倾斜。
- “字体颜色”：可以设置文本中的字符以什么颜色显示出来。
- “下划线线型”：可设置文本中的字符是否有下划线。如果有下划线，可设置下划线的线型。

- “下划线颜色”：如果文字有下划线，可以设置下划线的颜色。
- “着重号”：设置是否在文本下方加上着重号。
- “效果”：
  - “删除线”：可以设置有一条线贯穿文本的删除效果。
  - “双删除线”：可以设置有两条线贯穿文本的删除效果。
  - “上标”：可以将选定的文字自动缩小并提升位置。
  - “下标”：可以将选定的文字自动缩小并降低位置。
  - “阴影”：给文本加上阴影效果。
  - “空心”：显示各字符的笔划边线。
  - “阳文”：所选文本显示效果为表面凸起。
  - “阴文”：所选文本显示效果为表面凹下。
  - “小型大写字母”：所选文本中的英文设置成小号的大写字母，即与小写字母一样高，外形与大写字母保持一致。
  - “全部大写字母”：所选文本中的英文全部变成大写字母。
  - “隐藏文字”：将所选文本隐藏起来，在文档中不显示出来。
- “预览”：可以在此处查看字体的设置效果。

第 3 步：单击“确定”按钮，完成设置。

**2. 设置字符缩放、间距和位置**

在“字体”对话框中还可以设置字符的间距、位置、调节字符的缩放比例等。具体步骤如下。

第 1 步：在“字体”对话框中打开“字符间距”选项卡（如图 2-11 所示）。

第 2 步：在该对话框中设置字符的缩放、间距以及位置等。

- “缩放”：在该下拉列表框中可以设置字符缩放的比例。
- “间距”：在该下拉列表框中可以设置字符之间的间距是“加宽”还是“紧缩”，并且可以在后面的“磅值”框中设置“加宽”或“紧缩”的数值。
- “位置”：可以设置字符的位置是“提升”或是“降低”，并且可以在后面的“磅值”框中设置“提升”或“降低”的数值。
- “为字体调整字间距”：如果选中该复选框，可以自动调节字符间距或某些字符组合的间距，使整个字符组合看上去分布得更均匀。字间距的大小可以通过后面的输入框来设置。
- “如果定义了文档网格，则对齐网格”：如果选中该复选框，则设置每行字符数使其与在“页面设置”中设置的字符数一致。
- “预览”：可以在此处查看设置的效果。

第 3 步：单击“确定”按钮，完成设置。

**3. 设置字符的动态效果**

打开“字体”对话框中的“文字效果”选项卡，可以在“动态效果”下拉列表框中选择一种效果来修饰所选定的文本。Word 2003 的文字动态效果主要体现在字符边框线的流动和背景的闪烁上，或是在字符的表面上出现一些运动的小点。注意：动态效果不会被打印出来。

### 2.4.2 段落格式

Word 中，段落是指相邻两个回车符之间的内容。设置段落的目的在于使文章更加层次分明、版面清晰。对于排版而言，设置不同的段落格式，可以对文章起到美化外表、突出内涵的作用。段落的排版主要包括对段落进行设置缩进量、行间距、段间距和对齐方式等。

在对段落的排版操作中，如果对一个段落进行操作，只需把光标定位到段落中即可。如果要对多个段落进行操作，则首先应选定段落，再对这些段落进行排版操作。

段落标记可以隐藏或显示。选择“视图”菜单中的“显示段落标记”功能，可以进行段落标记的显示或隐藏操作。

#### 1. 设置段落缩进格式

设置段落缩进格式有以下几种方法。

方法 1：使用标尺。选择“视图”菜单中的“标尺”功能，可以在文档窗口中显示水平和垂直标尺。利用标尺上的各种符号，可以设置文档的上下左右页边距、段落的左右缩进、首行缩进和悬挂缩进等(如图 2-11 所示)。

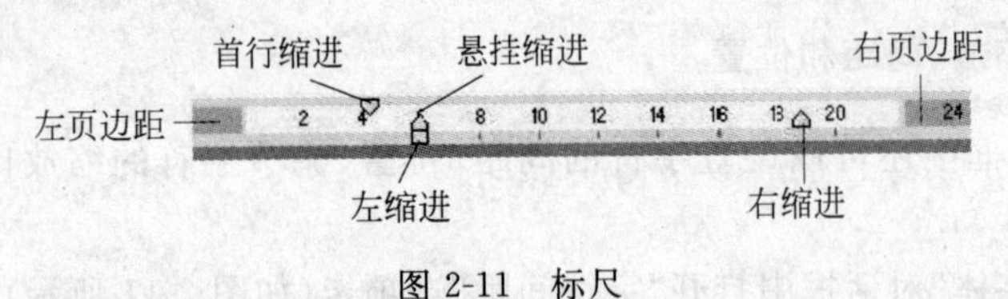


图 2-11 标尺

- “左缩进”：段落中每行最左边的字符与正文区域左侧之间的距离。
- “右缩进”：段落中每行最右边的字符与正文区域右侧之间的距离。
- “首行缩进”：段落的第一行与正文区域左侧之间的距离。
- “悬挂缩进”：除段落的第一行外，其余行与正文区域左侧之间的距离。

方法 2：使用菜单。选择“格式”菜单中的“段落”功能，在弹出的“段落”对话框中打开“缩进和间距”选项卡(如图 2-12 所示)。在缩进栏中分别进行“左”、“右”缩进量的设置，在“特殊格式”下拉列表框中进行“首行缩进”和“悬挂缩进”的设置。

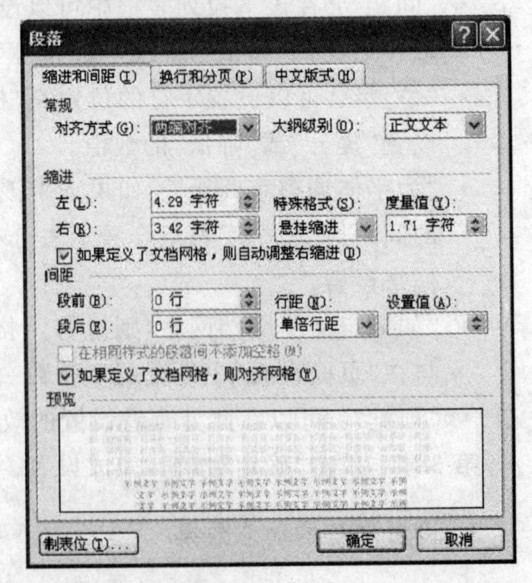


图 2-12 “段落”对话框之“缩进和间距”选项卡

#### 2. 设置行间距和段间距

设置行间距和段间距的具体步骤如下。

第 1 步：选定要设置行间距和段间距的

文本。

第 2 步：选择"格式"菜单中的"段落"功能，在弹出的"段落"格式对话框中，打开"缩进和间距"选项卡(如图 2-12 所示)。在该对话框中进行段间距和行间距的设置。

- "行距"：即行间距，指相邻两行字符之间的距离。行距有三种定义标准，一种是按照倍数来划分，有单倍、1.5 倍、2 倍和多倍几种规格。另一种是最小值，还有一种是固定值。当选择"最小值"和"固定值"这两种标准时，可以在设置值输入框中输入设定的数值。
- "段前"：本段首行与前一段末行之间的距离。
- "段后"：本段末行与后一段首行之间的距离。

第 3 步：单击"确定"按钮，完成设置。

**3. 设置段落对齐方式**

设置段落对齐方式有以下两种方法。

方法 1：使用菜单。选择"格式"菜单中的"段落"功能，在弹出的"段落"对话框中打开"缩进和间距"选项卡(如图 2-12 所示)，进行相应的对齐方式的设置。

- "左对齐"：使段落中的字符以段落的左边界和默认的字符间距为基准，向左靠拢。
- "右对齐"：使段落中的字符以段落的右边界和默认的字符间距为基准，向右靠拢。
- "居中对齐"：使段落中的字符以段落的中线默认的字符间距为基准，向中靠拢。
- "分散对齐"：把不满行中的所有字符等间距地分散并布满在这一行中。
- "两端对齐"：当一行中的非中文以外的字符串，如英文单词、图片、数字或符号等超出右边界时，中文 Word 不允许把非中文的字符串拆开分别放在两行中，而强行将该单词移到下一行，上一行剩下的字符将在本行内以均匀的间距排列，产生"两端对齐"的效果。

方法 2：使用格式工具栏中的按钮。可以单击"格式"工具栏中的"两端对齐"按钮、"居中"按钮、"右对齐"按钮、"分散对齐"按钮进行对齐方式的设置。

**4. 设置段落的换行与分页控制**

换行与分页是指段落与页的位置关系。选择"格式"菜单中的"段落"功能，在弹出的"段落"对话框中打开"换行和分页"选项卡(如图 2-13 所示)，可以进行设置。

- "孤行控制"：选中该选项卡可以防止在 Word 文档中出现孤行。孤行是指单独打印在一页顶部的某段落的最后一行，或者是单独打印在一页底部的某段落的第一行。
- "段中不分页"：就是在一段之中不分页，防止在段落之中出现分页符。在 Word 里面会自动调整分页的地方。如果选中该选项，就可让每一段文字都只显示在一页中。
- "与下段同页"：防止在所选段落与后面一段之间出现分页符，即将本段与下一段放在同一个页面中。
- "段前分页"：在所选段落前插入人工分页符。
- "取消行号"：在页面设置中，可以对正文的每一行加上行号，即每一行按 1、2、3…标上序号。如果某些段落不需要行号，可选中这些段落，选中"取消行号"，就可以跳过这些段落进行编号。

### 5. 设置段落的中文版式

在“段落”对话框中，打开“中文版式”选项卡(如图 2-14 所示)，可设置按中文习惯使用的格式进行换行和调整字符间距。

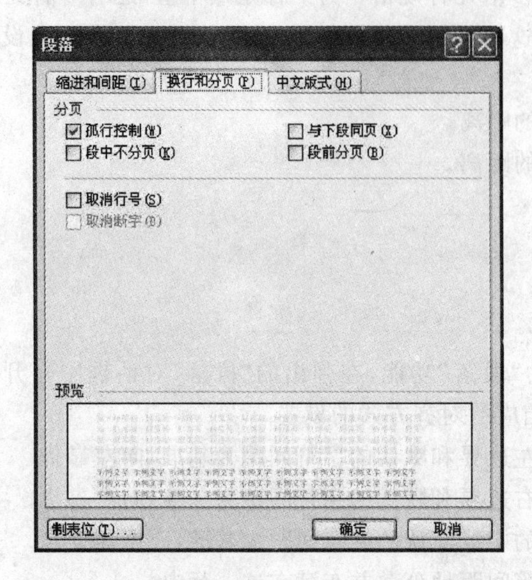


图 2-13 “段落”对话框之“换行和分页”选项卡

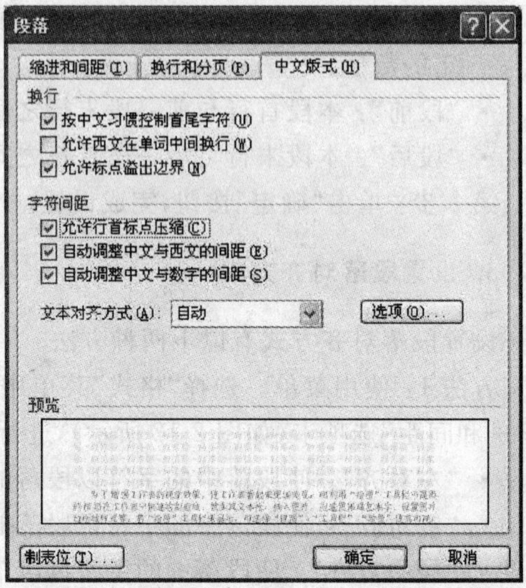

图 2-14 “段落”对话框之“中文版式”选项卡

- “按中文习惯控制首尾字符”：使用中文的版式和换行习惯，以确定页面上各行的首尾字符。
- “允许西文在单词中间换行”：允许在西文单词中间换行。
- “允许标点溢出边界”：允许标点符号比段落中其他行的边界超出一个字符。
- “允许行首标点压缩”：中文是双字节字符，一个汉字占两个英文字母的位置，对于以左括号“(”、左引号“"”、左书名号“《”开头的行，有种空了半格的感觉。如果选中“允许行首标点压缩”选项，就能解决该问题，使行首对齐。
- “自动调整中文与西文的间距”：当输入的文本内容既有中文字符又有西文字符时，某些字符或标点符号之间的空格会变得极不规则。如果选中该项，就可以自动调整字符的间距。
- “自动调整中文与数字的间距”：当输入的文本内容既有中文字符又有数字时，如果选中该项，就可以自动调整字符的间距。

### 6. 设置段落的边框

Word 2003 提供了丰富的底纹和边框效果。为段落添加边框的具体操作步骤如下。

第 1 步：选定要添加边框的段落。

第 2 步：选择“格式”菜单中的“边框和底纹”功能，在弹出的“边框和底纹”对话框中打开“边框”选项卡(如图 2-15 所示)，在该对话框中可以根据文档的需要设置边框。

- “设置”：在该选项下可以选择边框的类型。

- “线型”：可以设置边框的线型。
- “颜色”：可以设置边框线的颜色。
- “宽度”：可以设置边框线的宽度。
- “应用于”：选择边框要应用的范围是整个“段落”还是当前所选“文字”。
- “选项”：如果“应用于”选定的是“段落”，则可以通过单击“选项”按钮来设置边框与段落四周的距离。
- “预览”：在预览区内可以直观地显示出效果。

第 3 步：单击“确定”按钮，完成设置。

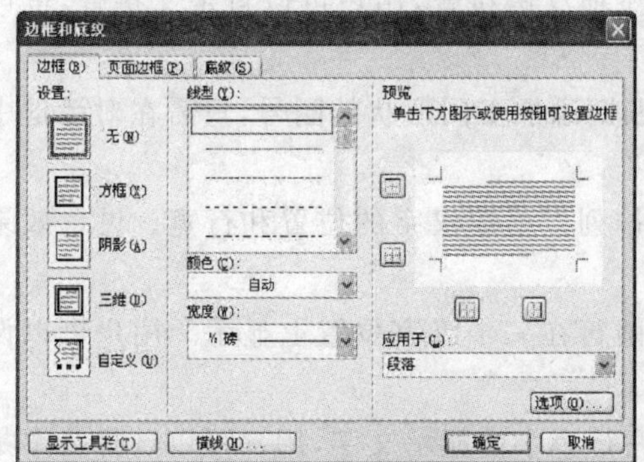

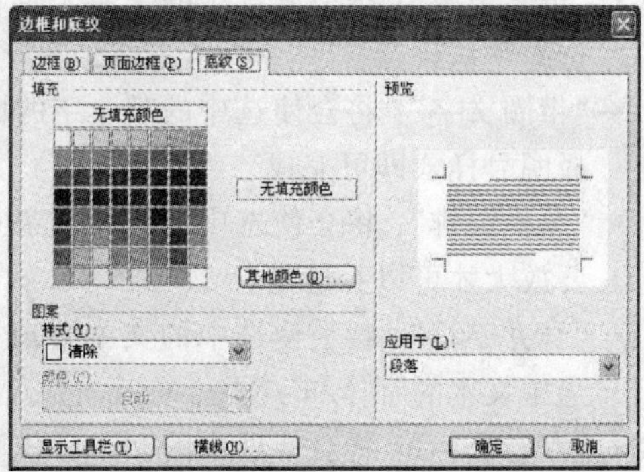

图 2-15 “边框和底纹”对话框

**7. 设置段落的底纹**

为段落添加底纹的具体操作步骤如下。

第 1 步：选定要添加底纹的段落。

第 2 步：选择“格式”菜单中的“边框和底纹”功能，在弹出的对话框中打开“底纹”选项卡(如图 2-16 所示)，在该对话框中可以根据文档的需要设置底纹。

- “填充”：在此栏目中可以选择填充的颜色。
- “图案”：
  - “样式”：选择填充的浓度以及填充的图案。
  - “颜色”：选择所选样式的颜色。
- “应用于”：选择底纹要应用的范围是整个“段落”还是当前所选“文字”。
- “预览”：在预览区内可以直观地显示出效果。

第 3 步：单击“确定”按钮，完成设置。

**8. 首字下沉**

在文档排版时，有时要用到“首字下沉”功能。具体的操作步骤如下。

第 1 步：选中将要设置的段落或将插入点定位在该段落上。

第 2 步：选择“格式”菜单中的“首字下沉”功能，弹出“首字

图 2-16 “首字下沉”对话框

下沉”对话框(如图 2-16 所示)。

第 3 步：在对话框中设置下沉的位置、字体、下沉行数及距正文的距离。

第 4 步：单击“确定”按钮，完成设置。

如果要取消“首字下沉”功能，只需在对话框的“位置”选项中选择“无”。

### 9. 设置中文版式

为了便于设置特殊文本，Word 2003 特别设计了几种中文版式。选择“格式”菜单中的“中文版式”功能，在其下一级子菜单中选择相应的选项即可设置相应的效果。

- “拼音指南”：将会使选中的文本上面添加汉语拼音，用户可以自定义拼音，也可以选择默认读音。
- “带圈文字”：将会使选中的某个字的四周添加不同形状的圈号，只需在对话框中选择圈号样式即可完成。
- “纵横混排”：将会使选中的文本重新排列以适应汉字的位置和行宽。设置效果需要放大才可以看清楚。
- “合并字符”：将会使选中的文本分成两行在一个汉字位置上显示。用户可以设置选中文本的字体和字号。
- “双行合一”：将会使选中的文本分成两行小字体显示文字，用户可以选择文本是否使用括号以及选择括号的形状。

### 10. 设置文字方向

Word 2003 提供了文字横排和竖排的不同效果。具体的操作步骤如下。

第 1 步：选定要进行文字方向设置的文本。

第 2 步：选择“格式”菜单中的“文字方向”功能，弹出如图 2-17 所示的“文字方向”对话框。

第 3 步：在对话框中进行相应的设置。

第 4 步：单击“确定”按钮，完成设置。

**注意**：常用工具栏上的“更改文字方向”按钮，是将整个文档在横排或竖排之间进行更改。

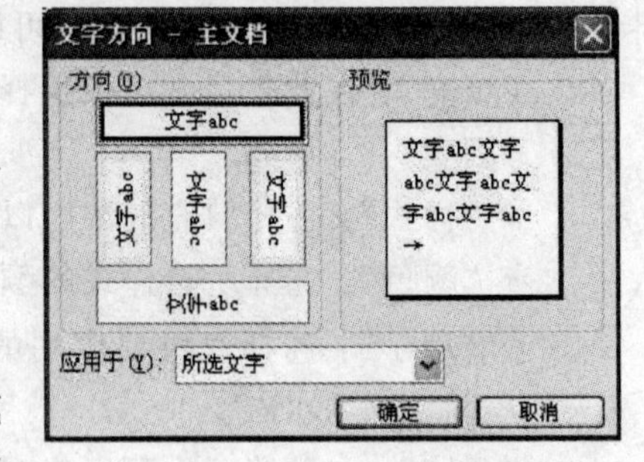


图 2-17 “文字方向”对话框

### 11. 使用格式刷

在 Word 的文档编辑过程中，经常要将多个格式比较复杂、位置比较分散的段落或文字的格式设置成一致的形式。使用 Word 的“常用”工具栏中的“格式刷”按钮能快速地完成这一复杂的操作，通过格式刷可以将某一段落或文字的排版格式复制给另一段落或文字，从而达到将所有的段落或文字均设置成一种格式的目的。具体操作步骤如下。

第 1 步：选定已编排好字符格式的源文本。

第 2 步：单击“常用”工具栏的“格式刷”按钮，鼠标指针变成刷子形状。

第 3 步：在目标文本上拖动鼠标。

第 4 步：释放鼠标，完成复制。

如果要将选定文本的格式复制到多处文本块上，则需要双击“格式刷”按钮，拖动鼠标至第一目标文本、第二目标文本……以此类推，再单击“格式刷”按钮或按 Esc 键，完成复制，鼠标恢复原状。

### 2.4.3 页面格式

在 Word 中设置页面格式主要通过“页面设置”对话框完成，选择“文件”菜单中的“页面设置”功能，即可打开“页面设置”对话框（如图 2-18 所示）。

#### 1. 设置纸张大小和方向

在“页面设置”对话框中打开“纸张”选项卡，在该选择卡中对纸张的大小和方向进行设置（如图 2-18 所示）。

- “纸张大小”：在该栏下拉列表框中可以选择所需的纸张型号，也可以通过选择“自定义大小”设置自己所需尺寸的纸张。
- “宽度”、“高度”：在更改纸张型号时，会自动显示所选纸张的大小，也可以由用户自定义设置。
- “纸张来源”：可以设置打印机打印时的进纸方式。

#### 2. 设置页边距

在“页面设置”对话框中打开“页边距”选项卡（如图 2-19 所示）。在该对话框中可以进行页边距的设置。

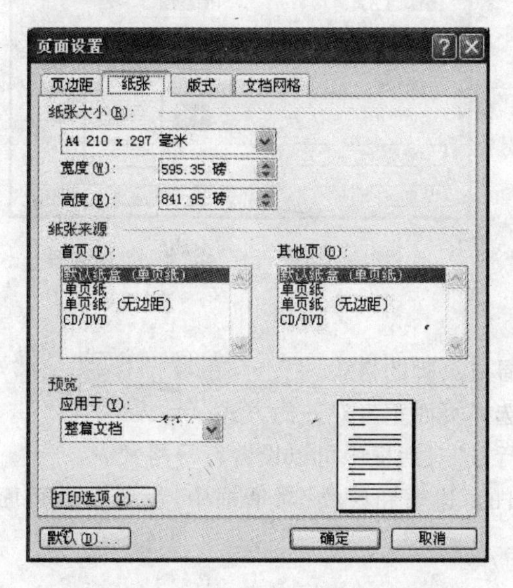


图 2-18 “页面设置”之“纸张”对话框

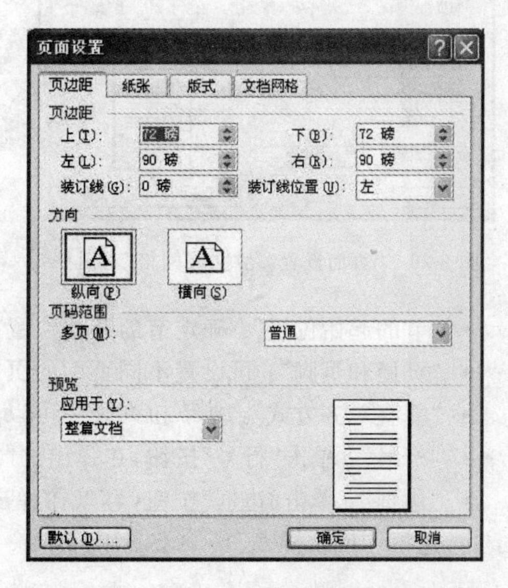


图 2-19 “页面设置”之“页边距”对话框

- “页边距”：
  - “上”、“下”、“左”、“右”：分别输入数值来设置页边距。

- “装订线”：可以设置装订线与纸张边缘的距离。
- “装订线位置”：选择装订的位置。

- “方向”：可以选择纸张是“横向”还是“纵向”。
- “应用于”：在下拉列表框中选择格式设置的应用范围。

**3. 设置页面中的行、列数及文字方向**

在“页面设置”对话框中打开“文档网格”选项卡（如图 2-20 所示）。利用该选项卡可以调节页面网格线的格距。网格线的作用与写作文使用的方格纸相似，主要在编排文档时起到对齐的作用。需要注意，这种网格是不能被打印出来的。

利用选项卡中的“文字排列”单选框可以方便地设置文字横向或竖向排列，还可以在“每行”、“每页”、“跨度”及“栏数”中设置每页中的行数、每行中的字符数以及指定范围内的栏数。

**4. 设置版式**

在“页面设置”对话框中打开“版式”选项卡（如图 2-21 所示）。利用该选项卡可以设置版式。

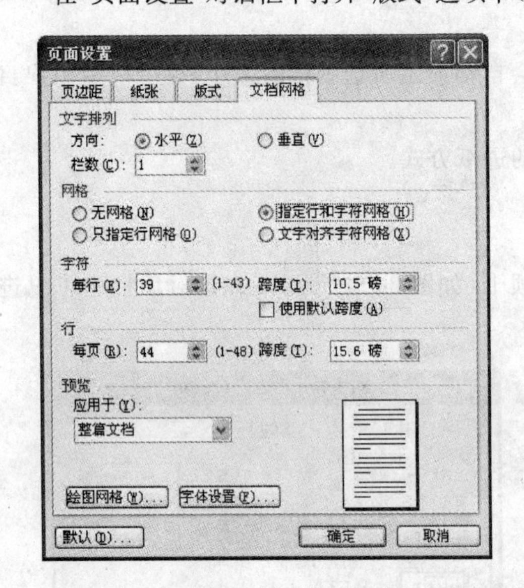


图 2-20 “页面设置”之“文档网格”对话框

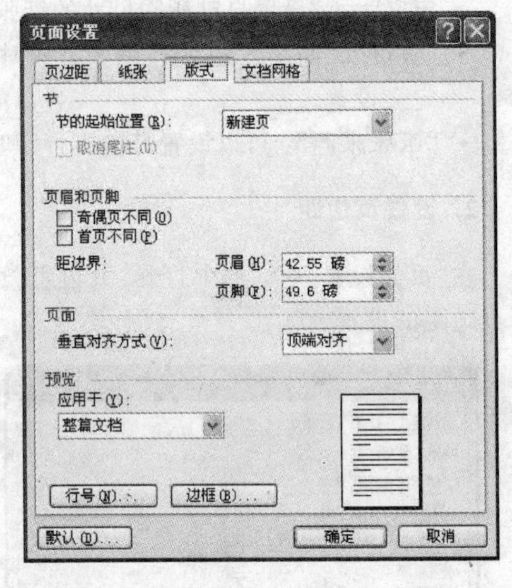


图 2-21 “页面设置”之“版式”对话框

- “节的起始位置”：确定节的开始位置。
- “页眉和页脚”：可设置不同页面的页眉或页脚的格式。
- “垂直对齐方式”：在下拉列表中可以选择页面垂直对齐的方式。
- “行号”：单击“行号”按钮，在弹出的“行号”对话框中可以设置行号格式。
- “边框”：单击“边框”按钮，可以在弹出的“边框和底纹”对话框中，设置整个页面的边框和底纹样式。

**5. 设置页眉和页脚**

为了版面的美观、大方和协调，为了便于用户阅读，通常在上页边距和下页边距中分别插入一些内容，这两个特殊的区域就是页眉和页脚。在页眉和页脚区域中也可以插入章节的标题和页码，以便提高检索书目的速度。除此之外，在页眉和页脚中插入一些图案和符号还可以美化版面。设置页眉和页脚的具体步骤如下。

第1步：选择“文件”菜单中的“页面设置”功能，弹出“页面设置”对话框，打开“版式”选项卡(如图2-21所示)。

第2步：在“页眉和页脚”选项中，可以设置页眉和页脚“奇偶页不同”或“首页不同”，如果不做选择，那么奇偶页的页眉和页脚相同。

第3步：选择“视图”菜单中的“页眉和页脚”功能，弹出如图2-22所示的“页眉和页脚”工具栏，同时文本的正文内容变成灰色显示，处于非编辑状态。

图2-22 “页眉和页脚”工具栏

第4步：直接在页眉或页脚区域输入文字内容，也可以利用工具栏上的按钮，在页眉和页脚中插入诸如页码、日期、时间等内容。

第5步：单击“页眉和页脚”工具栏上的“关闭”按钮，结束页眉和页脚的设置，回到正文的编辑状态。

**6. 插入页码**

插入页码的方法有以下两种。

方法1：选择“插入”菜单中的“页码”功能，弹出“页码”对话框，在“页码”设置对话框中可以设置页码的位置、对齐方式以及首页是否显示页码。单击“格式”按钮，弹出“页码格式”对话框。在该对话框中可以对页码的“数字格式”和“页码编排”进行设置(如图2-23所示)，单击“确定”按钮。

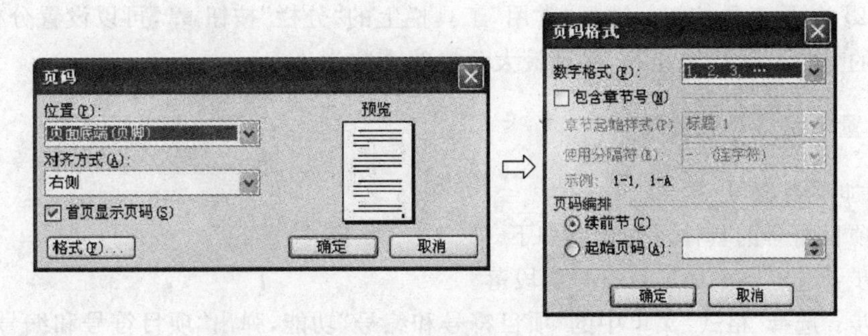


图2-23 “页码”设置对话框

方法2：在页眉页脚中设置，参见本节“5.设置页眉和页脚”相关内容。

## 2.4.4 其他格式

**1. 设置分栏**

设置分栏的方法有以下两种。

方法1：使用菜单。具体操作步骤如下。

第1步：选定需要分栏的文本。

第2步：选择“格式”菜单中的“分栏”功能，弹出“分栏”设置对话框（如图2-24所示）。

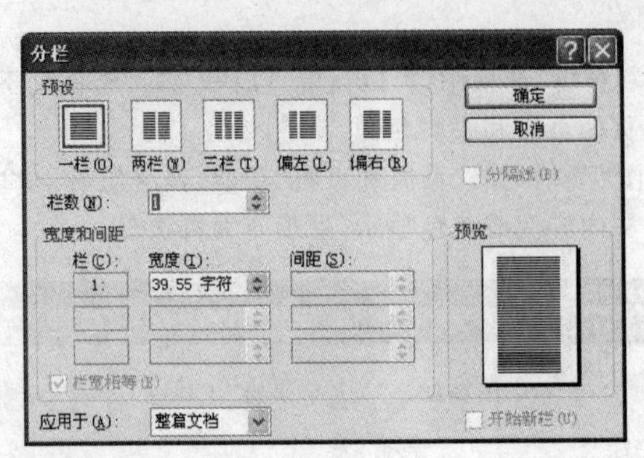


图2-24 “分栏”对话框

第3步：在“分栏”对话框中进行分栏的设置。

- “预设”区域：选择分栏数。
- “宽度和间距”区域：设置“栏宽”和“间距”。
- “分隔线”复选框：如果要在两栏之间显示分隔线，可选定“分隔线”复选框。
- “栏宽相等”复选框：如果要使分栏的各栏宽相等，可选定该复选框，否则可以设定各个栏宽的大小。
- “应用于”：分栏是用于整篇文档还是插入点之后。
- “预览”：在窗口中观察设置的效果。

第4步：单击“确定”按钮完成设置。

方法2：使用工具按钮。选择“常用”工具栏上的“分栏”按钮，可以设置分栏数，但是这样进行的分栏默认栏宽相等，并且最大分栏的个数为4。

**2. 设置项目符号和编号**

1）添加项目符号

添加项目符号的具体操作步骤如下。

第1步：选定要添加项目符号的段落。

第2步：选择“格式”菜单中的“项目符号和编号”功能，弹出“项目符号和编号”对话框。打开“项目符号”选项卡（如图2-25所示）。

第3步：选择一种项目符号，单击“确定”按钮，完成项目符号的添加。

另外，也可以自定义项目符号，具体操作步骤如下。

第1步：在“项目符号”选项卡中任选一个符号样式。

第2步：单击“自定义”按钮，弹出如图2-26所示的“自定义项目符号列表”对话框。

第3步：在对话框中可以单击“字符”或“图片”按钮，选择其他没有列入的项目符号。在“自定义项目符号列表”对话框中，可以使用“字体”按钮设置项目符号的字体；使用“字符”按钮，选用更多的字符作为项目符号；使用“图片”按钮，选用小的图片作为项目符号。

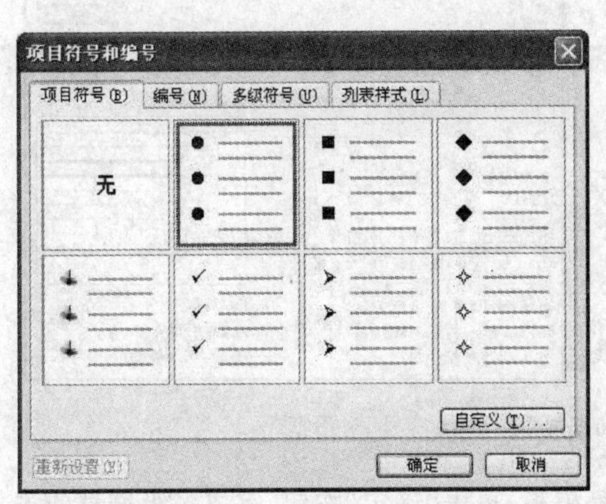


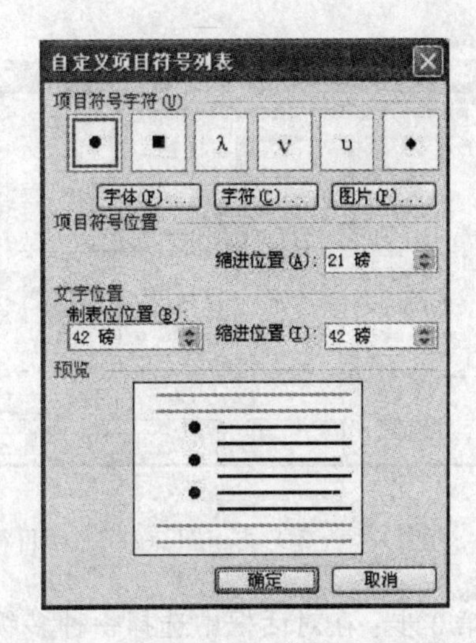


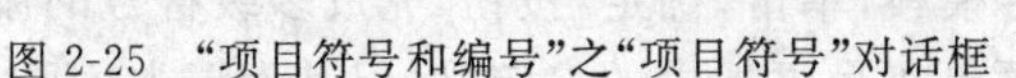

图 2-25 “项目符号和编号”之“项目符号”对话框　　图 2-26 “自定义项目符号列表”对话框

第 4 步：单击“确定”按钮，完成设置。

2）添加编号

添加项目编号的具体操作步骤如下。

第 1 步：选定要添加编号的段落。

第 2 步：选择“格式”菜单中的“项目符号和编号”功能，在弹出的“项目符号和编号”对话框中打开“编号”选项卡(如图 2-27 所示)。

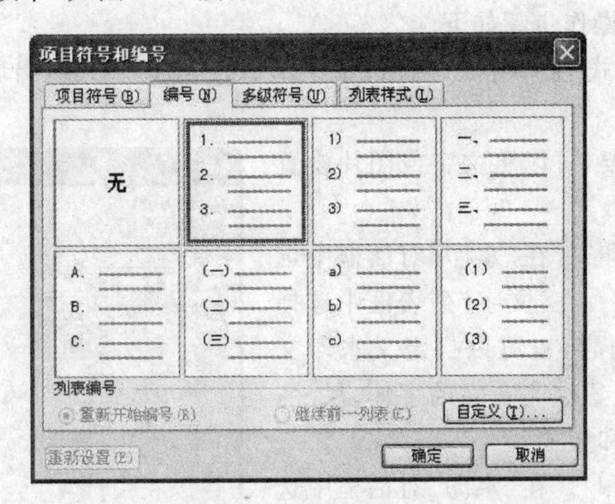


图 2-27 “项目符号和编号”之“编号”对话框

第 3 步：在对话框中选择一种编号，单击“确定”按钮，完成编号的添加。

另外，编号也可以自定义，方法同项目符号添加中的自定义方法相同。

3）多级符号

多级符号在某些场合(如试卷排版)中非常有用。具体的操作步骤如下。

第 1 步：选定要添加编号的段落。

第 2 步：选择“格式”菜单中的“项目符号和编号”功能，在弹出的“项目符号和编号”对话框中打开“多级符号”选项卡(如图 2-28 所示)。

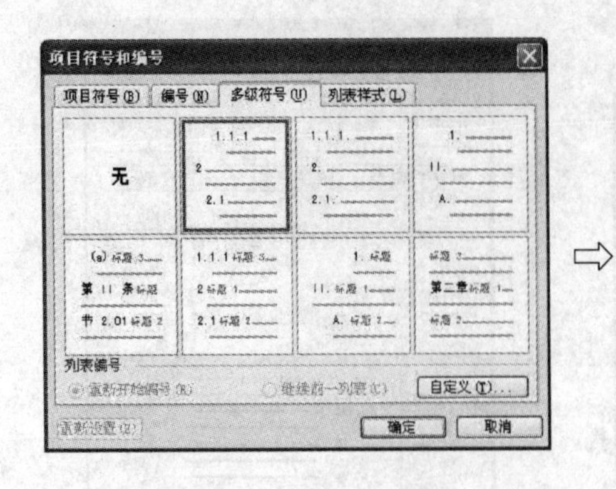


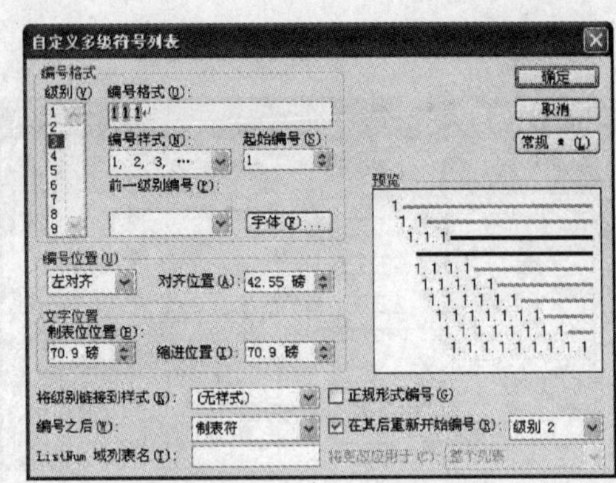


图 2-28 “项目符号和编号”之“多级符号”对话框

第3步：在对话框中选择一种多级符号模板，单击“确定”按钮，完成多级符号的添加。另外，多级符号也可以自定义，操作步骤同项目符号添加中的自定义，但其设置方法要相对复杂一些，要对各个级别进行相应的设置（如图 2-28 所示）。

利用多级符号进行编号，当输完某一级中一个编号（如 1、2、3、…）后的正文内容，按 Enter 键即自动进入下一个编号，再按 Tab 键即可改为下一级编号样式（如 1.1、2.1…），要返回到上一级继续编号，按 Shift +Tab 即可。

**3. 添加水印**

添加水印的具体操作步骤如下。

第1步：选择“格式”菜单中的“背景”子菜单中的“水印”功能，出现如图 2-29 所示的“水印”设置对话框。

第2步：根据需要，可以将文字或图片设置为水印。

- 添加“文字水印”。在“水印”对话框中选择“文字水印”。在“文字”列表框中选择水印的文字内容，也可以自定义水印文字的内容。设置水印文字的字体、尺寸、颜色、透明度和版式。
- 添加“图片水印”。在“水印”对话框中选择“图片水印”，然后找到要作为水印图案的图片。添加后，设置图片的缩放比例、是否冲蚀。冲蚀的作用是让添加的图片在文字后面降低透明度显示，以免影响文字的显示效果。

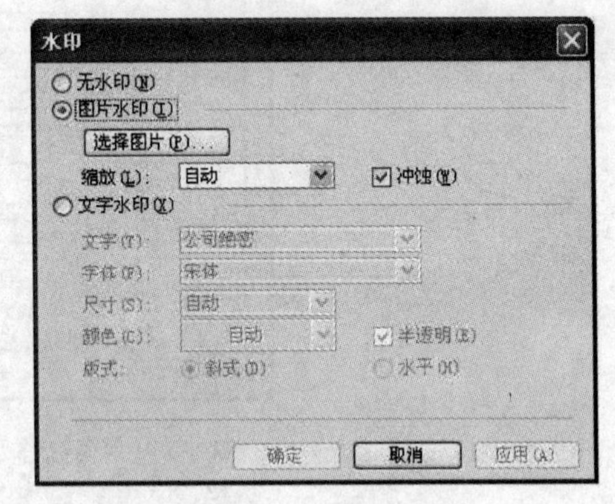


图 2-29 “水印”对话框

第3步：单击“确定”按钮，完成水印的添加。

**注意**：如果要打印水印，选择“工具”菜单中的“选项”功能，在打开的“选项”对话框中，打开“打印”选项卡，选中其中的“背景色和图像”复选框，这时水印才能够随着文档一起打印出来。

#### 4. 插入批注、脚注和尾注

1) 插入批注

将光标定位于要加入批注的位置，选择“插入”菜单中的“批注”功能，可以为文字添加批注。

2) 插入脚注和尾注

插入脚注和尾注的具体操作步骤如下。

第 1 步：选择“插入”菜单中的“引用”子菜单中的“脚注和尾注”功能，弹出如图 2-30 所示的“脚注和尾注”对话框。

第 2 步：在对话框中设置脚注和尾注的位置、格式以及应用范围。

第 3 步：单击“插入”按钮，完成脚注和尾注的插入。

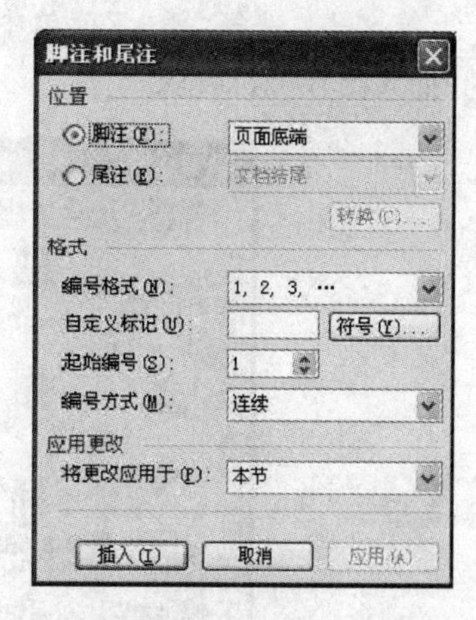


图 2-30 “脚注和尾注”对话框

## 2.5 图文混排

所谓图文混排，就是将文字与图片混合排列，文字可在图片的四周、嵌入图片下面、浮于图片上方等。

### 2.5.1 插入图片

#### 1. 插入剪贴画

插入剪贴画到具体位置的步骤如下。

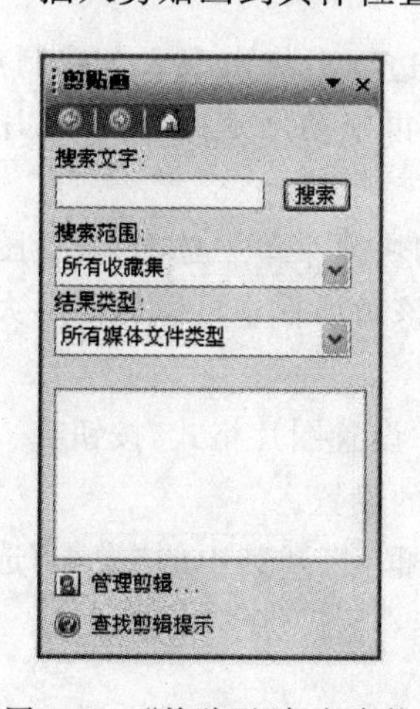


图 2-31 “剪贴画”任务窗格

第 1 步：将光标定位到要插入剪贴画的位置。

第 2 步：选择“插入”菜单中的“图片”子菜单中的“剪贴画”功能，这时将在 Word 窗口的右侧弹出“剪贴画”任务窗格，如图 2-31 所示。

第 3 步：在“搜索文字”文本框中输入剪贴画的相关主题或类别；在“搜索范围”下拉列表中选择要搜索的范围；在“结果类型”下拉列表中选择文件类型。

第 4 步：单击“搜索”按钮，即可在“剪贴画”任务窗格中显示查找到的剪贴画。

第 5 步：选择要使用的剪贴画，单击即可将其插入到文档中。也可以右击，在弹出的快捷菜单中选择“插入”功能，把剪贴画插入到选定的位置。

#### 2. 插入来自文件的图片

插入来自文件的图片到具体位置的步骤如下。

第 1 步：将光标定位到要插入图片的位置。

第2步：选择“插入”菜单中的“图片”子菜单中的“来自文件”功能，弹出如图2-32所示的“插入图片”对话框。

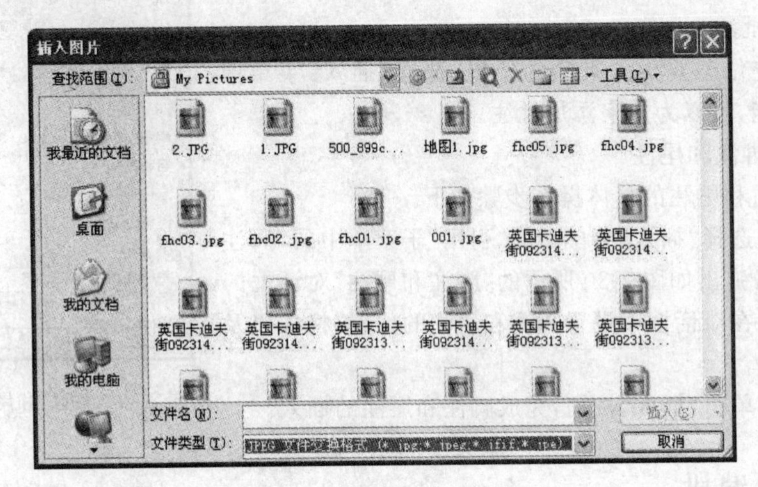


图2-32 “插入图片”对话框

第3步：在“查找范围”下拉列表中选择要插入图片所在的驱动器及目录位置，在“文件类型”下拉列表中选择要插入的文件的类型，在“文件名”下拉列表中选择要插入的文件。该对话框中找到要插入的图片文件。

第4步：单击“插入”按钮，完成图片的插入。

**3. 编辑图片**

1）调整图片的大小

调整图片大小的方法有以下几种。

方法1：使用鼠标。选定要调整大小的图片，这时它的矩形边框上将出现8个控制点。拖动其中任何一个控制点即可调整其大小。如果先按下Ctrl键再拖动尺寸控制点，图片将以其为对称点成比例地改变尺寸。

方法2：使用菜单。选定要调整大小的图片，右击，在弹出的快捷菜单中选择“设置图片格式”功能，弹出“设置图片格式”对话框，打开“大小”选项卡，在该对话框中可以对图形大小做精确的调整。

方法3：使用工具按钮。选中图片，单击“图片”工具栏上的“设置图片格式”按钮，弹出“设置图片格式”对话框，打开其中的“大小”选项卡，进行精确的设置。

方法4：直接在图片上双击，即可打开“设置图片格式”对话框，打开其中的“大小”选项卡，进行精确的设置。

2）移动图片的位置

移动图片位置的具体操作步骤如下。

第1步：选中要移动的图片。

第2步：用鼠标拖动图片到目标位置，释放鼠标即可。

3）设置图片的环绕方式

设置图片的环绕方式的方法有以下几种。

方法1：使用工具栏上的按钮。选定图片，单击“绘图”工具栏上的“绘图”按钮，在绘图菜单中选择“文字环绕”功能，在弹出的子菜单里，选择相应的环绕方式即可。

方法2：使用菜单。选定图片，右击，在弹出的快捷菜单中选择“设置图片格式”功能，打开“版式”选项卡，在“环绕方式”中单击选择某一环绕方式。若要选择更多的环绕方式，可以单击“高级”按钮。在“水平对齐方式”选择合适的对齐方式。单击“确定”按钮完成设置。

方法3：直接在图片上双击，即可打开“设置图片格式”对话框，接下来的步骤如同方法2。

## 2.5.2 插入文本框

Word中的文本框是一种可移动、可调大小的文字或图形容器。使用文本框，可以在一页上放置数个文字、图形块，或使一部分文字可以与文档中其他文字不同的方向排列。

### 1. 插入文本框

插入文本框的具体步骤如下。

第1步：将光标定位到要插入文本框的位置。

第2步：选择“插入”菜单中的“文本框”功能(选择“横排”或“竖排”)或单击“绘图”工具栏中的“文本框”中的按钮或，此时鼠标指针变成“十”形状。

第3步：将鼠标指针移至需要插入文本框的位置，按住鼠标左键不放，在文档中画一个文本框(文本框的位置、大小可随时调整)。

第4步：释放鼠标左键，即可在文档中插入文本框。

第5步：将光标定位在文本框内，就可以在文本框中输入文字或插入图片。

第6步：输入完毕，单击文本框以外的任意处即可。

### 2. 编辑文本框

1) 调整文本框的大小

方法同调整图片大小的方法1、方法2和方法4。只是打开的是“设置文本框格式”对话框。

2) 移动文本框的位置

方法同移动图片的位置。

3) 设置文本框的线条和颜色

给文本框设置线条和填充色的具体操作步骤如下。

第1步：选定要设置线条和填充颜色的文本框。

第2步：右击文本框的非文字区，在弹出的快捷菜单中选择并单击“设置文本框的格式”功能，在弹出的“设置文本框格式”对话框中打开“颜色和线条”选项卡。在“填充”区域可以设置文本框要填充的“颜色”和“透明度”；在“线条”区域可以设置文本框的线条“颜色”、“线型”、“虚实”和“粗细”。

第3步：单击“确定”按钮，即可给选定的文本框填充颜色，并对边框进行设置。

### 2.5.3 插入艺术字

Word中的艺术字是指将现有文字字体进行变形、填充，使文字具有美观有趣、易认易识、醒目张扬等特性，是一种有图案意味或装饰意味的字体变形。在Word中使用艺术字的方法如下。

#### 1. 插入艺术字

插入艺术字的方法有两种。

方法1：使用菜单。

第1步：将光标定位到要插入艺术字的位置。

第2步：选择“插入”菜单中的“图片”子菜单中的“艺术字”功能。弹出如图2-33所示的“艺术字库”对话框。

第3步：在“艺术字库”对话框中选择一种艺术字样式，单击“确定”按钮后弹出“编辑‘艺术字’文字”对话框(如图2-34所示)。

图2-33 “艺术字库”对话框

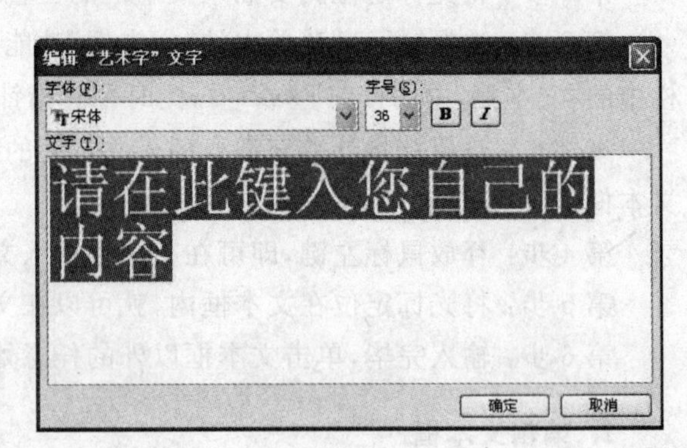


图2-34 “编辑‘艺术字’文字”对话框

第4步：在“文字”框内输入艺术字的内容，从“字体”、“字号”下拉列表框中选择艺术字的字体与字号。

第5步：单击“确定”按钮即可插入艺术字。

方法2：利用工具栏按钮。

第1步：将光标定位到要插入艺术字的位置。

第2步：单击“绘图”工具栏上的“插入艺术字”按钮，弹出如图2-33所示的“艺术字库”对话框。

第3步：重复方法1的第3～5步。

#### 2. 编辑艺术字

- 移动艺术字。选定艺术字，用鼠标拖动艺术字到目标位置即可。
- 改变艺术字大小。选定艺术字后，艺术字的周围也有8个控制点，可利用这8个控制点来改变艺术字的大小与比例。另外也可以在艺术字上右击，在弹出的快捷菜单中选择“设置艺术字”功能，在弹出的“设置艺术字格式”对话框中打开“大小”卡，精确设置艺术字的大小。

- 设置图片的环绕方式。设置方法同图片环绕方式的设置方法相同。
- 设置艺术字的线条和颜色。方法同文本框的线条和颜色的设置方法相同。
- 利用艺术字工具栏编辑艺术字。如图 2-35 所示。注意：如果在窗口中找不到艺术字工具栏，可以选择“视图”菜单中的“工具栏”菜单中的“艺术字”功能，这样“艺术字”工具栏就会在窗口中出现。

图 2-35 “艺术字”工具栏

## *2.5.4 插入组织结构图

组织结构图(Organization Chart)，是表现雇员、职称和群体关系的一种图表，它形象地反映了组织内各机构、岗位上下左右相互之间的关系。组织结构图是组织结构的直观反映，也是对该组织功能的一种侧面诠释。

在 Word 中使用组织结构图的方法如下。

第 1 步：将插入点插入到要插入组织结构图的位置。

第 2 步：选择“插入”菜单中的“图片”子菜单中的“组织结构图”功能。这时会在文档中插入一个基本结构图，并弹出“组织结构图”工具条，如图 2-36 所示。

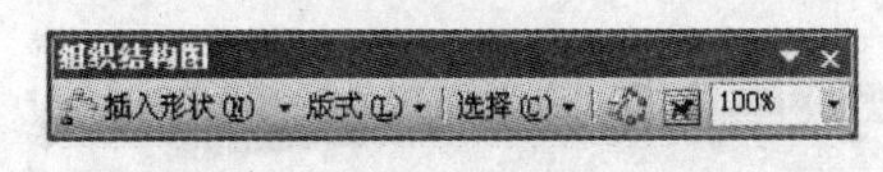


图 2-36 “组织结构图”工具条

第 3 步：单击方框输入相关的内容。

第 4 步：关闭“组织结构图”工具栏，并在结构图外单击，即完成了组织结构图的插入与编辑，如图 2-37 所示。

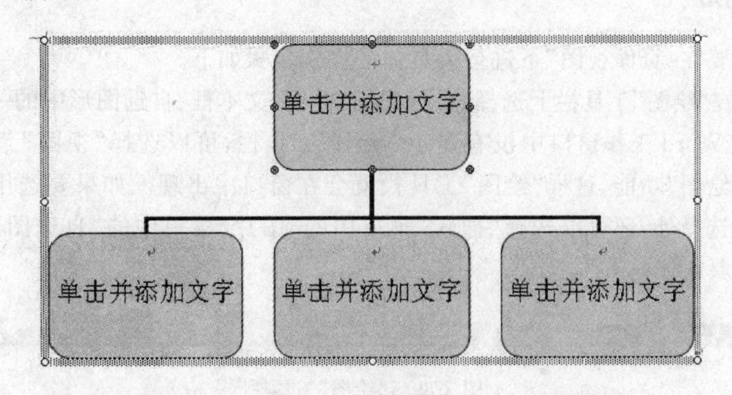


图 2-37 组织结构工具栏及插入的组织结构图

**注意**：如果要在某一个结构下增加分支时，先选中这个结构，然后在“组织结构图”工具栏上单击“插入形状”旁的下三角，在弹出的菜单中选择是“插入同事”、“下属”还是“助手”。如果某一结构下的分支比实际需要的多，可以选中要删除的文本框，按 Delete 删除即可，这时 Word 会根据组织结构图的大小自动调整整体的大小。

## *2.5.5 插入数学公式

Word 具有专门的创建数学公式的功能，使用该功能需要再安装 Word 的数学公式组件。下面介绍在 Word 文档中插入数学公式的方法。

第 1 步：将光标定位到要插入数学公式的位置。

第 2 步：选择“插入”菜单中的“对象”功能，弹出“对象”对话框，在该对话框的“对象类型”列表框中，选择“Microsoft 公式 3.0”，单击“确定”按钮。这时在当前插入点处出现一个空的公式对象，同时显示“公式”工具栏（如图 2-38 所示）。

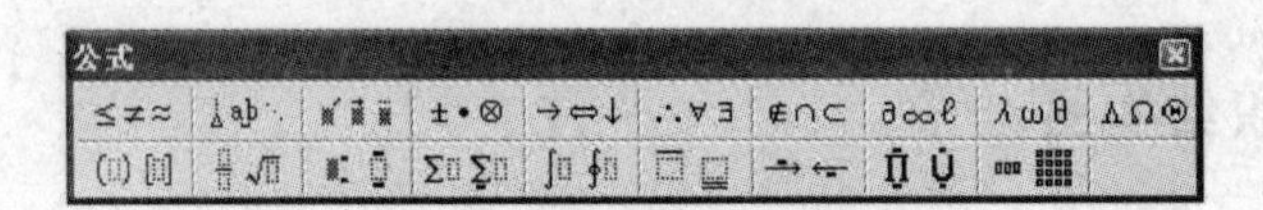


图 2-38 “公式”工具栏

第 3 步：利用“公式”工具栏即可完成数学公式的插入与编辑。

**注意**：“公式”工具栏的上一行是数学符号和特殊符号，可以根据需要自行选择。下一行是模板，选中模板后，在模板的空插槽处输入文字或符号。输入的公式和其他对象一样，修改或删除之前应该选中，然后再进行相应的设置操作。

## 2.5.6 使用绘图工具

除了在文档中插入各种图形之外，也可以使用 Word 中提供的一些绘图工具绘制简单的图形，方法如下。

### 1. 绘制图形

绘图操作要在“页面视图”下进行。具体的操作步骤如下。

第 1 步：在“绘图”工具栏上选择直线、椭圆、方框、文本框、自选图形中的一种，如图 2-39 所示。如果在 Word 工作窗口中没有显示“绘图”工具栏，可以选择“视图”菜单中的“工具栏”菜单中的“绘图”功能，这样“绘图”工具栏就会在窗口中出现。如果要选用自选图形，除了在工具栏上选择外，还可以选择“插入”菜单中的“图片”菜单中的“自选图形”功能，弹出“自选图形”工具栏。

图 2-39 “绘图”工具栏

第 2 步：选择线条形状、粗细和颜色。

第 3 步：当“+”字指针移至绘图处，按住鼠标左键拖动鼠标至图形长短、大小满意为止，释放鼠标。画圆、正方形需要同时按住 Shift 键。

第 4 步：在封闭的图形内才能填充颜色。单击"绘图"工具栏中的"填充色"按钮旁边的下三角形箭头，可以设置填充的颜色和效果。

**注意**：为了更方便地进行图形操作和管理，Word 允许图形组合，即将若干独立的图形组成一个整体。此时不能修改其中任可一个图形，若想修改，必须首先取消组合。利用"绘图"工具栏的"绘图"菜单，选"组合"或"取消组合"命令，来完成若干图形的组合和取消组合。

#### 2. 在绘制的图形中插入文字

在绘制的图形中插入文字的具体操作步骤如下。

第 1 步：选定要插入文字的自选图形。

第 2 步：右击，在弹出的快捷菜单中选择"添加文本"选项。

第 3 步：输入文字，当完成文字的输入后，在文本的其他位置单击即可。

## 2.6 表格处理

在日常工作、学习、生活中，表格都能很好地发挥它的作用，表格能很清晰简明地表达所需要表达的东西。下面介绍在 Word 中使用表格的方法。

### 2.6.1 创建表格

#### 1. 插入表格

插入表格的方法有两种。

方法 1：使用菜单。

将光标定位到要插入表格的位置，选择"表格"菜单中的"插入"子菜单中的"表格"功能，弹出"插入表格"对话框。在该对话框中设置表格的列数、行数及列宽，也可以使用"自动套用格式"，单击"确定"按钮，即可插入设定的表格。

方法 2：使用工具栏上的按钮。

将光标定位到要插入表格的位置，单击"常用"工具栏上的"插入表格"按钮，在弹出的对话框中通过拖动来设定表格的行数与列数，然后放开鼠标即可。

#### 2. 在表格中输入内容

在表格中输入文本同输入文档文本一样，把插入点移到要输入文本的单元格，再输入文本即可。在输入的过程中，按照输入数据的方向分类，可分为按行填表和按列填表。按行填表，即输入某一个单元格后，按 Tab 键或"→"键将插入点移至该行右边的单元格继续输入。当数据宽度大于列宽时，系统自动换行，该行的行高自动增加。按列填表，则输完某一单元格后，按"↓"键将插入点移到该列的下一单元格继续输入。

#### 3. 表格在页面中的位置

利用表格属性可以设置当前表格在页面中的位置和周围文字的环绕方式。具体操作步骤如下。

第 1 步：将光标置于表格中的任一单元格中。

第 2 步：选择“表格”菜单中的“表格属性”功能，或右击，在弹出的菜单中选择“表格属性”功能，弹出“表格属性”对话框，打开“表格”选项卡，在该对话框中进行表格对齐方式和文字环绕的设置（如图 2-40 所示）。

第 3 步：单击“确定”按钮完成设置。

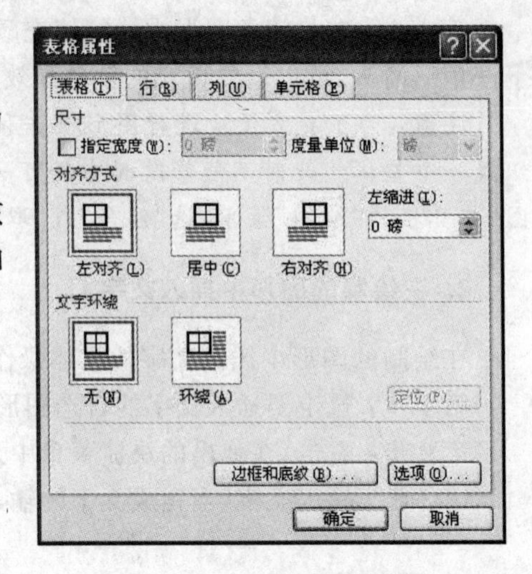


图 2-40 “表格属性”对话框之“表格”选项卡

### 2.6.2 表格格式

#### 1. 选定表格

选定表格或表格的一部分的方法如下。

1）选定整个表格

将鼠标指针放到表格的任意位置，表格左上角出现一个“⊞”标记，单击该标志即可选定整个表格。

2）选择列

将鼠标指针定位在要选定列的上方，当鼠标指针变成向下垂直的黑色实心箭头时，单击，即可选定所需的列；如果要选定的是多列，则在选定了起始列后继续按住鼠标左键左右拖动鼠标或加 Shift 键即可选择多个连续的列；加 Ctrl 键可选定不连续的列。

3）选择行

将鼠标指针定位在要选定行的左侧，当指针变成向右上方的白色空心箭头时，单击即可选定该行；如果要选定的是多行，则在选定起始行后继续按住鼠标左键上下拖动或加 Shift 键即可选择多个连续的行；加 Ctrl 键可选定不连续的行。

4）选择单元格

将鼠标指针放到要选定单元格的左边线上，鼠标指针变成向右上方的黑色实心箭头时，单击即可选定该单元格；如果要选定多个连续的单元格，只要在显示这种箭头时继续按住鼠标左键拖动鼠标移过所选的单元格，或加 Shift 键即可选择多个连续的单元格；加 Ctrl 键可选定不连续的单元格。

5）单元格内容的选定

同文档中文字的选定操作方法相同。

#### 2. 设置表格行高与列宽

设置表格行高与列宽的方法有两种。

方法 1：使用鼠标。选定要调整行高或列宽的行或列；也可以选定行或列所在的某一个单元格。将鼠标指向表格边线按住鼠标左键拖动鼠标进行尺寸的修改，直到满意后松开鼠标左键即可。

方法 2：使用菜单。选定要调整行高或列宽的行或列；也可以选定行或列所在的某一个单元格，选择“表格”菜单中的“表格属性”功能，或右击，在弹出的快捷菜单中选择“表格属性”功能，弹出“表格属性”对话框，在对话框中分别打开“行”或“列”选项卡，可分别对行高或列宽进行精确的设置。

**3. 插入行、列**

在表格中插入行或列的具体操作步骤如下。

第1步：在表格中选定要插入行或列所在的位置。当要插入多行(或多列)时应选中同样行数(或列数)的多行(或多列)。

第2步：选择“表格”菜单中的“插入”功能，在弹出的子菜单中选择关于行或列的相应命令即可。

**4. 插入单元格**

在表格中插入单元格的具体操作步骤如下。

第1步：在表格中选定要插入单元格的位置。

第2步：选择“表格”菜单中的“插入”功能，在弹出的子菜单中选择“单元格”，弹出“插入单元格”对话框。

第3步：在“插入单元格”对话框中进行相应的选择，然后单击“确定”按钮，完成单元格的插入。

**5. 删除行、列、单元格**

删除行列、列和单元格的具体操作步骤如下。

第1步：选定要删除的行、列或单元格。

第2步：选择“表格”菜单中的“删除”功能，在弹出的子菜单中选择“行”、“列”或“单元格”命令即可。

**注意**：可以用上述方法删除单元格，但是会使表格的形状变得不规则，所以一般不会删除 Word 表格的单元格。另外，如果要删除整个表格，则在子菜单中选择“表格”命令即可。

**6. 拆分与合并单元格**

1) 合并单元格

合并单元格的具体操作步骤如下。

第1步：选定要合并的单元格。

第2步：选择“表格”菜单中的“合并单元格”功能即可完成单元格的合并。

2) 拆分单元格

拆分单元格的具体操作步骤如下。

第1步：选中要拆分的单元格。

第2步：选择“表格”菜单中的“拆分单元格”功能，弹出“拆分单元格”对话框。

第3步：在“拆分单元格”对话框中输入要拆分的“行数”和“列数”。

第4步：单击“确定”按钮完成单元格的拆分。

### 7. 拆分与合并表格

1) 合并表格

合并表格的具体操作步骤如下。

第1步：选中其中的一个表格。

第2步：将鼠标指针移入选定区域并呈空心向左上角时，按下鼠标左键并拖动鼠标。

第3步：当鼠标指针拖至第二个表格右边或下边时，释放鼠标即可从右侧或下边合并表格。

**注意**：当鼠标指针拖至某个单元格时，释放鼠标即可在该单元格中插入表格，成为表中表。

2) 拆分表格

拆分表格是指将一个表格从某行一分为二，变成两个表格，拆分表格的具体操作步骤如下。

第1步：将光标的插入点置于拆分后新表格的第一行中的任意单元格。

第2步：选择“表格”菜单中的“拆分表格”功能，即将表格一分为二。

### 8. 表格的移动与缩放

Word 2003表格左上角有一个全选标志 ⊞，在右下角有一个缩放标志 □，拖动表格的全选标志，可以将表格移动到页面上的其他位置；当鼠标移动到缩放标志上时，鼠标指针变为斜对的双向箭头，拖动鼠标可成比例地改变整个表格的大小。

### 9. 绘制斜线表头

要创建一个带有斜线表头的复杂表格，具体操作步骤如下。

第1步：将光标置于要插入斜线表头的单元格中。

第2步：选择“表格”菜单“绘制斜线表头”功能，弹出“插入斜线表头”对话框，如图2-41所示。

第3步：在“表头样式”选项中选择样式类型；在“字体”选项中选择字体；在“行标题”和“列标题”中输入内容。

第4步：单击“确定”按钮即可完成表头斜线的插入。

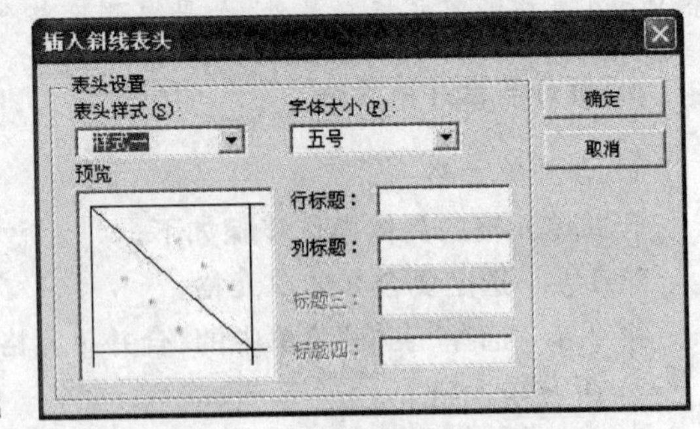


图2-41 “插入斜线表头”对话框

### 10. 表格的边框和底纹

表格中的任一线条都可以为它设置线型、粗细和颜色，任一单元格都可以为它设置底纹。设置表格和单元格边框的底纹的方法有以下几种。

方法1：选定要设置边框和底纹的表格或单元格，选择“格式”菜单中的“边框和底纹”功能，弹出“边框和底纹”对话框，打开“边框”选项卡设置表格线的格式；打开“底纹”选项卡设置单元格或表格的底纹颜色和图案式样。

方法 2：选定要设置边框和底纹的表格或单元格，右击，在弹出的快捷菜单中选择“表格属性”功能或者选择“表格”菜单中的“表格属性”功能，打开“表格属性”对话框。单击“边框和底纹”按钮，弹出“边框和底纹”对话框，打开“边框”选项卡设置表格线的格式；打开“底纹”选项卡设置单元格或表格的底纹颜色和图案式样。

方法 3：利用工具栏上的按钮。选择“视图”菜单“工具栏”子菜单中的“表格和边框”功能，弹出“表格和边框”工具栏，使用“表格和边框”工具栏中的“线型”按钮、“粗细”按钮 ½ 磅、“边框颜色”按钮、“边框线”按钮、“底纹颜色”按钮也可以快速地设置边框和底纹。

## 2.6.3 表格内容

### 1. 表格与文字的转换

1）文本转换为表格

将文本转换成表格时，使用逗号、制表符或其他分隔符标记新的列开始的位置。例如要将 1～12 这 12 个数字转换为 3 行 4 列的表格时，具体操作步骤如下。

第 1 步：在要划分列的位置插入特定的分隔符，例如“,”。

第 2 步：选定要转换的文本。

第 3 步：选择“表格”菜单中的“转换”菜单中的“文本转换成表格”功能，弹出“将文字转换成表格”对话框。

第 4 步：在“表格尺寸”区域的“列数”框中输入“4”，在“自动调整”操作区域，进行设置，这里选择“根据内容调表格”；在“文字分隔位置”区域选择所需的分隔符选项。例如这里选“逗号”。

第 5 步：单击“确定”按钮完成转换。整个过程如图 2-42 所示。

1, 2, 3, 4
5, 6, 7, 8
9, 10, 11, 12

(a) 插入分隔符

1, 2, 3, 4
5, 6, 7, 8
9, 10, 11, 12

(b) 选定文本

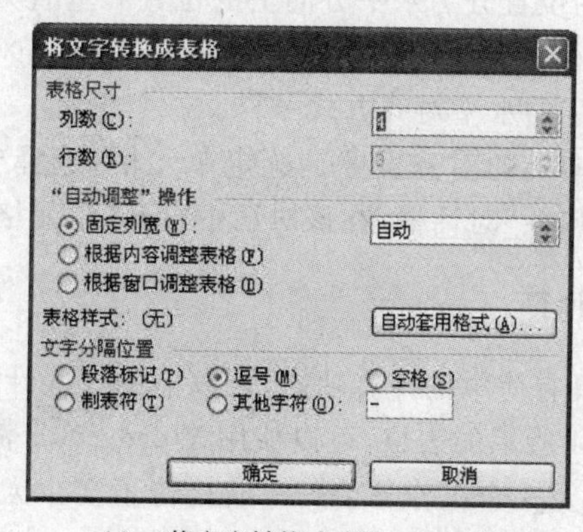


(c) “将文字转换成表格”对话框

| 1 | 2 | 3 | 4 |
|---|---|---|---|
| 5 | 6 | 7 | 8 |
| 9 | 10 | 11 | 12 |

(d) 转换完成

图 2-42 文本转换为表格

**注意**：所选择的文字分隔符一定要与实际一致。例如文档中分隔要转换为表格的文字使用的是中文逗号“，”，而对话框中输入的是英文逗号“,”，那么转换的结果很可能与希望的不同。

2）表格转换为文本

当需要将表格转换成纯文本时，具体的操作步骤如下。

第 1 步：选定要转换为纯文本的表格。

第 2 步：选择“表格”菜单中的“转换”菜单中的“表格转换成文本”功能，弹出“表格转换成文本”对话框。

第 3 步：在“文字分隔符”区域选中所需的字符，作为替代表格中的列表框分隔符，例如“逗号”。

第 4 步：单击“确定”按钮，表格就被转换成为文本了。整个过程如图 2-43 所示。

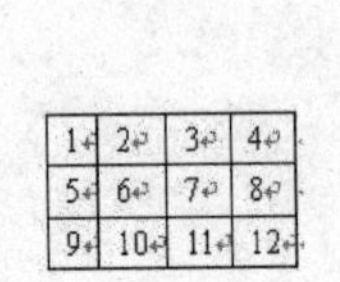

| 1 | 2 | 3 | 4 |
|---|---|---|---|
| 5 | 6 | 7 | 8 |
| 9 | 10 | 11 | 12 |

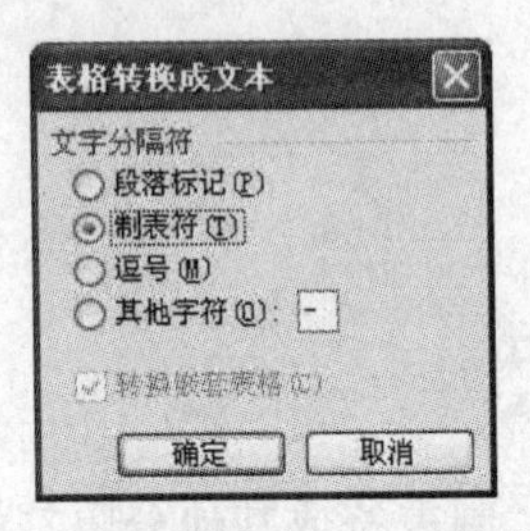


1, 2, 3, 4
5, 6, 7, 8
9, 10, 11, 12

(a) 转换前的表格 (b) “表格转换成文本” 对话框 (c) 表格转换成的文本

图 2-43 表格转换为文本

**2. 表格中字体、段落格式的设置**

表格中文本的字体、段落格式的基本编辑方法和 Word 2003 中其他的文字的编辑相同。选定要编辑单元格的文本，可以选择“格式”菜单“字体”功能，或“格式”菜单“段落”功能，或者使用格式工具栏中“字体格式”按钮，可设置文本和段落的基本格式。

**3. 表格对齐与表格中文字的对齐**

文字在单元格中的位置分为水平方向上的位置和垂直方向上的位置两类。

- 文字在水平方向上的对齐设置。主要有左对齐、右对齐和居中对齐，设置的方法同文档中普通文字的水平对齐方式一样。
- 文字在垂直方向上的对齐设置。选定单元格，选择“表格”菜单中的“表格属性”功能，弹出“表格属性”对话框，在该对话中打开“单元格”选项卡进行设置。

**4. 表格中数据的计算**

Word 2003 表格具有简单的计算功能，可以借助这些计算功能完成简单的统计工作。

例如：有如图 2-44 所示的表格，可以使用 Word 2003 表格计算出某个部门一周内接待了多少人次来访者，以及一个工作日公司一共接待了多少人次。用 Word 2003 表格计算数据的具体操作步骤如下。

第 1 步：将光标置于第 2 行的第 5 列单元格中。

第 2 步：选择“表格”菜单中的“公式”功能，弹出“公式”对话框。此时系统根据当前光标所在的位置及周围单元格的数据内容，自动在“公式”编辑框中添加了公式“＝SUM(LEFT)”。在“数字格式”下拉列表中选择需要的数字格式（如选择 0），并单击“确定”按钮，如图 2-45 所示。这时该单元格中显示的是公式计算的结果。其他的计算方法相同。

| 日期 | 研发部来访人数 | 企划部来访人数 | 行政部来访人数 | 日汇总 |
|---|---|---|---|---|
| 1/8 | 10 | 12 | 15 | |
| 2/8 | 21 | 20 | 18 | |
| 3/8 | 20 | 18 | 19 | |
| 4/8 | 22 | 25 | 23 | |
| 5/8 | 19 | 14 | 13 | |
| 周汇总 | | | | |

图 2-44　示例表格

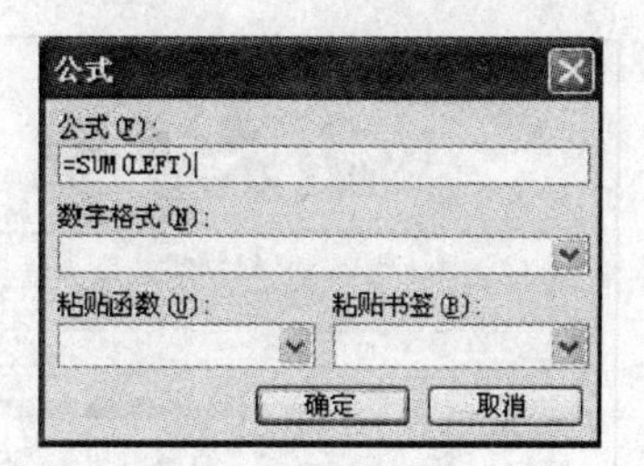


图 2-45　“公式”对话框

**注意**：如果 Word 表格中的来访次数改变，右击汇总结果，在弹出的菜单中选择“更新域”功能，即刻就能得到更新后的汇总结果。

#### 5. 表格的排序

表格排序的方法主要有以下两种。

方法 1：使用工具按钮。将光标插入点定位到要排序的数据列中(任何一个单元格中都可以)。在“表格和边框”工具栏上单击“升序排序”按钮，该列中的数字将从小到大排列，汉字按拼音从 A 到 Z 排序，行记录顺序按排序结果调整；单击“降序排列”按钮，该列中的数字将按从大到小排序，汉字按拼音从 Z 到 A 排序，行记录顺序按排序列结果相应调整。

方法 2：使用菜单。将插入点置于要排序的表格中，选择“表格”菜单中的“排序”功能，弹出“排序”对话框。在该对话框中选择“主要关键字”、“类型”、“升序”还是“降序”进行设置；如果记录行较多，还可以对次要关键字和第三关键字进行排序设置。根据排序表格中有无标题行选择下方的“有标题行”或“无标题行”。最后单击“确定”按钮，各行顺序将按排序列结果相应调整。

**说明**：主要关键字是排序时首先依据的，当主要关键字相同时，排序依据定义的次要关键字，次要关键字再相同则依据第三关键字。排序的内容如果有标题，则应选上“有标题行”，这样标题行不参与排序，没有标题行，则选“无标题行”，这样所有内容都参与排序。

## 2.7　应用案例

### 2.7.1　应用案例 1：制作电子小报

#### 1. 案例目标

电子小报是指运用各类文字、绘画、图形、图像处理软件，创作的电子报或电子宣传材料。电脑小报制作的目的主要是为了展示围绕主题所展开的图文并茂的内容，在需要的时候也可以打印、印刷出来成为纸质小报、海报等。

本应用案例使用 Word 制作一份图文并茂、以介绍小米手机为主要内容的电子小报，使其效果如图 2-46 所示。本案例涉及的主要操作包括：①文章编辑；②文档修饰；③插入艺术字；④插入图片；⑤插入文本框；⑥边框底纹；⑦项目符号；⑧分栏等。

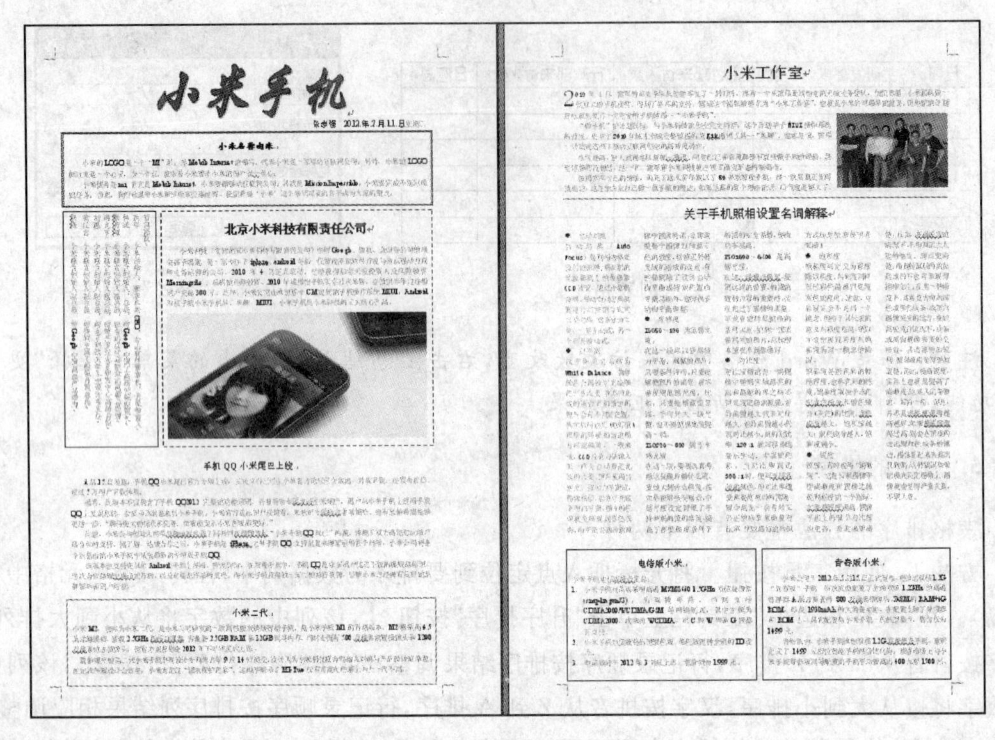
小米手机

北京小米科技有限责任公司

小米工作室

关于手机照相设置名词解释

图 2-46　小报设计效果图

**2. 操作步骤**

1) 拷贝素材

新建一个实验文件夹(形如“1203435001 李智 20120607”),下载案例素材压缩包“应用案例 1-电子小报.rar”至该实验文件夹下。右击压缩包,在弹出的快捷菜单中选择“解压到当前文件夹”,将案例素材压缩包解压为一个文件夹。本案例中提及的文件均存放在此文件夹下。

2) 新建文档,并保存为“小米手机.doc”

第 1 步:启动 Word。

第 2 步:选择“文件”菜单中的“保存”功能,打开“另存为”对话框。

第 3 步:在该对话框中,选择保存位置为“案例目录”,文件名为“小米手机”,保存类型为“Word 文档(*.doc)”。单击“保存”按钮。

3) 页面设置

第 1 步:选择“文件”菜单中的“页面设置”功能,打开如图 2-47 所示的对话框。

第 2 步:在该对话框中,打开“纸张”选项卡,在“宽度”栏输入“27”,在“高度”栏输入“38”,单击“确定”按钮,完成页面的设置。

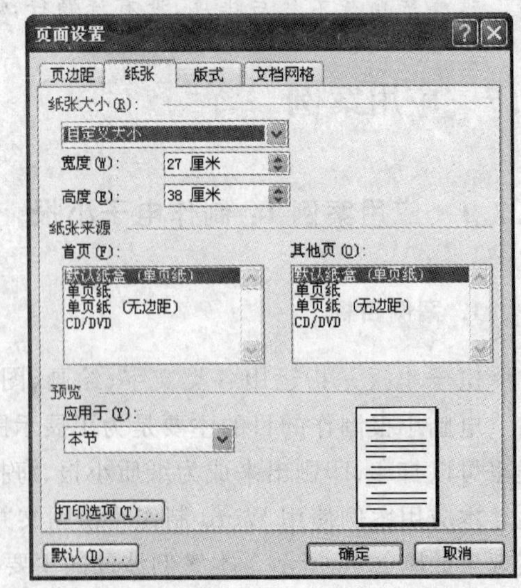


图 2-47　“页面设置”对话框

4）制作标题“小米手机”

第1步：选择“插入”菜单中的“图片”子菜单中的“艺术字”功能，打开“艺术字库”对话框。

第2步：在“艺术字库”对话框中选择第二行第一列的艺术字效果，单击“确定”按钮，打开“编辑艺术字文字”对话框。

第3步：在该对话框中输入文字“小米手机”，选择字体为“华文行楷”，字号为“72”，单击“确定”按钮。至此，“小米手机”4个艺术字被插入到文档中。

第4步：右击“小米手机”艺术字，在弹出的快捷菜单中选择“设置艺术字格式”功能，打开“设置艺术字格式”对话框。

第5步：在“设置艺术字格式”对话框中，打开“颜色与线条”选项卡，选择填充“颜色”为红色，单击“确定”按钮。

第6步：选中艺术字“小米手机”，单击“格式”工具栏中的“居中”按钮，将艺术字设为居中。

5）添加姓名和日期

第1步：在不选中任何内容的情况下，选择“插入”菜单中的“文本框”子菜单中的“横排”功能，出现绘图画布。

第2步：按Esc键取消绘图画布。

第3步：拖动鼠标，在标题右下方绘制一个矩形框，即插入一个横排文本框。

第4步：在文本框输入个人姓名和当前日期，如“李智 2012年7月16日”。

第5步：选中文本框中的文字，设置其字体为“宋体”、颜色为“黑色”、字号为“小四”。

第6步：参考图2-46，拖动文本框至合适的大小和位置。

第7步：右击文本框边框，在弹出的快捷菜单中选择“设置文本框格式”功能，打开“颜色与线条”选项卡，选择线条颜色为“无线条颜色”，单击“确定”按钮。

6）输入并编辑“小米名称由来”

第1步：在不选中任何内容的情况下，选择“插入”菜单中的“文本框”子菜单中的“横排”功能，出现绘图画布。

第2步：按Esc键取消绘图画布。

第3步：在“姓名和日期”下方插入一个横排文本框。

第4步：在该文本框中输入以下内容。

> 小米名称由来
>
> 小米的LOGO是一个“MI”形，是Mobile Internet的缩写，代表小米是一家移动互联网公司。另外，小米的LOGO倒过来是一个心字，少一个点，意味着小米要让小米的用户省一点心。
>
> 小米拼音是mi，首先是Mobile Internet，小米要做移动互联网公司；其次是Mission Impossible，小米要完成不能完成的任务；当然，我们希望用小米和步枪来征服世界。我们希望‘小米’这个亲切可爱的名字成为大家的朋友。

第5步：选中文本框中第一行文字“小米名称由来”，设置其为楷体、蓝色、四号、居中。

第6步：选中文本框中其余行文字，设置为宋体、黑色、五号。

第7步：选中文本框中其余行文字，设置为首行缩进2个字符。方法是：选择“格式”菜单中的“段落”功能，在弹出的“段落”对话框中，打开“缩进与间距”选项卡，在“特殊格式”下拉列表框中选择“首行缩进”，在“度量值”数值框中设置为“2个字符”，单击“确定”按钮。

第8步：参考图2-46，拖动文本框至合适的大小和位置。

第9步：右击文本框边框，在弹出的快捷菜单中选择“设置文本框格式”功能，弹出“设置文本框格式”对话框，打开“颜色与线条”选项卡，选择线型为“══”(倒数第4个)，单击“确定”按钮。

7）插入并编辑“管理团队”

第1步：在不选中任何内容的情况下，选择“插入”菜单中的“文本框”子菜单中的“竖排”功能，出现绘图画布。

第2步：按Esc键取消绘图画布。

第3步：在“小米名称由来”左下方插入一个竖排文本框。

第4步：向该文本框中插入文件“管理团队.txt”。方法是：选择“插入”菜单中的“文件”功能，打开“插入文件”对话框，在该对话框中选择案例目录中的“管理团队.txt”，单击“插入”按钮。

第5步：参考图2-46，拖动文本框至合适的大小和位置。

8）插入并编辑“北京小米科技有限责任公司”

第1步：在不选中任何内容的情况下，选择“插入”菜单中的“文本框”子菜单中的“横排”功能，出现绘图画布。

第2步：按Esc键取消绘图画布。

第3步：在“小米名称由来”右下方插入一个横排文本框。

第4步：向该文本框中插入文件“北京小米科技有限责任公司.txt”，方法同上。

第5步：选中文本框中的第一行文字“北京小米科技有限责任公司”，设置其为楷体、蓝色、四号、居中。

第6步：选中文本框中的其余行文字，设置为宋体、黑色、五号。

第7步：选中文本框中的其余行文字，设置为首行缩进2个字符。

第8步：选择“插入”菜单中的“图片”子菜单中“来自文件”功能，弹出“插入图片”对话框。在该对话框中选择“案例目录”中的图片“zxh.jpg”，单击“插入”按钮。

第9步：选中图片，参考图2-46拖动图片四周的小黑点调整图片大小，再将图片拖动到文本框内合适的位置。

第10步：参考图2-46，拖动文本框至合适的大小和位置。

第11步：右击文本框边框，在弹出的快捷菜单中选择“设置文本框格式”功能，弹出“设置文本框格式”对话框，打开“颜色与线条”选项卡，选择线条“虚实”为“·－－”(正数第4个)，单击“确定”按钮。

9）插入并编辑“手机QQ小米尾巴上线”

第1步：在不选中任何内容的情况下，选择“插入”菜单中的“文本框”子菜单中的“横排”功能，出现绘图画布。

第2步：按Esc键取消绘图画布。

第 3 步：在“北京小米科技有限责任公司”下方插入一横排文本框。

第 4 步：向该文本框中插入文件“手机 QQ 小米尾巴上线.txt”，方法同上。

第 5 步：选中文本框中的第一行文字“手机 QQ 小米尾巴上线”，设置为楷体、蓝色、四号、居中。

第 6 步：选中文本框中的其余行文字，设置为宋体、黑色、五号。

第 7 步：选中文本框中的其余行文字，设置为首行缩进 2 个字符。

第 8 步：参考图 2-46，拖动文本框至合适的大小和位置。

第 9 步：右击文本框边框，在弹出的快捷菜单中选择“设置文本框格式”功能，弹出“设置文本框格式”对话框，打开“颜色与线条”选项卡，选择线条颜色为“无线条颜色”，单击“确定”按钮。

10）插入并编辑“小米二代”

第 1 步：在不选中任何内容的情况下，选择“插入”菜单中的“文本框”子菜单中的“横排”功能，出现绘图画布。

第 2 步：按 Esc 键取消绘图画布。

第 3 步：在“手机 QQ 小米尾巴上线”下方插入一个横排文本框。

第 4 步：向该文本框中插入文件“小米二代..txt”，方法同上。

第 5 步：选中文本框中的第一行文字“小米二代”，设置为楷体、蓝色、四号、居中。

第 6 步：选中文本框中的其余行文字，设置为宋体、黑色、五号。

第 7 步：选中文本框中的其余行文字，设置为首行缩进 2 个字符。

第 8 步：参考图 2-46，拖动文本框至合适的大小和位置。

第 9 步：右击文本框边框，在弹出的快捷菜单中，选择“设置文本框格式”功能，弹出“设置文本框格式”对话框，打开“颜色与线条”选项卡，选择线条颜色为“灰色-50%”，单击“确定”按钮。

11）插入并编辑“小米工作室”

第 1 步：将光标移到艺术字“小米手机”之后。

第 2 步：选择“插入”菜单中的“分隔符”功能，弹出“分隔符”对话框，选择“分页符”，单击“确定”按钮，将光标转到第二页。

第 3 步：向该文本框中插入文件“小米工作室.txt”，方法同上。

第 4 步：选中第二页第一行文字“小米工作室”，设置为楷体、蓝色、一号、居中。

第 5 步：选中标题行后第一段文字，选中“格式”菜单中的“首字下沉”功能，弹出“首字下沉”对话框。在该对话框中，选择“下沉”，设置“下沉行数”为 2，单击“确定”按钮。

第 6 步：选中其余文字，设置为宋体、黑色、五号。

第 7 步：选中其余文字，设置为首行缩进 2 个字符。

第 8 步：选择“插入”菜单中的“图片”子菜单中的“来自文件”功能，弹出“插入图片”对话框。在该对话框中选择“案例目录”中的图片“小米团队.jpg”，单击“插入”按钮。

第 9 步：右击图片，在弹出的快捷菜单中选择“设置图片格式”功能，弹出“设置图片格式”对话框，单击“版式”选项卡，选择环绕方式为“四周型”后，单击“确定”按钮。

第 10 步：参考图 2-46，拖动照片四周的小黑点调整图片大小，再将图片拖动到合适位置。

12）插入并编辑“关于手机照相设置名词解释”

第1步：将光标定位在文档的最后。

第2步：选择“插入”菜单中的“文件”功能，打开“插入文件”对话框，在该对话框中“选择案例”目录中的“关于手机照相设置名词解释.txt”，单击“插入”按钮，将该文件内容插入到当前光标位置。

第3步：选中标题文字“关于手机照相设置名词解释”，设置为楷体、蓝色、一号、居中。

第4步：选中标题后的所有段落，设置为首行缩进2个字符。

第5步：选中“自动对焦”小标题，单击“格式”工具栏上的“项目符号”按钮，设置项目符号格式。

第6步：采用与第6步相同的方法，为“白平衡”、“光感度”、“对比度”、“饱和度”、“锐度”设置相同的项目符号格式，也可以使用“常用”工具栏的“格式刷”按钮进行设置。

第7步：选中除大标题外的文字，选择“格式”菜单中的“分栏”功能，弹出“分栏”对话框，在该对话框中，设置“栏数”为“5”，单击“确定”按钮。

13）插入并编辑“电信版小米”

第1步：选择“插入”菜单中的“文本框”子菜单中的“横排”功能，出现绘图画布。

第2步：按Esc键取消绘图画布。

第3步：在第二页左下角插入一个横排文本框。

第4步：向该文本框中插入文件“电信版小米.txt”，方法同上。

第5步：选中文本框中的第一行文字“电信版小米”，设置为楷体、蓝色、四号、居中。

第6步：选中文本框中的其余行文字，设置为宋体、黑色、五号。

第7步：选择文本框中的最后三段文字，选择“格式”工具栏上的“编号”按钮，设置编号格式。

第8步：参考图2-46，拖动文本框至合适的大小和位置。

14）插入并编辑“青春版小米”

第1步：选择“插入”菜单中的“文本框”子菜单中的“横排”功能，出现绘图画布。

第2步：按Esc键取消绘图画布。

第3步：在第二页右下角插入一个横排文本框。

第4步：向该文本框中插入文件“青春版小米.txt”，方法同上。

第5步：选中文本框中的第一行文字“青春版小米”，设置为楷体、蓝色、四号、居中。

第6步：选中文本框中的其余行文字，设置为宋体、黑色、五号。

第7步：选中文本框中的其余行文字，设置为首行缩进2个字符。

第8步：参考图2-46，拖动文本框至合适的大小和位置。

15）插入分割线

第1步：选择“插入”菜单中的“图片”子菜单中的“自选图形”功能，打开“自选图形”工具栏。

第2步：选择“自选图形”工具栏中的线条工具，打开“直线”工具栏。

第3步：选择“直线”工具栏中的“直线”工具，出现绘图画布。

第4步：按Esc键取消绘图画布。

第5步：在“关于手机照相设置名词解释”上方用鼠标画一条水平横线。

第 6 步：右击水平横线，在弹出的快捷菜单中选择“设置自选图形格式”功能，打开“设置自选图形格式”对话框。

第 7 步：在“设置自选图形格式”对话框中，打开“颜色与线条”选项卡，设置线条“虚实”为“·−−”（正数第 4 个），“粗细”为“1.25 磅”，单击“确定”按钮。

16）保存文档

选择“文件”菜单中的“保存”功能，保存 Word 文档。

## 2.7.2 应用案例 2：制作个人简历

### 1. 案例目标

个人简历是自己工作、学习的简要总结，也是个人给用人单位的一份简要介绍，包含自己的基本信息：姓名、性别、年龄、民族、籍贯、政治面貌、学历、联系方式，以及自我评价、工作经历、学习经历、荣誉与成就、个人愿望等，因此一份良好的个人简历对于获得用人单位好的评价至关重要。

本应用案例使用 Word 制作一份基于表格的个人简历，效果如图 2-48 及图 2-49 所示。涉及的主要操作包括：①新建和保存文档；②水印设置；③艺术字的使用；④文本框的使用；⑤页面边框的使用；⑥新建表格和选定表格；⑦合并与拆分单元格；⑧表格内文字的设置；⑨表格格式的设置；⑩在单元格中插入图片。

图 2-48　简历封面

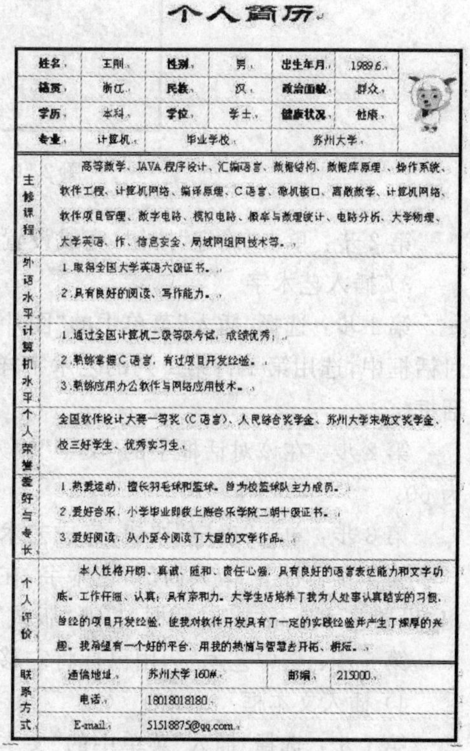

个人简历

| 姓名 | 王刚 | 性别 | 男 | 出生年月 | 1989.6 | |
|---|---|---|---|---|---|---|
| 籍贯 | 浙江 | 民族 | 汉 | 政治面貌 | 群众 | |
| 学历 | 本科 | 学位 | 学士 | 健康状况 | 健康 | |
| 专业 | 计算机 | 毕业学校 | | 苏州大学 | | |
| 主修课程 | 高等数学、JAVA 程序设计、汇编语言、数据结构、数据库原理、操作系统、软件工程、计算机网络、编译原理、C 语言、微机接口、离散数学、计算机网络、软件项目管理、数字电路、模拟电路、概率与数理统计、电路分析、大学物理、大学英语、作、信息安全、局域网组网技术等。 | | | | | |
| 外语水平 | 1. 取得全国大学英语六级证书。<br>2. 具有良好的阅读、写作能力。 | | | | | |
| 计算机水平 | 1. 通过全国计算机二级等级考试，成绩优秀；<br>2. 熟练掌握 C 语言，有过项目开发经验。<br>3. 熟练应用办公软件与网络应用技术。 | | | | | |
| 个人荣誉 | 全国软件设计大赛一等奖（C 语言）、人民综合奖学金、苏州大学朱敬文奖学金、校三好学生、优秀实习生 | | | | | |
| 爱好与专长 | 1. 热爱运动，擅长羽毛球和篮球。曾为校篮球队主力成员。<br>2. 爱好音乐，小学毕业即获上海音乐学院二胡十级证书。<br>3. 爱好阅读，从小至今阅读了大量的文学作品。 | | | | | |
| 个人评价 | 本人性格开朗、真诚、随和、责任心强，具有良好的语言表达能力和文字功底。工作仔细、认真；具有亲和力。大学生活培养了我为人处事认真踏实的习惯，曾经的项目开发经验，使我对软件开发具有了一定的实践经验并产生了浓厚的兴趣。我希望有一个好的平台，用我的热情与智慧去开拓、耕耘。 | | | | | |
| 联系方式 | 通信地址 | 苏州大学 160# | | 邮编 | 215000 | |
| | 电话 | 18018018180 | | | | |
| | E-mail | 51518875@qq.com | | | | |

图 2-49　表格式简历

**2. 操作步骤**

新建一个实验文件夹(形如"1203435001 李智 20120607"),下载案例素材压缩包"应用案例 2-个人简历.rar"至该实验文件夹下。右击压缩包,在弹出的快捷菜单中选择"解压到当前文件夹",将案例素材压缩包解压为一个文件夹。本案例中提及的文件均存放在此文件夹下。

1) 新建和保存"简历封面.doc"

第 1 步：启动 Word,新建一个空白文档。

第 2 步：选择"文件"菜单中的"保存"功能,弹出"另存为"对话框,选择保存位置为"案例目录",文件名为"简历封面",保存类型为"Word 文档(*.doc)",单击"保存"按钮。

2) 设置背景水印

第 1 步：选择"格式"菜单中的"背景"子菜单中的"水印"功能,弹出"水印"对话框。在该对话框中,选中"图片水印"复选框,单击"选择图片"按钮,在弹出的"插入图片"对话框中,选择"jl1.jpg"作为当前文档的水印,设置水印的"缩放"为"自动",并取消"冲蚀"(如图 2-50 所示)。

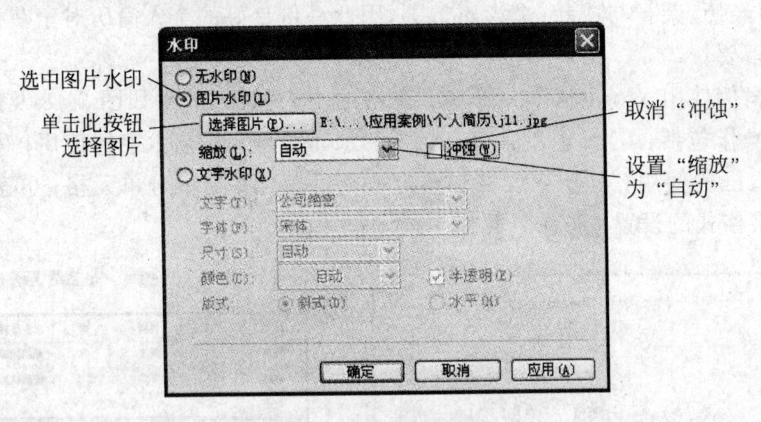


图 2-50　设置图片背景水印

第 2 步：单击"确定"按钮,完成设置。

3) 插入艺术字

第 1 步：选择"插入"菜单中的"图片"子菜单中的"艺术字"功能,在弹出的"艺术字库"对话框中,选用第 1 行第 1 列的艺术字样式。单击"确定"按钮,弹出"编辑'艺术字'文字"对话框。

第 2 步：在该对话框中的"文字"输入框中输入"个人简历",设置字体为华文行楷,字号为 60。

第 3 步：单击"确定"按钮,完成艺术字的插入。

第 4 步：右击"个人简历"艺术字,在弹出的快捷菜单中选择"设置艺术字格式"功能,弹出"设置艺术字格式"对话框,打开"版式"选项卡,设置艺术字的环绕方式为"四周型"。

第 5 步：选中艺术字,用鼠标将它移动到合适的位置。

4) 插入文本框

第 1 步：选择"插入"菜单中的"文本框"子菜单中的"横排"功能(按 Esc 键取消画布),在文档中拖动鼠标画出一个文本框,在文本框中输入文字：机会总是留给有准备的人。

第 2 步：选定文本框，利用鼠标调整文本框的大小及在页面中的位置。

第 3 步：选中文本框中的文字，选择“格式”菜单中的“字体”功能，弹出“字体”对话框，设置字体格式为：宋体、加粗、白色、五号字。单击“确定”按钮，设置完成。

第 4 步：再次选中文本框中的文字，选择“格式”菜单中的“段落”，弹出“段落”对话框，设置对齐方式为居中。单击“确定”按钮，完成设置。

第 5 步：右击文本框边框，在弹出的快捷菜单中选择“设置文本框格式”功能，弹出“设置文本框格式”对话框。在“颜色与线条”选项卡中，设置文本框的“填充”颜色为蓝色，“线条”为“无线条颜色”。单击“确定”按钮，完成设置。

第 6 步：在页面的下方再插入一个横排的文本框。设置其字体为：黑体、四号字。方法同上。文本框内容如下。

姓　　名：王刚

专　　业：计算机

毕业学校：苏州大学

联系电话：18018018180

E-MAIL：51518875@qq.com

第 7 步：设置文本框线条为“无线条颜色”。具体的方法同上。

第 8 步：参考图 2-49，调整两个文本框的大小，并移动到合适的位置。

5）页面边框的使用

选择“格式”菜单中的“边框和底纹”功能，在弹出的“边框和底纹”对话框中，打开“页面边框”选项卡，单击方框按钮；选择线型为“双线”；选择颜色为“绿色”；选择宽度为“1/2 磅”；应用于选择“整篇文档”，如图 2-51 所示。

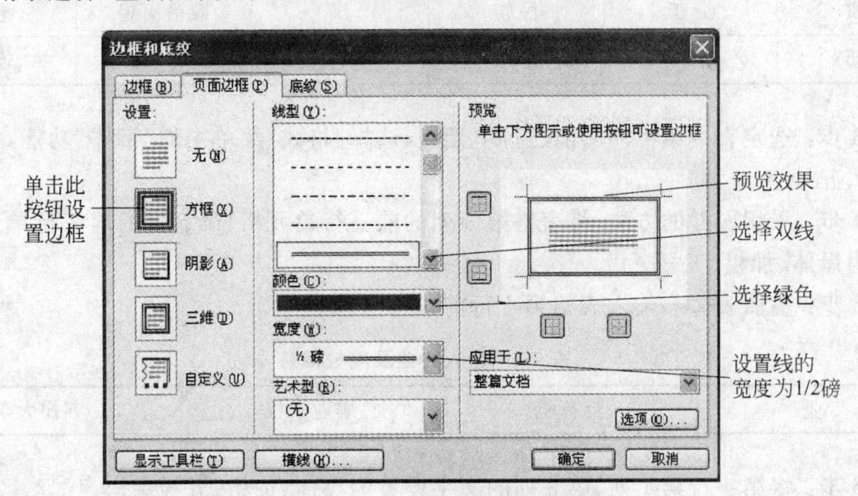


图 2-51　设置页面边框

6）保存文件

**注意**：在简历封面的制作过程中要注意经常存盘，以免文件的丢失。

7）新建和保存“表格式简历.doc”

第 1 步：启动 Word，新建一个空白文档。

第 2 步：选择“文件”菜单中的“保存”功能，选择保存位置为“案例目录”，文件名为“表格简历”，保存类型为“Word 文档( *.doc)”。

第 3 步：单击“保存”按钮。

8）编辑表格的标题

第 1 步：在 Word 文档的第 1 行输入文字：个人简历，并按回车键产生第二行。

第 2 步：选定标题文字，选择“格式”菜单中的“字体”功能，打开“字体”选项卡，设置字符格式为：华文隶书、加粗，小一号；打开“字符间距”选项卡，设置“缩放”为 150%。单击“确定”按钮。

第 3 步：选定标题文字，选择“格式”菜单中的“段落”功能，打开“缩进和间距”选项卡，设置对齐方式：居中；设置间距：段后 0.5 行。单击“确定”按钮。

9）插入表格

第 1 步：将光标置于第 2 行。

第 2 步：选择“表格”菜单中的“插入”子菜单中的“表格”功能。设置列数：7；行数：13。单击“确定”按钮，在文档中插入一个 13 行 7 列的表格。

10）表格内容的录入与编辑

第 1 步：选定表格第 4 行的第 3、4 列单元格，选择“表格”菜单中的“合并单元格”功能，将这两个单元格合并；采用同样的方法，将第 4 行的第 5、6 列单元格合并为一个单元格。

第 2 步：参照表 2-3，输入表格的前 3 行信息。

**表 2-3　个人基本信息**

| 姓名 | 王刚 | 性别 | 男 | 出生年月 | 1989.6 |
|---|---|---|---|---|---|
| 籍贯 | 浙江 | 民族 | 汉 | 政治面貌 | 群众 |
| 学历 | 本科 | 学位 | 学士 | 身体状况 | 健康 |

第 3 步：选定表格第 1 列的前三行单元格，选择“格式”菜单中的“字体”功能，设置为黑体、加粗、五号字。

第 4 步：采用同样的方法，将表格第 3 列的前三行单元格、第 5 列的前三行单元格的字体设置为黑体、加粗、五号。

第 5 步：参照表 2-4，输入表格第 4 行前 4 列信息。

**表 2-4　个人专业及院校信息**

| 专业 | 计算机 | 毕业学校 | 苏州大学 |
|---|---|---|---|

第 6 步：将第 4 行第 1 列、第 3 列的文字设置为黑体、加粗、五号字。

第 7 步：选定前 4 行所有单元格文字，选择“格式”菜单中的“段落”功能，打开“缩进和间距”选项卡，设置对齐方式：居中。

第 8 步：选定表格前 4 行最后一列单元格，右击，在弹出的快捷菜单中选择“合并单元格”功能，将这 4 个单元格合并成一个单元格，并输入文字：照片。

第 9 步：选定单元格内的文字“照片”，选择“格式”菜单中的“文字方向”功能，设置文字方向为竖排。

第 10 步：选定单元格内的文字“照片”，右击，在弹出的菜单中选择“单元格对齐方式”，在弹出的列表框中选择▣，将文字设置为水平、垂直居中(如图 2-52 所示)。

图 2-52 设置文字为水平且垂直居中

第 11 步：分别将第 5～10 行的第 2～7 列单元格合并，将每行都变成两列。

第 12 步：参照表 2-5，在第 5～10 行输入个人情况介绍。

**表 2-5 个人情况介绍**

| | |
|---|---|
| 主修课程 | 高等数学、Java 程序设计、汇编语言、数据结构、数据库原理、操作系统、软件工程、计算机网络、编译原理、C 语言、微机接口、离散数学、计算机网络、软件项目管理、数字电路、模拟电路、概率与数理统计、电路分析、大学物理、大学英语、信息安全、局域网组网技术等 |
| 外语水平 | 1. 取得全国大学英语六级证书。<br>2. 具有良好的阅读、写作能力。 |
| 计算机水平 | 1. 通过全国计算机二级等级考试，成绩优秀。<br>2. 熟练掌握 C 语言，有过项目开发经验。<br>3. 熟练应用办公软件。<br>4. 熟练掌握网络使用技术。 |
| 个人荣誉 | 全国软件设计大赛一等奖(C 语言)、人民综合奖学金、苏州大学朱敬文奖学金、校三好学生、优秀实习生 |
| 爱好与专长 | 1. 热爱运动，擅长羽毛球和篮球。曾为校篮球队主力成员。<br>2. 爱好音乐，小学毕业即获上海音乐学院二胡十级证书。<br>3. 爱好阅读，从小至今阅读了大量的文学作品。<br>4. 喜欢下围棋。获业余五段称号。 |
| 个人评价 | 本人性格开朗、真诚、随和、责任心强，具有良好的语言表达能力和文字功底。工作仔细、认真；具有亲和力。大学生活培养了我为人处世认真踏实的习惯，曾经的项目开发经验，使我对软件开发具有了一定的实践经验并产生了深厚的兴趣。我希望有一个好的平台，用我的热情与智慧去开拓、耕耘。 |

第13步：将第11～13行的第1列的3个单元格合并成1个单元格；将第11行的第3列和第4列单元格合并；第6列和第7列单元格合并。

第14步：将第12行第3～7列的单元格合并。

第15步：将第13行第3～7列的单元格合并。

第16步：参照表2-6，在第11～13行输入个人联系方式。

**表2-6 个人联系方式**

| 联系方式 | 通信地址 | 苏州大学160# | 邮编 | 215000 |
|---|---|---|---|---|
| | 电话 | 18018018180 | | |
| | E-mail | 51518875@qq.com | | |

11）设置表格的格式

第1步：选定第5～11行第1列单元格，将鼠标指向右边线并按住鼠标左键向左拖动，调整单元格的宽度。具体样式参照图2-49。

第2步：将第5、8、10的第2列单元格设置为首行缩进2个字符，行距为1.5倍行距。将第6、7、9的第2列单元格设置为左、右各缩进1个字符，行距为1.5倍行距。

第3步：将第5～11行第1列的单元格里的内容及“通信地址”、“邮编”、“电话”、“E-mail”设置为中部居中。

第4步：将“主修课程”、“计算机水平”、“外语水平”、“个人荣誉”、“爱好与专长”、“个人评价”、“联系方式”、“通信地址”、“邮编”、“电话”、“E-mail”都设置为黑体。

第5步：选中整个表格，选择“格式”菜单中的“边框和底纹”功能，设置整个表格的外侧框线为3磅实线，如图2-53所示。

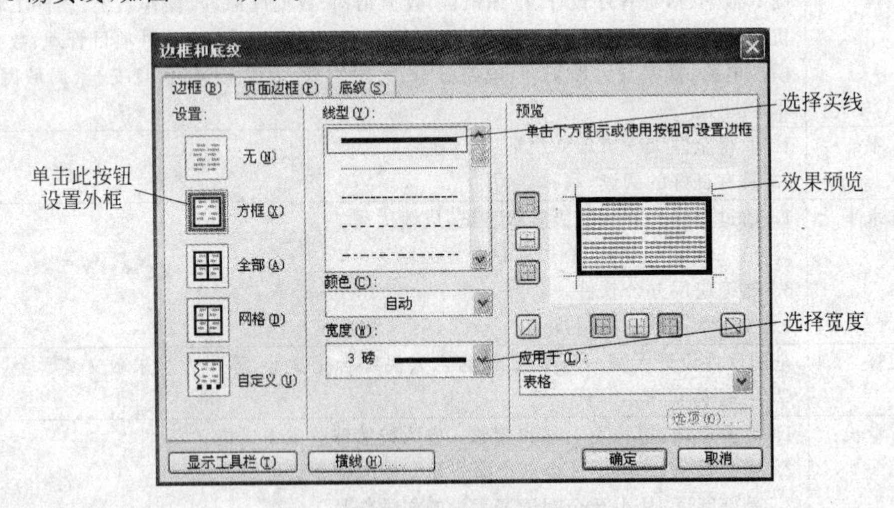


图2-53 设置整个表格外侧框线

第6步：选中第5行，选择“格式”菜单中的“边框和底纹”功能，设置上边的边框线为双线。同样方法设置“联系方式”上的边框线也为双线。

第7步：将光标定位到“照片”所在的单元格，选择“插入”菜单中的“图片”子菜单中的“来自文件”功能，选中“zp.jpg”插入到单元格中。

第 8 步：双击图片，在打开的“设置图片格式”对话框中，设置“版式”为“浮于文字上方”。单击“确定”按钮。

第 9 步：选定图片，参照图 2-49，用鼠标拖动来改变图片的大小。

第 10 步：保存文件。

另外，在 Word 中还提供了一些简历的模板，同学们也可以通过使用简历模板来制作一份简历。有兴趣的同学可以通过查阅相关资料，自己上机练习。

### 2.7.3 应用案例 3：论文排版

#### 1. 案例目标

论文一般由封面、目录、中英文摘要、前言、论文正文、结论、参考文献、致谢等组成，格式(参照国家标准 GB7713-87)如下。

(1) 纸张使用 A4 复印纸。

(2) 中文摘要、关键词采用小四号、宋体字，外文摘要、关键词采用四号、Times New Roman 字型。

(3) 目录采用四号、宋体字。分章节的论文，目录中每章题目用四号、黑体字，每节题目用四号、宋体字，并注明各章节起始页码，题目和页码用“…”相连，如下所示。

目　录

第 1 章 XXXXX …………………………………………………………………… (1)

　第 1.1 节 XXXX ……………………………………………………………… (2)

(4) 文字内容的要求。

- 正文文字内容字型一律采用宋体，标题加黑。章题目采用小二号字，节题目采用小三号字，三级题目采用小四号字，正文中文内容采用小四号宋体，外文内容采用四号、Times New Roman 字型。
- 章节题目间、每节题目与正文间空一个标准行。
- 页面设置：

页边距上 2cm、下 2cm、左 2.5cm、右 1.5Cm。

页眉 1.2cm、页脚 1.5cm。页眉设置：居中、宋体、小 5 号字的“大学本科生毕业设计(论文)”。

页脚设置：插入页码，居中。

正文行间距：固定值，22 磅，段前、段后均为 0 磅。

(5) 毕业论文、毕业设计说明书的参考文献。

- 期刊文献的格式：[编号]作者、文章题目名、期刊名、年份、卷号(期数)、页码。
- 图书文献的格式：[编号]作者、书名、出版单位、年份、版次。
- 会议文献的格式：[编号]作者、文章题目名、会议名(论文集)、年份、卷号、页码。

利用 Word 按照以上格式要求制作一篇学位论文，掌握使用 Word 进行论文排版的方法。

**2. 操作步骤**

1）拷贝素材

新建一个实验文件夹(形如“1203435001 李智 20120607”)，下载案例素材压缩包“应用案例 3-论文排版.rar”至该实验文件夹下。右击压缩包，在弹出的快捷菜单中选择“解压到当前文件夹”，将案例素材压缩包解压为一个文件夹。本案例中提及的文件均存放在此文件夹下。

2）新建文档，并保存为“毕业论文.doc”

第 1 步：启动 Word。

第 2 步：选择“插入”菜单中“文件”功能，打开“插入文件”对话框。

第 3 步：在“插入文件”对话框中选择“素材.doc”，单击“确定”按钮，插入“素材.doc”文件的内容到当前位置。

第 4 步：选择“文件”菜单中的“保存”功能，选择保存位置为“案例目录”，文件名为“毕业论文”，保存类型为“Word 文档(*.doc)”。

第 5 步：单击“保存”按钮。

3）页面设置

第 1 步：选择“文件”菜单中的“页面设置”功能，弹出“页面设置”对话框。

第 2 步：在该对话框中，打开“纸张”选项卡，在“纸张大小”一栏选择“A4”。打开“页边距”选项卡，在页边距栏的“上”栏输入“2cm”、“下”栏输入“2cm”、“左”栏输入“2.5cm”、“右”栏输入“1.5cm”，然后单击“确定”按钮，完成页面的设置。

4）分页

在中文摘要、英文摘要、前言、目录、论文正文的每一章、结论、参考文献、致谢的前面插入分页符。

5）封面排版

第 1 步：编辑页面文字，根据个人情况修改学校名称、学号、姓名、专业、导师、学院、日期信息。

第 2 步：选择“学校名称”，设置字体为行楷，字号大小为 48，段落为居中。

第 3 步：选择“学士学位论文”，设置字体为黑体，字号为初号，段落为居中。

第 4 步：选择“题目”、“学号”、“姓名”、“专业”、“导师”、“学院”6 行文字，设置字体为宋体，字号为三号。

第 5 步：选择“题目”、“学号”、“姓名”、“专业”、“导师”、“学院”6 行文字，选择“格式”菜单中的段落功能，打开“段落”对话框。打开“缩进与间距”选项卡，在“特殊格式”下拉列表框中选择“首行缩进”，在“度量值”列表框中选择“4 个字符”后，单击“确定”按钮。

第 6 步：更改“题目”、“学号”、“姓名”、“专业”、“导师”、“学院”6 个栏目的内容的字体为下划线型。

第 7 步：更改“日期”一行的字体为楷体，字号为四号，段落为居中。

第 8 步：调整行间的距离，效果如图 2-54 所示。

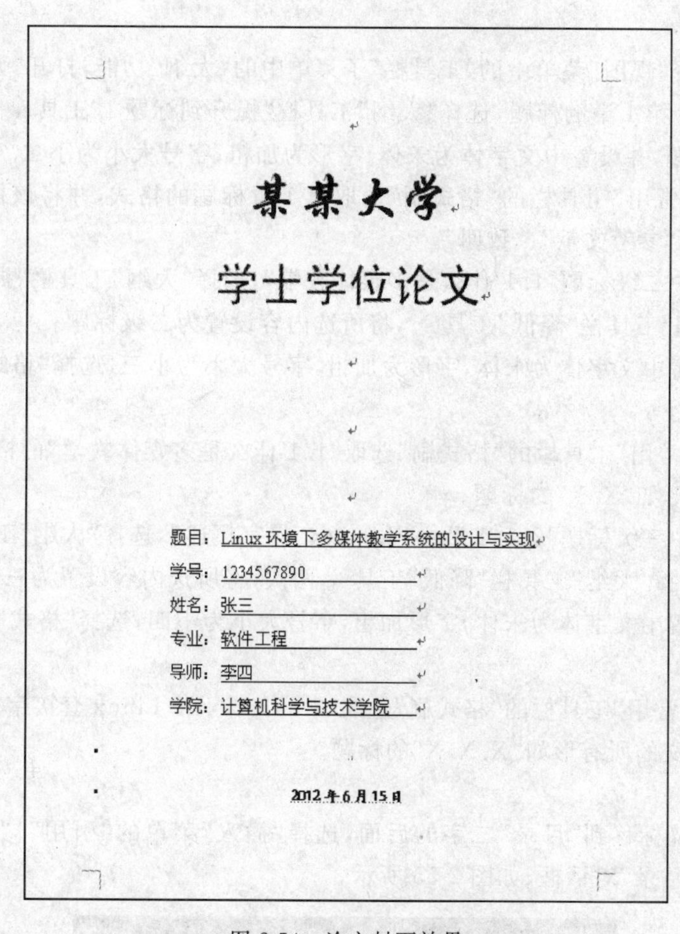
某某大学

学士学位论文

题目：Linux 环境下多媒体教学系统的设计与实现

学号：1234567890

姓名：张三

专业：软件工程

导师：李四

学院：计算机科学与技术学院

2012 年 6 月 15 日

图 2-54　论文封面效果

6）摘要排版

第 1 步：选择中文摘要及其后的全部文字，选择“格式”菜单中的“段落”功能，弹出“段落”对话框。

第 2 步：打开“缩进与间距”选项卡，在“特殊格式”下拉列表框中选择“首行缩进”，在“度量值”列表框中选择“2 个字符”，单击“确定”按钮。

第 3 步：选择中文摘要，设置中文字体为宋体、英文字体为 Times New Roman，字号大小为小四。

第 4 步：选择中文摘要的标题，设置段落为居中。

第 5 步：选择英文摘要，设置中文字体为宋体、英文字体为 Times New Roman，字号大小为四号。

第 6 步：选择英文摘要的标题，设置段落为居中。

7）正文排版

第 1 步：选择摘要之后的全部文字，设置中文字体为宋体、英文字体为 Times New Roman，字号大小为小四。

第 2 步：找出摘要之后的全部英文，设置字号大小为四号。

8）标题排版

第 1 步：选择“视图”菜单中的“工具栏”子菜单中的“大纲”功能，打开“大纲”工具栏。

第 2 步：选中第 1 章的标题，选择“大纲”工具栏“提升到标题 1”工具，将第 1 章的标题设置为一级标题，并设置中文字体为宋体、字形为加粗，字号大小为小二。

第 3 步：用“常用”工具栏的“格式刷”选取第 1 章标题的格式，并将该格式赋予每一章的标题及“结论”、“参考文献”、“致谢”。

第 4 步：选中二级标题“1.1 什么是多媒体教学”，选择“大纲”工具栏“提升到标题 1”工具，选择“大纲”工具栏“降低”工具，将所选内容设置为二级标题。

第 5 步：设置中文字体为宋体，字形为加粗，字号大小为小三，选择“格式”工具栏“两端对齐”工具。

第 6 步：用“常用”工具栏的“格式刷”选取“1.1 什么是多媒体教学”的格式，并将该格式赋予正文的所有形如“X. X”的标题。

第 7 步：选中三级标题“2.1.1 Unix/Linux 套接字概述”，选择“大纲”工具栏“提升到标题 1”工具，选择“大纲”工具栏“降低”工具两次，将所选内容设置为三级标题。

第 8 步：设置中文字体为宋体，字形加粗，字号大小为小四，选择“格式”工具栏“两端对齐”工具。

第 9 步：用“常用”工具栏的“格式刷”选取“2.1.1 UNIX/Linux 套接字概述”的格式，并将该格式赋予正文的所有形如“X. X. X”的标题。

9）生成目录

第 1 步：把光标移到“目录”二字的后面，选择“插入”菜单的“引用”|“索引和目录”功能，打开“索引和目录”对话框，如图 2-55 所示。

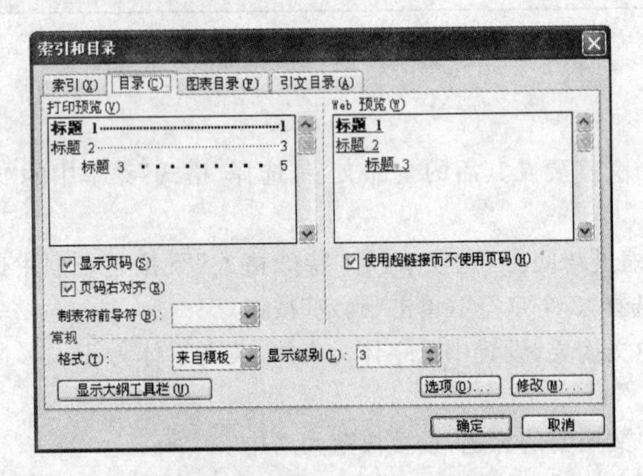


图 2-55 “索引和目录”对话框

第 2 步：如图 2-55 所示，设置“索引和目录”对话框，然后确定，目录插入到当前位置。

10）插图排版

第 1 步：将所有图片版式设置为居中。

第 2 步：将所有图片下方的图片编号及说明设为居中。

11）表格排版

第 1 步：将所有表格页面版式设置为居中。

第 2 步：将所有表格上方的表格编号及说明设为居中。

12）页眉和页脚

第 1 步：选择“文件”菜单中的“页面设置”功能，打开“页面设置”对话框。

第 2 步：在“页面设置”对话框中打开“纸张”选项卡，在“纸张大小”一栏选择“A4”。

第 3 步：在“页面设置”对话框中打开“版式”选项卡，在“页眉和页脚”栏选“首页不同”，然后在“页眉”栏输入“1.2cm”，“页脚”栏输入“1.5cm”，然后选“确定”完成页面的设置。

第 4 步：选择“视图”菜单中的“页眉和页脚”功能，进入页眉和页脚编辑状态。

第 5 步：将光标移到页眉区域，在页眉中输入文字“大学本科生毕业设计（论文）”，设置字体为宋体，大小为小 5 号，对齐方式设置为居中。

第 6 步：将光标移到页脚区域，选择“插入”菜单中的“页码”功能，打开“页码”对话框（如图 2-56 所示）。然后单击“确定”按钮。

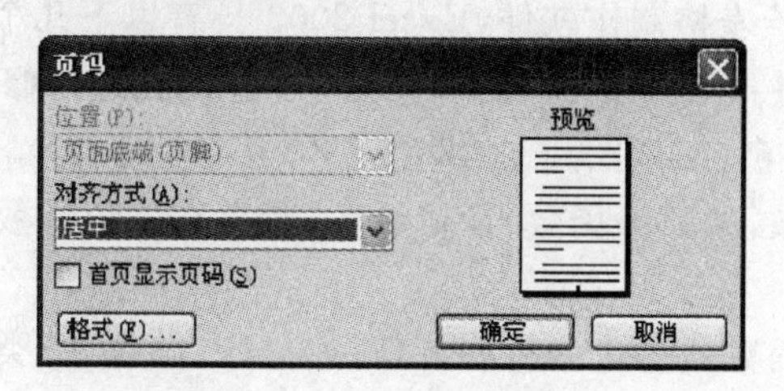


图 2-56 “页码”对话框

13）参考文献

根据本节前面的期刊文献的格式要求，编辑“参考文献”效果，如图 2-57 所示。

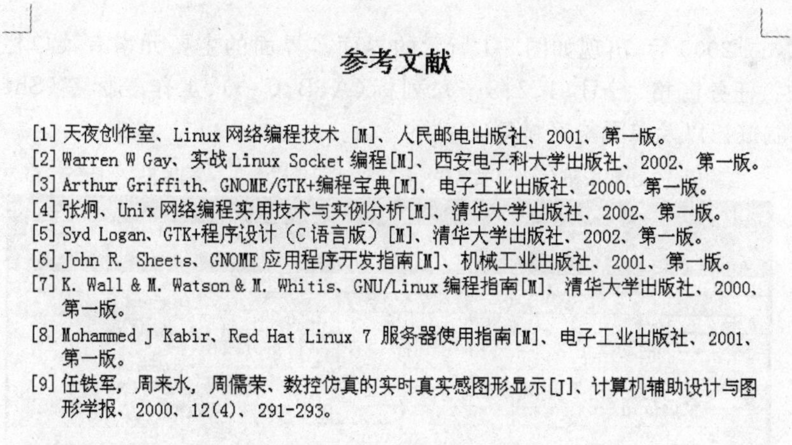

**参考文献**

[1] 天夜创作室、Linux 网络编程技术 [M]、人民邮电出版社、2001、第一版。
[2] Warren W Gay、实战 Linux Socket 编程[M]、西安电子科大学出版社、2002、第一版。
[3] Arthur Griffith、GNOME/GTK+编程宝典[M]、电子工业出版社、2000、第一版。
[4] 张炯、Unix 网络编程实用技术与实例分析[M]、清华大学出版社、2002、第一版。
[5] Syd Logan、GTK+程序设计（C 语言版）[M]、清华大学出版社、2002、第一版。
[6] John R. Sheets、GNOME 应用程序开发指南[M]、机械工业出版社、2001、第一版。
[7] K. Wall & M. Watson & M. Whitis、GNU/Linux 编程指南[M]、清华大学出版社、2000、第一版。
[8] Mohammed J Kabir、Red Hat Linux 7 服务器使用指南[M]、电子工业出版社、2001、第一版。
[9] 伍铁军，周来水，周儒荣、数控仿真的实时真实感图形显示[J]、计算机辅助设计与图形学报、2000、12(4)、291-293。

图 2-57 “参考文献”效果

14）细节修饰

浏览整篇论文，优化各页面的布局。

# 第 3 章 电子表格软件 Excel

## 3.1 概述

### 3.1.1 主要功能

作为一款出色的电子表格制作软件，Excel 2003 具有以下几个主要功能。

(1) 方便地制作各种报表，输入和编辑数据，并对报表进行修饰和美化，如设置边框和底纹、设置单元格的背景色、插入图片、艺术字等；

(2) 提供丰富的函数，如财务函数、逻辑函数、数学和三角函数等，以便快速地解决各种数据计算问题；

(3) 对数据清单中的数据进行分析和管理，如排序、筛选、分类汇总、合并计算等；

(4) 自动生成各种类型的图表，以图形方式直观、形象地呈现数据的变化；

(5) 通过数据透视表对大批量数据建立交叉列表，根据行标签筛选数据。

### 3.1.2 界面组成

启动 Excel 2003 后，出现如图 3-1 所示的界面。界面的主要元素有菜单栏、工具栏、名称栏、编辑栏、任务窗格、行号(1、2、3…)、列标(A、B、C…)、工作表标签(Sheet1、Sheet2、Sheet3)、导航按钮以及单元格区域等。

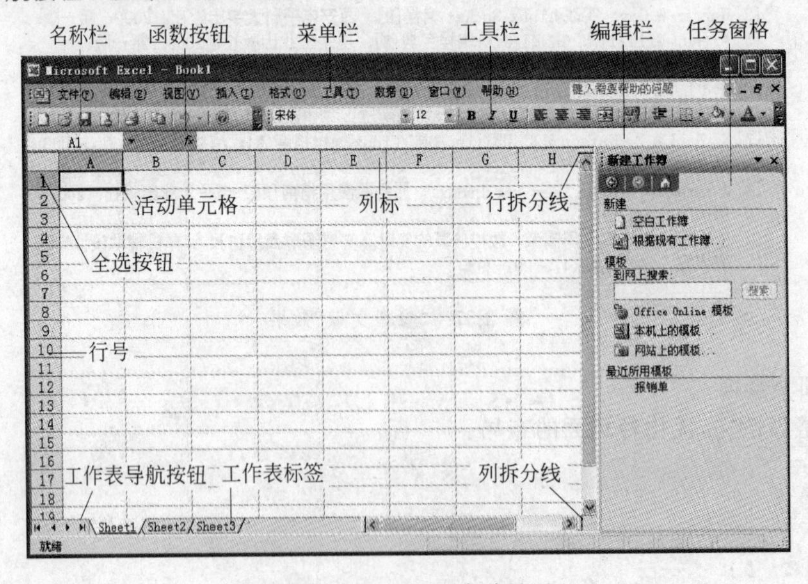


图 3-1 Excel 2003 启动界面

# 3.2 基本操作

## 3.2.1 工作簿的基本操作

### 1. 新建工作簿

一个工作簿(Book)就是一个 Excel 文件,其扩展名为. xls。一个工作簿中包含若干个工作表,工作表的个数至少 1 个,最多 255 个。默认情况下,启动 Excel 2003 后,将自动新建一个工作簿,名称为“Book1”,且包含 3 个工作表。选择“工具”菜单中的“选项”功能,单击“常规”选项卡,可修改新工作簿内的默认工作表数。

(1) 若要新建一个空白工作簿,有如下两种方法。

方法 1:使用菜单。选择“文件”菜单中的“新建”功能,窗口右侧出现“新建工作簿”任务窗格,单击其中的“空白工作簿”超链接。

方法 2:使用工具栏按钮。单击“常用”工具栏中的“新建”按钮。

方法 3:使用快捷键 Ctrl+N。

(2) 若要根据现有的工作簿创建一个类似的新工作簿,可以单击“新建工作簿”任务窗格中的“根据现有工作簿”超链接,在“根据现有工作簿新建”对话框中选择一个现有的工作簿文件,然后单击“创建”按钮即可。

(3) 若要根据已经安装在本机上的一个模板创建新工作簿,可以单击“新建工作簿”任务窗格中的“本机上的模板”超链接,在“模板”对话框中单击“电子方案表格”选项卡,根据实际需要选择一个模板样式后,单击“确定”按钮。图 3-2 显示的是根据“报销单”模板创建的新工作簿界面。

### 2. 打开工作簿

常用的打开一个工作簿的方法有如下几种。

方法 1:使用菜单。选择“文件”菜单中的“打开”功能,在“打开”对话框中选择工作簿文件所在的位置和文件名后,单击“打开”按钮。

方法 2:使用工具栏按钮。单击“常用”工具栏中的“打开”按钮。

方法 3:使用快捷键 Ctrl+O。

方法 4:双击工作簿文件。在“我的电脑”或“资源管理器”中找到需要打开的工作簿文件后,直接双击。

方法 5:打开最近使用过的文件。单击“文件”菜单,在弹出的下拉菜单底部显示最近使用过的文件。默认情况下,最多列出 4 个最近使用过的文件。选择“工具”菜单中的“选项”功能,单击“常规”选项卡,可修改此默认值。

### 3. 保存工作簿

在对工作簿编辑操作的过程中,为防止数据丢失,应及时保存工作簿文件,具体方法有如下几种。

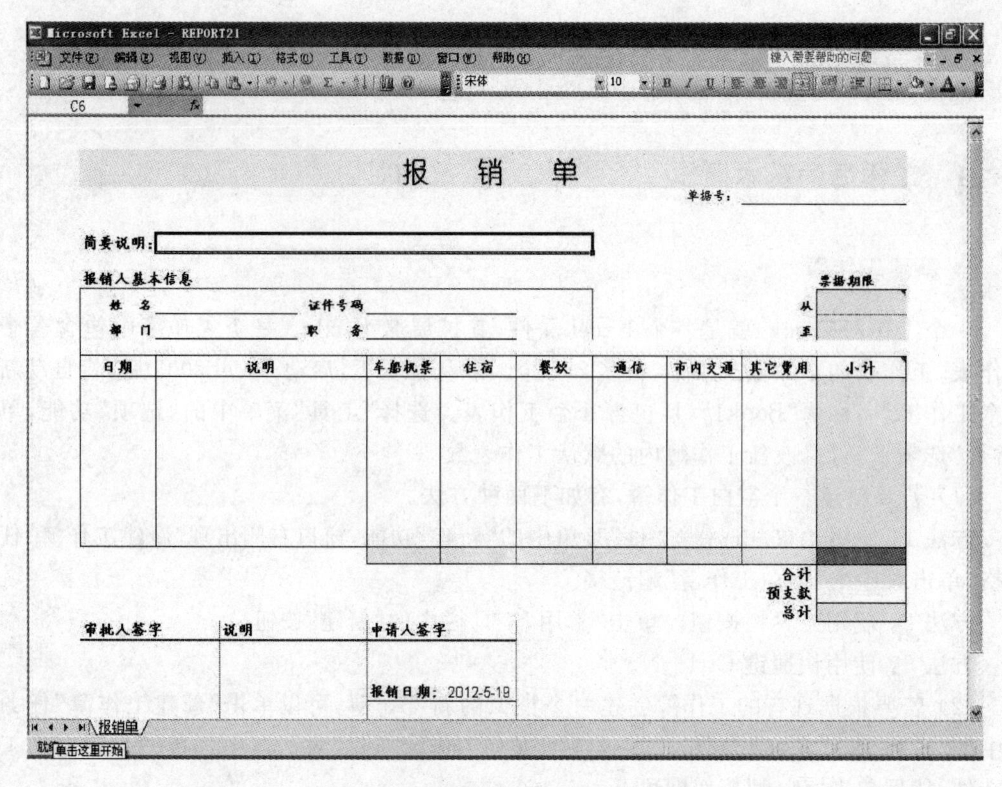


图 3-2 使用“报销单”模板新建工作簿

方法 1：使用菜单。选择“文件”菜单中的“保存”功能，若当前工作簿文件名为默认文件名，则将弹出“另保存”对话框，在该对话框中选择工作簿文件所要存放的位置，输入文件名后，单击“保存”按钮；若当前工作簿文件名不是默认文件名，则直接以原来的文件名保存。

方法 2：使用工具栏按钮。单击“常用”工具栏中的“保存”按钮。

方法 3：使用快捷键 Ctrl+S。

方法 4：保存备份。选择“文件”菜单中的“另存为”功能，可实现对工作簿文件的备份保存，在弹出的“另存为”对话框中，选择工作簿文件所要存放的位置，输入文件名后，单击“保存”按钮即可。

**4. 关闭工作簿**

对工作簿的操作完成后，需将其关闭。关闭工作簿的方法有如下几种。

方法 1：选择“文件”菜单中的“关闭”功能，将关闭当前工作簿文件，若工作簿尚未保存，则会出现询问是否需要保存的对话框。

方法 2：选择“文件”菜单中的“退出”功能，与方法 1 的区别是关闭所有工作簿后将退出 Excel 软件。

方法 3：单击工作簿窗口右上角的关闭按钮 ×。

### 3.2.2 工作表的基本操作

**1. 选择工作表**

在 Excel 2003 中，一个工作表(Sheet)实际上就是一张具有若干行、若干列的表格，行的编号为 1～65536(共 65536 行)，列的编号为 A～Z、AA～AZ、BA～BZ、…、HA～HZ、IA～IV(共 256 列)。在对工作表进行重命名、删除、移动或复制等操作之前，首先要选择工作表。

1) 选择单个工作表

单击相应的工作表标签。

2) 选择相邻的多个工作表

首先单击第一个工作表标签，然后按下 Shift 键并单击最后一个工作表标签。放开 Shift 键后，两个工作表之间的所有工作表标签背景都变为白色，表示它们都已被选中。

3) 选择不相邻的多个工作表

首先单击第一个工作表标签，然后按下 Ctrl 键并单击所需的工作表标签。选择完成后，松开 Ctrl 键即可。

当同时选择了多个工作表时，当前工作簿的标题栏将出现“工作组”字样。此时可实现同时删除这些工作表，或在这些工作表中输入相同数据等操作。单击任意一个工作组标签可取消工作组，标题栏的“工作组”字样也同时消失。

**2. 重命名工作表**

新建的工作表默认以 Sheet1、Sheet2、Sheet3…的方式命名，为了便于管理，通常需将其改为有意义的名字。重命名工作表的方法有如下几种。

方法 1：双击要重命名的工作表标签，使得工作表标签文字呈黑底白字显示，此时直接输入新的名字，输入完成后按 Enter 键。

方法 2：右击要重命名的工作表标签，在弹出的快捷菜单中选择“重命名”。

方法 3：单击要重命名的工作表标签，选择“格式”菜单中的“工作表”菜单中的“重命名”功能。

**3. 插入工作表**

默认情况下，一个工作簿中仅包含 3 张工作表。用户可根据实际需要向工作簿中插入新的工作表。插入工作表的方法有如下几种。

方法 1：单击要在其左边插入工作表的工作表标签，选择“插入”菜单中的“工作表”功能。新插入的工作表自动成为当前工作表，并有一个默认名字。

方法 2：右击要在其左边插入工作表的工作表标签，在弹出的快捷菜单中选择“插入”，在打开的对话框中选择“常用”选项卡，单击“工作表”图标，最后单击“确定”按钮。

若要在所有工作表的最后插入一张工作表，可先采用上述方法插入一张工作表，然后再将其移动到最后。

#### 4. 删除工作表

当不需要工作簿中的工作表时，可将其删除。删除工作表的方法有如下几种。

方法1：先选择要删除的工作表，然后选择“编辑”菜单中的“删除工作表”功能。若工作表中包含数据，则会出现提示对话框，单击对话框中的“删除”按钮可将选择的一个或多个工作表同时删除。

方法2：先选择要删除的工作表，然后右击其中任意一个工作表标签，在弹出的快捷菜单中选择“删除”。

**注意**：删除的工作表将被永久删除，不能恢复。

#### 5. 移动或复制工作表

在Excel 2003中，可以将一张或多张工作表移动或复制到同一工作簿的其他位置，或另外一个打开的工作簿中的指定位置。移动或复制工作表有两种方法：使用菜单、鼠标拖动。

1）使用菜单实现移动或复制工作表

选中要移动或复制的工作表，选择“编辑”菜单中的“移动或复制工作表”功能，或右击选中的工作表标签，在弹出的快捷菜单中选择“移动或复制工作表”，都将会出现如图3-3所示的对话框。具体操作步骤如下。

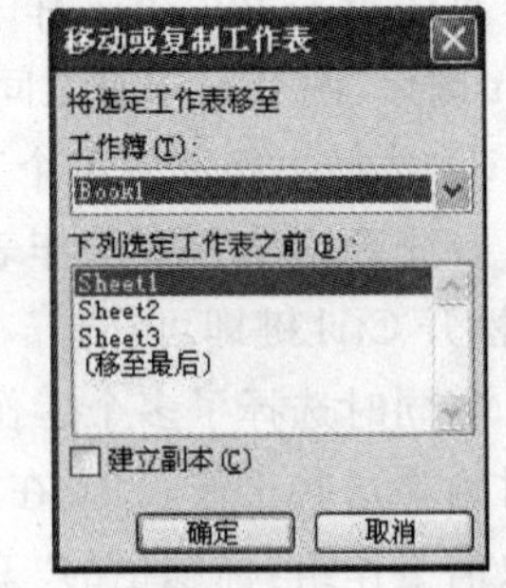


图3-3 “移动或复制工作表”对话框

第1步：选择目标工作簿。对话框中的工作簿下拉列表框中显示的是当前工作簿名称，若要将工作表移动或复制到另外一个打开的工作簿中，可单击下拉箭头选择相应的工作簿。

第2步：确定位置。通过单击列表框中的选项，确定移动或复制的工作表将放置在哪张工作表之前或最后。

第3步：确定操作类型。若是要复制工作表，则选中“建立副本”复选框；若是要移动工作表，则不要选中该复选框。

第4步：单击“确定”按钮。

2）使用鼠标拖动实现移动或复制工作表

第1步：打开目标工作簿。若要将工作表移动或复制到另外一个工作簿中，需要先将其打开。

第2步：选中要移动或复制的工作表，按下鼠标左键，沿着标签栏拖动鼠标，当小黑三角形移到目标位置时，松开鼠标左键。若是要复制工作表，则要在拖动工作表的过程中按下Ctrl键。若是在不同工作簿间移动或复制工作表，需要先选择“窗口”菜单中的“重排窗口”功能，使得源工作簿和目标工作簿均可见，然后再拖动鼠标实现移动或复制工作表。例如：要将图3-4中的工作表“课表”移动或复制到工作表“全体”的右边，可按下鼠标左键拖动。

#### 6. 设置工作表标签的颜色

通过将工作簿中的工作表标签设置为不同的颜色，可以对工作表进行区分。设置工作表标签颜色的方法有如下几种。

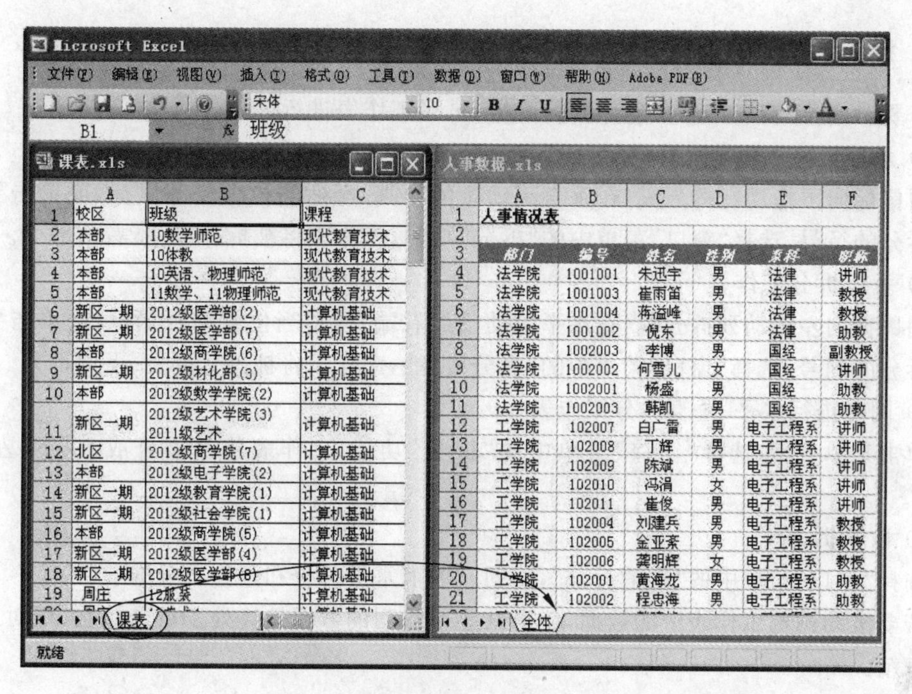


图 3-4　使用鼠标拖动实现不同工作簿间工作表的移动或复制

方法 1：选中一个或多个要设置颜色的工作表标签，选择“格式”菜单中的“工作表”菜单中的“工作表标签颜色”，在弹出的对话框中选择一种颜色后，单击“确定”按钮。

方法 2：选中一个或多个要设置颜色的工作表标签，右击其中一个工作表标签，在弹出的快捷菜单中选择“工作表标签颜色”。

**注意**：由于选中的工作表属于活动工作表，背景色为白色。此时，单击其他工作表标签方可看到设置的工作表标签的颜色。

**7. 设置工作表的显示方式**

在实际工作中，经常需要设置工作表的显示方式以便放大或缩小表格，观看表格的整体效果。工作表的默认显示方式为“普通”，但用户可通过以下几种方法改变工作表的显示效果。

1) 分页预览

选择“视图”菜单中的“分页预览”功能，工作表将自动调整显示比例，并以“第 ？页”字样作为每页水印。通过单击并拖动分页符，可以调整分页符的位置。

2) 全屏显示

选择“视图”菜单中的“全屏显示”功能，则菜单栏、工具栏以及工作表标签栏自动隐藏，同时出现一个浮动工具栏。单击浮动工具栏中的“关闭全屏显示”按钮或再次选择“视图”菜单中的“全屏显示”功能，则可还原工作表窗口。

3) 显示比例

选择“视图”菜单中的“显示比例”功能，选择一种合适的显示比例后，单击“确定”按钮。

**注意**：若要同时改变多张工作表的显示比例或设置为分页预览效果，则需将多张工作表同时选中。

**8. 拆分与冻结工作表**

若要对照、比较工作表中各部分的数据,可对工作表进行拆分。

1) 水平拆分工作表

用鼠标向下拖动行拆分线(在垂直滚动条的顶端)至适当位置松开鼠标,或单击要进行水平拆分的行号,选择"窗口"菜单中的"拆分"功能,工作表将被拆分成左、右两部分。

2) 垂直拆分工作表

用鼠标向左拖动列拆分线(在水平滚动条的右端)至适当位置松开鼠标,或单击要进行垂直拆分的列号,选择"窗口"菜单中的"拆分"功能,工作表将被拆分成上、下两部分。

3) 同时进行水平、垂直拆分工作表

单击某单元格,选择"窗口"菜单中的"拆分"功能,工作表将被拆分成上、下、左、右 4 部分。

4) 取消拆分

选择"窗口"菜单中的"取消拆分",将同时取消水平拆分和垂直拆分的效果。

若要滚动浏览工作表中的数据,使得某些行或列的数据始终处于可见状态,可对工作表进行冻结。

1) 水平冻结工作表

单击待冻结区域下面一行的行号,选择"窗口"菜单中的"冻结窗格"功能,将在所选行的上方出现水平冻结窗格线。此时,向下拖动垂直滚动条时,水平冻结窗格线上方的数据静止不动。

2) 垂直冻结工作表

单击待冻结区域右侧一列的列号,选择"窗口"菜单中的"冻结窗格"功能,将在所选列的左侧出现垂直冻结窗格线。此时,向右拖动水平滚动条时,垂直冻结窗格线左侧的数据静止不动。

3) 同时进行水平、垂直冻结工作表

单击某单元格,选择"窗口"菜单中的"冻结窗格"功能,则在该单元格的上方和左侧同时出现水平、垂直冻结窗格线。

4) 取消冻结

选择"窗口"菜单中的"取消冻结窗格",将同时取消水平冻结和垂直冻结的效果。

## 3.2.3 单元格的基本操作

**1. 选择单元格**

单元格是存放输入数据或公式的区域。在对单元格进行编辑操作之前,首先要选择一个或多个单元格。

1) 选择单个单元格

方法 1:直接单击所要选择的单元格,选中的单元格将以黑色边框显示。

方法 2:在窗口左上角名称栏中输入所要选择的单元格的名称(格式为:列标行号,如

A3、H4等，英文字母不区分大小写)，输入完成后按Enter键。

2) 选择连续的单元格

方法1：在要选择区域的第一个单元格上按下鼠标左键并拖动鼠标，到适当位置后松开。鼠标划过的连续的矩形区域即为选中的单元格区域。

方法2：先单击要选择区域的第一个单元格，然后按下Shift键的同时单击最后一个单元格，此时两次单击之间的连续多个单元格即为选中的单元格区域。

方法3：在名称栏中输入区域表示范围，输入完成后按Enter键。如输入“A1:C4”，表示选中从A1到C4的连续12个单元格。此处，西文的冒号“:”为Excel的引用运算符，表示一块连续的矩形区域中的所有单元格。

3) 选择不连续的单元格

方法1：首先单击任意一个要选择的单元格，然后按下Ctrl键的同时单击其他需要选择的单元格。

方法2：在名称栏中输入区域表示范围，输入完成后按Enter键。如输入“A1,C4”，表示选中A1和C4两个单元格；若输入“A1:C4,F2”，则将选中A1至C4以及F2共13个单元格。此处，西文的逗号“,”为Excel的引用运算符，表示多个矩形区域的并集。

4) 选择一行或一列

单击所要选择的一行的行号或一列的列标。

5) 选择连续的多行或多列

方法1：先选中第一行或第一列，然后按下鼠标左键并拖动，到所要选择的最后一行或一列时松开鼠标左键。

方法2：先选中第一行或第一列，然后按下Shift键的同时选中最后一行或一列。

6) 选择不连续的多行或多列

先选中第一行或第一列，然后按下Ctrl键的同时选中其他需要选择的行或列。

7) 全选

按组合键Ctrl+A或单击工作表左上角的全选按钮。

**2. 合并与拆分单元格**

1) 合并单元格

合并单元格是指将相邻的两个或多个水平或垂直单元格区域合并为一个单元格。区域左上角单元格的名称和内容自动成为合并后的单元格的名称和内容，区域中其他单元格的内容将被删除。合并单元格的方法有如下几种。

方法1：先选中要进行合并操作的单元格区域，然后选择“格式”菜单中的“单元格”功能，在“单元格格式”对话框中单击“对齐”选项卡，选中“文本控制”栏目中的“合并单元格”复选框，最后单击“确定”按钮(界面如图3-5所示)。当然，在此对话框中，也可同时设置合并后的单元格内容的“水平对齐”、“垂直对齐”方式以及文本的“方向”。

方法2：先选中要进行合并操作的单元格区域，单击“格式”工具栏中的“合并及居中”按钮。此时，合并后的单元格的内容默认以水平居中、垂直居中显示。

2) 拆分单元格

拆分单元格是指将合并的单元格重新拆分为多个单元格。注意：不能拆分没有合并过的单元格。

拆分单元格的方法是：先选择一个合并的单元格，然后选择“格式”菜单中的“单元格”功能，在如图3-5所示的对话框中，取消“合并单元格”的勾选标记，或直接单击“格式”工具栏中的“合并及居中”按钮。拆分后，原来合并单元格的内容将自动成为拆分后的左上角单元格的内容。

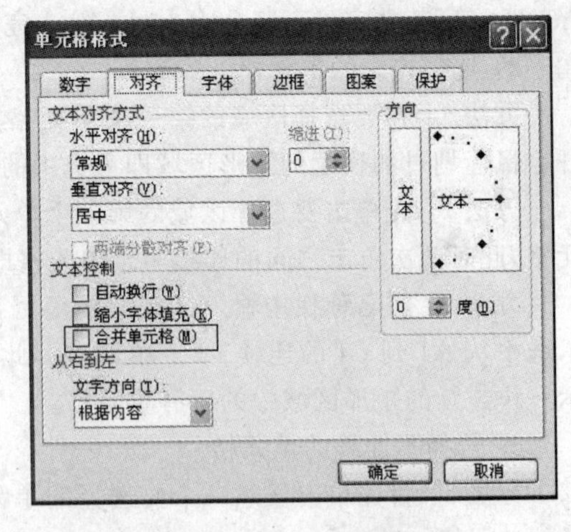

图3-5 合并单元格

### 3. 插入单元格、行与列

当在工作表中插入单元格、行或列后，现有的单元格将发生移动。

1）插入单元格

首先单击要插入单元格的位置，然后选择“插入”菜单中的“单元格”功能，或直接右击要插入单元格的位置，在弹出的快捷菜单中选择“插入”，将会打开如图3-6所示的“插入”对话框，选择一种插入方式后，单击“确定”按钮。

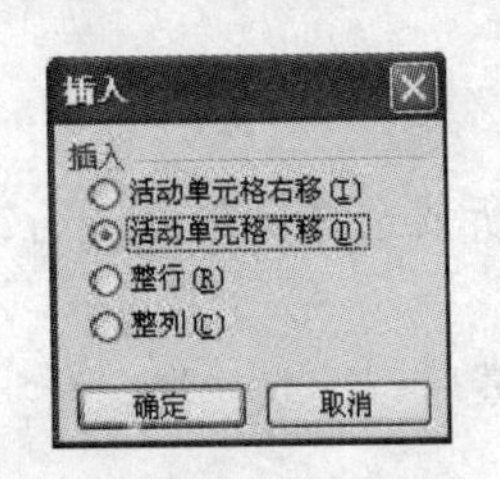

图3-6 “插入”对话框

关于4种插入方式的说明如下。

“活动单元格右移”：当前活动单元格及其右边的所有单元格内容整体向右移动一列。

“活动单元格下移”：当前活动单元格及其下边的所有单元格内容整体向下移动一行。

“整行”：在当前活动单元格的上方插入一行。

“整列”：在当前活动单元格的左侧插入一列。

2）插入行或列

单击某单元格，选择“插入”菜单中的“行”或“列”功能，将在该单元格的上方插入一行或左侧插入一列。当然，通过上述插入单元格的方法，选择“整行”或“整列”插入方式，也可插入一行或一列。

### 4. 删除单元格、行与列

删除工作表中不再需要的单元格、行或列时，可选择“编辑”菜单中的“删除”功能，或右击要删除的一个单元格，在弹出的快捷菜单中选择“删除”，在打开的“删除”单元格对话框（如图3-7所示）中，选择一种删除方式后，单击“确定”按钮。

关于4种删除方式的说明如下。

“右侧单元格左移”：当前活动单元格及其右边的所有单元格内容整体向左移动一列。

“下方单元格上移”：当前活动单元格及其下边的所有单元格内容整体向上移动一行。

“整行”：删除当前活动单元格所在的行，下方的行自动向上移动一行。

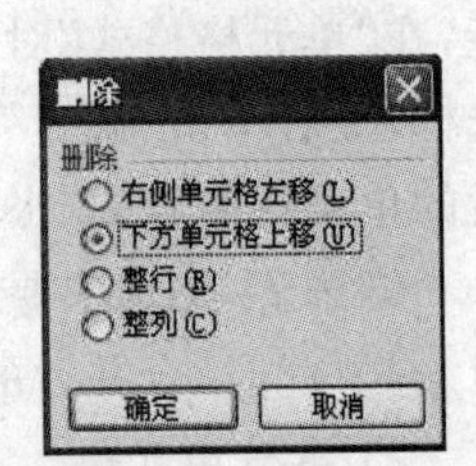

图3-7 “删除”对话框

"整列"：删除当前活动单元格所在的列，右侧的列自动向左移动一列。

## 3.3 数据的输入与编辑

### 3.3.1 数据的输入

在 Excel 中，用户可以在单元格中输入文本、数值、日期和时间、特殊符号、批注等内容。下面对各种类型数据的输入方法逐一介绍。

**1. 输入文本型数据**

文本型数据是指由汉字、英文字母、数字等组成的字符串。例如："苏州"、"第 1 名"、"021"等都属于文本。

输入文本型数据的方法是：先选中一个单元格，然后输入文本，输入完成后按 Enter 键或单击编辑栏的确认按钮 ✔。在输入的过程中，单元格和编辑栏中同步显示输入的内容。输入结束后，若文本的长度超出单元格的长度，并且右侧单元格内容为空，则文本会扩展显示到其右侧的单元格中；若右侧单元格有内容，则超出部分的文本不予显示。若要将文本以换行形式显示，可人工输入 Alt＋Enter 组合键，或利用"自动换行"功能(参见图 3-5)。但不管怎样，编辑栏中始终显示单元格的全部内容。

在实际使用中，需要输入一些由纯数字组成的文本，如身份证号码、邮政编码、学生的学号等，其输入方法是：先输入西文的单引号"'"，然后再输入数据。

**注意**：默认情况下，输入的文本型数据以左对齐方式显示。当然，通过设置单元格的格式可以改变其对齐方式。

**2. 输入数值型数据**

数值型数据是 Excel 中最复杂的数据类型，由正负号、小数点、数字、分数号(/)、百分号(%)、指数符号(E 或 e)、货币符号(￥或＄)、千位分隔符(,)等组成。

1) 输入普通数值型数据

输入普通数值型数据(如 123、50％、－100、3.14 等)的方法与输入文本型数据的方法相同。在大批量输入具有相同小数位数的数据时，可以利用"自动设置小数点"功能。方法是：选择"工具"菜单中的"选项"功能，在打开的"选项"对话框中单击"编辑"选项卡，选中"自动设置小数点"复选框，在"位数"编辑框中设置合适的小数位数，然后单击"确定"按钮。以后要输入带小数点的数据时，只要输入数字，而不必输入小数点。例如：设置了小数位数为"2"之后，在单元格中输入"123"并按 Enter 键后，单元格中显示的是"1.23"。若要取消该功能，只要取消"自动设置小数点"复选框的勾选标记即可。

在 Excel 2003 中，单元格默认显示为 11 位有效数字，若输入的数值长度超过 11 位，系统将自动以科学计数法显示该数字。当数值长度超过单元格宽度时，数据以一串"＃"显示，此时适当调整单元格宽度即可显示出全部数据。

2）输入分数

输入分数(显示格式：分子/分母)的方法是：先输入数字“0”和一个空格，然后输入分数(如1/4)，输入结束后按Enter键或单击编辑栏的确认按钮 ✓。此时，该单元格中显示的是分数，而对应编辑栏的内容则以小数形式显示。

3）输入科学计数法数据

输入科学计数法数据(显示格式：尾数E指数)的方法是：先输入尾数(可以带小数)，再输入字母E或e，最后输入指数(必须为整数)。例如：在单元格中输入“1e3”并按Enter键后，单元格中显示的是“1.00E+03”，该单元格对应的编辑栏中显示的是数值“1000”。

默认情况下，输入的数值型数据以右对齐方式显示。当然，通过设置单元格的格式可以改变其对齐方式。

**3. 输入日期和时间**

输入日期的格式是“年-月-日”或“年/月/日”。其中年份的取值范围为1900～9999，月份的取值范围为1～12，日的取值范围为1～31。例如要输入“2012年5月12日”，可以在单元格中输入“2012-5-12”或“2012/5/12”。如果要在单元格中输入系统的当前日期，则按Ctrl+;即可。

若输入的格式不对或日期根本不存在(如2012-13-12)，系统将视其为文本型数据。

输入时间的格式是“时:分:秒”，默认以24小时制方式输入。若要采用12小时制，则需在时间后输入一个空格以及AM(或A，表示上午)或PM(或P，表示下午)。如果要在单元格中输入系统的当前时间(时:分)，则按Ctrl+Shift+;即可。

默认情况下，输入的日期和时间以右对齐方式显示。当然，通过设置单元格的格式可以改变其对齐方式。

**4. 输入特殊符号**

有些特殊符号(如“◎”、“℃”、“∑”等)无法从键盘输入，此时可采用以下几种方法。

方法1：选择“插入”菜单中的“符号”功能，打开“符号”对话框，选择要插入的符号后单击“插入”按钮。

方法2：选择“插入”菜单中的“特殊符号”功能，打开“插入特殊符号”对话框，单击“符号类别”选项卡，选择要插入的符号后单击“确定”按钮。

方法3：根据要输入的特殊符号类型(如希腊字母、标点符号、数学符号等)，打开中文输入法状态下的相应软键盘，单击软键盘上的按键便可将对应符号录入。

**5. 输入批注**

批注是对单元格内容的注释或说明。为单元格添加批注的方法有如下几种。

方法1：选中单元格，选择“插入”菜单中的“批注”功能，在出现的批注区域中输入批注内容。

方法2：右击单元格，在弹出的快捷菜单中选择“插入批注”选项，然后在出现的批注区域中输入批注内容。

含有批注的单元格的右上角会有一个红色小三角形，当鼠标移动到该三角形时，就会显示批注的内容(如图 3-8 所示)。若要修改批注,可选择“插入”菜单中的“编辑批注”功能,或右击单元格,在弹出的快捷菜单中选择“编辑批注”。若要删除批注,可选择“编辑”菜单中的“清除”菜单中的“批注”功能,或右击单元格,在弹出的快捷菜单中选择“删除批注”选项。

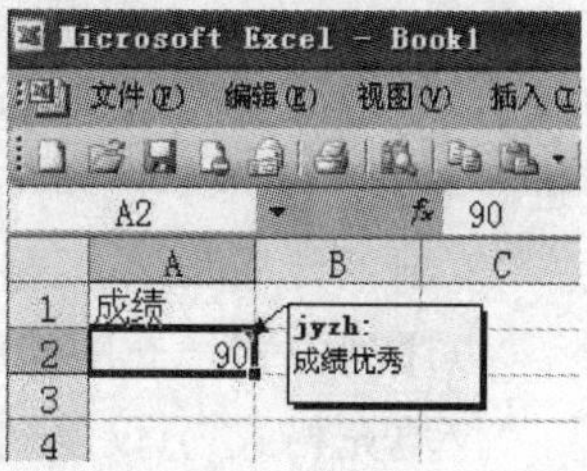

图 3-8 批注

### 3.3.2 快速输入方法

在输入大量重复或具有一定规律的数据时,为节省输入时间、提高工作效率,Excel 2003 提供了多种快速输入方法。

**1. 利用填充柄填充数据**

填充柄是位于当前选中单元格右下角的小黑方块。当鼠标移动到填充柄上时,鼠标指针由空心十字形“✚”变为实心十字形“+”。此时,若按下鼠标左键拖动填充柄,则可在连续的单元格中填充相同或有规律的数据。

1) 填充相同的数据

首先在第一个单元格中输入数据,然后向上、下、左或右拖动填充柄即可。

2) 填充自定义序列

Excel 2003 内置了一些自定义序列,如“星期日、星期一、星期二……”、“甲、乙、丙、丁……”、“Sunday、Monday、Tuesday…”等。要查看 Excel 定义的序列,可选择“工具”菜单中的“选项”功能,在打开的对话框中单击“自定义序列”选项卡。若要添加自定义序列,可直接在文本框中输入,并以 Enter 键分隔列表条目,输入完成后单击“添加”按钮。图 3-9 显示了当前自定义序列以及添加“小学、初中、高中、大学”的界面。当然,也可单击“压缩对话框”按钮去选择指定单元格区域的内容后单击“导入”按钮。对于用户添加的自定义序列,选中后可单击“删除”按钮将其从系统中删除。

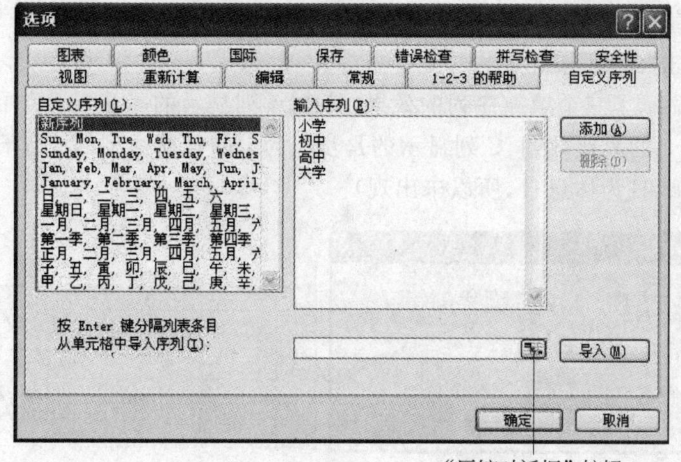


图 3-9 查看自定义序列

3）使用快捷菜单填充

在单元格中输入数据，拖动填充柄到目标单元格后释放鼠标，此时在目标单元格的右下角将出现“自动填充选项”按钮，单击该按钮将弹出一个快捷菜单，可以选择下列几种方式进行填充。

“复制单元格”：单元格的内容和格式同时复制。

“以序列方式填充”：填充一系列能拟合简单线性趋势或指数递增趋势的数值。

“仅填充格式”：仅复制单元格的格式，不复制内容。

“不带格式填充”：仅复制单元格的内容，不复制格式。

默认情况下，系统采用“以序列方式填充”。例如：在图 3-10 所示的 A1:A4 共 4 个单元格中，输入“星期日”，并设置：加粗、倾斜、红色、灰色背景，然后采用 4 种不同的单元格填充方式产生 B 列至 G 列的数据，可对比它们的效果。

| | A | B | C | D | E | F | G | |
|---|---|---|---|---|---|---|---|---|
| 1 | 星期日 | 星期日 | 星期日 | 星期日 | 星期日 | 星期日 | 星期日 | 复制单元格 |
| 2 | 星期日 | 星期一 | 星期二 | 星期三 | 星期四 | 星期五 | 星期六 | 以序列方式填充 |
| 3 | 星期日 | | | | | | | 仅填充格式 |
| 4 | 星期日 | 星期一 | 星期二 | 星期三 | 星期四 | 星期五 | 星期六 | 不带格式填充 |

图 3-10 使用快捷菜单填充单元格的效果

**2. 利用对话框填充数据**

除了可以利用填充柄填充数据之外，还可以利用对话框进行序列、日期、等差以及等比序列数据的自动填充。操作方法如下。

第 1 步：在单元格中输入数据，然后选择要进行填充的单元格区域。

第 2 步：选择“编辑”菜单中的“填充”菜单中的“序列”功能，出现如图 3-11(a)所示的“序列”对话框。

第 3 步：在“序列”对话框中，选择序列产生方向(行或列)、序列类型(如等差序列、等比序列)以及步长值和终止值。

第 4 步：单击“确定”按钮。

图 3-11(b)显示了三个填充序列的效果，其中 A 列显示的是步长为 5 的等差数列，B 列显示的是步长为 5 的等比数列、C 列显示的是步长为 1 的日期类型的工作日序列(因为 2012 年 5 月 12 日和 13 日为休息日，所以未出现)。

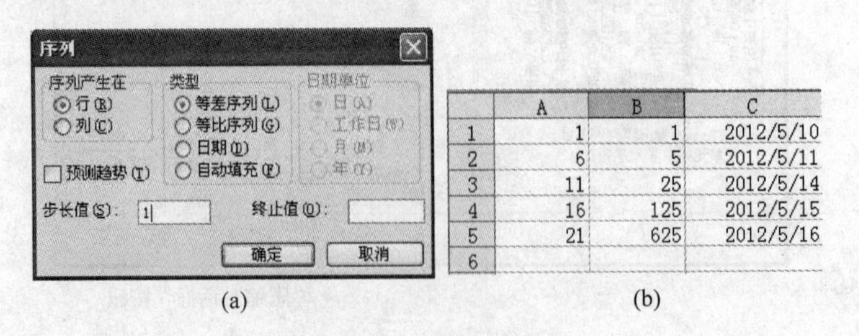


| | A | B | C |
|---|---|---|---|
| 1 | 1 | 1 | 2012/5/10 |
| 2 | 6 | 5 | 2012/5/11 |
| 3 | 11 | 25 | 2012/5/14 |
| 4 | 16 | 125 | 2012/5/15 |
| 5 | 21 | 625 | 2012/5/16 |
| 6 | | | |

(a) (b)

图 3-11 填充等差序列、等比序列、日期序列

**3. 同时在多个工作表中填充相同的数据**

要将一张工作表中连续单元格区域的数据同时填充到另外多张工作表的相同位置时，可先选中连续的单元格区域，按下 Shift 键的同时单击其他工作表标签(如图 3-12(a)所示)，然后选择"编辑"菜单中的"填充"菜单中的"至同组工作表"功能，在打开的"填充成组工作表"对话框(如图 3-12(b)所示)中选择一种填充方式，单击"确定"按钮。

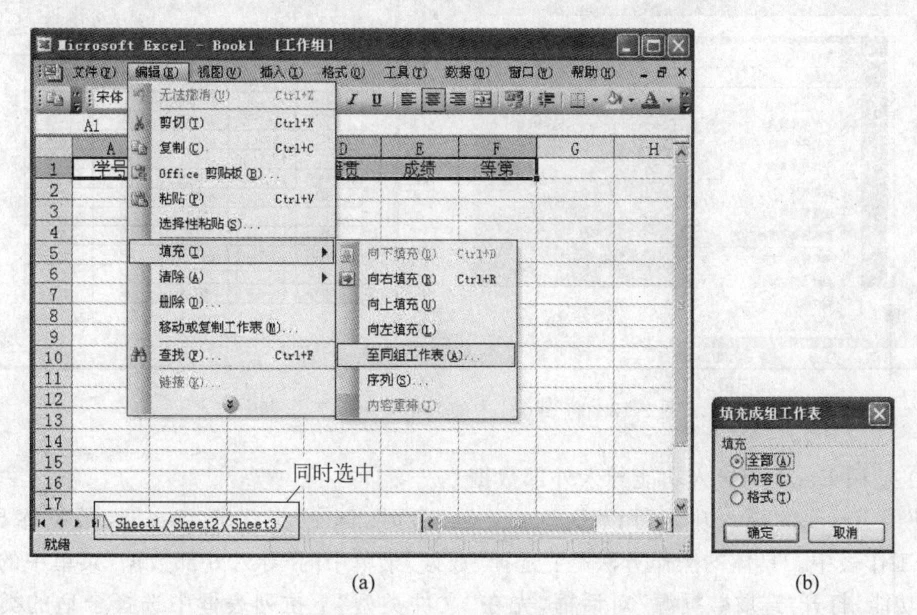


(a) (b)

图 3-12 填充成组工作表

填充成组工作表的方式有三种。

"全部"：同时填充内容和格式。

"内容"：仅填充内容。

"格式"：仅填充格式。

**4. 同时在多个单元格中输入相同的数据**

要同时在一张工作表的多个相邻或不相邻的单元格中输入相同的数据，可先选中这些单元格，然后输入数据，输入完成后按 Ctrl+Enter 组合键。

**5. 导入外部数据**

要将其他文档(如 Word 文档、PowerPoint 文档、网页、文本文件、Excel 工作簿、Access 数据库等)中的数据转换到 Excel 工作表中，通常有两种方法：一种方法是使用剪贴板，另一种方法是使用 Excel 的数据导入功能。

1) 使用剪贴板导入外部数据

使用剪贴板将其他文档中的表格转换到 Excel 工作表中的操作步骤如下。

第 1 步：启动相关应用程序，打开表格所在的文档，并用鼠标拖动选中表格中的数据。

第 2 步：右击选中的数据，在快捷菜单中选择"复制"。

第 3 步：单击 Excel 工作表的合适位置，选择“编辑”菜单中的“粘贴”。

该方法通常用于将 Word、PowerPoint、网页或 Excel 工作簿中的表格数据复制到 Excel 工作表中。图 3-13 显示的是将 Word 中的表格复制到 Excel 工作表中。

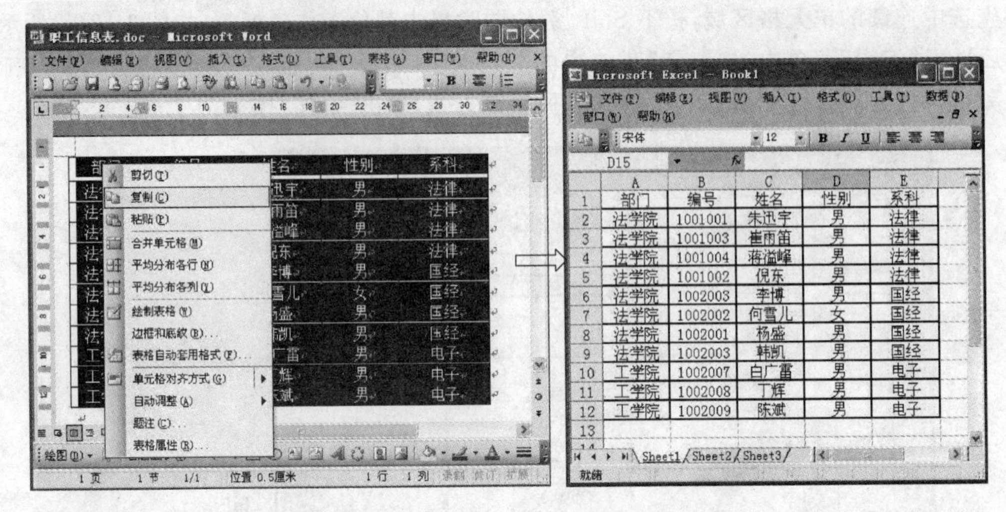


图 3-13　将 Word 中的表格复制到工作表中

2）使用 Excel 的导入功能导入外部数据

使用 Excel 的导入功能可以将文本文件、网页、Excel 工作簿、Access 数据库导入到 Excel 工作表中。具体的操作方法是：选择“数据”菜单中的“导入外部数据”菜单中的“导入数据”功能，打开“选取数据源”对话框，先在“文件类型”下拉列表框中选择合适的类型（如图 3-14 所示），然后选择外部数据文件的位置以及文件名，最后单击“打开”按钮。

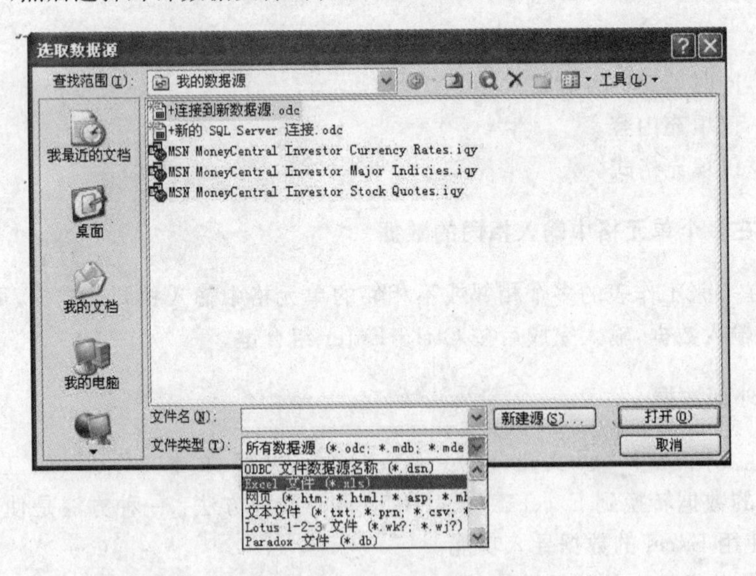


图 3-14　“选取数据源”对话框

对于不同的外部数据文件，随后出现的对话框也有所不同。以文本文件为例，选取文本文件“职工信息表.txt”（如图 3-15 所示）作为数据源之后，打开“文本导入向导-3 步骤之 1”

（如图 3-16 所示），文本向导能自动判定数据是否具有分隔符，若判定有误，可选择最合适的分隔符，然后单击“下一步”按钮。

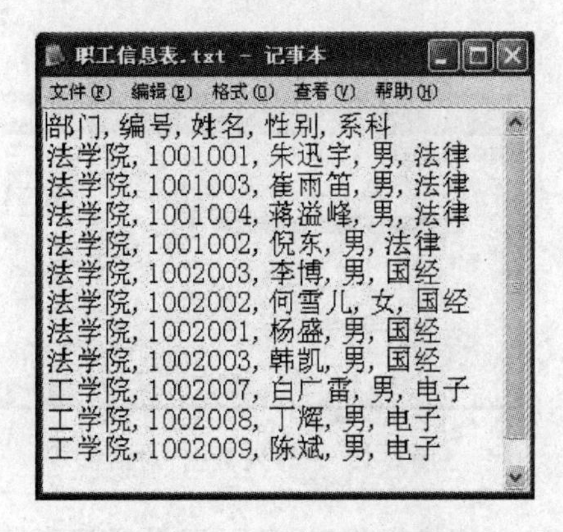


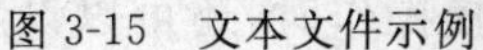
图 3-15 文本文件示例

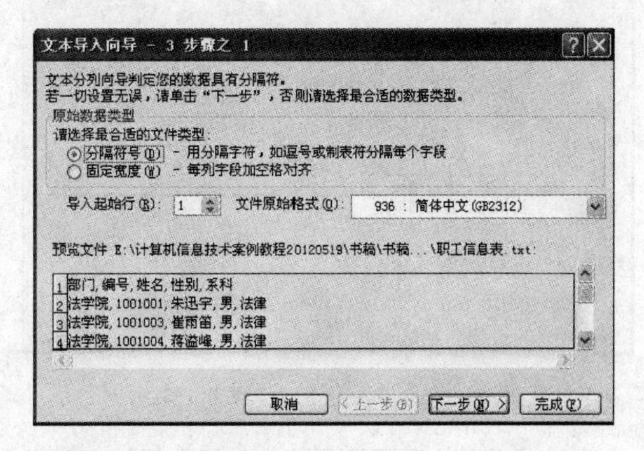


图 3-16 “文本导入向导-3 步骤之 1”对话框

在“文本导入向导-3 步骤之 2”对话框（如图 3-17 所示）中，设置分列数据所包含的分隔符号，与此同时在预览窗口可看到分列的效果。由于“职工信息表.txt”中数据之间以逗号隔开，故选择逗号作为分隔符号。设置完成后，单击“下一步”按钮。

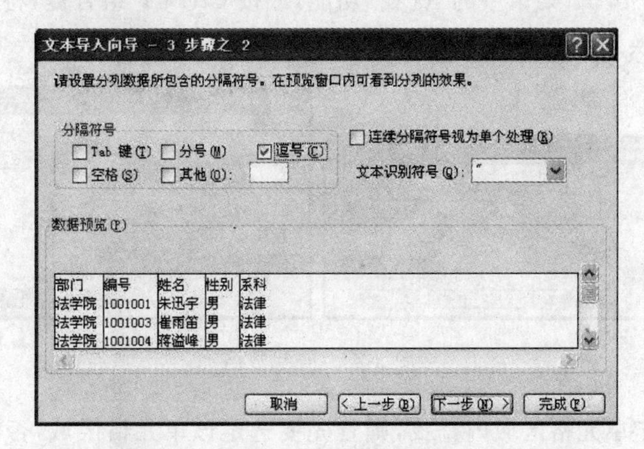


图 3-17 “文本导入向导-3 步骤之 2”对话框

在“文本导入向导-3 步骤之 3”对话框（如图 3-18 所示）中，设置每列的数据类型。设置完成后，单击“完成”按钮。

在最后出现的“导入数据”对话框（如图 3-19 所示）中，设置数据的存放位置。数据存放的开始位置可以是现有工作表的某个单元格，也可以新建一张工作表，并从该工作表的 A1 单元格开始存放数据。

### 3.3.3 数据的编辑

#### 1. 查找与替换

利用 Excel 2003 提供的查找和替换功能，可以在工作表中快速地查找指定数据所在的

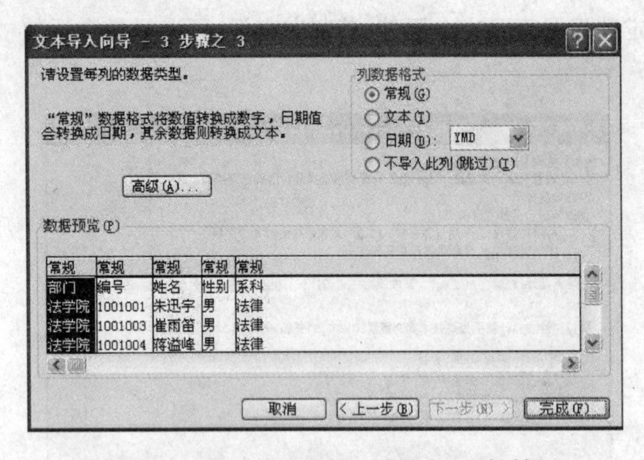


图 3-18 "文本导入向导-3 步骤之 3"对话框

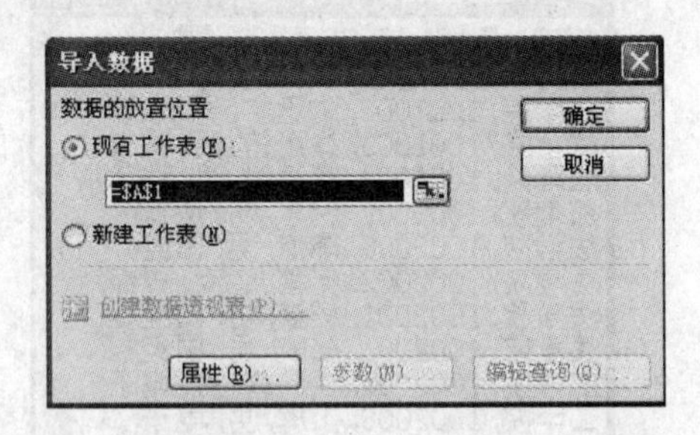


图 3-19 "导入数据"对话框

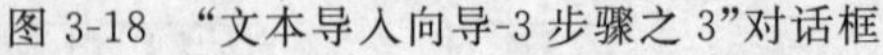

单元格，或将指定数据统一替换为新数据。在执行查找和替换操作时，还可以设置搜索范围、搜索方式等选项。

1) 查找

在当前工作表或工作簿中查找数据的操作步骤如下。

第 1 步：选择"编辑"菜单中的"查找"功能，或按 Ctrl+F 组合键，将打开"查找和替换"对话框，并自动切换到"查找"选项卡(如图 3-20 所示)。

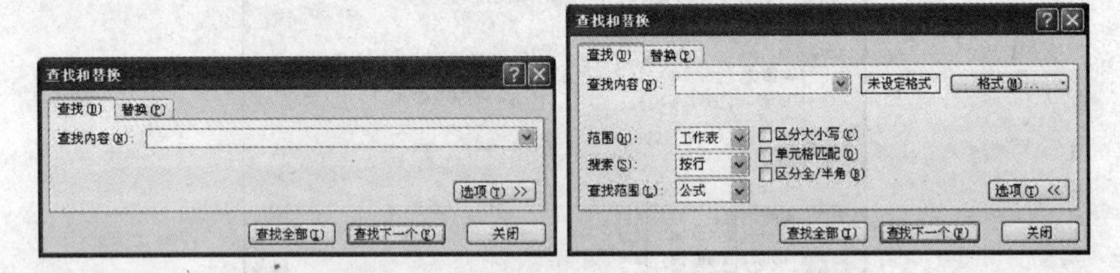


图 3-20 查找数据

- 若要在指定单元格区域内查找，则首先要选定该单元格区域，否则将对整个工作表进行查找工作。
- 单击"选项"按钮，可展开"查找和替换"对话框。

第 2 步：在"查找内容"下拉列表框中输入要查找的数据。

- 若要查找具有一定格式的数据，可在展开的对话框中单击"格式"按钮，对要查找的数据设定格式，如字体、字号、颜色等。
- 各选项的说明如下。
  - "范围"：设置查找数据范围为当前"工作表"或"工作簿"，默认为"工作表"。
  - "搜索"：设置搜索顺序是"按行"或"按列"，默认为"按行"。
  - "查找范围"：选择"值"表示在全部单元格中查找；选择"公式"表示在包含公式的单元格中查找；选择"批注"表示在单元格批注中查找；默认为"公式"。
  - "区分大小写"：设置搜索数据时是否区分英文字母的大小写。
  - "单元格匹配"：设置搜索数据时是否要求完全匹配单元格中的内容。例如：输入查找内容“come”，若不选中该项，则会查找到所有包含“come”的单元格（如“Welcome”）；若选中该项，则仅查找到内容为“come”的单元格。

- “区分全/半角”：设置搜索数据时是否区分字母、数字或标点符号的全角和半角。

第 3 步：单击“查找全部”或“查找下一个”按钮。

- “查找全部”：将在对话框的下方显示所有符合条件的单元格（如图 3-21 所示）。
- “查找下一个”：光标定位到下一个符合条件的单元格。

第 4 步：单击“关闭”按钮，结束查找操作。

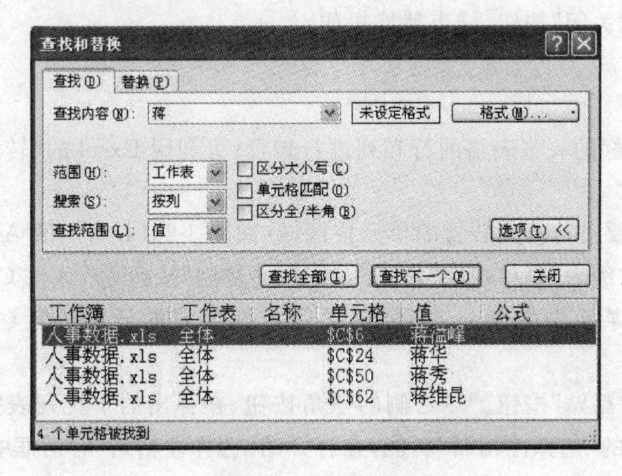


图 3-21 查找全部

2) 替换

在当前工作表或工作簿中替换数据的操作步骤如下。

第 1 步：选择“编辑”菜单中的“替换”功能，或按 Ctrl＋H 组合键，将打开“查找和替换”对话框，并自动切换到“替换”选项卡（如图 3-22 所示）。

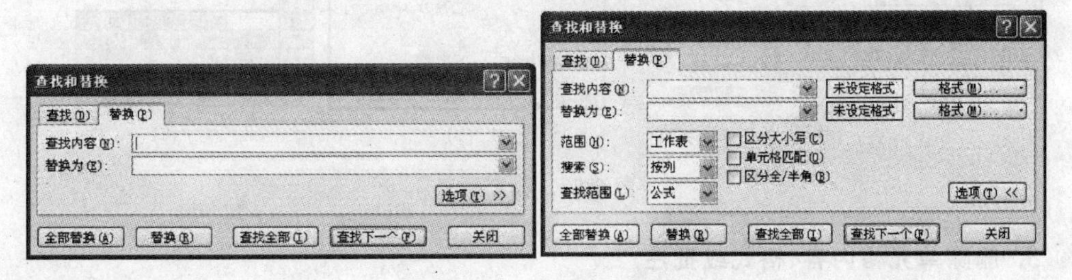


图 3-22 替换数据

第 2 步：分别在“查找内容”和“替换为”下拉列表框中输入要查找的数据以及要替换的数据。

- “替换为”下拉列表框的内容可为空（即不输入任何内容），此时的替换操作相当于删除要查找的数据。
- 通过单击“格式”按钮，可对要查找的数据以及要替换的数据设定格式，如字体、字号、颜色等。
- 各选项的含义与“查找”选项卡下的相同。

第 3 步：单击“全部替换”、“替换”、“查找全部”或“查找下一个”按钮。

- “全部替换”：一次性替换所有符合条件的单元格的内容，弹出完成搜索并替换完毕提示框；单击对话框中的“确定”按钮将返回“查找和替换”对话框。
- “替换”：替换掉当前光标定位的符合条件的单元格，同时自动查找下一个符合条件的单元格。
- “查找全部”：将在对话框的下方显示所有符合条件的单元格。
- “查找下一个”：光标定位到下一个符合条件的单元格。

第 4 步：单击“关闭”按钮，结束替换操作。

**2. 行列转置**

要将已经制作好的一张表格的行和列进行转置，可利用 Excel 的“转置”功能，具体步骤如下。

第 1 步：选择要进行行列转置的单元格区域(如图 3-23(a)所示的 A1:E4)。

第 2 步：选择“编辑”菜单中的“复制”，或单击“复制”按钮，或按 Ctrl+C 组合键。

第 3 步：单击某空白单元格，定位转置后数据存放的开始位置(如图 3-23(a)所示的 A6)。

第 4 步：单击“粘贴”按钮右侧的三角按钮，在弹出的下拉列表中选择“转置”。或选择“编辑”菜单中的“选择性粘贴”功能，在打开的“选择性粘贴”对话框中，勾选“转置”复选框，然后单击“确定”按钮(如图 3-23(b)所示)，结果如图 3-23(c)所示。

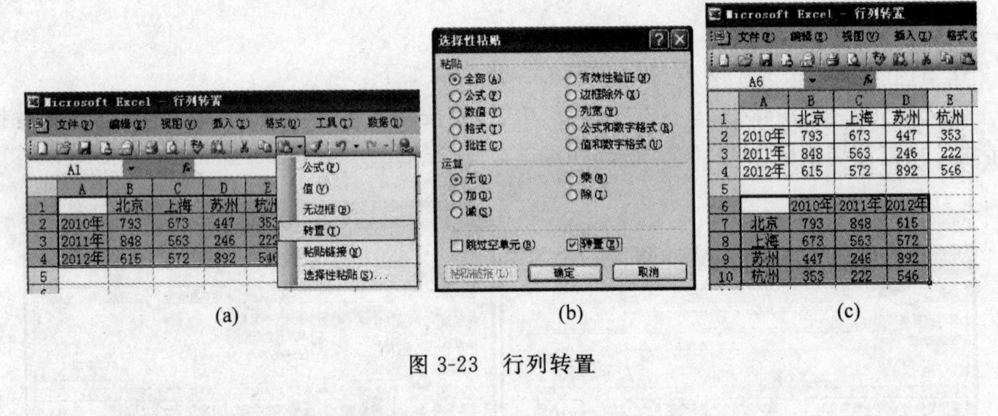


(a) (b) (c)

图 3-23 行列转置

**3. 删除单元格内容、格式或批注**

在删除单元格内容、格式或批注之前，首先选中要操作的单元格区域。

- 删除单元格内容

方法 1：选择“编辑”菜单中的“清除”菜单中的“内容”。

方法 2：直接按 Delete 键。

方法 3：右击选中的单元格区域，在弹出的快捷菜单中选择“清除内容”。

- 删除单元格格式

方法 1：选择“编辑”菜单中的“清除”菜单中的“格式”。

方法 2：选中一个未编辑过的空白单元格，单击格式刷，然后拖动鼠标去选中要删除格式的单元格区域。

• 删除单元格批注

方法 1：选择"编辑"菜单中的"清除"菜单中的"批注"。

方法 2：右击选中的单元格区域，在弹出的快捷菜单中选择"删除批注"。

#### 4. 复制单元格内容

复制单元格内容是指将所选单元格区域的数据"原模原样"地复制到指定区域，而源区域的数据仍然存在。复制单元格内容的具体操作步骤如下。

第 1 步：选中源数据区域。

第 2 步：选择"编辑"菜单中的"复制"，或单击"复制"按钮，或按 Ctrl＋C 组合键，或右击，在弹出的快捷菜单中选择"复制"。

第 3 步：单击某单元格，定位目标区域。

第 4 步：选择"编辑"菜单中的"粘贴"，或单击"粘贴"按钮，或按 Ctrl＋V 组合键，或右击，在弹出的快捷菜单中选择"粘贴"。

若仅要复制源单元格的格式、数值或批注等信息时，则在第 4 步时，选择"编辑"菜单中的"选择性粘贴"，在"选择性粘贴"对话框（如图 3-23(b)所示）中，选中需要粘贴的选项，然后单击"确定"按钮。

#### 5. 移动单元格的内容

移动单元格的内容是指将所选单元格区域的数据移动到指定区域，而源区域的数据不复存在。移动单元格内容的具体操作步骤如下。

第 1 步：选中源数据区域。

第 2 步：选择"编辑"菜单中的"剪切"，或单击"剪切"按钮，或按 Ctrl＋X 组合键；或右击，在弹出的快捷菜单中选择"剪切"。

第 3 步：单击某单元格，定位目标区域。

第 4 步：选择"编辑"菜单中的"粘贴"，或单击"粘贴"按钮，或按 Ctrl＋V 组合键。

#### 6. 撤销与恢复

在编辑工作表时，出现各种操作错误在所难免。使用 Excel 的撤销功能可以撤销最近一次或多次的操作结果，而恢复功能则可以将撤销的操作再次恢复。

1）撤销

撤销最近一步操作结果的方法是：选择"编辑"菜单中的"撤销---"，或单击"撤销"按钮，或按 Ctrl＋Z 组合键。

撤销最近多步操作结果的方法是：多次单击"撤销"按钮，或单击该按钮右侧的三角按钮，在弹出的下拉列表中单击要撤销的选项，则该项操作及其以前的所有操作都将被撤销。

2）恢复

恢复最近一步撤销操作的方法是：选择"编辑"菜单中的"恢复"，或单击"恢复"按钮，或按 Ctrl＋Y 组合键。

恢复最近多步撤销操作的方法是：多次单击“恢复”按钮 ，或单击该按钮右侧的三角按钮，在弹出的下拉列表中单击要恢复的选项，则该项操作及其以前的所有操作都将被恢复。

### 7. 设置数据的有效性

为了保证输入数据的有效性，可对单元格设置条件。当输入的数据不满足条件时，将自动弹出出错提醒信息。例如：录入学生成绩单时，要求学号为10位数字，成绩数据为0～100的整数，当输入的数据不满足该条件时，自动弹出提示信息。要实现这一目标，可对学号和成绩单元格设置数据的有效性。

设置数据有效性的操作步骤如下。

第1步：选中要设置数据有效性的单元格区域（如图3-24所示的A2:A14）。

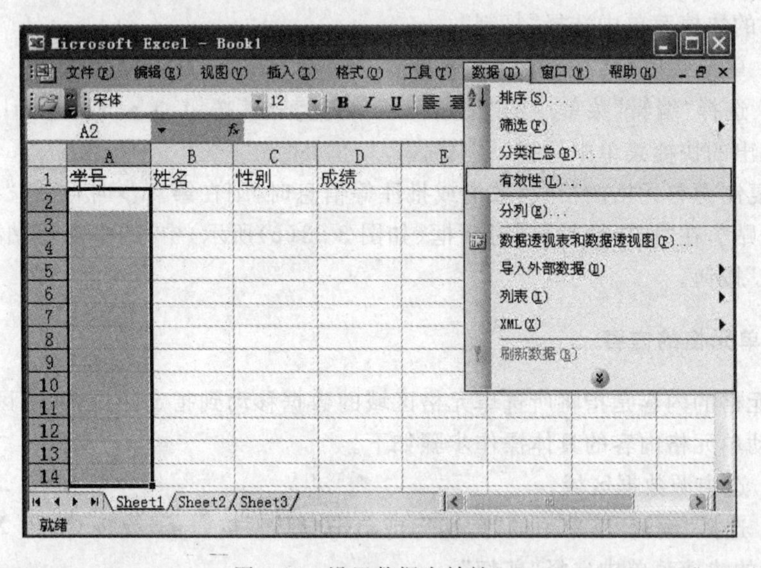


图3-24 设置数据有效性(a)

第2步：选择“数据”菜单中的“有效性”功能，打开“数据有效性”对话框。

第3步：单击“设置”选项卡，设置有效性条件，如整数的范围、序列、日期的范围、文本的长度等（如图3-25(a)所示）。

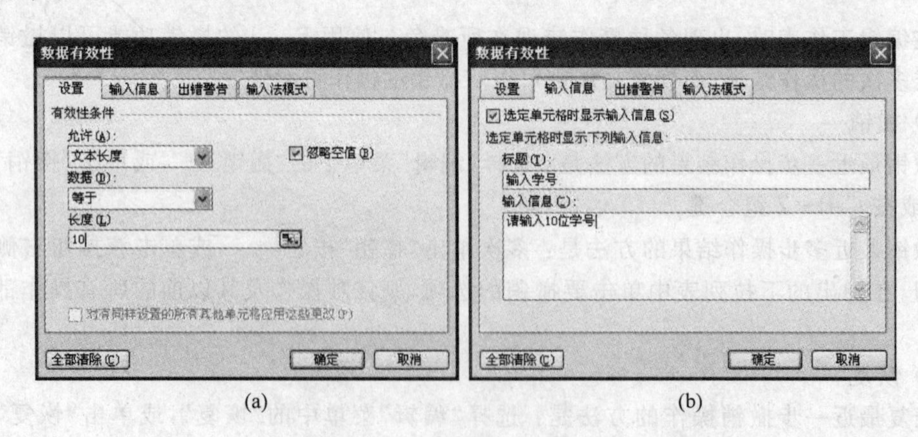


(a) (b)

图3-25 设置数据有效性(b)

第4步：单击“输入信息”选项卡，设置选定单元格时需要显示的友好提示信息(如图3-25(b)所示)。

第5步：单击“出错警告”选项卡，设置输入无效数据时需要显示的警告信息(如图3-26(a)所示)。

第6步：单击“确定”按钮。

至此，被选中区域单元格的数据有效性设置完毕。当在如图3-24所示的A2:A14区域内输入学号时，若输入的学号不足10位或超过10位，将自动弹出警告信息，如图3-26(b)所示。

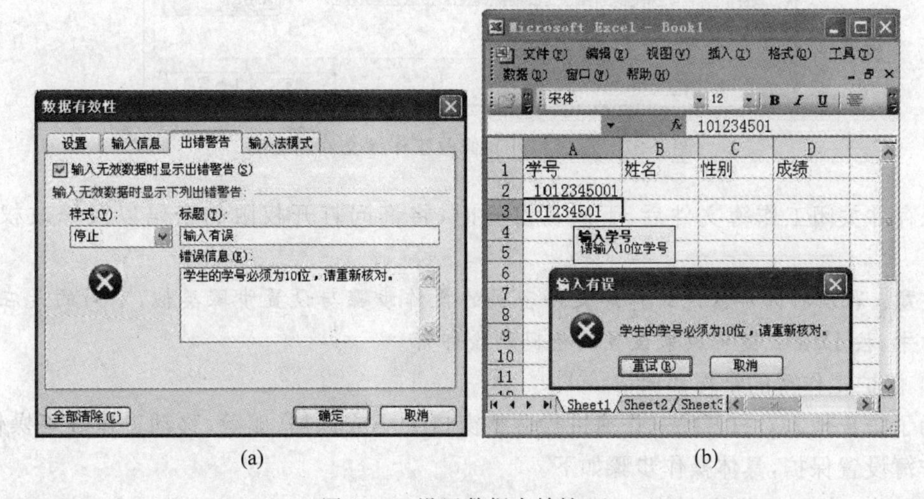


(a) (b)

图3-26 设置数据有效性(c)

**注意**：如果在设置数据有效性之前，单元格中已经输入了数据，那么在设置数据有效性之后，对于单元格区域中的非法数据，系统不会给出提醒，除非重新输入新的数据。

### *3.3.4 数据的保护和共享

在实际工作中，为了防止他人打开或查看具有保密性质的数据(如公司的财务报表)，可对工作簿、工作表或单元格设置一些保护措施。与此同时，为方便多个用户对工作簿进行编辑修改，提高工作效率，可将工作簿共享。

#### 1. 工作簿的保护与撤销保护

保护工作簿的方式有两种。

1) 设置打开和修改工作簿文件的密码

编辑修改好工作簿文件后，要设置打开和修改工作簿文件密码，具体操作步骤如下。

第1步：选择“工具”菜单中的“选项”功能，打开“选项”对话框，如图3-27所示。

第2步：单击“安全性”选项卡，分别在“打开权限密码”和“修改权限密码”编辑框中输入密码(当然也可只设置其中的一项权限密码)。

第3步：单击“确定”按钮。

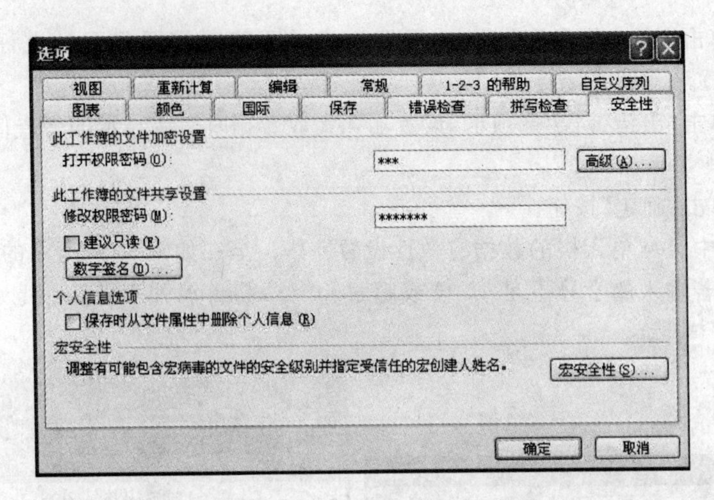


图 3-27　设置打开和修改工作簿文件的密码

保存并关闭工作簿文件后，下次再打开时，将询问打开权限的密码以及修改权限的密码。

**注意**：取消打开和修改工作簿文件密码的操作步骤与设置步骤类似，不同的是在上述第 2 步中，按 Delete 键将原来设置的密码删除即可。

2) 保护工作簿的结构和窗口

为了防止他人对打开的工作簿进行调整窗口大小或添加、删除、移动工作表等操作，可对工作簿设置保护，具体操作步骤如下。

第 1 步：打开工作簿文件。

第 2 步：选择"工具"菜单中的"保护"菜单中的"保护工作簿"功能，打开"保护工作簿"对话框(如图 3-28(a)所示)，选择"结构"、"窗口"复选框，并在"密码"编辑栏中输入密码(也可以不输入密码)。

- "结构"：选中此复选框，可使工作簿的结构保持不变。例如：对工作表进行插入、移动、删除、复制、重命名、隐藏等操作均无效。
- "窗口"：选中此复选框，则不能最小化、最大化、关闭工作表窗口，也不能调整工作表窗口的大小和位置。
- "密码"：密码区分大小写，可防止未授权的用户取消工作簿的保护。

第 3 步：单击"保护工作簿"对话框中的"确定"按钮。若在第 2 步输入了密码，则会打开"确认密码"对话框(如图 3-28(b)所示)，要求重新输入刚才的密码。

至此，保护工作簿操作完毕，对工作簿的结构和窗口的编辑操作将无法进行。

要取消工作簿的保护，可选择"工具"菜单中的"保护"菜单中的"撤销工作簿保护"功能，若设置了密码保护，则会打开"撤销工作簿保护"对话框(如图 3-28(c)所示)，此时输入保护时设置的密码，并单击"确定"按钮，方可撤销工作簿的保护。

**2. 保护工作表**

为了限制他人对工作表进行插入行、删除行、插入列、删除列、排序、自动筛选等操作，可对工作表实施保护。

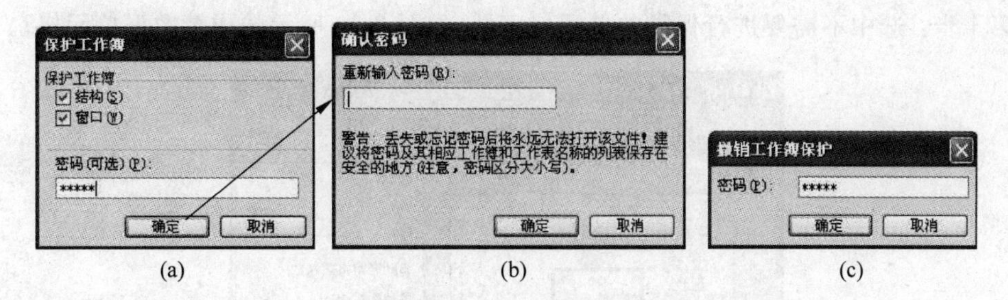


图 3-28 工作簿的保护与撤销

保护工作表的具体操作步骤如下。

第 1 步：单击要保护的工作表标签(注意：不能同时对多张工作表进行保护)。

第 2 步：选择“工具”菜单中的“保护”菜单中的“保护工作表”功能，打开“保护工作表”对话框。

第 3 步：选中“保护工作表及锁定的单元格内容”(默认为选中状态)，在“取消工作表保护时使用的密码”编辑框中输入密码，在“允许此工作表的所有用户进行”列表框中选择允许操作的选项(如图 3-29(a)所示)。

第 4 步：单击“确定”按钮，在随后出现的“确认密码”对话框(如图 3-29(b)所示)中重新输入密码后，单击“确定”按钮。

至此，保护工作表操作完毕，允许对工作表执行哪些操作则由图 3-29(a)列表框中选中的复选框项目决定。

要取消工作表的保护，选择“工具”菜单中的“选项”菜单中的“撤销保护工作表”功能即可。若在保护时设置了密码，则会打开“撤销工作表保护”对话框(如图 3-29(c)所示)，此时输入保护时设置的密码，并单击“确定”按钮，即可撤销工作表的保护。

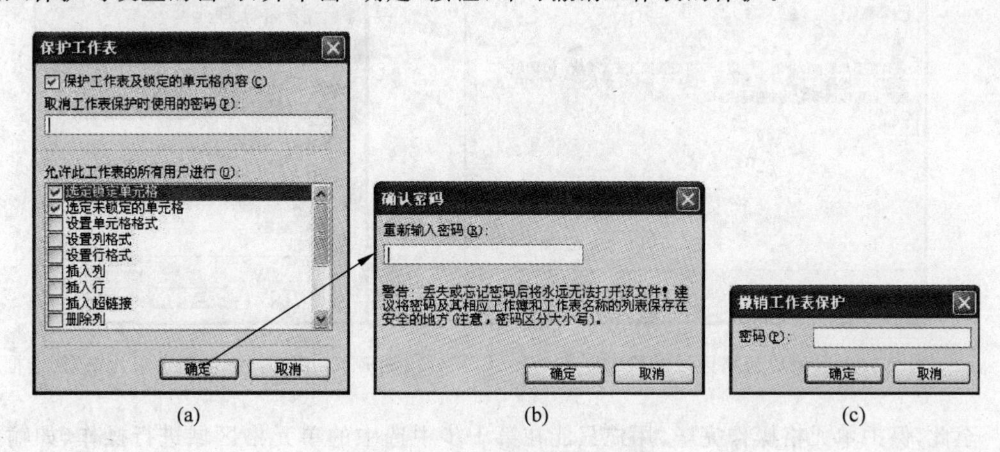


图 3-29 工作表的保护与撤销

### 3. 保护单元格

当希望工作表中的一些单元格区域的内容(如学生的学号)不允许改动，而另外单元格区域的内容(如学生的成绩)允许随时改动时，可对不允许改动的单元格区域实施保护。

保护单元格的具体操作步骤如下。

第 1 步：选中不需要进行保护的单元格区域(如图 3-30 所示的成绩数据单元格)。

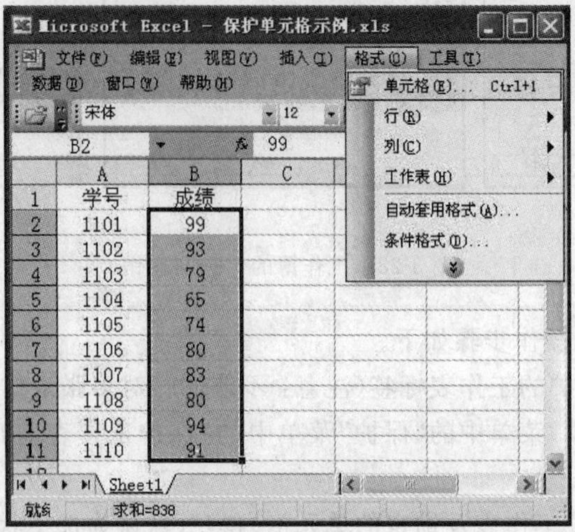

图 3-30 选中不需要进行保护的单元格区域

第 2 步：选择“格式”菜单中的“单元格”功能，打开“单元格格式”对话框，单击“保护”选项卡，取消“锁定”复选框的选中标记，如图 3-31 所示。

第 3 步：按照保护工作表的具体步骤保护当前工作表。此时需注意的是：在“保护工作表”对话框(如图 3-32 所示)中，要取消“选定锁定单元格”复选框的选中标记。

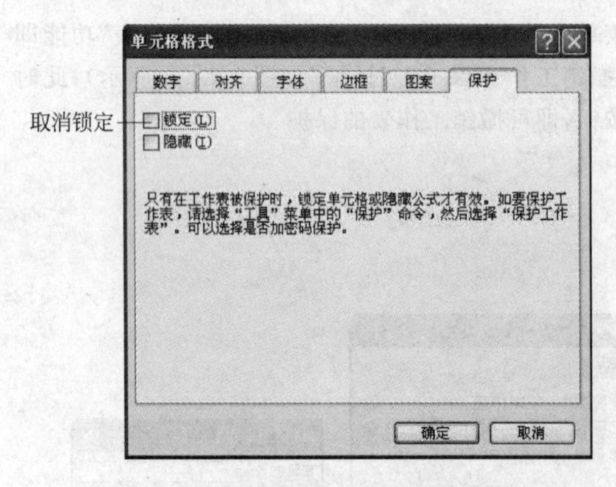


图 3-31 取消单元格区域的锁定状态

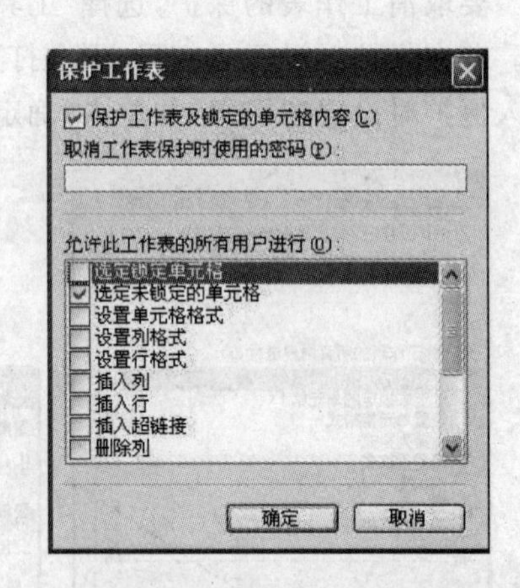


图 3-32 取消“选定锁定单元格”复选框

至此，保护单元格操作完毕，用户只能在第 1 步中选中的单元格区域进行操作(如输入数据等)，其他单元格区域的内容则受到保护，即只能浏览，不能修改。效果如图 3-33 所示。用户只能对工作表中的成绩数据单元格进行编辑修改。

**4. 隐藏、显示工作表**

隐藏工作表的方法是：首先选中要隐藏的一张或多张工作表，然后选择“格式”菜单中的“工作表”菜单中的“隐藏”功能。这样选中的工作表就被隐藏起来了。

显示被隐藏的工作表的方法是：选择“格式”菜单中的“工作表”菜单中的“取消隐藏”功能，打开“取消隐藏”对话框，在“取消隐藏工作表”列表框中选择要显示的工作表，然后单击“确定”按钮。

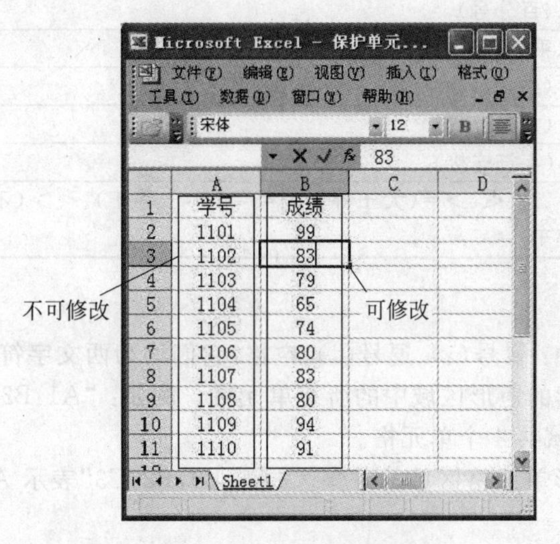


图 3-33 保护单元格的效果

#### 5. 隐藏、显示公式

在工作表被保护的情况下，若不想让他人看到单元格所使用的公式，可以将公式隐藏起来。如果要显示隐藏的公式，只需撤销工作表的保护即可。

隐藏公式的具体操作步骤如下。

第 1 步：选定需要隐藏公式的单元格区域。

第 2 步：选择“格式”菜单中的“单元格”功能，打开“单元格格式”对话框。

第 3 步：单击“保护”选项卡，选中“隐藏”复选框，然后单击“确定”按钮。

第 4 步：参照“保护工作表”的操作步骤，保护当前工作表。

单击被隐藏公式的单元格，编辑栏中将不再显示公式。

**注意：**只有在工作表被保护时，隐藏公式才有效。

## 3.4 使用公式和函数

公式是指以“＝”开头，后面跟常量、运算符、单元格引用以及函数组成的式子。如：＝3＊5＋8、＝SUM(A1:A8)－40、＝A2/＄A＄9 等都是 Excel 公式。

### 3.4.1 运算符

Excel 中的运算符按优先级由高到低排列，主要有引用运算符、算术运算符、字符运算符以及关系运算符等，如表 3-1 所示。

表 3-1 运算符

| 优先级 | 类型 | 符号 | 运算结果 |
|---|---|---|---|
| 高 ↑ | 引用运算符 | 西文的冒号(:)、逗号(,)、空格 | 引用单元格区域 |
| | 算术运算符 | %(百分号) | 数值类型 |
| | | ^(乘方) | |
| | | *(乘)、/(除) | |
| | | ＋(加)、－(减) | |
| | 字符运算符 | &(字符连接) | 文本类型 |
| 低 | 关系运算符 | ＝、＞、＜、＞＝(大于等于)、＜＝(小于等于)、＜＞(不等于) | TRUE 或 FALSE |

- 引用运算符

引用运算符有三种：冒号(:)、逗号(,)、空格，它们均为西文字符。

冒号表示一块连续的矩形区域中的所有单元格。例如："A1:B2"表示以 A1 为左上角，B2 为右下角的矩形区域共 4 个单元格。

逗号表示多个矩形单元格区域的并集。"A1:B2,B2:C3"表示 A1、A2、B1、B2、B3、C2、C3 共 7 个单元格。

空格表示多个矩形单元格区域的交集。"A1:B2 B2:C3"表示 B2 这一个单元格。

- 算术运算符

算术运算符主要有：^(乘方)、%(百分号)、*(乘)、/(除)、＋(加)、－(减)。例如公式：＝2^3＋50%＋1 的运算结果为 950.0%。

- 字符运算符

"&"为字符运算符，用于两个字符串的连接。例如公式：＝"Good" & "Morning" 的运算结果为"GoodMorning"。

- 关系运算符

关系运算符主要有：＝、＞、＜、＞＝(大于等于)、＜＝(小于等于)、＜＞(不等于)，运算结果为 TRUE 或 FALSE。

当公式中同时出现多个优先级不同的运算符时，优先级高的运算符先运算。例如公式：＝3*2＞5，先运算 3*2，结果为 6，再运算 6＞5，结果为 TRUE。

当公式中同时出现多个优先级相同的运算符时，按从左到右的顺序运算。例如公式：＝3*4/2，先运算 3*4，结果为 12，再运算 12/2，结果为 6。

当需要改变运算符的运算顺序时，可使用括号"()"。例如公式：＝(4＋2)*3，结果为 18。

### 3.4.2 引用

使用 Excel 公式时，经常需要根据其他单元格的值来计算当前活动单元格的值，即公式中要引用到其他单元格或单元格区域，并且这些单元格或单元格区域可以在不同的工作表或不同的工作簿中。

#### 1. 相对引用、绝对引用和混合引用

引用单元格的格式为：

{\$}列标{\$}行号

**注意**：{ }中的内容为可选内容。也就是说，引用单元格时，列标和行号的左边可以有符号“\$”，也可以没有符号“\$”。

根据列标和行号前符号“\$”的存在情况，引用单元格有以下三种方式。

1）相对引用

相对引用的格式：

列标行号

如 A3、C5、F8 等均属于相对引用。

2）绝对引用

绝对引用的格式：

\$列标\$行号

如\$A\$3、\$C\$5、\$F\$8 等均属于绝对引用。

3）混合引用

混合引用的格式：

\$列标行号或列标\$行号

如\$A3、A\$3、\$C5、C\$5 等均属于绝对引用。

公式中单元格地址的引用方式不同，虽然不会影响当前单元格的计算结果，但是复制该单元格的公式到目标单元格时，若是相对引用或混合引用，目标单元格的公式会有所变化；若是绝对引用，则目标单元格的公式保持不变。

例如：图 3-34(a)中，C2 单元格的公式为“=B2/B7”，拖动该单元格的填充柄填充 C3:C6，出现“#DIV/0!”的错误信息，表示“除数为 0”。此时，若单击 C3 单元格，发现该单元格的公式为“=B3/B8”。其原因是：C2 单元格的公式“=B2/B7”中对 B7 采用的是相对引用。若将 C2 单元格的公式更改为“=B2/\$B\$7”(即对 B7 采用绝对引用)，拖动填充柄填充 C3:C6，则结果

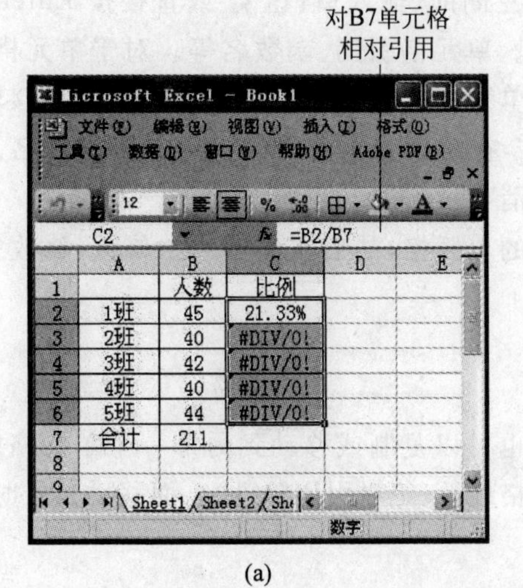


(a)

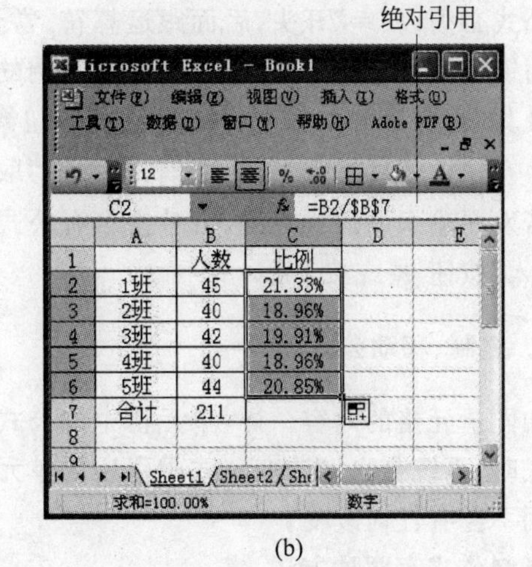


(b)

图 3-34 相对引用与绝对引用

正常。此时,C3 单元格的公式为"=B3/$B$7"、C4 单元格的公式为"=B4/$B$7"、C5 单元格的公式为"=B5/$B$7"、C6 单元格的公式为"=B6/$B$7",如图 3-34(b)所示。

**2. 跨工作表、工作簿间的引用**

1) 同工作簿不同工作表间的单元格的引用

同工作簿不同工作表间的单元格引用格式为:

工作表名!{$}列标{$}行号

例如:在当前工作簿中,要将 Sheet1 中的 A1 单元格内容与 Sheet2 中的 B2 单元格内容相加,结果存入 Sheet3 中的 C3 单元格,则在 Sheet3 中的 C3 单元格输入如下公式:

= Sheet1!A1+Sheet2!B2

2) 不同工作簿间的单元格引用格式

不同工作簿间的单元格引用格式为:

[工作簿文件名]工作表名!{$}列标{$}行号

例如:要将工作簿"Book1.xls"中的 Sheet1 中的 A1 单元格内容与工作簿"Book2.xls"中的 Sheet2 中的 B2 单元格内容相加,结果存入工作簿"Book3.xls"中的 Sheet3 中的 C3 单元格,则先打开工作簿"Book1.xls"、"Book2.xls"和"Book3.xls",然后在"Book3.xls"中的 Sheet3 中的 C3 单元格输入如下公式:

=[Book1.xls] Sheet1!A1+[Book2.xls]Sheet2!B2

### 3.4.3 使用公式

**1. 创建、编辑公式**

创建公式时,可以先单击单元格,然后直接输入公式,或先单击单元格,再单击编辑栏,然后输入公式。公式输入结束后,单击编辑栏左侧的"输入"按钮 ✓ 或直接按 Enter 即可。所有公式必须以"="开头,后面跟运算符、常量、单元格引用、函数名等。对于单元格引用,可以由键盘输入,也可以用鼠标单击要引用的单元格。对于公式中的函数,可以直接输入函数名及其参数,也可以单击"插入函数"按钮 fx,在随后弹出的对话框中选择函数名及函数参数。在输入的过程中,若要取消,则单击"取消"按钮 ✕。

若发现输入的公式有误,可单击含有公式的单元格,然后在编辑栏中修改,修改完毕单击"输入"按钮 ✓ 或按 Enter 即可。

**2. 复制、移动公式**

如同单元格的内容一样,单元格中的公式也可以复制或移动到另外一个单元格中。复制公式时,系统会自动改变公式中引用的单元格地址(绝对引用除外)。而移动公式时,单元格引用不会有任何改变。

复制公式有两种方法。

方法 1:选中包含公式的单元格,选择"编辑"菜单中的"复制",单击目标单元格,选择

"编辑"菜单中的"粘贴"。

方法2：选中包含公式的单元格，拖动该单元格的填充柄填充目标区域。

移动公式的方法是：选中包含公式的单元格，将鼠标指针移到单元格的边框线上，当鼠标指针变为十字箭头时，按住鼠标左键将其拖到目标单元格后，释放鼠标。

**3. 公式中返回的错误代码的含义**

在单元格中输入公式后，若不能正确地计算出结果，将会在单元格中显示错误信息，如：#VALUE!、#DIV/0!等。常见错误信息及错误原因如表3-2所示。

表3-2 错误信息及含义

| 错误信息 | 含 义 |
|---|---|
| #### | 单元格中的数据太长或结果太大，导致单元格列宽不够显示所有数据 |
| #DIV/0! | 除数为0 |
| #VALUE! | 使用了错误的引用 |
| #REF! | 公式引用的单元格被删除了 |
| #N/A | 用于所要执行的计算的信息不存在 |
| #NUM! | 提供的函数参数无效 |
| #NAME? | 使用了不能识别的文本 |

## 3.4.4 使用函数

Excel函数是预先定义好的表达式。每个函数包括函数名和参数，其中函数名决定了函数的功能和用途，函数参数提供了函数执行相关操作的数据来源或依据。一个函数可以使用多个参数，参数与参数之间使用西文逗号进行分隔。参数可以是常量、逻辑值、数组、错误值或单元格引用，甚至可以是另一个或几个函数。

**1. 分类**

Excel 2003提供了数百个函数，主要类型有以下几种。

1）常用函数

- SUM函数：返回单元格区域中所有数值的和。
- AVERAGE函数：返回单元格区域中所有数值的算术平均值。
- MAX函数：返回一组数值中的最大值。
- MIN函数：返回一组数值中的最小值。
- COUNT函数：返回单元格区域中包含数字的单元格的个数。

2）财务函数

- DB函数：返回指定区间内某项固定资产的折旧值。
- PMT函数：返回固定利率下的等额分期贷款偿还金额。

3）日期与时间函数

- NOW函数：返回当前系统的日期和时间，为无参函数。
- DATE函数：根据年、月、日参数，返回日期。
- TIME函数：根据时、分、秒参数，返回时间。

4）数学与三角函数

- ABS 函数：返回给定数值的绝对值。
- SIN 函数：返回给定角度的正弦值。
- COS 函数：返回给定角度的余弦值。

5）统计函数

- COUNTA 函数：返回参数列表中所包含的数值个数以及非空单元格的数目。
- COUNTBLANK 函数：返回单元格区域中空单元格的数目。
- COUNTIF 函数：返回单元格区域中满足给定条件的单元格数目。

6）查找与引用函数

- MATCH 函数：返回符合特定值、特定顺序的项在数组中的相对位置。
- ROW 函数：返回一个引用的行号。
- COLUMN 函数：返回一个引用的列号。

此外，Excel 2003 中还提供了数据库函数、文本函数、逻辑函数以及信息函数。限于篇幅，上述每种函数类型仅列出几个示例函数。若要了解更多函数，可查阅 Excel 相关资料。

**2. 使用函数**

函数是一种特殊的表达式，使用时必须包含在公式中。输入公式中的函数有两种方法。

1）手工输入

在公式中采用手工输入函数，前提是用户必须熟悉函数名的拼写、函数参数的类型、次序以及含义。

2）使用函数向导

为方便用户输入函数，Excel 提供了函数向导功能。在输入公式的过程中，若要输入函数，可按如下步骤操作。

第 1 步：单击“插入函数”按钮 *fx*，打开“插入函数”对话框，如图 3-35(a)所示。

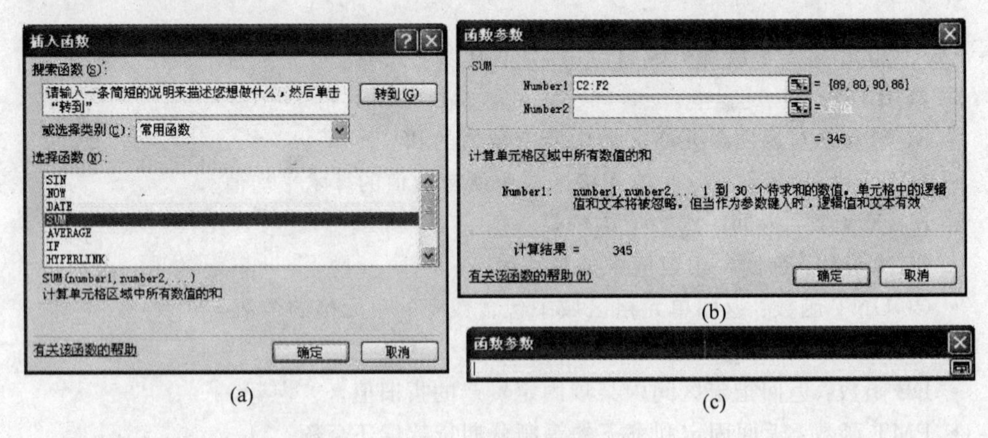


(a)　(b)　(c)

图 3-35　使用函数向导

第 2 步：在“插入函数”对话框中的“或选择类别”下拉列表中选择所需要的函数类型，用鼠标单击“选择函数”列表框中所需要的函数名，单击“确定”按钮，出现“函数参数”对话框，如图 3-35(b)所示。由于不同的函数，函数的参数个数不同，类型也不同，因此“函数参数”对话框的内容也有所不同(个别函数没有参数,故不会出现"函数参数"对话框,如Now函数)。

第3步:在"函数参数"对话框中手工输入参数值(如C2:F2),或单击红色区域选择按钮,"函数参数"对话框将缩小为一行(如图3-35(c)所示),此时用鼠标选择单元格区域(连续的或不连续的),选择完成后,再次单击区域选择按钮,"函数参数"对话框又被放大还原。

第4步:按照第3步的方法,依次输入其他需要的函数参数。

第5步:单击"确定"按钮。

## 3.5 设置格式

工作表内容编辑完成后,为了突出显示或达到美观效果,还需要对工作表进行格式修饰,如自动套用格式、设置文字的对齐方式、单元格的边框和底纹、插入图片、艺术字等。

### 3.5.1 自动套用格式

为了迅速建立适合于不同专业需求的工作表,Excel提供了许多外观精美的预定义的表格格式。使用这些系统自带的工作表格式的步骤如下。

第1步:选择要使用格式的单元格区域(如图3-36(a)所示的A1:E6)。

第2步:选择"编辑"菜单中的"自动套用格式"功能,打开"自动套用格式"对话框(如图3-36(b)所示),选择合适的表格格式。

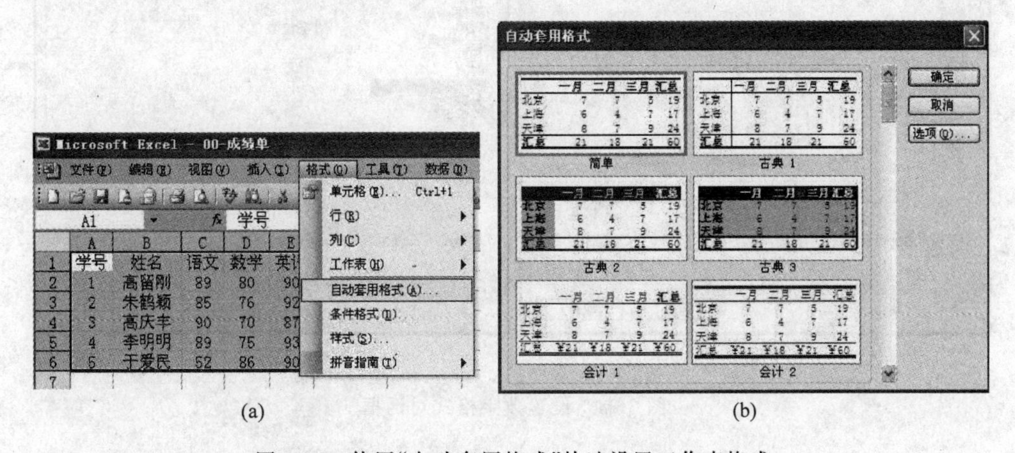


(a) (b)

图3-36 使用"自动套用格式"快速设置工作表格式

第3步:单击"确定"按钮。

图3-37对比显示了成绩单在使用了"古典2"和"古典3"表格格式后的效果。若要清除自动套用格式的效果,可选择"自动套用格式"对话框中最后的"无"格式。

### 3.5.2 设置单元格格式

#### 1. 设置数字格式

Excel中的数据类型有:常规、数值、货币、会计专用、日期、时间、百分比、分数、文本等。

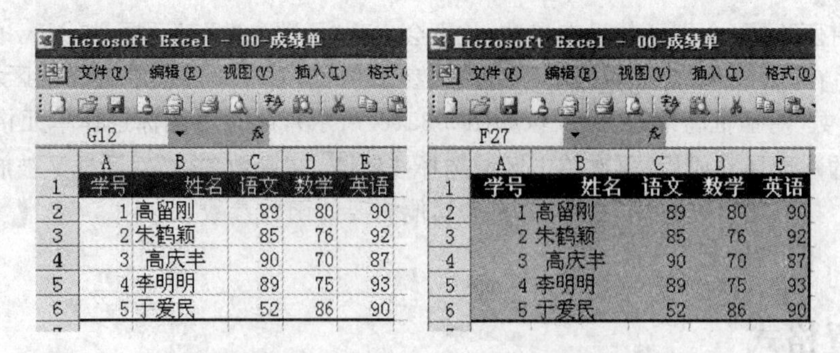


图 3-37 对比“古典 2”和“古典 3”格式的效果

设置数字格式是更改单元格中数值的显示形式，并不影响其实际值，具体步骤如下。

第 1 步：选择要设置数字格式的单元格区域。

第 2 步：选择“格式”菜单中的“单元格”功能，打开“单元格格式”对话框，单击“数字”选项卡，在“分类”列表框中选择要设置的数值类型，如“货币”类型（如图 3-38(a)所示）、“百分比”类型（如图 3-38(b)所示），并根据需要在对话框右侧设置其他选项，如小数位数、显示形式等。

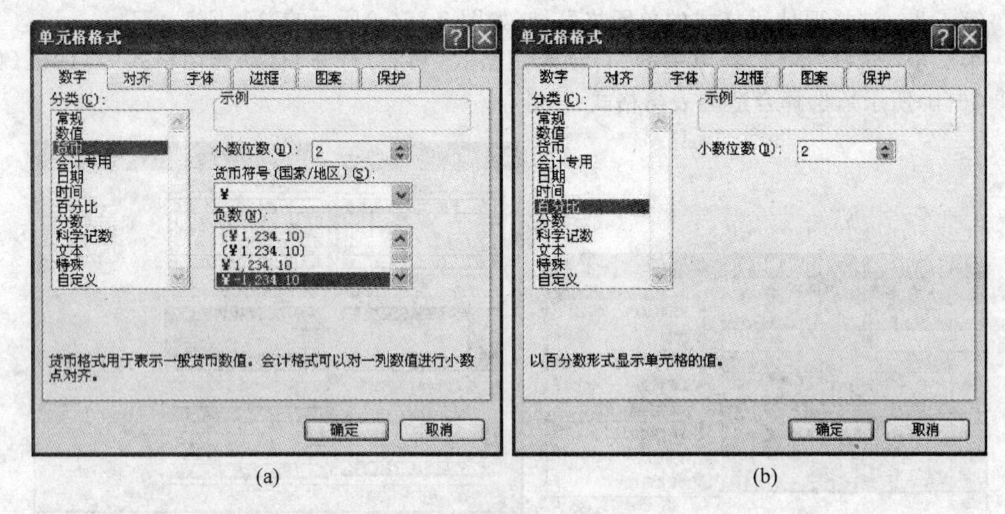


(a) (b)

图 3-38 设置数字格式对话框

第 3 步：单击“确定”按钮。

建议用户在输入单元格的内容之前设置单元格的数字格式，这样输入数据后可立刻显示出所需要的形式。例如：要输入图 3-39(b)所示的数据，可以先选中 A 列（如图 3-39(a)所示），然后选择“格式”菜单中的“单元格”功能，单击“数字”选项卡，选择“分类”列表框中的“文本”；按照同样的方法，选中 B 列，选择“分类”列表框中的“货币”；选中 C 列，选择“分类”列表框中的“百分比”。这样可在第 2 行的三个单元格中直接输入 010、4590、44.1。

此外，Excel 的“格式”工具栏提供了“货币样式”按钮 、“百分比样式”按钮 %、“千位分隔样式”按钮 ,、“增加小数位数”按钮 、“减少小数位数”按钮 。单击以上格式按钮，可快速设置数字的格式。

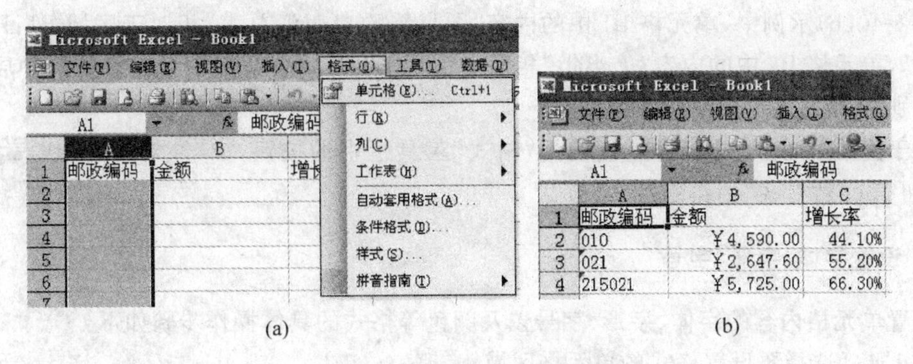


图 3-39 设置数字格式示例

**2. 设置对齐方式和文字方向**

对齐是指单元格内容相对于单元格上下左右的位置，分为水平对齐和垂直对齐。水平对齐方式有：常规、靠左、居中、靠右、填充、两端对齐、跨列居中。垂直对齐方式有：靠上、居中、靠下、两端对齐、分散对齐。

文字方向是指单元格内容在单元格中显示时偏离水平线的角度，默认为水平方向。

设置单元格内容对齐方式和文字方向的具体操作步骤如下。

第 1 步：选择要设置对齐方式的单元格区域。

第 2 步：选择“格式”菜单中的“单元格”功能，打开“单元格格式”对话框，单击“对齐”选项卡，如图 3-40(a)所示。

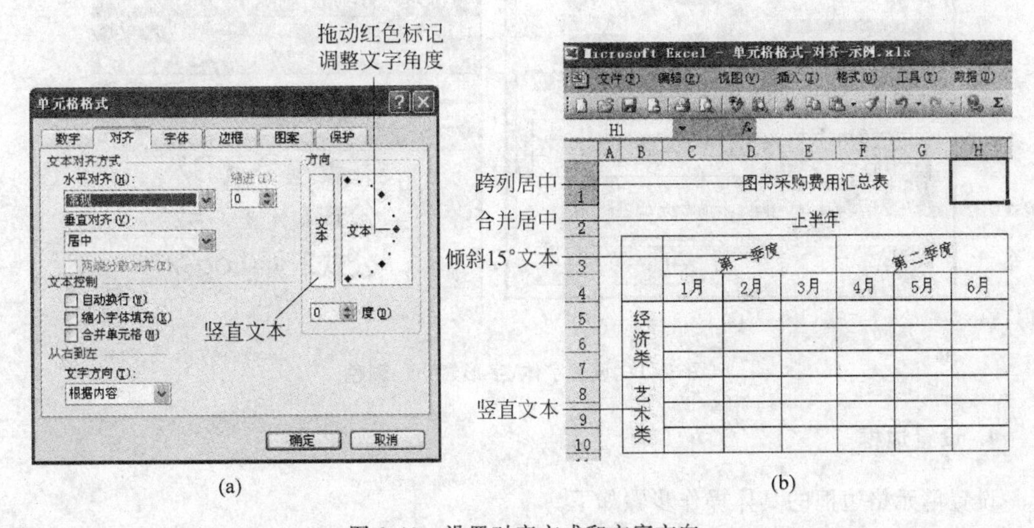


图 3-40 设置对齐方式和文字方向

第 3 步：单击“水平对齐”下拉列表框，选择一种水平对齐方式。

第 4 步：单击“垂直对齐”下拉列表框，选择一种垂直对齐方式。

第 5 步：用鼠标拖动“方向”框中的红色标记，设置文本偏离水平线的角度，或在角度数字框中输入角度，或直接单击“竖直文本”按钮。

第 6 步：单击“确定”按钮。

图 3-40(b)示例中，单元格 B1 中的内容“图书采购费用汇总表”相对于区域 B1:H1“跨列居中”，单元格 B2 中的内容“上半年”相对于区域 B2:H2“合并居中”，注意这两种居中方式的区别。

对于简单的对齐方式，可直接使用“格式”工具栏中的按钮，如“左对齐”按钮、“居中”按钮、“右对齐”按钮。

**3. 设置字体、字形、字号**

设置单元格内容的字体、字形、字号以及颜色等格式的具体操作步骤如下：

第 1 步：选择要设置格式的单元格区域。

第 2 步：选择“格式”菜单中的“单元格”功能，打开“单元格格式”对话框，单击“字体”选项卡，如图 3-41(a)所示。

第 3 步：单击“字体”、“字形”、“字号”、“下划线”、“颜色”等下拉列表框，根据需要选择合适的选项。

第 4 步：单击“确定”按钮。

此外，用户可选择使用“特殊效果”(如删除线、上标、下标)，应用示例如图 3-41(b)所示。

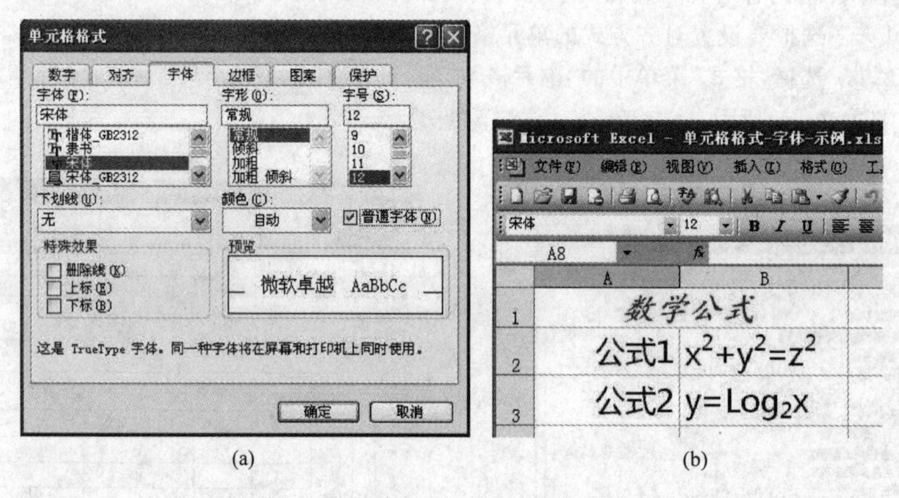


图 3-41　设置字体、字形、字号、颜色

**4. 设置边框**

设置单元格边框的具体操作步骤如下。

第 1 步：选择要设置边框的单元格区域。

第 2 步：选择“格式”菜单中的“单元格”功能，打开“单元格格式”对话框，单击“边框”选项卡，如图 3-42(a)所示。

第 3 步：在线条“样式”框中选择线型，“颜色”下拉列表中选择线条颜色(默认为黑色)；单击“预置”区中的“外边框”或“内部”按钮，将选择的线型应用到外边框或内部边框，同时预览区中可看到应用的效果；单击“无”按钮，则可取消设置的边框效果；单击“边框”区中的 8 个按钮则可单独设置所选中单元格区域的上、下、左、右以及斜线的样式。

第 4 步：单击“确定”按钮。

设置单元格边框示例如图 3-42(b)所示。其中，最外边框为最粗实线，内部为细实线和双线(2 条水平双线、1 条垂直双线)，左上角单元格内为对角斜线。若要绘制非对角斜线，可通过“绘图”工具栏中的“直线”按钮 绘制。

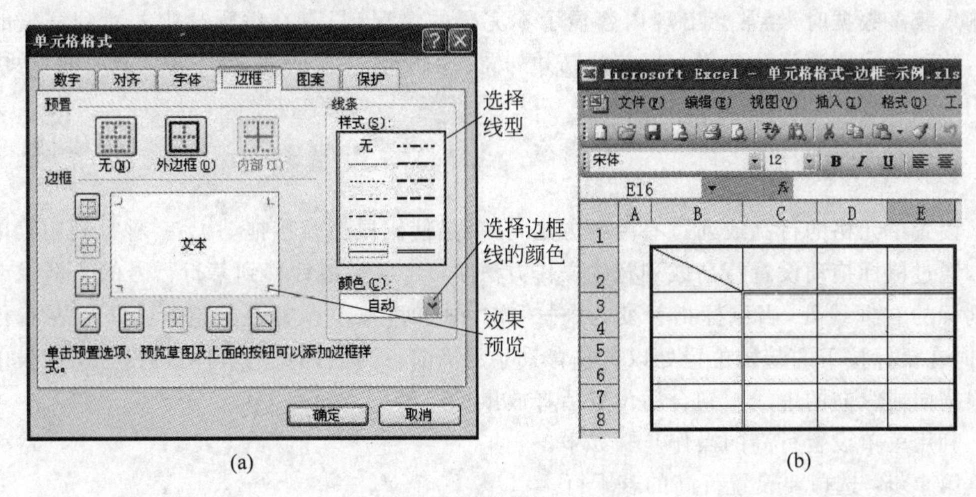


(a) (b)

图 3-42　设置单元格边框格式

## 5. 设置底纹

设置单元格底纹的具体操作步骤如下。

第 1 步：选择要设置底纹的单元格区域。

第 2 步：选择“格式”菜单中的“单元格”功能，打开“单元格格式”对话框，单击“图案”选项卡，如图 3-43(a)所示。

第 3 步：选择“单元格底纹”的颜色及图案(默认无底纹颜色和图案)，同时在“示例”区域显示预览效果。

第 4 步：单击“确定”按钮。示例如图 3-43(b)所示。

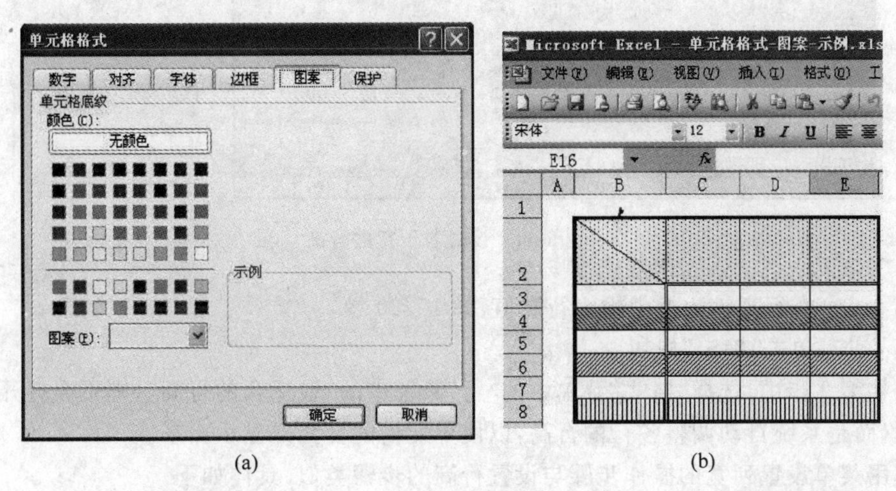


(a) (b)

图 3-43　设置单元格底纹格式

### 3.5.3 设置行列格式

默认情况下，Excel 工作表中所有行的行高和所有列的列宽都是相等的。当在单元格中输入较多数据时，经常会出现内容显示不完整的情况（只有在编辑栏中才看到完整的数据），此时就需要适当调整单元格的行高和列宽。对于有些行或列，当不需要查看时，还可将它们隐藏起来。

**1. 设置行高或列宽**

设置单元格的行高或列宽有两种方法，一种是使用鼠标直接拖动，另一种是利用菜单。

通过鼠标拖动设置行高或列宽的操作方法是：将鼠标指针移到某行行号的下框线或某列列标的右框线处，当鼠标指针变为"↕"或"↔"时，按下鼠标左键进行上下或左右移动（同时在鼠标按下的起始位置处以黄色背景显示当前行高或列宽的具体数值，且工作表中有一根横向或纵向的虚线），到合适位置后释放鼠标即可。

利用菜单设置行高的操作步骤如下。

第 1 步：选择要设置行高的若干行。

第 2 步：选择"格式"菜单中的"行"菜单中的"行高"，打开"行高"对话框（如图 3-44 所示）。

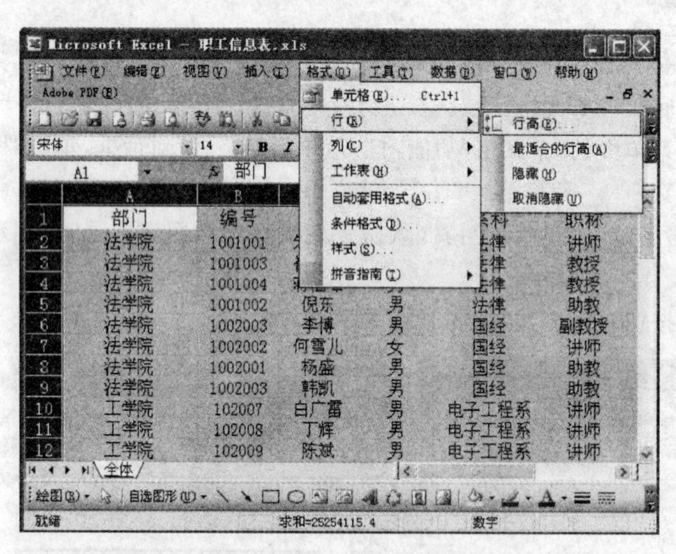

图 3-44 设置若干行的行高

第 3 步：在行高输入框中输入行高值，如 15、20 等。

第 4 步：单击"确定"按钮。

若在第 2 步中，选择"格式"菜单中的"行"菜单中的"最适合的行高"，则不会打开"行高"对话框，而是系统自动调整各行的行高，以使单元格内容全部显示出来。

利用菜单设置列宽的操作步骤与设置行高的步骤类似，具体如下。

第 1 步：选择要设置列宽的若干列。

第2步：选择“格式”菜单中的“列”菜单中的“列宽”，打开“列宽”对话框。

第3步：在列宽输入框中输入列宽值，如25、30等。

第4步：单击“确定”按钮。

**2. 行或列的隐藏与取消**

若要将若干行或列隐藏起来，有下面两种方法。

方法1：将要隐藏的若干行的行高或列的列宽设置为数值0。

方法2：选择“格式”菜单中的“列”菜单中的“隐藏”或“格式”菜单中的“行”菜单中的“隐藏”功能。

若要将隐藏的若干行或列重新显示出来，也有下面两种方法。

方法1：将鼠标指针移到隐藏行下方的行框线或隐藏列右边的列框线附近，当鼠标指针变为“╫”时，按下鼠标左键向下或向右拖动即可。

方法2：选中包含隐藏行或隐藏列在内的若干行或列，选择“格式”菜单中的“行”菜单中的“取消隐藏”，或“格式”菜单中的“列”菜单中的“取消隐藏”功能。

## 3.5.4 条件格式

使用Excel的条件格式可以将所选单元格中符合某个特定条件的单元格内容以指定的格式显示。例如，将成绩数据小于60的单元格内容设置为红色加粗就可以使用条件格式来实现。

**1. 使用条件格式**

使用条件格式的具体操作步骤如下。

第1步：选中要使用条件格式的单元格区域(例如图3-45(a)中的C2:C16)。

第2步：选择“格式”菜单中的“条件格式”，打开“条件格式”对话框(如图3-45(b)所示)，设置“条件1”的条件(例如“单元格数值小于60”)；单击“格式”按钮，打开“单元格格式”对话框(如图3-45(c)所示)，设置字形、颜色等，完成后单击“确定”按钮，此时在“条件格式”对话框中的预览区可看到格式效果。

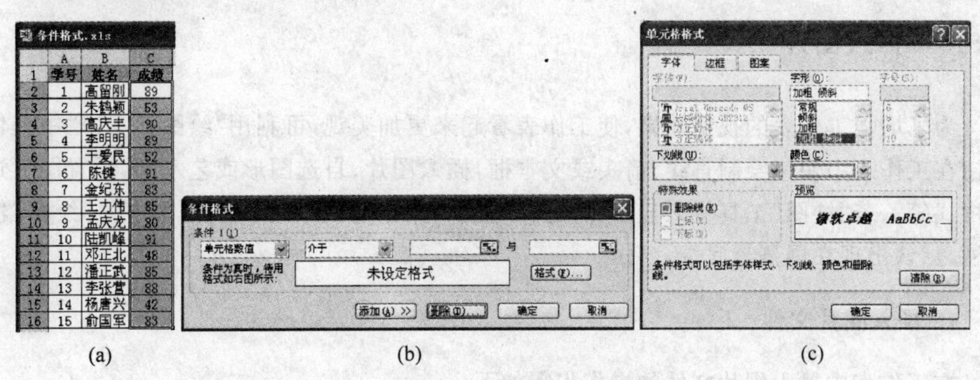


(a) (b) (c)

图3-45 设置条件格式

第 3 步：若有两个条件，则单击“添加”按钮，出现如图 3-46(a)所示的对话框，采用同样的方法设置条件 2；以此类推，若有更多条件，再次单击“添加”按钮。

第 4 步：单击“条件格式”对话框中的“确定”按钮。

图 3-46(b)显示了将区域 C2:C16 满足条件“单元格数值小于 60”的单元格内容使用格式加粗、倾斜、红色的效果。

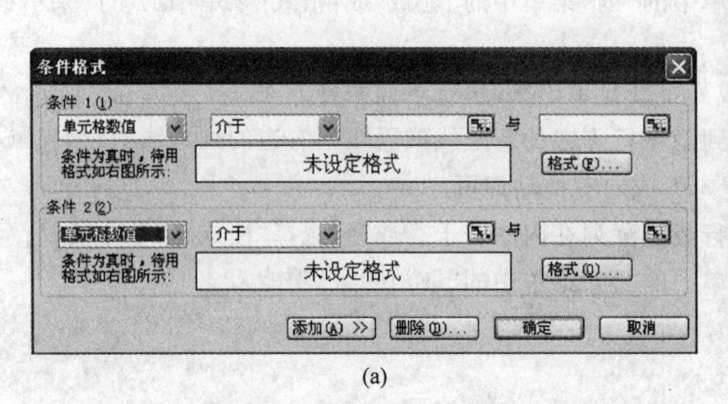


(a)

条件格式.xls

| | A | B | C |
|---|---|---|---|
| 1 | 学号 | 姓名 | 成绩 |
| 2 | 1 | 高留刚 | 89 |
| 3 | 2 | 朱鹤颖 | ***53*** |
| 4 | 3 | 高庆丰 | 90 |
| 5 | 4 | 李明明 | 89 |
| 6 | 5 | 于爱民 | ***52*** |
| 7 | 6 | 陈键 | 91 |
| 8 | 7 | 金纪东 | 83 |
| 9 | 8 | 王力伟 | 85 |
| 10 | 9 | 孟庆龙 | 80 |
| 11 | 10 | 陆凯峰 | 91 |
| 12 | 11 | 邓正北 | ***48*** |
| 13 | 12 | 潘正武 | 85 |
| 14 | 13 | 李张营 | 88 |
| 15 | 14 | 杨唐兴 | ***42*** |
| 16 | 15 | 俞国军 | 83 |

(b)

图 3-46　使用“条件格式”的效果

**2. 修改或删除条件格式**

若要修改条件格式，可先选中设置了条件格式的单元格区域，然后选择“格式”菜单中的“条件格式”功能，在“条件格式”对话框中对所选单元格中的条件进行编辑修改，最后单击“确定”按钮即可。

若要删除条件格式，可先选中设置了条件格式的单元格区域，然后选择“格式”菜单中的“条件格式”功能，单击“删除”按钮，打开“删除条件格式”对话框，在该对话框中选定要删除的条件后，单击“确定”按钮即可。

若要删除所有条件格式，可先选中设置了条件格式的单元格区域，然后选择“编辑”菜单中的“清除”菜单中的“格式”功能。

## 3.5.5　插入图片

为了增强工作表的视觉效果，使工作表看起来更加美观，可利用“绘图”工具栏中提供的按钮在工作表中快速绘制直线、箭头或文本框，插入图片、自选图形或艺术字，设置图片边框线样式等。若“绘图”工具栏未显示，可选择“视图”菜单中的“工具栏”菜单中的“绘图”使其可视，默认出现在屏幕最底端。

**1. 插入图片文件**

在工作表中插入图片文件的操作步骤如下。

第 1 步：选择“插入”菜单中的“图片”菜单中的“来自文件”功能，或直接单击“绘图”工具栏中的“插入文件中的图片”按钮，打开“插入图片”对话框。

第 2 步：在“插入图片”对话框中，依次选择查找范围、文件类型和文件名。

第 3 步：单击“插入”按钮。

图片插入到工作表之后，单击图片，图片的周围出现 8 个白色控制点和 1 个绿色控制点（图 3-47），拖动白色控制点可调整图片的大小，拖动绿色控制点可旋转图片。此外，借助于“图片”工具栏中的按钮可进一步设置图片格式、调整对比度等。“图片”工具栏中的按钮功能如表 3-3 所示。

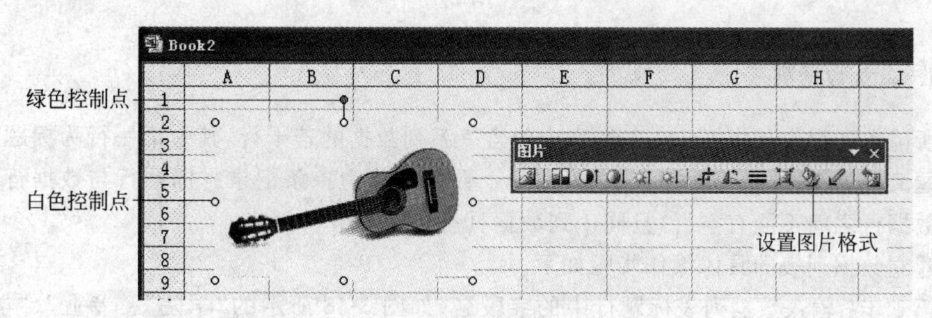


图 3-47　图片工具栏

**表 3-3　图片工具栏按钮功能**

| 按钮 | 功　能 | 按钮 | 功　能 |
|---|---|---|---|
| | 向工作表中插入图片 | | 设置图片颜色（自动、灰度、黑白、冲蚀） |
| | 增加对比度 | | 降低对比度 |
| | 增加亮度 | | 降低亮度 |
| | 裁剪图片 | | 向左旋转 90° |
| | 设置图片边框线的样式 | | 压缩图片 |
| | 设置图片格式 | | 设置透明色 |
| | 重设图片，将图片恢复原状 | | |

### 2. 插入自选图形

Excel 中插入自选图形的方法与 Word 中插入自选图形的方法类似，选择“插入”菜单中的“图片”菜单中的“自选图形”功能即可。

### 3. 插入艺术字

Excel 中插入艺术字的方法与 Word 中插入艺术字的方法类似，选择“插入”菜单中的“图片”菜单中的“艺术字”功能即可。

## 3.6 数据的管理与分析

与Word中的表格相比，Excel工作表最大的特点是具有丰富的数据管理能力，如建立数据清单、数据排序、数据筛选、分类汇总等。

### 3.6.1 数据列表和记录单

#### 1. 建立数据列表

所谓数据列表是指Excel工作表中包含一系列数据的若干行，其中第一行为标题行，每个标题又称为字段，余下的行为数据行，一个数据行称为一条记录。标题行与数据行、数据行与数据行之间不能有空行，且同一列数据具有相同类型和含义。

建立数据列表的具体操作步骤如下。

第1步：输入数据列表标题行中的字段名（如图3-48所示的"学院"、"专业"、"学号"、"姓名"……）。

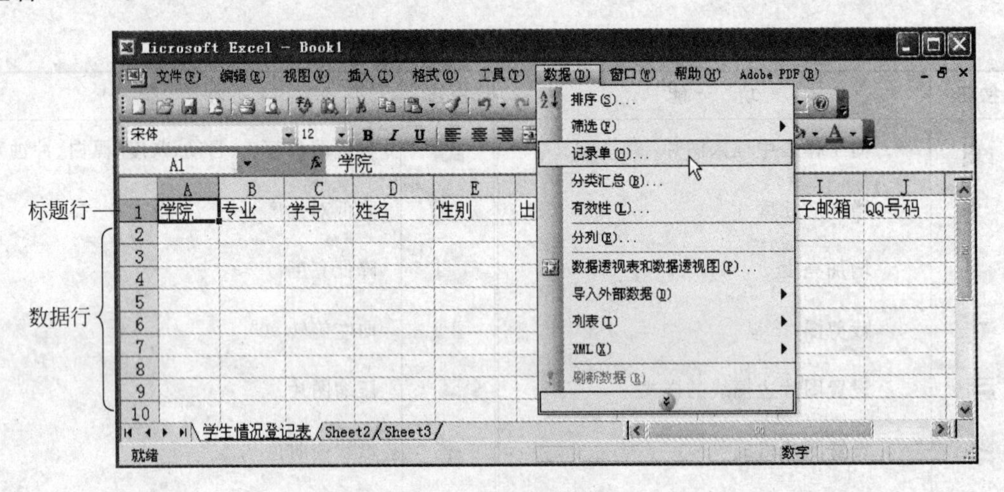


图3-48 建立数据列表

第2步：在标题行下方的数据行输入数据。数据可以通过单击单元格直接输入，也可以通过选择"数据"菜单中的"记录单"输入。

建立数据列表的注意点有以下两点。

- 建议一个数据列表内部不要有空白行或空白列。
- 建议一张工作表中仅放置一个数据列表。若要放置多个数据列表，则要求数据列表之间至少要间隔一个空白行或空白列。

#### 2. 使用记录单输入数据

前面提到，要输入数据列表中的数据行可单击单元格直接输入，但是当数据量较大时，频繁地在行列之间切换，很容易出错，此时可选择使用记录单输入数据。

在输入了数据列表标题行的前提下,使用记录单输入数据行的操作步骤如下。

第1步：单击标题行区域(例如图3-48中A1:J1)或紧挨标题行下方要输入数据的区域(例如图3-48中A2:J2)中任一单元格,选择“数据”菜单中的“记录单”功能。

第2步：若标题行下方的数据行中没有任何数据,则会弹出如图3-49(a)所示的对话框,单击该对话框中的“确定”按钮,打开以工作表标签(如“学生情况登记表”)命名的记录单对话框,如图3-49(b)所示。

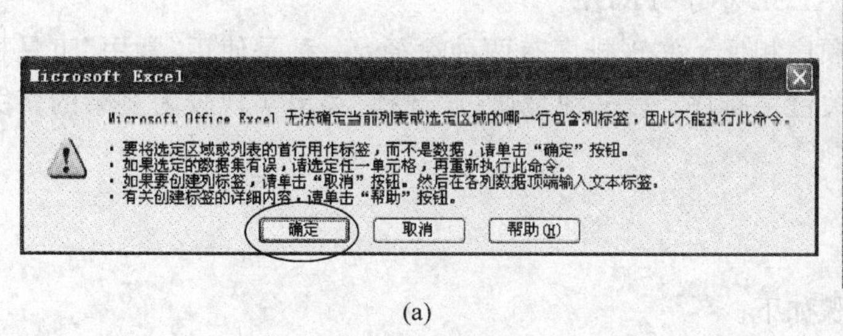


(a)

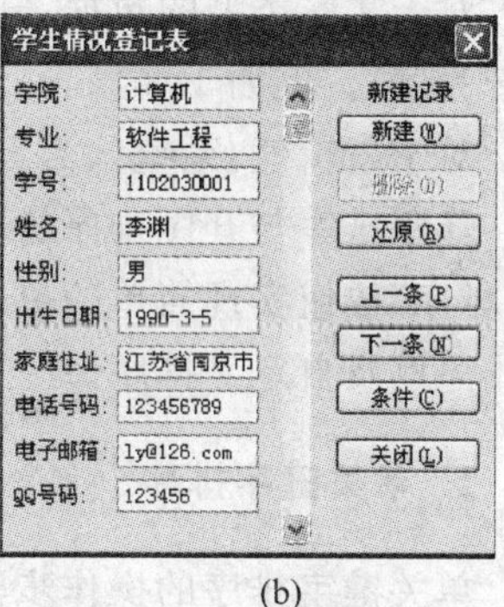


(b)

图3-49 记录单对话框

第3步：在记录单对话框中依次输入各字段对应的数据,输入完成后单击“新建”按钮。

第4步：重复第3步,直到数据输入完毕,最后单击“关闭”按钮。

### 3. 使用记录单编辑数据

对于数据列表中的数据,可以直接在单元格中进行编辑,也可以使用记录单进行编辑,如修改、浏览、删除、查找等。

单击数据列表区域中的任一单元格,选择“数据”菜单中的“记录单”功能,再次打开记录单对话框,此时单击“上一条”、“下一条”按钮可浏览数据列表中的各行数据；单击“删除”按钮则可删除当前正在查看的一条记录。需注意的是：使用记录单删除的数据,不能通过“撤销”命令恢复,所以在删除时需小心谨慎。

若要修改数据,则直接在文本框中编辑修改,然后单击“关闭”按钮,退出记录单对话框之后才能看到修改的效果；在修改的过程中,若要取消修改并恢复原始数据,单击“还原”按钮即可。

当数据量很大时,可以使用记录单输入条件实现快速查找。具体方法是：首先单击“条件”按钮,此时文本框中的各项内容被自动清除,“条件”按钮变为“表单”按钮,然后选择任意一项输入查询条件,单击“表单”按钮。例如在“学院”文本框中输入“计算机”,单击“表单”按钮之后,系统将查找出所有学院为“计算机”的记录。若查找结果为多条记录,则可单击“上一条”或“下一条”按钮逐一浏览。

## 3.6.2 排序

排序是对数据列表中的数据进行重新组织安排的一种方式。Excel提供的排序功能可以对整个数据列表或选定区域的数据按数字、日期时间、文本或自定义序列(如小学、初中、高中)进行升序或降序排列。

对于数字类型的数据,升序排序的规则是数值由小到大。例如－100、－40、0、50、120为升序序列。

对于日期时间类型的数据,升序排序的规则是由早到晚。例如1998-10-5、1999-1-3、2001-4-5、2010-6-9为升序序列。

对于文本类型的数据,升序排序的规则是数字、小写英文字母、大写英文字母、汉字(以拼音为序)。例如123、come、COME、李云、张英为升序序列。

对于逻辑值,系统认为FALSE小于TRUE。

降序排序与升序排序的顺序相反。实现排序有两种途径:一种是使用“常用”工具栏中的“排序”按钮实现简单的单关键字排序;另一种是通过“选择”菜单实现较为复杂的多关键字排序以及自定义排序。

### 1. 单关键字排序

单关键字排序的操作步骤如下。

第1步:单击数据列表中关键字所在列的任一单元格。

第2步:单击“常用”工具栏中的“升序排序”按钮 A↓ 或“降序排序”按钮 Z↓。

图3-50(a)显示的是数据列表以“部门”为关键字进行升序排序的效果;图3-50(b)显示的是数据列表以“工龄”为关键字进行降序排序的效果。

数据管理示例.xls

| | A | B | C | D | E | F |
|---|---|---|---|---|---|---|
| 1 | 部门 | 编号 | 姓名 | 职称 | 工龄 | 基本工 |
| 2 | 法学院 | 1001003 | 崔雨笛 | 教授 | 12 | 600 |
| 3 | 法学院 | 1001001 | 朱迅宇 | 讲师 | 10 | 550 |
| 4 | 法学院 | 1002001 | 杨盛 | 助教 | 3 | 300 |
| 5 | 法学院 | 1002003 | 韩凯 | 助教 | 2 | 300 |
| 6 | 工学院 | 102009 | 陈斌 | 讲师 | 5 | 360 |
| 7 | 工学院 | 102007 | 白广雷 | 讲师 | 4 | 300 |
| 8 | 工学院 | 102008 | 丁辉 | 讲师 | 3 | 200 |
| 9 | 体育学院 | 401002 | 陈刚 | 教授 | 20 | 1000 |
| 10 | 体育学院 | 401008 | 郭秀 | 教授 | 18 | 850 |
| 11 | 体育学院 | 401003 | 张震伟 | 副教授 | 10 | 600 |
| 12 | 体育学院 | 401001 | 钱国初 | 讲师 | 8 | 500 |
| 14 | 体育学院 | 401006 | 蔡江宏 | 讲师 | 6 | 480 |
| 15 | 外语学院 | 804001 | 崔俊 | 教授 | 21 | 1000 |
| 16 | 外语学院 | 801002 | 尤奇 | 教授 | 20 | 1000 |
| 17 | 外语学院 | 805003 | 龚明辉 | 讲师 | 10 | 550 |
| 18 | 外语学院 | 805001 | 刘建兵 | 副教授 | 9 | 600 |
| 19 | 外语学院 | 801001 | 李兵 | 讲师 | 8 | 500 |
| 20 | | | | | | |

名单

(a) 按“部门”关键字升序排序

数据管理示例.xls

| | A | B | C | D | E | F |
|---|---|---|---|---|---|---|
| 1 | 部门 | 编号 | 姓名 | 职称 | 工龄 | 基本工 |
| 2 | 外语学院 | 804001 | 崔俊 | 教授 | 21 | 1000 |
| 3 | 体育学院 | 401002 | 陈刚 | 教授 | 20 | 1000 |
| 4 | 外语学院 | 801002 | 尤奇 | 教授 | 20 | 1000 |
| 5 | 体育学院 | 401008 | 郭秀 | 教授 | 18 | 850 |
| 6 | 法学院 | 1001003 | 崔雨笛 | 教授 | 12 | 600 |
| 7 | 法学院 | 1001001 | 朱迅宇 | 讲师 | 10 | 550 |
| 8 | 体育学院 | 401003 | 张震伟 | 副教授 | 10 | 600 |
| 9 | 外语学院 | 805003 | 龚明辉 | 讲师 | 10 | 550 |
| 10 | 外语学院 | 805001 | 刘建兵 | 副教授 | 9 | 600 |
| 11 | 体育学院 | 401001 | 钱国初 | 讲师 | 8 | 500 |
| 12 | 外语学院 | 801001 | 李兵 | 讲师 | 8 | 500 |
| 14 | 体育学院 | 401006 | 蔡江宏 | 讲师 | 6 | 480 |
| 15 | 工学院 | 102009 | 陈斌 | 讲师 | 5 | 360 |
| 16 | 工学院 | 102007 | 白广雷 | 讲师 | 4 | 300 |
| 17 | 法学院 | 1002001 | 杨盛 | 助教 | 3 | 300 |
| 18 | 工学院 | 102008 | 丁辉 | 讲师 | 3 | 200 |
| 19 | 法学院 | 1002003 | 韩凯 | 助教 | 2 | 300 |
| 20 | | | | | | |

名单

(b) 按“工龄”关键字降序排序

图3-50 单关键字排序

### 2. 多关键字排序

若要对数据列表中的数据按两个或三个关键字进行排序,需要借助菜单才能完成,具体操作步骤如下。

第1步:单击数据列表中的任一单元格。

第 2 步：选择“数据”菜单中的“排序”功能，打开“排序”对话框（如图 3-51 所示）。

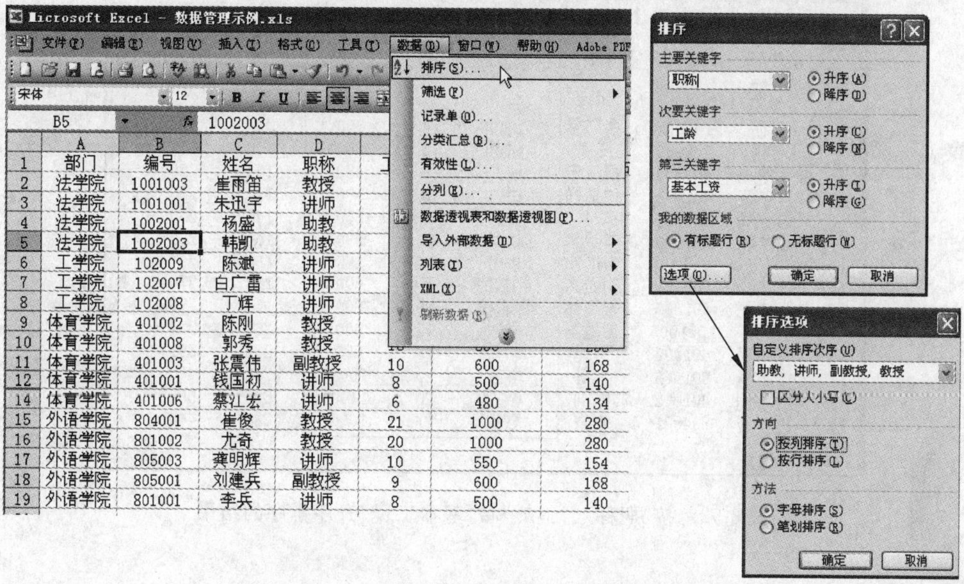

图 3-51 使用“数据”菜单中的“排序”功能

第 3 步：在“排序”对话框中，依次选择“主要关键字”、“次要关键字”、“第三关键字”的字段名以及排序方式（升序或降序）；在进行多关键字排序时，在“主要关键字”相同的情况下，将根据“次要关键字”排序；在“次要关键字”相同的情况下，将根据“第三关键字”排序。

第 4 步：在“排序”对话框中，根据数据列表的第一行是否为标题行，选中“有标题行”或“无标题行”；若选中“有标题行”，则第一行不参与排序；若选中“无标题行”，则第一行被视作数据行而参与排序。大多数情况下，数据列表的第一行为标题行。

第 5 步：在“排序”对话框中，单击左下角的“选项”按钮，打开“排序选项”对话框。

第 6 步：在“排序选项”对话框中，若“主要关键字”要使用“自定义排序次序”，则选择一种自定义序列；选择排序方向（按行或按列）；选择排序方法（按字母或按笔画）；最后单击“确定”按钮，返回“排序”对话框。

第 7 步：单击“排序”对话框中的“确定”按钮。

需强调的是：自定义排序次序只能用于“主要关键字”，而“次要关键字”和“第三关键字”不能使用。若要添加自定义序列，可选择“工具”菜单中的“选项”功能，单击“自定义序列”选项卡，添加自定义序列，具体操作步骤参见“3.3.2 快速输入方法”。

图 3-51 中选择了“职称”、“工龄”和“基本工资”分别作为“主要关键字”、“次要关键字”和“第三关键字”，且均采用升序排序。其中，主要关键字“职称”采用了自定义序列“助教，讲师，副教授，教授”，图 3-52 显示了排序后的结果。

若要对数据列表中的数据按多于三个关键字进行排序，则需要多次使用菜单排序才能完成。例如依次按“部门”、“职称”、“工龄”、“基本工资”和“奖金”共 5 个关键字排序的方法是：先以“工龄”、“基本工资”和“奖金”作为主要关键字、次要关键字和第三关键字排序，然后以“部门”、“职称”为主要关键字、次要关键字排序。

数据管理示例.xls

| | A | B | C | D | E | F | G | H |
|---|---|---|---|---|---|---|---|---|
| 1 | 部门 | 编号 | 姓名 | 职称 | 工龄 | 基本工资 | 职务津贴 | 奖金 |
| 2 | 法学院 | 1002003 | 韩凯 | 助教 | 2 | 300 | 84 | 162 |
| 3 | 法学院 | 1002001 | 杨盛 | 助教 | 3 | 300 | 84 | 162 |
| 4 | 工学院 | 102008 | 丁辉 | 讲师 | 3 | 200 | 56 | 84 |
| 5 | 工学院 | 102007 | 白广雷 | 讲师 | 4 | 300 | 84 | 126 |
| 6 | 工学院 | 102009 | 陈斌 | 讲师 | 5 | 360 | 100 | 151 |
| 7 | 体育学院 | 401006 | 蔡江宏 | 讲师 | 6 | 480 | 134 | 220 |
| 8 | 体育学院 | 401001 | 钱国初 | 讲师 | 8 | 500 | 140 | 230 |
| 9 | 外语学院 | 801001 | 李兵 | 讲师 | 8 | 500 | 140 | 230 |
| 10 | 外语学院 | 805003 | 龚明辉 | 讲师 | 10 | 550 | 154 | 253 |
| 11 | 法学院 | 1001001 | 朱迅宇 | 讲师 | 10 | 550 | 154 | 297 |
| 12 | 外语学院 | 805001 | 刘建兵 | 副教授 | 9 | 600 | 168 | 276 |
| 14 | 体育学院 | 401003 | 张震伟 | 副教授 | 10 | 600 | 168 | 276 |
| 15 | 法学院 | 1001003 | 崔雨笛 | 教授 | 12 | 600 | 168 | 324 |
| 16 | 体育学院 | 401008 | 郭秀 | 教授 | 18 | 850 | 238 | 391 |
| 17 | 外语学院 | 801002 | 尤奇 | 教授 | 20 | 1000 | 280 | 460 |
| 18 | 体育学院 | 401002 | 陈刚 | 教授 | 20 | 1100 | 308 | 506 |
| 19 | 外语学院 | 804001 | 崔俊 | 教授 | 21 | 1000 | 280 | 460 |
| 20 | | | | | | | | |

名单

图 3-52 按“职称”、“工龄”和“基本工资”升序排序的结果

### 3.6.3 筛选

筛选是指将数据列表中不符合指定条件的数据行隐藏起来（不同于删除），而仅显示符合条件的数据行。要进行筛选操作的前提是数据列表的第一行必须为标题行。Excel 2003 提供了两种筛选方式：自动筛选和高级筛选。

**1. 自动筛选**

自动筛选用于在多列之间以“与”的关系设置筛选条件。自动筛选的具体操作步骤如下。

第 1 步：单击数据列表中的任一单元格。

第 2 步：选择“数据”菜单中的“筛选”菜单中的“自动筛选”功能，此时数据列表的标题行中的每个单元格右侧出现筛选按钮 ▾，如图 3-53(a)所示。

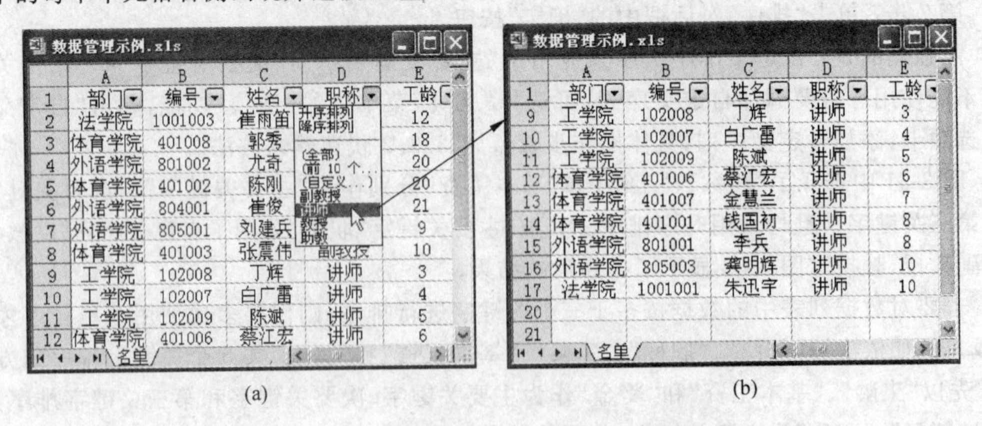

(a) (b)

图 3-53 根据指定值对“职称”进行自动筛选

第3步：单击“筛选”按钮，根据需要在展开的下拉列表中选择筛选值。例如单击“职称”单元格右侧的“筛选”按钮，在下拉列表中选择“讲师”，则在数据列表中仅显示职称为“讲师”的数据行，其余数据行被自动隐藏起来（如图3-53(b)所示）。

对于自动筛选有如下几点说明。

(1) 若要对一个字段限定一个或多个筛选条件，应在展开的下拉列表中选择“自定义”，打开“自定义自动筛选方式”对话框（如图3-54(a)），在该对话框中设置第1个条件、第2个条件以及两个条件之间的关系。图3-54(b)的设置将会筛选工龄介于5～10之间的所有员工的信息。

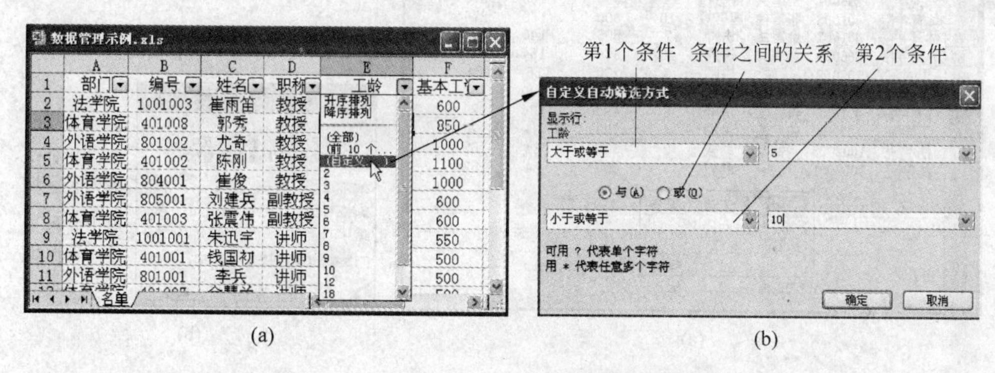


图3-54 以自定义方式对“工龄”进行自动筛选

(2) 在自动筛选状态下，可以在不同列设置多个筛选条件，条件之间的关系是逻辑“与”的关系。例如要筛选工龄介于5～10之间且职称为讲师的所有员工的信息，则可以先筛选出工龄介于5～10之间的记录，然后单击“职称”筛选按钮，在下拉列表中选择“讲师”即可。

(3) 若要将筛选结果数据列表按某字段排序，则单击该列“筛选”按钮，选择“升序排列”或“降序排列”。

(4) 若要显示某列所有的记录，则单击该列“筛选”按钮，在下拉列表中选择“全部”。

(5) 若要显示所有数据行，可选择“数据”菜单中的“筛选”菜单中的“全部显示”功能。

(6) 在筛选状态下，再一次选择“数据”菜单中的“筛选”菜单中的“自动筛选”功能，则退出筛选状态（标题行的筛选按钮消失）。

**2. 高级筛选**

与自动筛选不同，高级筛选用于在多列之间以“与”、“或”的组合关系设置筛选条件。要使用高级筛选，需要按如下规则建立条件区域。

(1) 条件区域必须位于数据列表区域外，即与数据列表之间至少间隔一个空行和一个空列。

(2) 条件区域的第一行是高级筛选的标题行，其名称必须和数据列表中的标题行名称完全相同。条件区域的第二行及以下行是条件行。

(3) 同一条件行中的单元格之间的逻辑关系为逻辑“与”。

(4) 不同条件行中的单元格之间的逻辑关系为逻辑“或”。

使用高级筛选的具体操作步骤如下。

第1步：在数据列表外，按照条件区域的建立规则创建条件区域。例如图3-55(a)中的条件区域 C16:E19 表示筛选工龄大于等于 15 的教授，或工龄小于 5 的讲师，或奖金小于 200 的人员。

第 2 步：单击数据列表中任一单元格，选择“数据”菜单中的“筛选”菜单中的“高级筛选”功能，打开“高级筛选”对话框(如图 3-55(b)所示)。

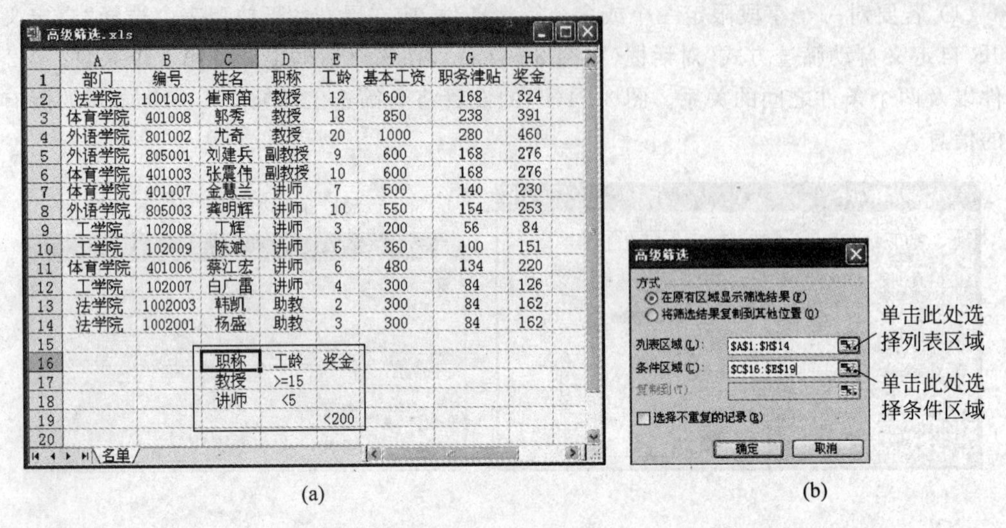

高级筛选.xls

| | A | B | C | D | E | F | G | H |
|---|---|---|---|---|---|---|---|---|
| 1 | 部门 | 编号 | 姓名 | 职称 | 工龄 | 基本工资 | 职务津贴 | 奖金 |
| 2 | 法学院 | 1001003 | 崔雨笛 | 教授 | 12 | 600 | 168 | 324 |
| 3 | 体育学院 | 401008 | 郭秀 | 教授 | 18 | 850 | 238 | 391 |
| 4 | 外语学院 | 801002 | 尤奇 | 教授 | 20 | 1000 | 280 | 460 |
| 5 | 外语学院 | 805001 | 刘建兵 | 副教授 | 9 | 600 | 168 | 276 |
| 6 | 体育学院 | 401003 | 张震伟 | 副教授 | 10 | 600 | 168 | 276 |
| 7 | 体育学院 | 401007 | 金慧兰 | 讲师 | 7 | 500 | 140 | 230 |
| 8 | 外语学院 | 805003 | 龚明辉 | 讲师 | 10 | 550 | 154 | 253 |
| 9 | 工学院 | 102008 | 丁辉 | 讲师 | 3 | 200 | 56 | 84 |
| 10 | 工学院 | 102009 | 陈斌 | 讲师 | 5 | 360 | 100 | 151 |
| 11 | 体育学院 | 401006 | 蔡江宏 | 讲师 | 6 | 480 | 134 | 220 |
| 12 | 工学院 | 102007 | 白广雷 | 讲师 | 4 | 300 | 84 | 126 |
| 13 | 法学院 | 1002003 | 韩凯 | 助教 | 2 | 300 | 84 | 162 |
| 14 | 法学院 | 1002001 | 杨盛 | 助教 | 3 | 300 | 84 | 162 |
| 15 | | | | | | | | |
| 16 | | | 职称 | 工龄 | 奖金 | | | |
| 17 | | | 教授 | >=15 | | | | |
| 18 | | | 讲师 | <5 | | | | |
| 19 | | | | | <200 | | | |
| 20 | | | | | | | | |



图 3-55　高级筛选

第 3 步：在“高级筛选”对话框中，选择筛选结果存放方式。存放方式有如下两种。

- “在原有区域显示筛选结果”：将筛选结果放置在原来数据列表处，隐藏不符合条件的数据行。
- “将筛选结果复制到其他位置”：将筛选结果复制到当前活动工作表的其他位置(不能复制到其他非活动工作表中)。

第 4 步：在“高级筛选”对话框中，单击“列表区域”右侧的压缩对话框按钮，选择数据列表区域(如图 3-55(a)所示的区域 A1:H14)，选择完成后单击压缩对话框按钮返回。

第 5 步：在“高级筛选”对话框中，单击“条件区域”右侧的压缩对话框按钮，选择条件区域(如图 3-55(a)所示的区域 C16:E19)，选择完成后单击压缩对话框按钮返回。

第 6 步：若在第 3 步中选择了“将筛选结果复制到其他位置”，则需单击“复制到”右侧的压缩对话框按钮，选择筛选结果存放的起始位置，选择完成后单击压缩对话框按钮返回。

第 7 步：单击“高级筛选”对话框中的“确定”按钮(结果如图 3-56 所示)。

高级筛选.xls

| | A | B | C | D | E | F | G | H |
|---|---|---|---|---|---|---|---|---|
| 1 | 部门 | 编号 | 姓名 | 职称 | 工龄 | 基本工资 | 职务津贴 | 奖金 |
| 3 | 体育学院 | 401008 | 郭秀 | 教授 | 18 | 850 | 238 | 391 |
| 4 | 外语学院 | 801002 | 尤奇 | 教授 | 20 | 1000 | 280 | 460 |
| 9 | 工学院 | 102008 | 丁辉 | 讲师 | 3 | 200 | 56 | 84 |
| 10 | 工学院 | 102009 | 陈斌 | 讲师 | 5 | 360 | 100 | 151 |
| 12 | 工学院 | 102007 | 白广雷 | 讲师 | 4 | 500 | 140 | 210 |
| 13 | 法学院 | 1002003 | 韩凯 | 助教 | 2 | 300 | 84 | 162 |
| 14 | 法学院 | 1002001 | 杨盛 | 助教 | 3 | 300 | 84 | 162 |

名单

图 3-56　高级筛选结果

### 3.6.4 分类汇总

分类汇总是先根据某个字段将数据列表中的记录进行分类，然后对同类记录的其他字段的数据进行求和、求平均、计数等多种计算，并且分级显示汇总的结果。要进行分类汇总，必须事先对要分类的字段进行升序排序或降序排序，否则分类汇总结果不正确。

分类汇总分为以下两种：简单分类汇总和嵌套分类汇总。

#### 1. 简单分类汇总

简单分类汇总又称为单关键字分类汇总，是指对数据列表中的单个字段排序后进行的分类汇总。简单分类汇总的具体操作步骤如下。

第1步：单击要排序的字段所在列中的单元格，单击“升序排序”按钮或“降序排序”按钮。图3-57显示的是对“部门”关键字进行升序排序的结果。

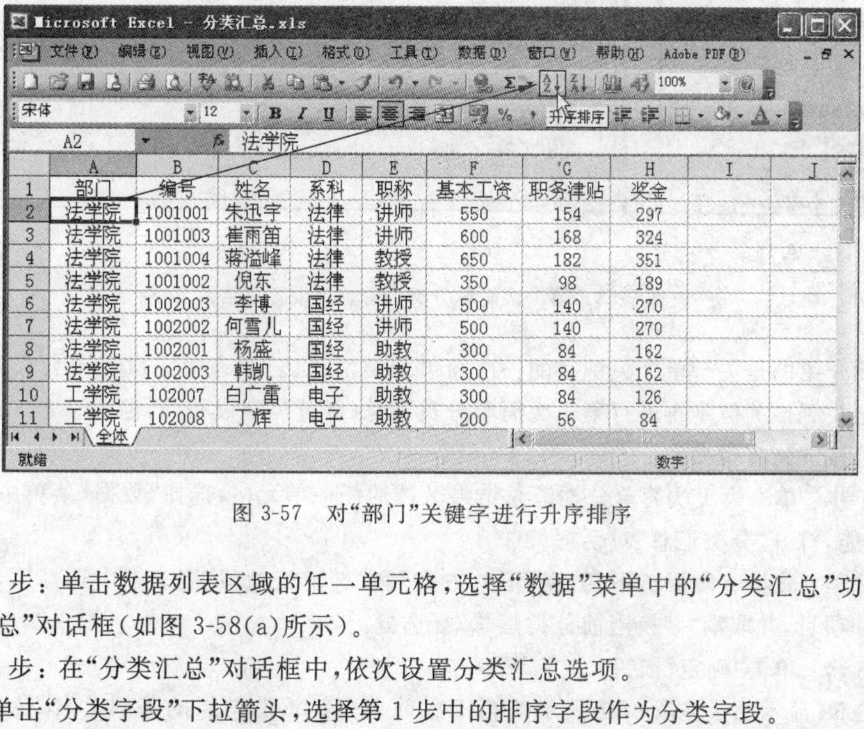

| | A | B | C | D | E | F | G | H |
|---|---|---|---|---|---|---|---|---|
| 1 | 部门 | 编号 | 姓名 | 系科 | 职称 | 基本工资 | 职务津贴 | 奖金 |
| 2 | 法学院 | 1001001 | 朱迅宇 | 法律 | 讲师 | 550 | 154 | 297 |
| 3 | 法学院 | 1001003 | 崔雨笛 | 法律 | 讲师 | 600 | 168 | 324 |
| 4 | 法学院 | 1001004 | 蒋溢峰 | 法律 | 教授 | 650 | 182 | 351 |
| 5 | 法学院 | 1001002 | 倪东 | 法律 | 教授 | 350 | 98 | 189 |
| 6 | 法学院 | 1002003 | 李博 | 国经 | 讲师 | 500 | 140 | 270 |
| 7 | 法学院 | 1002002 | 何雪儿 | 国经 | 讲师 | 500 | 140 | 270 |
| 8 | 法学院 | 1002001 | 杨盛 | 国经 | 助教 | 300 | 84 | 162 |
| 9 | 法学院 | 1002003 | 韩凯 | 国经 | 助教 | 300 | 84 | 162 |
| 10 | 工学院 | 102007 | 白广雷 | 电子 | 助教 | 300 | 84 | 126 |
| 11 | 工学院 | 102008 | 丁辉 | 电子 | 助教 | 200 | 56 | 84 |

图3-57 对“部门”关键字进行升序排序

第2步：单击数据列表区域的任一单元格，选择“数据”菜单中的“分类汇总”功能，打开“分类汇总”对话框(如图3-58(a)所示)。

第3步：在“分类汇总”对话框中，依次设置分类汇总选项。

- 单击“分类字段”下拉箭头，选择第1步中的排序字段作为分类字段。
- 单击“汇总方式”下拉箭头，选择一种汇总方式，如求和、计数、平均值、最大值、最小值等。
- 在“选定汇总项”列表框中选中需要进行汇总字段的复选框。

第4步：选择汇总数据的保存方式。

- 选中“替换当前分类汇总”复选框：表示本次的分类汇总结果将取代以前的分类汇总结果。
- 选中“每组数据分页”复选框：表示将各种不同的分类数据保存在不同页中。
- 选中“汇总结果显示在数据下方”复选框：表示在原来数据列表的下方显示出分类汇总的结果。

第 5 步：单击“确定”按钮。

图 3-58 显示的是按“部门”分类，对“基本工资”、“职务津贴”和“奖金”求平均值的简单分类汇总选项设置情况及汇总结果。窗口左上角的数字按钮 1 2 3 为分级显示符，单击所需级别的数字，较低级别的明细数据就会隐藏起来。其中数值越大的分级显示符表示显示的汇总结果越详细。例如单击数字按钮 3 将显示分类汇总结果的所有明细，而单击数字按钮 1 将隐藏分类汇总结果的所有明细。要隐藏数据列表中某组明细数据，可单击该组左侧的折叠明细按钮 - ，此时 - 按钮变为 + ，单击该按钮又可重新展开本组的明细数据。

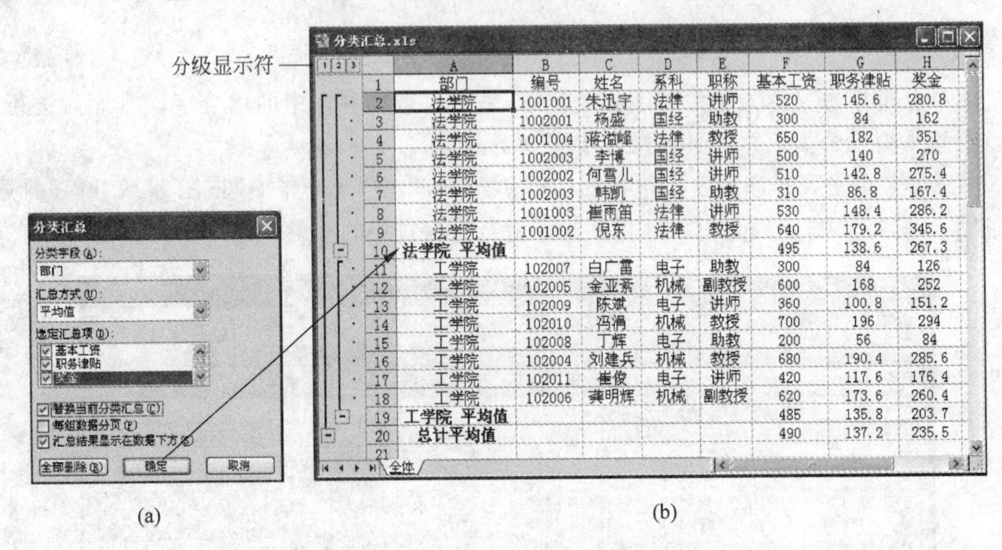


| | A | B | C | D | E | F | G | H |
|---|---|---|---|---|---|---|---|---|
| 1 | 部门 | 编号 | 姓名 | 系科 | 职称 | 基本工资 | 职务津贴 | 奖金 |
| 2 | 法学院 | 1001001 | 朱迅宇 | 法律 | 讲师 | 520 | 145.6 | 280.8 |
| 3 | 法学院 | 1002001 | 杨盛 | 国经 | 助教 | 300 | 84 | 162 |
| 4 | 法学院 | 1001004 | 蒋溢峰 | 法律 | 教授 | 650 | 182 | 351 |
| 5 | 法学院 | 1002003 | 李博 | 国经 | 讲师 | 500 | 140 | 270 |
| 6 | 法学院 | 1002002 | 何雪儿 | 国经 | 讲师 | 510 | 142.8 | 275.4 |
| 7 | 法学院 | 1002003 | 韩凯 | 国经 | 助教 | 310 | 86.8 | 167.4 |
| 8 | 法学院 | 1001003 | 崔雨笛 | 法律 | 讲师 | 530 | 148.4 | 286.2 |
| 9 | 法学院 | 1001002 | 倪东 | 法律 | 教授 | 640 | 179.2 | 345.6 |
| 10 | 法学院 平均值 | | | | | 495 | 138.6 | 267.3 |
| 11 | 工学院 | 102007 | 白广雷 | 电子 | 助教 | 300 | 84 | 126 |
| 12 | 工学院 | 102005 | 金亚斋 | 机械 | 副教授 | 600 | 168 | 252 |
| 13 | 工学院 | 102009 | 陈斌 | 电子 | 讲师 | 360 | 100.8 | 151.2 |
| 14 | 工学院 | 102010 | 冯涓 | 机械 | 教授 | 700 | 196 | 294 |
| 15 | 工学院 | 102008 | 丁辉 | 电子 | 助教 | 200 | 56 | 84 |
| 16 | 工学院 | 102004 | 刘建兵 | 机械 | 教授 | 680 | 190.4 | 285.6 |
| 17 | 工学院 | 102011 | 崔俊 | 电子 | 讲师 | 420 | 117.6 | 176.4 |
| 18 | 工学院 | 102006 | 龚明辉 | 机械 | 副教授 | 620 | 173.6 | 260.4 |
| 19 | 工学院 平均值 | | | | | 485 | 135.8 | 203.7 |
| 20 | 总计平均值 | | | | | 490 | 137.2 | 235.5 |
| 21 | | | | | | | | |

图 3-58 第 1 次简单分类汇总选项设置及结果

上面介绍的是关于单个关键字的一次简单分类汇总，若要在第 1 次简单分类汇总结果的基础上关于该关键字再进行第 2 次简单分类汇总(即分类字段相同，但汇总方式或汇总项不同)，可按下列步骤操作。

第 1 步：单击第 1 次简单分类汇总结果区域的任一单元格，选择“数据”菜单中的“分类汇总”功能，打开“分类汇总”对话框。

第 2 步：分类字段保持不变，在“汇总方式”和“选定汇总项”列表框中选择第 2 次汇总的方式和项目，并取消“替换当前分类汇总”复选框。

第 3 步：单击“确定”按钮。

图 3-59 显示的是在图 3-58 所示的第 1 次简单分类汇总结果的基础上，保持分类字段“部门”不变，对“奖金”求和的分类汇总选项设置及汇总结果。依此类推，采用同样的操作步骤可以实现第 3 次分类汇总、第 4 次分类汇总……。

**2. 嵌套分类汇总**

嵌套分类汇总又称为多关键字分类汇总，是指对数据列表中的多个字段排序后进行的分类汇总。与简单分类汇总不同的是，嵌套分类汇总时每次选择的分类字段不同。在建立嵌套分类汇总之前，首先要对分类字段进行排序，排序的主要关键字为嵌套分类汇总的第 1 级分类字段，次要关键字为嵌套分类汇总的第 2 级分类字段，第三关键字为嵌套分类汇总的

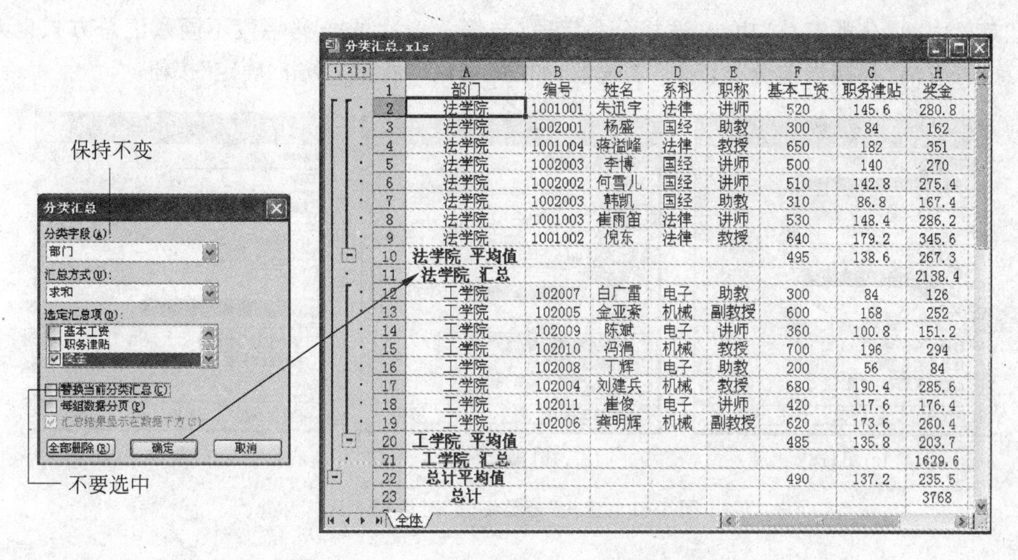

| | A | B | C | D | E | F | G | H |
|---|---|---|---|---|---|---|---|---|
| 1 | 部门 | 编号 | 姓名 | 系科 | 职称 | 基本工资 | 职务津贴 | 奖金 |
| 2 | 法学院 | 1001001 | 朱迅宇 | 法律 | 讲师 | 520 | 145.6 | 280.8 |
| 3 | 法学院 | 1002001 | 杨盛 | 国经 | 助教 | 300 | 84 | 162 |
| 4 | 法学院 | 1001004 | 蒋溢峰 | 法律 | 教授 | 650 | 182 | 351 |
| 5 | 法学院 | 1002003 | 李博 | 国经 | 讲师 | 500 | 140 | 270 |
| 6 | 法学院 | 1002002 | 何雪儿 | 国经 | 讲师 | 510 | 142.8 | 275.4 |
| 7 | 法学院 | 1002003 | 韩凯 | 国经 | 助教 | 310 | 86.8 | 167.4 |
| 8 | 法学院 | 1001003 | 崔雨笛 | 法律 | 讲师 | 530 | 148.4 | 286.2 |
| 9 | 法学院 | 1001002 | 倪东 | 法律 | 教授 | 640 | 179.2 | 345.6 |
| 10 | 法学院 平均值 | | | | | 495 | 138.6 | 267.3 |
| 11 | 法学院 汇总 | | | | | | | 2138.4 |
| 12 | 工学院 | 102007 | 白广雷 | 电子 | 助教 | 300 | 84 | 126 |
| 13 | 工学院 | 102005 | 金亚斎 | 机械 | 副教授 | 600 | 168 | 252 |
| 14 | 工学院 | 102009 | 陈斌 | 电子 | 讲师 | 360 | 100.8 | 151.2 |
| 15 | 工学院 | 102010 | 冯涓 | 机械 | 教授 | 700 | 196 | 294 |
| 16 | 工学院 | 102008 | 丁辉 | 电子 | 助教 | 200 | 56 | 84 |
| 17 | 工学院 | 102004 | 刘建兵 | 机械 | 教授 | 680 | 190.4 | 285.6 |
| 18 | 工学院 | 102011 | 崔俊 | 电子 | 讲师 | 420 | 117.6 | 176.4 |
| 19 | 工学院 | 102006 | 龚明辉 | 机械 | 副教授 | 620 | 173.6 | 260.4 |
| 20 | 工学院 平均值 | | | | | 485 | 135.8 | 203.7 |
| 21 | 工学院 汇总 | | | | | | | 1629.6 |
| 22 | 总计平均值 | | | | | 490 | 137.2 | 235.5 |
| 23 | 总计 | | | | | | | 3768 |



图 3-59　第 2 次简单分类汇总选项设置及结果

第 3 级分类字段。

以 3 级为例，嵌套分类汇总的具体操作步骤如下。

第 1 步：单击数据列表区域中的任一单元格，选择“数据”菜单中的“排序”功能，依次设置主要关键字、次要关键字、第三关键字的字段名及排序方式，然后单击“确定”按钮。例如图 3-60 显示了数据列表按“部门”、“系科”、“职称”升序排序的结果。

排序

主要关键字：部门　◉升序(A)　○降序(D)

次要关键字：系科　◉升序(C)　○降序(N)

第三关键字：职称　◉升序(I)　○降序(G)

我的数据区域：◉有标题行(R)　○无标题行(W)

选项(O)...　确定　取消

嵌套分类汇总.xls

| | A | B | C | D | E | F | G | H |
|---|---|---|---|---|---|---|---|---|
| 1 | 部门 | 编号 | 姓名 | 系科 | 职称 | 基本工资 | 职务津贴 | 奖金 |
| 2 | 法学院 | 1001001 | 朱迅宇 | 法律 | 讲师 | 520 | 145.6 | 280.8 |
| 3 | 法学院 | 1001003 | 崔雨笛 | 法律 | 讲师 | 530 | 148.4 | 286.2 |
| 4 | 法学院 | 1001004 | 蒋溢峰 | 法律 | 教授 | 650 | 182 | 351 |
| 5 | 法学院 | 1001002 | 倪东 | 法律 | 教授 | 640 | 179.2 | 345.6 |
| 6 | 法学院 | 1002003 | 李博 | 国经 | 讲师 | 500 | 140 | 270 |
| 7 | 法学院 | 1002002 | 何雪儿 | 国经 | 讲师 | 510 | 142.8 | 275.4 |
| 8 | 法学院 | 1002001 | 杨盛 | 国经 | 助教 | 300 | 84 | 162 |
| 9 | 法学院 | 1002003 | 韩凯 | 国经 | 助教 | 310 | 86.8 | 167.4 |
| 10 | 工学院 | 102009 | 陈斌 | 电子 | 讲师 | 360 | 100.8 | 151.2 |
| 11 | 工学院 | 102011 | 崔俊 | 电子 | 讲师 | 420 | 117.6 | 176.4 |
| 12 | 工学院 | 102007 | 白广雷 | 电子 | 助教 | 300 | 84 | 126 |
| 13 | 工学院 | 102008 | 丁辉 | 电子 | 助教 | 200 | 56 | 84 |
| 14 | 工学院 | 102005 | 金亚斎 | 机械 | 副教授 | 600 | 168 | 252 |
| 15 | 工学院 | 102006 | 龚明辉 | 机械 | 副教授 | 620 | 173.6 | 260.4 |
| 16 | 工学院 | 102010 | 冯涓 | 机械 | 教授 | 700 | 196 | 294 |
| 17 | 工学院 | 102004 | 刘建兵 | 机械 | 教授 | 680 | 190.4 | 285.6 |

全体

图 3-60　依次按“部门”、“系科”、“职称”排序

第 2 步：进行第 1 次分类汇总。单击数据列表区域中的任一单元格，选择“数据”菜单中的“分类汇总”功能，依次选择分类字段、汇总方式以及汇总项，如图 3-61(a)所示，单击“确定”按钮。

第 3 步：进行第 2 次分类汇总。单击第 1 次分类汇总结果区域的任一单元格，选择“数据”菜单中的“分类汇总”功能，选择分类字段(与第 1 次的分类字段不同)、汇总方式以及汇总项，取消“替换当前分类汇总”复选框，如图 3-61(b)所示，单击“确定”按钮。

第 4 步：进行第 3 次分类汇总。单击第 2 次分类汇总结果区域的任一单元格，选择“数

据”菜单中的“分类汇总”功能，选择分类字段（与第1、2次的分类字段不同）、汇总方式以及汇总项，取消“替换当前分类汇总”复选框，如图3-61(c)所示，单击“确定”按钮。

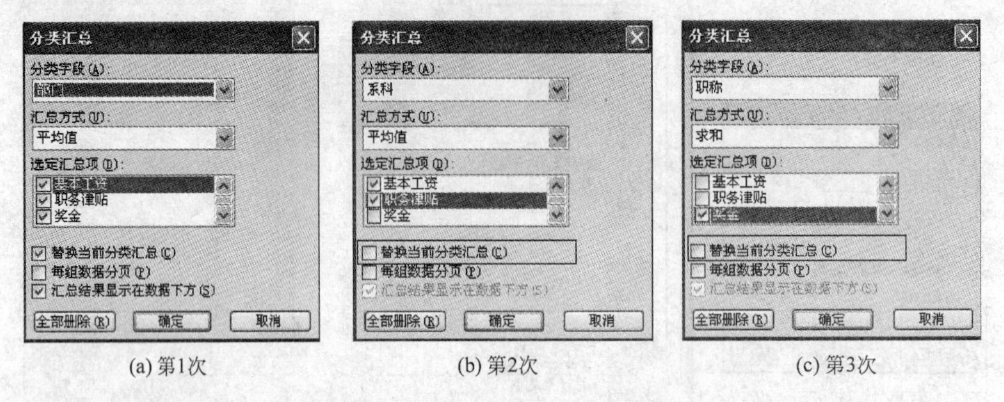


图3-61 三次“分类汇总”对话框对比

图3-60中的数据列表按照图3-61所示的三次嵌套分类汇总之后，结果如图3-62所示。

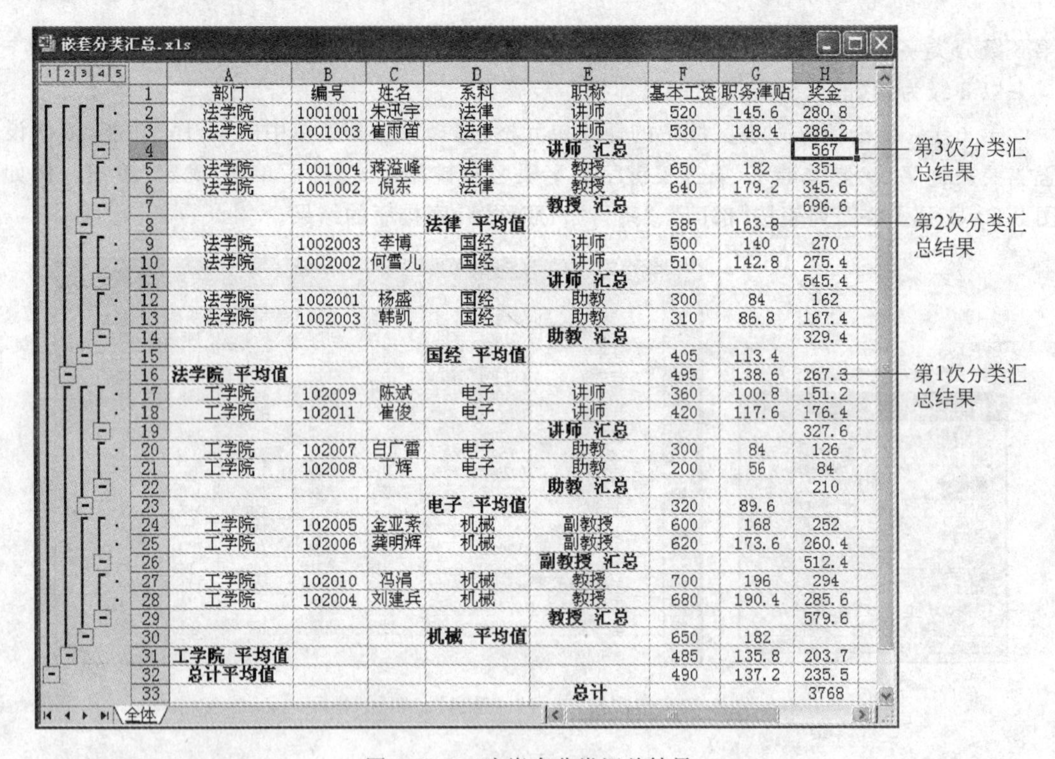


|  | A | B | C | D | E | F | G | H |
|---|---|---|---|---|---|---|---|---|
| 1 | 部门 | 编号 | 姓名 | 系科 | 职称 | 基本工资 | 职务津贴 | 奖金 |
| 2 | 法学院 | 1001001 | 朱迅宇 | 法律 | 讲师 | 520 | 145.6 | 280.8 |
| 3 | 法学院 | 1001003 | 崔雨笛 | 法律 | 讲师 | 530 | 148.4 | 286.2 |
| 4 |  |  |  |  | 讲师 汇总 |  |  | 567 |
| 5 | 法学院 | 1001004 | 蒋溢峰 | 法律 | 教授 | 650 | 182 | 351 |
| 6 | 法学院 | 1001002 | 倪东 | 法律 | 教授 | 640 | 179.2 | 345.6 |
| 7 |  |  |  |  | 教授 汇总 |  |  | 696.6 |
| 8 |  |  |  | 法律 平均值 |  | 585 | 163.8 |  |
| 9 | 法学院 | 1002003 | 李博 | 国经 | 讲师 | 500 | 140 | 270 |
| 10 | 法学院 | 1002002 | 何雪儿 | 国经 | 讲师 | 510 | 142.8 | 275.4 |
| 11 |  |  |  |  | 讲师 汇总 |  |  | 545.4 |
| 12 | 法学院 | 1002001 | 杨盛 | 国经 | 助教 | 300 | 84 | 162 |
| 13 | 法学院 | 1002003 | 韩凯 | 国经 | 助教 | 310 | 86.8 | 167.4 |
| 14 |  |  |  |  | 助教 汇总 |  |  | 329.4 |
| 15 |  |  |  | 国经 平均值 |  | 405 | 113.4 |  |
| 16 | 法学院 平均值 |  |  |  |  | 495 | 138.6 | 267.3 |
| 17 | 工学院 | 102009 | 陈斌 | 电子 | 讲师 | 360 | 100.8 | 151.2 |
| 18 | 工学院 | 102011 | 崔俊 | 电子 | 讲师 | 420 | 117.6 | 176.4 |
| 19 |  |  |  |  | 讲师 汇总 |  |  | 327.6 |
| 20 | 工学院 | 102007 | 白广雷 | 电子 | 助教 | 300 | 84 | 126 |
| 21 | 工学院 | 102008 | 丁辉 | 电子 | 助教 | 200 | 56 | 84 |
| 22 |  |  |  |  | 助教 汇总 |  |  | 210 |
| 23 |  |  |  | 电子 平均值 |  | 320 | 89.6 |  |
| 24 | 工学院 | 102005 | 金亚素 | 机械 | 副教授 | 600 | 168 | 252 |
| 25 | 工学院 | 102006 | 龚明辉 | 机械 | 副教授 | 620 | 173.6 | 260.4 |
| 26 |  |  |  |  | 副教授 汇总 |  |  | 512.4 |
| 27 | 工学院 | 102010 | 冯涓 | 机械 | 教授 | 700 | 196 | 294 |
| 28 | 工学院 | 102004 | 刘建兵 | 机械 | 教授 | 680 | 190.4 | 285.6 |
| 29 |  |  |  |  | 教授 汇总 |  |  | 579.6 |
| 30 |  |  |  | 机械 平均值 |  | 650 | 182 |  |
| 31 | 工学院 平均值 |  |  |  |  | 485 | 135.8 | 203.7 |
| 32 | 总计平均值 |  |  |  |  | 490 | 137.2 | 235.5 |
| 33 |  |  |  |  | 总计 |  |  | 3768 |

图3-62 三次嵌套分类汇总结果

**3. 删除分类汇总**

对数据列表进行分类汇总后，若要将其恢复到原来（即排序之后、分类汇总之前）的状态，可删除分类汇总结果，具体操作步骤如下。

第1步：单击分类汇总结果区域的任一单元格。

第2步：选择“数据”菜单中的“分类汇总”功能，打开“分类汇总”对话框。

第3步：单击“分类汇总”对话框左下角的“全部删除”按钮。

### 3.6.5 合并计算

合并计算是指将来自单个工作表、多个工作表或多个工作簿中的多个源区域中的数据进行合并统计(如求和、平均等)，存放结果的目标区域可与源区域位于相同的工作表中，也可位于另一个工作表中。选作合并计算的源区域必须具有相同顺序的行标签或列标签，当然也可以是行标签和列标签均相同。

进行合并计算的具体操作步骤如下。

第1步：准备要进行合并计算的数据源。若涉及多个工作簿，则要打开所有工作簿文件。

第2步：单击要存放合并计算结果的目标区域左上角的单元格。选择“数据”菜单中的“合并计算”功能，打开“合并计算”对话框(如图3-63所示)。

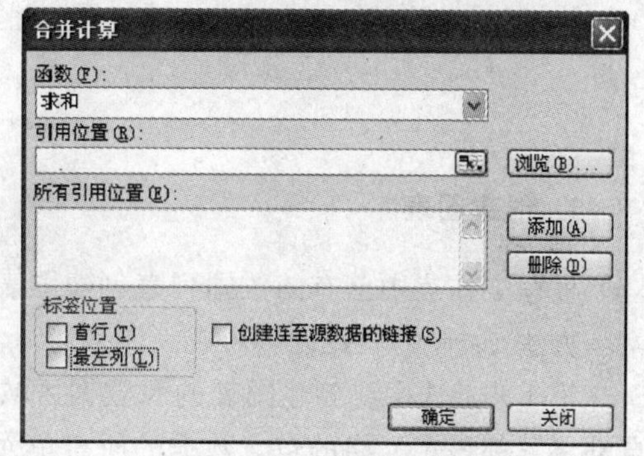


图3-63 “合并计算”对话框

第3步：在“合并计算”对话框中，单击“函数”列表框的下拉按钮，选择一种合并计算函数(如求和、计数、平均值、最大值、最小值等)。

第4步：单击“引用位置”压缩对话框按钮，拖动鼠标选择源数据，再单击压缩对话框按钮返回“合并计算”对话框，单击“添加”按钮。

第5步：重复第4步，直到所有源数据添加完毕。

第6步：若要复制数据源的行标签或列标签，则需选中“首行”或“最左列”复选框。若要在源数据改变时自动更新合并计算结果，则选中“创建连至源数据的链接”复选框。

第7步：单击“确定”按钮。

## 3.7 图表、数据透视表和数据透视图

利用Excel的图表功能可以将工作表中的数据以图形化方式展示，让平面的数据立体化，方便用户进行数据的比较和预测。

### 3.7.1 图表

#### 1. 图表的组成要素

Excel的图表由许多图表项组成(如图3-64所示)，包括图表标题、分类(X)轴、数值(Y)轴、图例、数据标签、数据系列、网格线等。

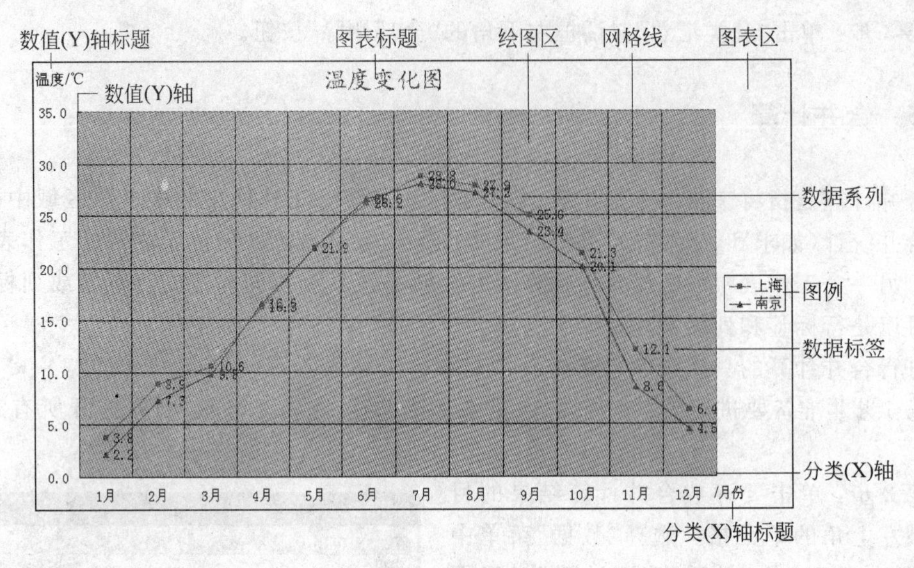


图 3-64　图表的组成

## 2. 创建图表

根据工作表中已有的数据列表创建图表有三种方法。

方法 1：使用快捷键。

第 1 步：选中要创建图表的源数据区域(若只是单击数据列表中的一个单元格，则系统自动将紧邻该单元格的包含数据的所有单元格作为源数据区域)。

第 2 步：按快捷键 F11 或 Alt＋F1，即可基于默认图表类型(柱形图)迅速创建一张新工作表并插入图表(即图表与源数据不在同一个工作表中)。

方法 2：使用图表工具栏。根据工作表中已有的数据列表创建图表有三种方法。

使用图表工具栏创建图表的具体操作步骤如下。

第 1 步：若“图表”工具栏不可见，则选择“视图”菜单中的“工具栏”菜单中的“图表”功能，显示如图 3-65(a)所示的“图表”工具栏。

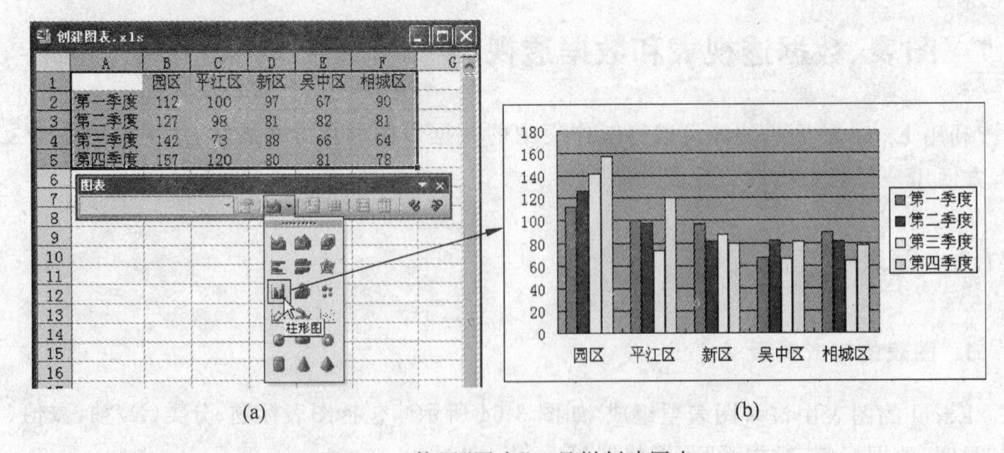


(a)　　(b)

图 3-65　使用“图表”工具栏创建图表

第 2 步：选中要创建图表的源数据区域(如图 3-65(a)所示的 A1:F5)，单击“图表类型”按钮右侧的下拉按钮，在展开的列表中选择一种图表类型(如柱形图)，即可在当前工作表中快速地创建一个嵌入式图表(如图 3-65(b)所示)。

方法 3：使用图表向导。

使用图表向导创建图表的具体操作步骤如下。

第 1 步：选中要创建图表的源数据区域。

第 2 步：选择“插入”菜单中的“图表”功能，或单击“图表向导”按钮，打开“图表向导”对话框，如图 3-66 所示。

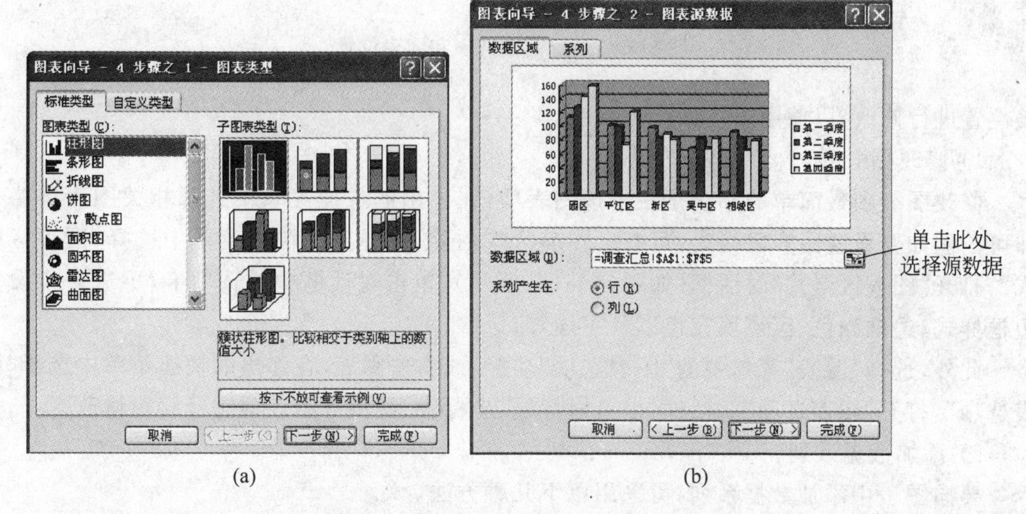


(a)　　　　(b)

图 3-66　选择图表类型和图表源数据

第 3 步：在打开的对话框中选择图表类型(如图 3-66(a)所示)，然后单击“下一步”按钮。图表类型分为两大类：标准类型和自定义类型。标准类型包括柱形图、条形图、折线图、饼图、面积图等共 14 种，每种标准类型中又分为各种子类型，如柱形图又分为簇状柱形图、堆积柱形图、百分比堆积柱形图等。自定义类型主要通过图表的颜色、形状等方面的变化来对图表做进一步的修饰，包括彩色堆积图、彩色折线图、分裂的饼图等。

第 4 步：若在第 1 步已经正确选择了源数据，则直接单击“下一步”按钮，否则单击压缩对话框按钮，重新选择图表源数据(如图 3-66(b)所示)，选择完毕后再次单击压缩对话框按钮，返回“图表向导”对话框，然后单击“下一步”按钮。

第 5 步：设置图表选项，包括标题、坐标轴、网格线、图例、数据标志以及是否显示数据表(如图 3-67(a)所示)。

第 6 步：设置图表位置(如图 3-67(b)所示)。若选中“作为新工作表插入”单选钮，则创建一张独立的图表工作表(工作表标签名默认为 Chart1，用户可修改)。若选中“作为其中的对象插入”单选钮，可将图表放置到现有的一张工作表中。

第 7 步：单击“完成”按钮。

### 3. 编辑、修饰图表

对于已经创建好的图表，根据需要可对图表区格式、图表类型、源数据、图表选项以及图

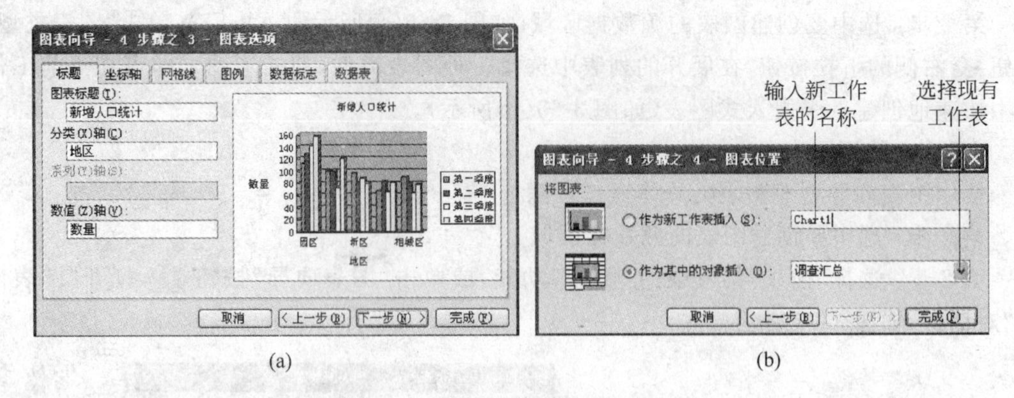


(a) (b)

图 3-67　设置图表选项和图表位置

表位置进行修改,以使图表更加符合要求。

1) 修改图表项

修改图表项最简单的办法是右击该图表项,在弹出的快捷菜单中选择相关图表项格式即可。例如要设置图表区格式,可右击图表区空白处,在弹出的快捷菜单中选择“图表区格式”,打开“图表区格式”对话框(如图 3-68(a)所示),单击对话框中的选项卡,可进一步设置边框样式、边框颜色、区域填充色以及字体等。

此外,选择“图表”菜单中的“图表选项”功能,或右击图表,在弹出的快捷菜单中选择“图表选项”,打开“图表选项”对话框,也可对标题、坐标轴、图例等图表项进行编辑修改。

2) 添加数据系列

要向图表中添加数据系列,可采用以下几种方法。

方法 1:选择“图表”菜单中的“添加数据”功能,打开“添加数据”对话框(如图 3-68(b)所示),单击压缩对话框按钮,选择要添加的源数据。

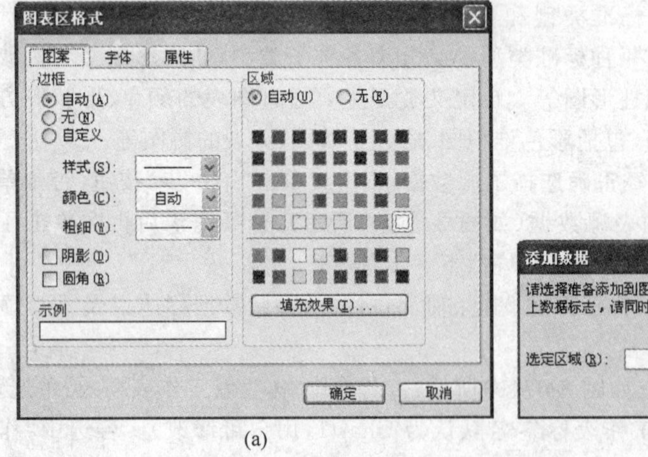


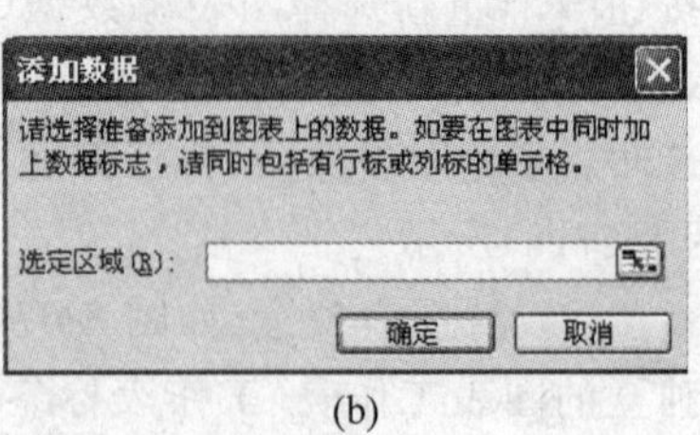


(a) (b)

图 3-68　“图表区格式”对话框和“添加数据”对话框

方法 2:选择“图表”菜单中的“源数据”功能,打开“源数据”对话框,重新选择创建图表所需的源数据,单击“确定”按钮。

方法 3:选中要添加的数据区域,右击该数据区域,选择“复制”,然后右击图表区空白处，在弹出的快捷菜单中选择"粘贴"即可。

3）删除数据系列

删除数据系列的方法是：单击图表中要删除的数据系列，直接按 Delete 键或选择"编辑"菜单中的"清除"菜单中的"系列"功能。注意：删除图表中的数据系列并不影响工作表中的数据。

4）更改图表类型

更改图表类型的操作步骤是：选择"图表"菜单中的"图表类型"功能，或右击图表空白区，在弹出的快捷菜单中选择"图表类型"，打开"图表类型"对话框，选择其中一种图表类型后，单击"确定"按钮。

若要建立组合图表（即一个图表中包含两种或两种以上的图表类型），首先单击要改变图表类型的数据系列，然后单击"图表"工具栏上的"图表类型"按钮右侧的下拉按钮，在展开的列表中重新选择一种图表类型。

5）更改图表位置

更改图表位置的操作步骤是：选择"图表"菜单中的"位置"功能，或右击图表空白区，在弹出的快捷菜单中选择"位置"，打开"图表位置"对话框，重新选择位置后，单击"确定"按钮。

6）删除图表

删除图表的操作步骤是：单击图表空白区，当图表周围出现 8 个黑色"■"时，直接按 Delete 键即可。

7）复制图表至 Word 文档中

复制图表至 Word 文档的操作步骤是：右击图表区空白处，在弹出的快捷菜单中选择"复制"，然后打开 Word 文档，将光标定位到要插入图表的位置，选择 Word 软件的"编辑"菜单中的"粘贴"功能，或者选择"编辑"菜单中的"选择性粘贴"功能，打开"选择性粘贴"对话框，从中选择粘贴方式为"Microsoft Office Excel 图表对象"或"图片（增强型图元文件）"。

### 3.7.2 数据透视表和数据透视图

利用 Excel 的数据透视表或数据透视图可以对工作表中的大量数据进行快速汇总并建立交互式表格，用户可以通过选择不同的行或列标签来筛选数据，查看对数据源的不同汇总。

根据工作表中已有的数据列表创建数据透视表的具体操作步骤如下。

第 1 步：选择要创建数据透视表的源数据区域。若是对整个数据列表创建数据透视表，则单击数据列表中任意单元格即可。

第 2 步：选择"数据"菜单中的"数据透视表和数据透视图"功能（如图 3-69(a)所示），打开"数据透视表和数据透视图向导"对话框。

第 3 步：在打开的对话框中指定待分析数据的数据源类型以及所需创建的报表类型，然后单击"下一步"按钮（如图 3-69(b)所示）。若是根据 Excel 数据列表创建数据透视表，需选择数据源类型"Microsoft Office Excel 数据列表或数据库"；报表类型可以仅为数据透视表，也可以为包含数据透视表的数据透视图。

第 4 步：选择要建立数据透视表的源数据区域，然后单击"下一步"按钮。"选定区域"编辑框中默认显示的是在第 1 步中选定的区域，若要修改，此时可单击压缩对话框按钮重新

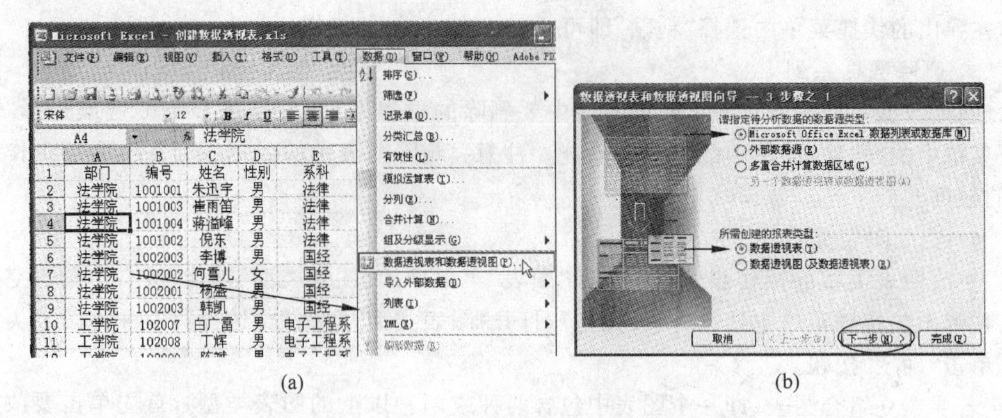


(a) (b)

图 3-69 打开"数据透视表和数据透视图向导"

选择(如图 3-70(a)所示)。

第 5 步:设置数据透视表显示位置及布局。

若选中"新建工作表"单选钮,则数据透视表将单独存放于一张工作表中。

若选择"现有工作表"单选钮,则需在下方的编辑框中输入当前工作表的一个单元格名称,此单元格将成为放置数据透视表区域的左上角单元格,如图 3-70(b)所示。

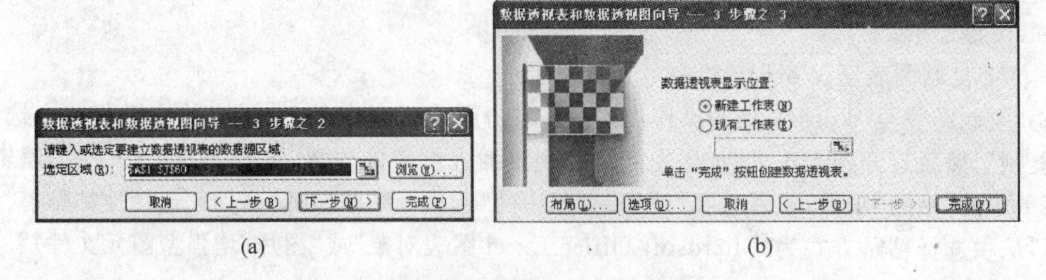


(a) (b)

图 3-70 设置数据透视表的源数据及位置

单击"布局"按钮,则打开"布局"对话框(如图 3-71(a)所示),将右边的字段按钮拖到左边示意图的相应位置。例如拖动"部门"按钮到"页"、拖动"系科"按钮到"行"、拖动"职称"按钮到"列"、拖动"奖金"按钮到"数据"(布局结果如图 3-71(b)所示),布局结束后单击"确定"按钮,返回"数据透视表和数据透视图向导"对话框。

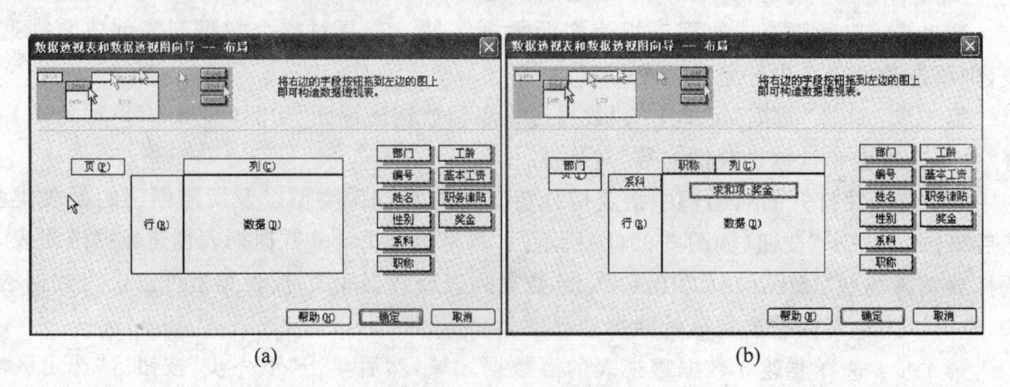


(a) (b)

图 3-71 数据透视表的布局

第 6 步：单击“完成”按钮，数据透视表创建完毕，同时自动显示“数据透视表字段列表”和“数据透视表”工具栏（如图 3-72 所示），借助于它们可对创建的数据透视表进行编辑、修改、删除以及修饰等。

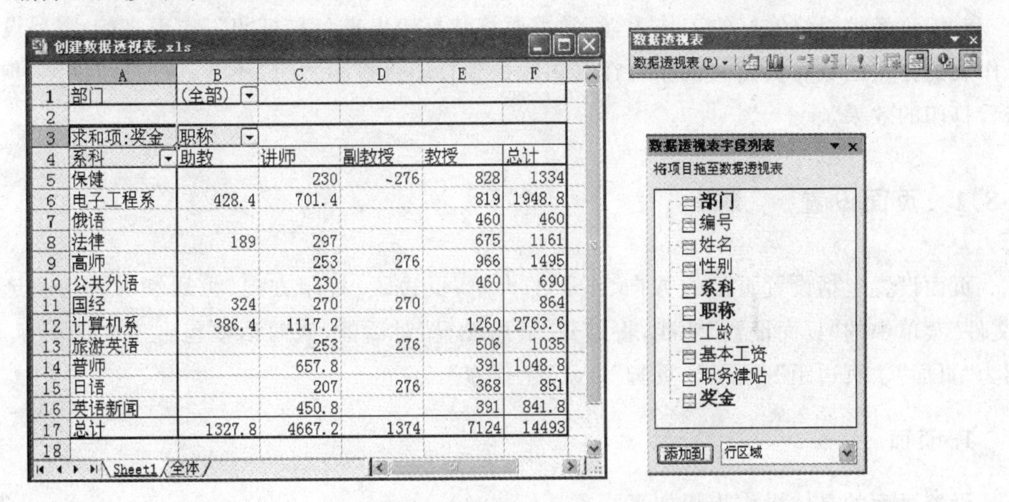

| 部门 | (全部) | | | | |
|---|---|---|---|---|---|
| | | | | | |
| 求和项:奖金 | 职称 | | | | |
| 系科 | 助教 | 讲师 | 副教授 | 教授 | 总计 |
| 保健 | | 230 | 276 | 828 | 1334 |
| 电子工程系 | 428.4 | 701.4 | | 819 | 1948.8 |
| 俄语 | | | | 460 | 460 |
| 法律 | 189 | 297 | | 675 | 1161 |
| 高师 | | 253 | 276 | 966 | 1495 |
| 公共外语 | | 230 | | 460 | 690 |
| 国经 | 324 | 270 | 270 | | 864 |
| 计算机系 | 386.4 | 1117.2 | | 1260 | 2763.6 |
| 旅游英语 | | 253 | 276 | 506 | 1035 |
| 普师 | | 657.8 | | 391 | 1048.8 |
| 日语 | | 207 | 276 | 368 | 851 |
| 英语新闻 | | 450.8 | | 391 | 841.8 |
| 总计 | 1327.8 | 4667.2 | 1374 | 7124 | 14493 |



图 3-72　创建的数据透视表结果

需说明的有以下几点：

(1) 若在第 3 步选择“所需创建的报表类型”为“数据透视图(及数据透视表)”，则在创建了数据透视表的同时还创建了数据透视图（如图 3-73 所示）。

(2) 若在第 5 步没有单击“布局”按钮设置数据透视表的布局，则单击“完成”按钮后，可用鼠标将“数据透视表字段列表”中的相关字段拖到数据透视表的对应栏目。

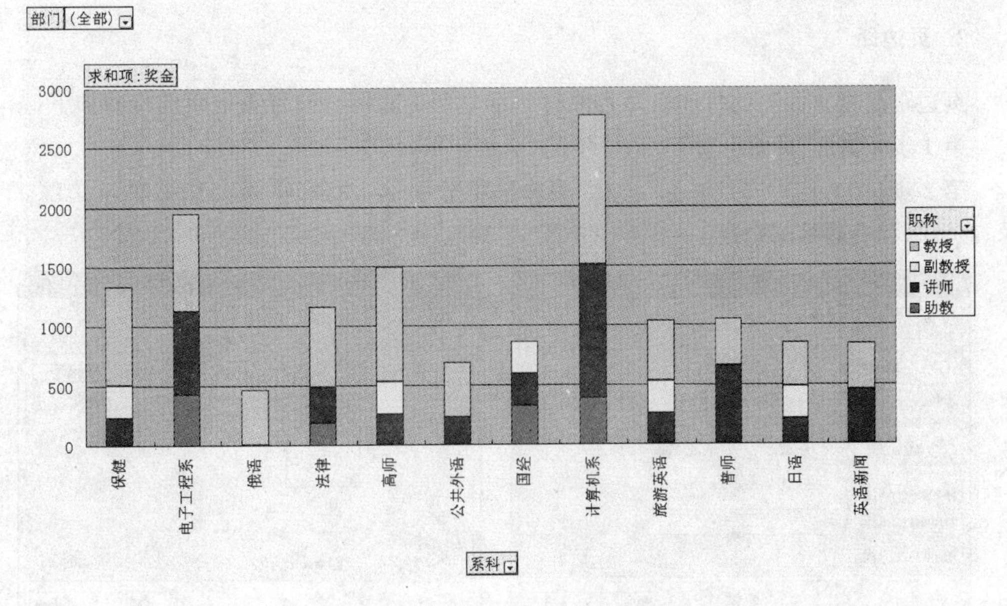


图 3-73　创建的数据透视图结果

# 3.8 打印工作表

对于已经编辑修饰好的工作表，经常需要将其打印出来。在打印工作表之前，需要设置工作表的打印区域和页面。工作表在真正输送到打印机打印之前，还需进行打印预览，预先查看打印的效果。

## 3.8.1 页面设置

页面设置包括设置页面的方向、纸张的大小、页边距、打印方向、页眉和页脚等。选择“文件”菜单中的“页面设置”功能，将打开“页面设置”对话框，该对话框包含 4 个选项卡，分别为“页面”、“页边距”、“页眉/页脚”以及“工作表”。

### 1. 页面

设置页面的具体操作步骤如下。

第 1 步：单击“页面设置”对话框中的“页面”选项卡(如图 3-74(a)所示)。

第 2 步：在“方向”设置区中选择工作表的打印方向(纵向或横向)。

第 3 步：在“缩放”设置区中设置打印区域的缩放比例(百分比形式)，或在“页宽”和“页高”编辑框中指定数值，使打印区域自动缩放到合适的比例。

第 4 步：在“纸张大小”下拉列表中选择纸张的大小，如 A3、A4、B4 等。

第 5 步：单击“确定”按钮。

### 2. 页边距

页边距是指页面上的打印区域与纸张边缘之间的距离。设置页边距的步骤如下。

第 1 步：单击“页面设置”对话框中的“页边距”选项卡(如图 3-74(b)所示)。

第 2 步：在“上”、“下”、“左”、“右”编辑框中分别输入打印区域与纸张的上边缘、下边缘、左边缘和右边缘的距离。

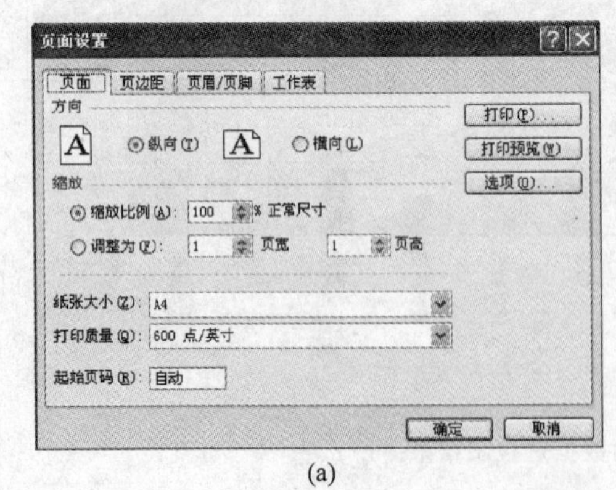


(a)

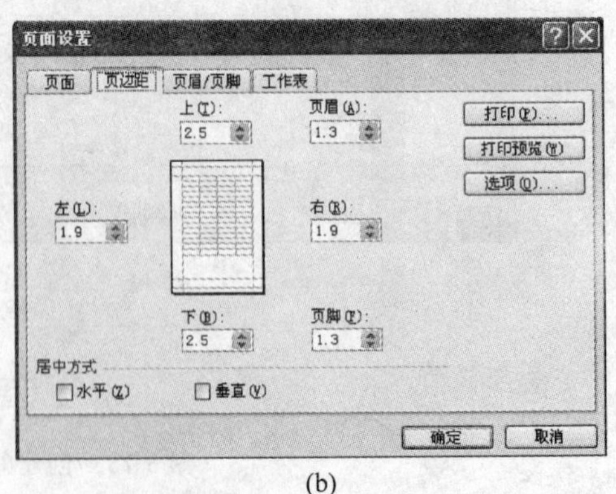


(b)

图 3-74 设置纸张参数和页边距

第 3 步：在“页眉”、“页脚”编辑框中分别输入页眉与纸张上边缘的距离、页脚与纸张下边缘的距离。

第 4 步：设置居中方式。若同时选中“水平”和“垂直”复选框，可将打印区域打印在纸张的中心位置。

第 5 步：单击“确定”按钮。

### 3. 页眉/页脚

设置页眉/页脚的具体操作步骤如下。

第 1 步：单击“页面设置”对话框中的“页眉/页脚”选项卡（如图 3-75(a)所示）。

第 2 步：设置页眉。单击页眉下拉列表框，选择一种系统预定义的页眉样式，或单击“自定义页眉”按钮，打开“页眉”对话框（如图 3-75(b)所示），用户可在“左”、“中”、“右”编辑框中输入文本，也可单击相关按钮插入页码、日期、时间或图片等内容。确定后，“左”、“中”、“右”编辑框中的内容将分别出现在工作表的左上角、正上方和右上角。

第 3 步：采用类似的方法设置页脚。

第 4 步：单击“确定”按钮。

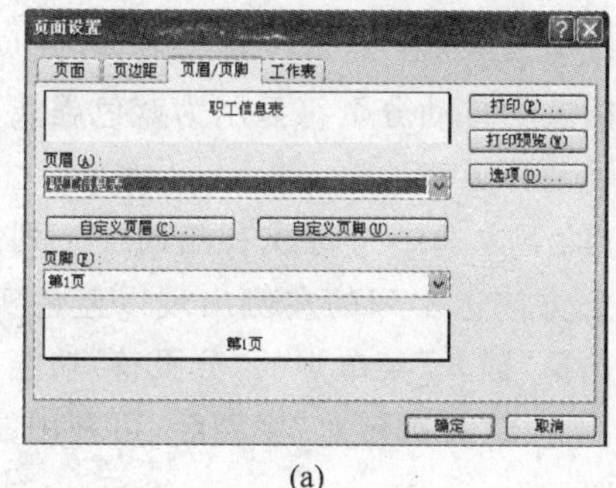


(a)

(b)

图 3-75　设置页眉、页脚

### 4. 工作表

设置打印工作表选项的具体操作步骤如下。

第 1 步：单击“页面设置”对话框中的“工作表”选项卡（如图 3-76 所示）。

第 2 步：设置打印区域。若不设置打印区域，则系统默认打印所有包含数据的单元格。如果只想打印部分单元格区域，则单击“打印区域”右端的压缩对话框按钮，选择打印区域范围（设置打印区域的另一种方法是：先拖动鼠标选中所有要打印的单元格区域，然后选择“文件”菜单中的“打印区域”菜单中的“设置打印区域”功能）。

第 3 步：设置打印标题。通过设置“顶端标题行”和“左端标题行”可将工作表中的第一行或第一列设置为打印时每页的标题。通常，当工作表的行数超过一页的高度时，需设置“顶端标题行”；当工作表的列数超过一页的宽度时，需设置“左端标题行”。

第 4 步：选中“打印”选项。选中需要打印的项目，如网格线、行号列标、批注等。

第 5 步：单击“确定”按钮。

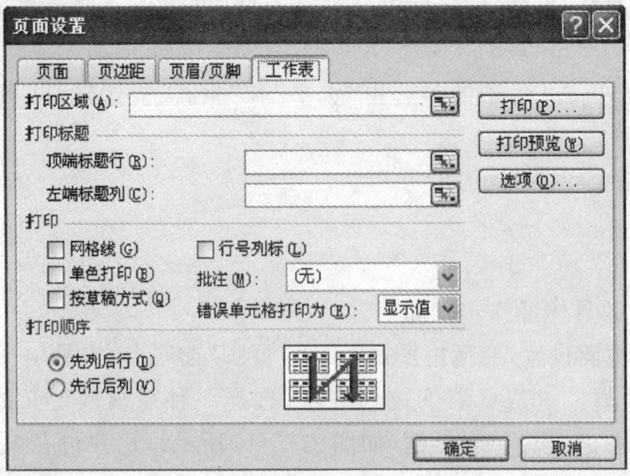

图 3-76 设置打印工作表选项

### 3.8.2 插入、删除分页符

当打印区域的内容超过一页时，Excel 会插入自动分页符，将工作表分成多页，分页符的位置取决于纸张的大小、打印比例以及页边距等。插入的自动分页符显示为蓝色虚线，当自动分页符不能满足实际要求时，用户可插入或删除手动分页符。

插入手动分页符的方法：在要插入分页符的位置的下方选中一行或右侧选中一列，选择“插入”菜单中的“分页符”功能，此时将在选中行的上方或选中列的左侧出现以蓝色实线显示的手动分页符。如果单击工作表的任意单元格，选择“插入”菜单中的“分页符”功能，则同时插入水平分页符和垂直分页符，将 1 页分为 4 页。进入“分页预览”视图后，可利用鼠标拖动水平分页符和垂直分页符，进一步调整它们的位置。

删除手动分页符的方法：单击水平分页符下方的单元格，或垂直分页符右侧的单元格，选择“插入”菜单中的“删除分页符”功能，则可删除插入的水平分页符或垂直分页符。若单击水平分页符和垂直分页符交叉处右下角的单元格，选择“插入”菜单中的“删除分页符”功能，则可同时删除水平分页符和垂直分页符。若要一次性删除所有手动分页符，则先选择“视图”菜单中的“分页预览”功能，然后右击任意一个单元格，在弹出的快捷菜单中选择“重置所有分页符”即可。

### 3.8.3 打印预览和打印

为了避免浪费纸张，在将工作表输送给打印机打印之前，需利用打印预览功能查看实际的打印效果。打印预览的具体操作方法是：选择“文件”菜单中的“打印预览”功能，或单击“常用”工具栏中的“打印预览”按钮，进入打印预览窗口(如图 3-77(a)所示)。

下面对打印预览视图中的按钮功能逐一介绍。

- “上一页”：显示前一页，若没有则按钮呈灰色。
- “下一页”：显示后一页，若没有则按钮呈灰色。

- “缩放”：缩小或放大工作表的内容。
- “打印”：打开“打印内容”对话框(如图 3-77(b)所示)，在此对话框中，可选择打印机型号、打印范围、打印内容等，单击“确定”按钮，则将工作表送至打印机打印。
- “设置”：打开“页面设置”对话框，重新设置打印参数。
- “页边距”：显示或隐藏用于改变边界和列宽的控制柄。
- “分页预览”：进入“分页预览”视图模式。
- “关闭”：关闭打印预览窗口。
- “帮助”：提供有关打印预览的帮助信息。

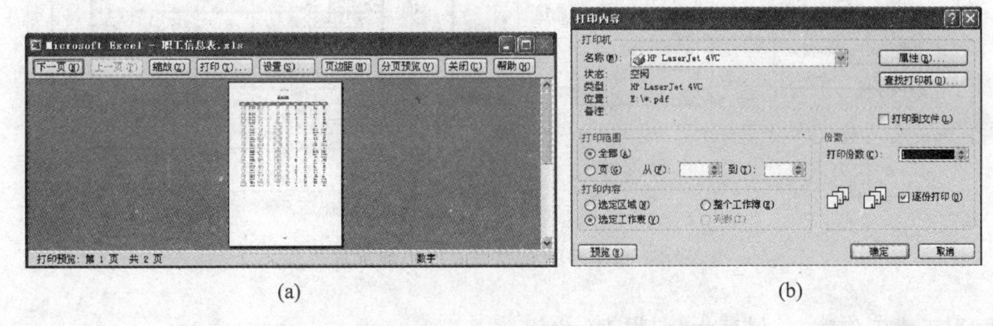


(a)　　　　　　　　　　(b)

图 3-77 “打印预览”窗口与“打印内容”对话框

## 3.9 应用案例

### 3.9.1 应用案例 4：制作课程表

**1. 案例目标**

创建工作簿文件“课程表.xls”，包含三张工作表，分别为“计算机 1 班”、“计算机 2 班”、“计算机 3 班”。每张工作表中包含两张相同的课程表，通过打印预览，可观察到两张课程表可以打印到一张 A4 纸上。效果如图 3-78 所示。本案例涉及的主要操作包括：①合并、拆分单元格；②使用填充柄填充数据；③设置单元格字体、颜色及对齐方式；④设置单元格边框和底纹；⑤使用绘图工具栏插入直线、文本框；⑥复制单元格内容；⑦复制工作表；⑧设置工作表标签颜色；⑨填充至同组工作表；⑩打印预览。

**2. 操作步骤**

1) 拷贝素材

新建一个实验文件夹(形如“1203435001 李智 20120607”)，下载案例素材压缩包“应用案例 4-制作课程表.rar”至该实验文件夹下。右击压缩包，在弹出的快捷菜单中选择“解压到当前文件夹”，将案例素材压缩包解压为一个文件夹。本案例中提及的文件均存放在此文件夹下。

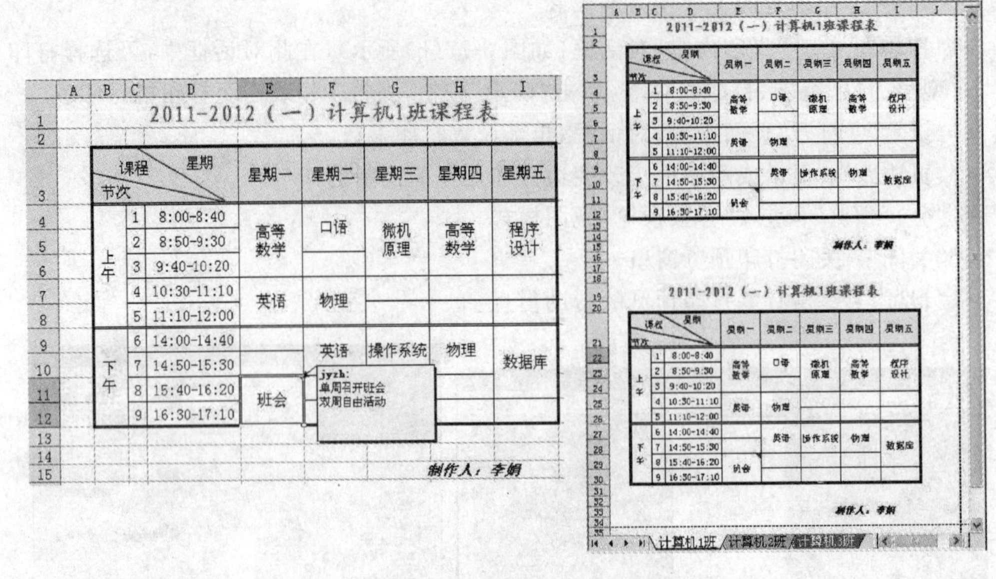


图 3-78　制作好的课程表及打印预览效果图

2）新建工作簿，并保存为“课程表. xls”

第 1 步：启动 Excel 2003。

第 2 步：选择“文件”菜单中的“保存”功能，选择保存位置为“应用案例 7-制作课程表”，文件名为“课程表”，保存类型为“Microsoft Office Excel 工作簿(＊. xls)”。

第 3 步：单击“保存”按钮。

3）设置行高、列宽，合并单元格

第 1 步：选中第 3 行，选择“格式”菜单中的“行”菜单中的“行高”功能，设置行高为“45”。

第 2 步：选中第 4～12 行，选择“格式”菜单中的“行”菜单中的“行高”功能，设置行高为“20”。

第 3 步：选中第 B 列，选择“格式”菜单中的“列”菜单中的“列宽”功能，设置列宽为“4”。

第 4 步：选中第 E～I 列，选择“格式”菜单中的“列”菜单中的“列宽”功能，设置列宽为“8”。

第 5 步：选中单元格区域 B3:D3，单击“格式”工具栏中的“合并及居中”按钮。

第 6 步：参照图 3-78，采用同样的方法合并居中 B4:B8、B9:B12、E4:E6、E7:E8、E11:E12、F4:F5、F7:F8、F9:F10、G4:G6、G9:G10、H4:H6、H9:H10、I4:I6、I9:I11 单元格区域。

4）输入单元格内容

第 1 步：在 E3 单元格输入“星期一”，拖动该单元格右下角的填充柄向右填充至 I3 单元格。

第 2 步：在 C4、C5 单元格分别输入 1 和 2，选中 C4:C5，拖动填充柄填充至 C12 单元格。

第 3 步：参照图 3-78，输入除 B3 单元格以外的课程表中其他单元格中的数据(单元格内文本换行按 Alt＋Enter 键)。

第 4 步：选中 B4、B9 单元格，选择“格式”菜单中的“单元格”功能，单击“对齐”选项卡，选择竖排文字方向，如图 3-79 所示。

第 5 步：选中第 C、D 两列，选择“格式”菜单中的“列”菜单中的“最适合的列宽”功能。

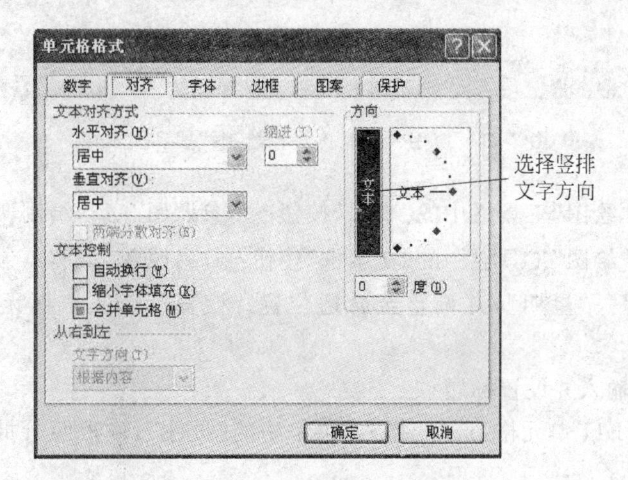


图 3-79　选择竖排文字方向

5）设置课程表第一行底纹，设置表格外边框为最粗实线，第 2、7 条横线为双线，其余为细实线

第 1 步：选取单元格区域 B3:I3，选择“格式”菜单中的“单元格”功能，单击“图案”选项卡，选择第 5 行第 5 列颜色，然后单击“确定”按钮。

第 2 步：选取单元格区域 B3:I12，选择“格式”菜单中的“单元格”功能，单击“边框”选项卡，选择最粗实线型，单击“外边框”按钮。选择细实线，单击“内部”按钮（此时可预览到如图 3-80 所示的表格边框效果），单击“确定”按钮。

第 3 步：选中单元格区域 B3:I3，选择“格式”菜单中的“单元格”功能，单击“边框”选项卡，选择双线线型，单击“下边框”按钮，单击“确定”按钮。这样课程表表格的第 2 条横线为双线了。

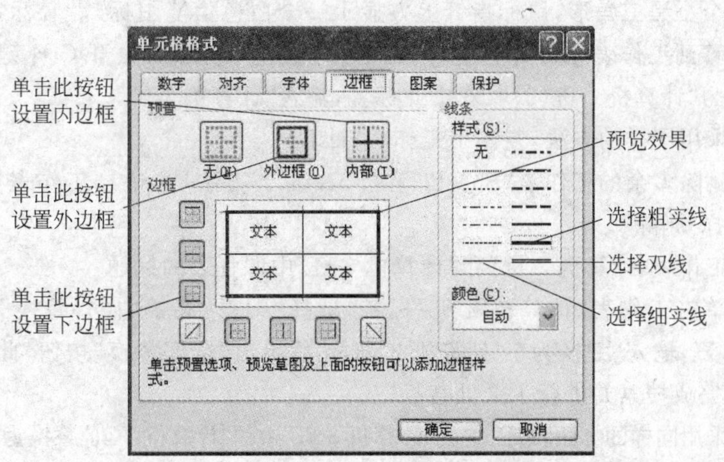


图 3-80　设置课程表外边框

第 4 步：选中单元格区域 B8:I8，参照上述方法，设置课程表表格的第 7 条横线也为双线。

6）处理课程表左上角单元格内容

第 1 步：选择"视图"菜单中的"工具栏"菜单中的"绘图"，显示如图 3-81 所示的"绘图"工具栏。

图 3-81　使用"绘图"工具栏绘制线段和文本框

第 2 步：单击"绘图"工具栏中的"直线"按钮，参照图 3-78，绘制两条线段。

第 3 步：单击"绘图"工具栏中的"文本框"按钮，参照图 3-78，绘制三个文本框，分别输入"节次"、"课程"、"星期"，并调整至合适位置。设置三个文本框无填充颜色，无线条颜色。

7）插入批注，输入并设置标题

第 1 步：单击 E11 单元格，选择"插入"菜单中的"批注"，输入两行批注"单周召开班会双周自由活动"。

第 2 步：单击 B1 单元格，输入"2011-2012(一)计算机 1 班课程表"。

第 3 步：选择 B1:I1 单元格区域，选择"格式"菜单中的"单元格"功能，单击"对齐"选项卡，选择文本水平对齐为跨列居中。单击"字体"选项卡，设置字体：楷体_GB2312，字形：加粗，字号：18，颜色：海绿。单击"确定"按钮。

8）复制课程表，修改工作表标签为"计算机 1 班"

第 1 步：选中 1～12 行。

第 2 步：选择"编辑"菜单中的"复制"。

第 3 步：单击 A19 单元格，选择"编辑"菜单中的"粘贴"。

第 4 步：双击工作表标签"Sheet1"，输入"计算机 1 班"。

9）复制工作表"计算机 1 班"两次，并修改工作表标签，删除多余的工作表标签

第 1 步：单击工作表标签"计算机 1 班"，同时按住 Ctrl 键和鼠标左键，此时工作表标签左上角显示一个小黑三角形，鼠标指针上方显示一个白色信笺图标，沿着标签栏拖动鼠标，当小黑三角形移到工作表标签右上角时，先松开鼠标左键，然后松开 Ctrl 键。新复制的工作表标签名称为"计算机 1 班(2)"，双击此标签，输入"计算机 2 班"。

第 2 步：采用同样的方法，复制出工作表"计算机 3 班"。

第 3 步：删除多余的工作表"Sheet2"和"Sheet3"。方法是：右击工作表标签，在弹出的快捷菜单中选择"删除"。

10）修改工作表"计算机 2 班"和"计算机 3 班"中课程表的标题

第 1 步：单击工作表"计算机 2 班"标签，选择"编辑"菜单中的"替换"，输入"查找内容"：计算机 1 班，输入"替换为"：计算机 2 班，然后单击"全部替换"按钮，此时将会弹出信息"Excel 已经完成搜索并进行了 2 处替换"。

第 2 步：采用同样的方法，将工作表"计算机 3 班"中的"计算机 1 班"替换为"计算机 3 班"。

11）在每张课程表的右下方添加"制作人：李娟"

第 1 步：单击工作表"计算机 1 班"标签，单击单元格 H15，按住 Ctrl 键的同时单击单元

格 H33，然后松开 Ctrl 键，此时同时选中了 H15 和 H33 两个单元格。

第 2 步：在确保选中 H15 和 H33 的情况下，输入"制作人：李娟"，输入完成后按 Ctrl＋Enter 组合键，此时应看到 H15 和 H33 两个单元格中同时显示了输入的内容。

第 3 步：在确保选中 H15 和 H33 的情况下，选择"格式"菜单中的"单元格"，单击"字体"选项卡，选择字形：加粗、倾斜，颜色：蓝色。

第 4 步：单击 H15 单元格，按下 Ctrl 键，依次单击工作表"计算机 2 班"和"计算机 3 班"标签，此时标题栏显示出"工作组"字样，选择"编辑"菜单中的"填充"菜单中的"至同组工作表"，在弹出的"填充成组工作表"对话框中选择"全部"，单击"确定"按钮。此时应看到三张工作表的 H15 单元格内容相同。

第 5 步：采用同样的方法，使得三张工作表的 H33 单元格内容相同。

12）保存、打印预览工作簿

第 1 步：选择"文件"菜单中的"保存"功能，保存操作结果。

第 2 步：选择"文件"菜单中的"打印预览"功能，查看打印预览效果。若发现打印内容超出一页范围，则说明上述设置行高、列宽，合并单元格操作有误，可按照步骤重新设置行高和列宽。

## 3.9.2 应用案例 5：乐团成员名单

### 1. 案例目标

修饰并完善乐队成员名单表，使其效果如图 3-82 所示。本案例涉及的主要操作包括：①合并单元格；②插入艺术字；③插入图片；④设置单元格边框；⑤设置数据有效性；⑥设置工作表背景。

2012星海交响乐团成员

| 乐器 | 班级 | 姓名 | 性别 | 身高(厘米) |
|---|---|---|---|---|
| 电子琴 | 初一(2) | 蔡亚军 | 男 | 164 |
| | 初一(3) | 陆元庆 | 男 | 165 |
| | 初二(1) | 刘海宁 | 男 | 170 |
| | 初二(7) | 杜忠俊 | 男 | 168 |
| | 初三(2) | 盖春来 | 男 | 171 |
| | 初三(6) | 陈亮 | 男 | 164 |
| 钢琴 | 初一(1) | 储训芹 | 女 | 166 |
| | 初一(3) | 黄兵兵 | 男 | 172 |
| | 初二(4) | 朱琳 | 女 | 168 |
| | 初二(7) | 周超 | 男 | 170 |
| | 初三(1) | 张可 | 男 | 166 |
| | 初三(2) | 张微荣 | 男 | 165 |
| 古筝 | 初一(1) | 朱钰 | 女 | 170 |
| | 初一(7) | 刘宇 | 男 | 168 |
| | 初二(8) | 刘程程 | 男 | 170 |
| | 初二(9) | 肖斐 | 男 | 164 |
| | 初三(4) | 刘先珩 | 男 | 165 |
| | 初三(6) | 魏宇 | 男 | 170 |
| | 初三(7) | 张乐 | 男 | 168 |

2012星海交响乐团成员

| 乐器 | 班级 | 姓名 | 性别 | 身高(厘米) |
|---|---|---|---|---|
| 吉他 | 初一(1) | 钟会球 | 男 | 166 |
| | 初一(2) | 戴亚兵 | 男 | 162 |
| | 初二(1) | 闫培松 | 男 | 168 |
| | 初二(3) | 凌方舟 | 男 | 168 |
| 琵琶 | 初一(5) | 张永刚 | 男 | 170 |
| | 初一(6) | 杨海峰 | 男 | 176 |
| | 初二(7) | 刘名谚 | 女 | 160 |
| | 初三(1) | 唐国瑞 | 男 | 165 |
| | 初三(1) | 王其椿 | 女 | 166 |
| 小提琴 | 初一(1) | 周哲云 | 女 | 162 |
| | 初一(7) | 李凯 | 男 | 170 |
| | 初三(2) | 林传其 | 男 | 165 |
| | 初三(3) | 秦泓杰 | 男 | 172 |
| | 初三(4) | 蒯锐 | 男 | 175 |
| 萨克斯 | 初一(8) | 于堃 | 男 | 177 |
| | 初二(9) | 任游 | 男 | 168 |
| | 初三(4) | 钱杰 | 男 | 169 |
| | 初三(6) | 张浩军 | 男 | 176 |
| | 初三(7) | 夏良春 | 男 | 173 |

图 3-82 "应用案例 5-乐团成员名单"效果图

**2. 操作步骤**

1）拷贝素材

新建一个实验文件夹(形如“1203435001 李智 20120607”)，下载案例素材压缩包“应用案例 5-乐队成员名单.rar”至该实验文件夹下。右击压缩包，在弹出的快捷菜单中选择“解压到当前文件夹”，将案例素材压缩包解压为一个文件夹。本案例中提及的文件均存放在此文件夹下。

2）打开工作簿文件“乐队成员名单.xls”完善操作

设置第 1 行的行高为 75，设置 F 列的列宽为 2；设置单元格区域 G3:K22 的外边框为最粗实线，内部框线为细实线。

具体操作步骤略。

3）合并单元格并插入图片

第 1 步：选择单元格区域 G5:G7，单击“合并及居中”按钮。

第 2 步：采用同样的方法，合并单元格区域 G9:G12、G14:G17、G19:G22。

第 3 步：在 G5 单元格中插入图片文件“吉他.JPG”，并调整其大小和位置。方法是：单击 G5 单元格，选择“插入”菜单中的“图片”菜单中的“来自文件”功能，选择图片文件“吉他.jpg”后单击“插入”按钮。此时插入的图片周围出现 8 个白色的控制点和 1 个绿色的控制点，参考图 3-82，拖动白色控制点调整图片至合适大小，拖动整个图片至合适位置。

第 4 步：采用类似的方法，分别在 G9、G14 和 G19 单元格中插入图片文件“琵琶.JPG”、“小提琴.JPG”和“萨克斯.JPG”。

4）设置数据有效性

限制“性别”列的值为男或女，“身高”列的值介于 100～200 之间，并参考图 3-82 录入数据。

第 1 步：参考单元格区域 D4:D22 的数据有效性，设置 J4:J22 的数据有效性。方法是：选中单元格区域 J4:J22，选择“数据”菜单中的“有效性”功能，打开“数据有效性”对话框(如图 3-83(a)所示)，单击“设置”选项卡，在“允许”下拉列表中选择“序列”，在“来源”编辑框中输入“男,女”(注意：此处逗号为英文逗号)，单击“确定”按钮。

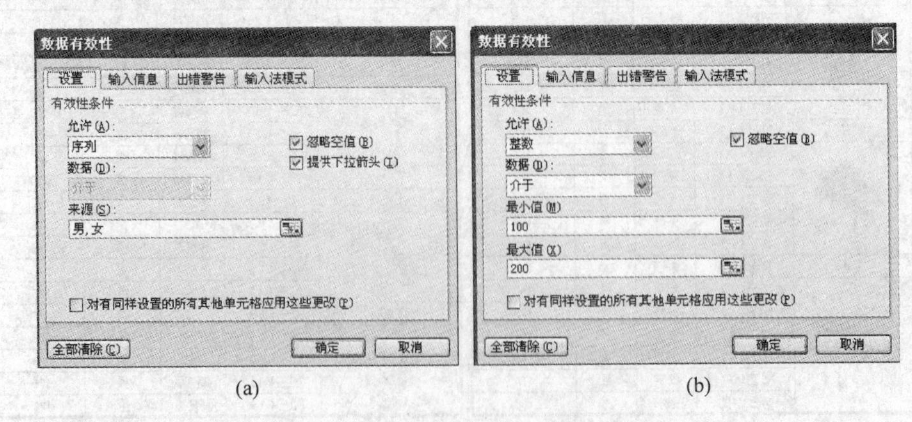


图 3-83 设置“性别”和“身高”的数据有效性

第 2 步：参考单元格区域 E4:E22 的数据有效性，设置 K4:K22 的数据有效性。方法是：选中单元格区域 K4:K22，选择“数据”菜单中的“有效性”功能，打开“数据有效性”对话框(如图 3-83(b)所示)，单击“设置”选项卡，在“允许”下拉列表中选择“整数”，在“数据”下拉列表中选择“介于”，在“最小值”编辑框中输入“100”，在“最大值”编辑框中输入“200”，单击“确定”按钮。

第 3 步：参考图 3-82，录入单元格区域 J4:J22 中的“性别”数据。

第 4 步：参考图 3-82，录入单元格区域 K4:K22 中的“身高(厘米)”数据。

5) 插入艺术字“2012 星海交响乐团成员”

第 1 步：选择“插入”菜单中的“图片”菜单中的“艺术字”功能，打开“艺术字库”对话框，选择第 4 行第 2 列的艺术字样式，单击“确定”按钮后，打开“编辑艺术字文字”对话框。

第 2 步：在“编辑艺术字文字”对话框的“文字”编辑框中输入文字：“2012 星海交响乐团成员”，单击“确定”按钮。

第 3 步：用鼠标拖动艺术字至 A1:E1 单元格区域，并调整其宽度和高度至合适大小。

第 4 步：复制艺术字并拖动至 G1:K1 单元格区域。

6) 设置工作表背景为“背景图.GIF”

选择“格式”菜单中的“工作表”菜单中的“背景”功能，选择图片文件“背景图.GIF”，单击“插入”按钮。

7) 保存工作簿文件“乐队成员名单.xls”

### 3.9.3 应用案例 6：选手得分表

#### 1. 案例目标

修饰并完善选手得分表，使其效果如图 3-84 所示。本案例涉及的主要操作包括：①合并单元格；②设置单元格字体、颜色及背景色；③使用 Max、Min、Sum、If、Rank 函数；④条件格式。

#### 2. 操作步骤

**说明**：以下操作步骤中涉及的公式中的函数，既可以通过键盘输入，也可以通过“插入函数”对话框输入。公式中的英文字母可以大写，也可以小写。所有字母及标点符号均为西文字符。

1) 拷贝素材

新建一个实验文件夹(形如“1203435001 李智 20120607”)，下载案例素材压缩包“应用案例 6-选手得分表.rar”至该实验文件夹下。右击压缩包，在弹出的快捷菜单中选择“解压到当前文件夹”，将案例素材压缩包解压为一个文件夹。本案例中提及的文件均存放在此文件夹下。

2) 打开工作簿文件“选手得分表.xls”，添加序号列，编辑表头及说明文字

第 1 步：在表格顶端连续插入两行，在表格左侧插入 1 列。

第 2 步：在 A1 单元格中输入“2012 年校园歌手大赛决赛得分表”，设置其字体：楷体，

| | A | B | C | D | E | F | G | H | I | J | K | L | M | N | O |
|---|---|---|---|---|---|---|---|---|---|---|---|---|---|---|---|
| 1 | 2012年校园歌手大赛决赛得分表 | | | | | | | | | | | | | | |
| 2 | 说明：<br>(1) 选手的最后得分为去掉一个最高分和一个最低分之后的平均分。<br>(2) 获奖级别：一等奖2名　二等奖3名　三等奖5名<br>(3) 奖金：一等奖1000元　二等奖800元　三等奖500元 | | | | | | | | | | | | | | |
| 3 | 序号 | 姓名 | 性别 | 评委1 | 评委2 | 评委3 | 评委4 | 评委5 | 评委6 | 最高分 | 最低分 | 最后得分 | 排名 | 获奖级别 | 奖金 |
| 4 | 1 | 高剑刚 | 女 | 89 | 80 | 90 | 86 | 88 | 85 | 90 | 80 | 87.00 | 10 | 三等奖 | ¥ 500 |
| 5 | 2 | 高庆丰 | 女 | 90 | 88 | 87 | 85 | 86 | 84 | 90 | 84 | 86.50 | 11 | | |
| 6 | 3 | 陈键 | 女 | 91 | 93 | 90 | 88 | 89 | 90 | 93 | 88 | 90.00 | 3 | 二等奖 | ¥ 800 |
| 7 | 4 | 金纪东 | 女 | 83 | 95 | 85 | 80 | 80 | 83 | 95 | 80 | 82.75 | 30 | | |
| 8 | 5 | 朱鹏翔 | 男 | 85 | 85 | 92 | 80 | 86 | 86 | 92 | 80 | 85.50 | 21 | | |
| 9 | 6 | 李明明 | 男 | 89 | 80 | 93 | 85 | 87 | 84 | 93 | 80 | 86.25 | 15 | | |
| 10 | 7 | 于爱民 | 男 | 90 | 86 | 90 | 90 | 87 | 85 | 90 | 85 | 88.25 | 7 | 三等奖 | ¥ 500 |
| 11 | 8 | 王力伟 | 男 | 85 | 87 | 88 | 84 | 82 | 86 | 88 | 82 | 85.50 | 21 | | |
| 12 | 9 | 张雨笛 | 男 | 88 | 85 | 83 | 85 | 82 | 83 | 88 | 82 | 84.00 | 28 | | |
| 13 | 10 | 蒋滋峰 | 男 | 84 | 85 | 84 | 88 | 89 | 89 | 89 | 84 | 86.50 | 11 | | |
| 14 | 11 | 倪东 | 男 | 87 | 85 | 86 | 87 | 82 | 83 | 87 | 82 | 85.25 | 24 | | |
| 15 | 12 | 李博 | 男 | 86 | 88 | 90 | 85 | 87 | 85 | 90 | 85 | 86.50 | 11 | | |
| 16 | 13 | 何雪儿 | 男 | 89 | 90 | 92 | 93 | 93 | 90 | 93 | 89 | 91.25 | 2 | 一等奖 | ¥ 1,000 |
| 17 | 14 | 杨娜 | 男 | 90 | 92 | 90 | 87 | 88 | 88 | 92 | 87 | 89.00 | 5 | 二等奖 | ¥ 800 |
| 18 | 15 | 韩凯 | 男 | 94 | 90 | 89 | 89 | 90 | 85 | 94 | 85 | 89.50 | 4 | 二等奖 | ¥ 800 |
| 19 | 16 | 白广雪 | 男 | 89 | 88 | 86 | 88 | 89 | 90 | 90 | 86 | 88.50 | 6 | 三等奖 | ¥ 500 |
| 20 | 17 | 丁超 | 男 | 87 | 85 | 82 | 80 | 82 | 83 | 87 | 80 | 83.00 | 29 | | |
| 21 | 18 | 陈斌 | 男 | 87 | 86 | 83 | 88 | 90 | 85 | 90 | 83 | 86.50 | 11 | | |
| 22 | 19 | 冯涛 | 男 | 85 | 85 | 84 | 83 | 85 | 85 | 85 | 83 | 84.75 | 25 | | |
| 23 | 20 | 张俊 | 男 | 89 | 88 | 86 | 85 | 84 | 83 | 89 | 83 | 85.75 | 20 | | |
| 24 | 21 | 刘建兵 | 男 | 90 | 88 | 86 | 84 | 85 | 86 | 90 | 84 | 86.25 | 15 | | |
| 25 | 22 | 金亚豪 | 男 | 92 | 85 | 86 | 87 | 89 | 90 | 92 | 85 | 88.00 | 8 | 三等奖 | ¥ 500 |
| 26 | 23 | 龚明超 | 男 | 94 | 89 | 86 | 84 | 82 | 85 | 94 | 82 | 86.00 | 19 | | |
| 27 | 24 | 黄海龙 | 男 | 90 | 85 | 87 | 87 | 82 | 86 | 90 | 82 | 86.25 | 15 | | |
| 28 | 25 | 程宝海 | 男 | 95 | 83 | 84 | 86 | 88 | 84 | 95 | 83 | 85.50 | 21 | | |
| 29 | 26 | 戴建峰 | 男 | 85 | 89 | 84 | 85 | 85 | 83 | 89 | 83 | 84.75 | 25 | | |
| 30 | 27 | 周奕皓 | 男 | 89 | 90 | 94 | 95 | 93 | 94 | 95 | 89 | 92.75 | 1 | 一等奖 | ¥ 1,000 |
| 31 | 28 | 蒋华 | 男 | 85 | 85 | 84 | 85 | 85 | 83 | 85 | 83 | 84.75 | 25 | | |
| 32 | 29 | 赵月友 | 男 | 88 | 87 | 89 | 88 | 85 | 86 | 89 | 85 | 87.25 | 9 | 三等奖 | ¥ 500 |
| 33 | 30 | 周玉平 | 男 | 87 | 88 | 88 | 85 | 85 | 84 | 88 | 84 | 86.25 | 15 | | |
| 34 | | | | | | | | | | | | | | 合计： | ¥ 6,900 |

图 3-84 “应用案例 6-选手得分表”效果图

字形：加粗，字号：20，颜色：绿色，水平对齐方式：相对于单元格区域 A1:O1 跨列居中。

第 3 步：合并单元格区域 A2:O2，设置第 2 行的行高为 65。

第 4 步：在 A2 单元格中输入以下 4 行文字，并设为红色。换行可按 Alt+Enter。

**说明：**

(1) 选手的最后得分为去掉一个最高分和一个最低分之后的平均分。

(2) 获奖级别：一等奖 2 名、二等奖 3 名、三等奖 5 名。

(3) 奖金：一等奖 1000 元、二等奖 800 元、三等奖 500 元。

第 5 步：在 A3 单元格输入“序号”，在 A4 单元格输入“1”，在 A5 单元格输入“2”，然后使用填充柄填充 A6:A33。具体操作方法是：选中两个单元格 A4 和 A5，移动鼠标至 A5 单元格的右下角，当鼠标指针由空心十字形“✚”变为实心十字形“+”时，按下鼠标左键向下拖动至单元格 A33。

3) 设置表格标题行区域 A3:O3 中的文字：白色、加粗，单元格底纹：绿色，图案：12.5% 灰色

具体操作步骤略。

4) 计算“最高分”和“最低分”

第1步：单击J4单元格，选择“常用”工具栏中的“自动求和”按钮Σ ▾右侧的下拉箭头，在弹出的下拉菜单中选择“最大值”，然后拖动鼠标选取单元格区域D4:I4(即6位评委的分数)，使得J4单元格的公式为：=MAX(D4:I4)，单击“输入”按钮✓。

第2步：单击J4单元格，使用填充柄填充J5:J33。

第3步：单击K4单元格，选择常用工具栏中的“自动求和”按钮Σ ▾右侧的下拉箭头，在弹出的下拉菜单中选择“最小值”，然后拖动鼠标选取单元格区域D4:I4(即6位评委的分数)，使得K4单元格的公式为：=MIN(D4:I4)，单击“输入”按钮✓。

第4步：单击K4单元格，使用填充柄填充K5:K33。

**注意**：在使用函数的过程中，若熟悉函数名及其参数，可在编辑栏直接输入(以“=”开头)，且任何时刻按Esc键将取消输入。

5) 计算“最后得分”，并保留两位小数

第1步：单击L4单元格，在编辑栏输入公式：=(SUM(D4:I4)-J4-K4)/4，即选手的最后得分为去掉最高分和最低分之后的平均分。需注意的是：输入公式时，需确保输入法状态为英文输入状态，使得公式中的所有字符均为英文字符。

第2步：单击L4单元格，使用填充柄填充L5:L33。

第3步：选中单元格区域L4:L33，单击“格式”工具栏中的“增加小数位数”按钮，或“减少小数位数”按钮，调整小数位数为两位。

6) 计算“排名”，并使用条件格式设置名次介于1～10的单元格格式

第1步：单击M4单元格，在编辑栏输入：=RANK(L4,$L$4:$L$33)，然后按Enter键。

第2步：单击M4单元格，使用填充柄填充M5:M33。

**说明**：

(1) 公式$L$4:$L$33中的“$”表示绝对引用。若将M4单元格公式中的“$”删除(即改为相对引用)，然后使用填充柄填充M5:M33，会发现排名结果异常，试分析原因。

(2) 第1步中的公式可以由键盘输入，也可以单击“插入函数”按钮fx，选择“统计函数”类别中的“Rank”，参照如图3-85(a)所示的对话框设置Number和Ref参数，然后单击“确定”按钮。

第3步：使用条件格式将1～10名的单元格设置为灰色背景、红色文字。具体操作方法是：选中单元格区域M4:M33，选择“格式”菜单中的“条件格式”功能，打开“条件格式”对话框，设置“条件1(1)”为“单元格数值介于1～10之间”，单击“格式”按钮，设置字体为加粗、红色，单元格底纹图案为灰色(第4行第8列)，效果如图3-85(b)右图所示。

7) 填充“获奖级别”

前10名获奖，其中一等奖2名、二等奖3名、三等奖5名。

第1步：单击N4单元格，在编辑栏输入：

```
=IF( AND(M4>=1,M4<=2), "一等奖", IF( AND(M4>=3,M4<=5), "二等奖", IF( AND
(M4>=6,M4<=10), "三等奖", "" ) ) )
```

该公式的含义是：如果 M4 单元格内容介于 1～2 之间，则填充 N4 单元格内容为“一等奖”，否则如果 M4 单元格内容介于 3～5 之间，则填充 N4 单元格内容为“二等奖”，否则如果 M4 单元格内容介于 6～10 之间，则填充 N4 单元格内容为“三等奖”，否则 N4 单元格内容为空。

第 2 步：单击 N4 单元格，使用填充柄填充 N5:N33。

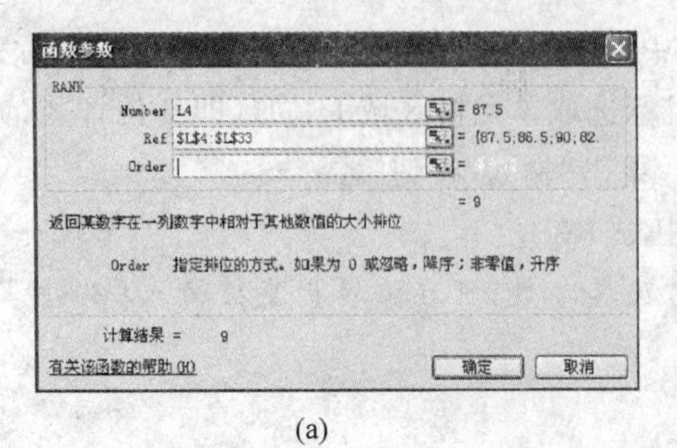


(a)

(b)

图 3-85　使用 Rank 函数对话框

8）填充“奖金”

一等奖奖励 1000 元、二等奖奖励 800 元、三等奖奖励 500 元。

第 1 步：单击 O4 单元格，在编辑栏输入：

=IF(N4="一等奖", 1000, IF(N4="二等奖", 800, IF(N4="三等奖", 500, "" ) ) )

该公式的含义是：如果 N4 单元格内容为“一等奖”，则填充 O4 单元格内容为“1000”；否则如果 N4 单元格内容为“二等奖”，则填充 O4 单元格内容为“800”；否则如果 N4 单元格内容为“三等奖”，则填充 O4 单元格内容为“500”；否则填充 O4 单元格内容为空。

第 2 步：单击 O4 单元格，使用填充柄填充 O5:O33。

第 3 步：选中单元格区域 O4:O33，单击“格式”工具栏中的“货币样式”按钮 。

9）奖金合计

第 1 步：单击 N34 单元格，输入“合计：”。

第 2 步：单击 O34 单元格，单击“常用”工具栏中的“自动求和”按钮 Σ ▾，拖动鼠标选择单元格区域 O4:O33，然后单击“输入”按钮 ✓ 或按 Enter 键。

10）保存工作簿

具体操作步骤略。

### 3.9.4　应用案例 7：学生成绩单

#### 1. 案例目标

处理学生“成绩单”工作表，使其打印预览效果如图 3-86 所示。新建“补考名单”工作表存放补考学生名单，计算“成绩分布”工作表中各分数段的人数及所占比例，并绘制图表。本案例涉及的主要操作包括：①排序；②页面设置及打印预览；③插入工作表；④自动筛选；⑤插入图表；⑥使用 MAX、MIN、AVERAGE、COUNTIF 函数。

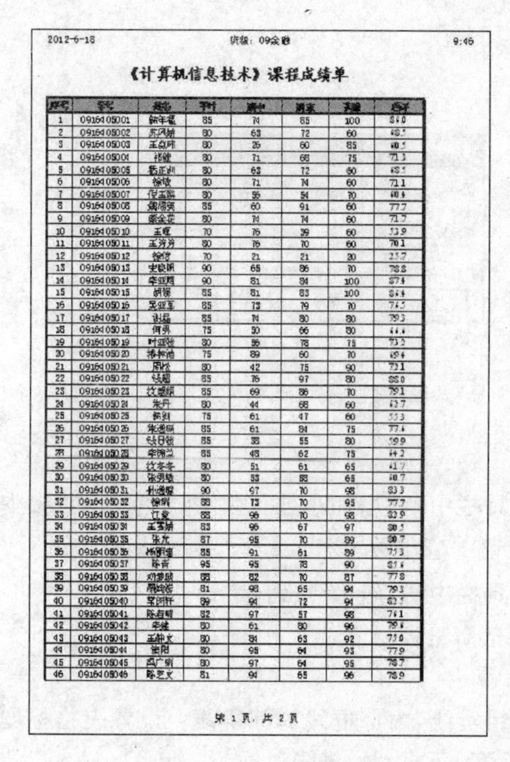

2012-6-18　　班级：09金融　　9:46

《计算机信息技术》课程成绩单

| 序号 | 学号 | 姓名 | 平时 | 期中 | 期末 | 实验 | 总评 |
|---|---|---|---|---|---|---|---|
| 1 | 0916405001 | 钱年强 | 85 | 74 | 85 | 100 | 84.0 |
| 2 | 0916405002 | 苏凤娇 | 80 | 63 | 72 | 60 | 68.5 |
| 3 | 0916405003 | 王焱玮 | 80 | 26 | 60 | 85 | 60.5 |
| 4 | 0916405004 | 祁健 | 80 | 71 | 68 | 75 | 71.3 |
| 5 | 0916405005 | 杨正洲 | 80 | 63 | 72 | 60 | 68.5 |
| 6 | 0916405006 | 徐敏 | 80 | 71 | 74 | 60 | 71.1 |
| 7 | 0916405007 | 倪玉霞 | 80 | 56 | 54 | 70 | 60.4 |
| 8 | 0916405008 | 魏福英 | 85 | 60 | 91 | 60 | 77.7 |
| 9 | 0916405009 | 缪金花 | 80 | 74 | 74 | 60 | 71.7 |
| 10 | 0916405010 | 王旺 | 70 | 76 | 39 | 60 | 53.9 |
| 11 | 0916405011 | 王芳芳 | 80 | 76 | 70 | 60 | 70.1 |
| 12 | 0916405012 | 徐信 | 70 | 21 | 21 | 20 | 25.7 |
| 13 | 0916405013 | 史晓帆 | 90 | 65 | 86 | 70 | 78.8 |
| 14 | 0916405014 | 李亚楠 | 90 | 81 | 84 | 100 | 87.4 |
| 15 | 0916405015 | 胡璐 | 85 | 81 | 83 | 100 | 86.4 |
| 16 | 0916405016 | 吴亚军 | 85 | 73 | 79 | 70 | 76.5 |
| 17 | 0916405017 | 谢磊 | 85 | 74 | 80 | 80 | 79.3 |
| 18 | 0916405018 | 何勇 | 75 | 50 | 66 | 80 | 66.6 |
| 19 | 0916405019 | 叶亚锋 | 80 | 56 | 78 | 75 | 73.2 |
| 20 | 0916405020 | 杨树伟 | 75 | 89 | 60 | 70 | 69.4 |
| 21 | 0916405021 | 周欣 | 80 | 42 | 75 | 90 | 73.1 |
| 22 | 0916405022 | 钱超 | 85 | 76 | 97 | 80 | 88.0 |
| 23 | 0916405023 | 汶慧娟 | 85 | 69 | 86 | 70 | 79.1 |
| 24 | 0916405024 | 朱丹 | 80 | 44 | 68 | 60 | 62.7 |
| 25 | 0916405025 | 郭剑 | 75 | 61 | 47 | 60 | 53.3 |
| 26 | 0916405026 | 张逸帆 | 85 | 61 | 84 | 75 | 77.4 |
| 27 | 0916405027 | 钱日锋 | 85 | 38 | 55 | 80 | 59.9 |
| 28 | 0916405028 | 李湘兰 | 85 | 48 | 62 | 75 | 64.2 |
| 29 | 0916405029 | 汶冬冬 | 80 | 51 | 61 | 65 | 61.7 |
| 30 | 0916405030 | 张勇敏 | 80 | 53 | 58 | 65 | 60.7 |
| 31 | 0916405031 | 刘逸辉 | 90 | 97 | 70 | 98 | 83.3 |
| 32 | 0916405032 | 徐刚 | 88 | 73 | 70 | 95 | 77.7 |
| 33 | 0916405033 | 江俊 | 88 | 96 | 70 | 98 | 83.9 |
| 34 | 0916405034 | 王雪娇 | 83 | 96 | 67 | 97 | 80.5 |
| 35 | 0916405035 | 张允 | 87 | 95 | 70 | 89 | 80.7 |
| 36 | 0916405036 | 杨丽娜 | 85 | 91 | 61 | 89 | 75.3 |
| 37 | 0916405037 | 陈青 | 95 | 95 | 78 | 90 | 85.6 |
| 38 | 0916405038 | 刘梦威 | 88 | 82 | 70 | 87 | 77.8 |
| 39 | 0916405039 | 顾婉 | 81 | 98 | 65 | 94 | 79.3 |
| 40 | 0916405040 | 李雨轩 | 89 | 94 | 72 | 94 | 82.7 |
| 41 | 0916405041 | 陈春晓 | 82 | 97 | 57 | 98 | 76.1 |
| 42 | 0916405042 | 李健 | 80 | 61 | 80 | 96 | 79.6 |
| 43 | 0916405043 | 王仲文 | 80 | 84 | 63 | 92 | 75.0 |
| 44 | 0916405044 | 张阳 | 80 | 95 | 64 | 93 | 77.9 |
| 45 | 0916405045 | 冯广明 | 80 | 97 | 64 | 95 | 78.7 |
| 46 | 0916405046 | 陈艺文 | 81 | 94 | 65 | 96 | 78.9 |

第 1 页，共 2 页

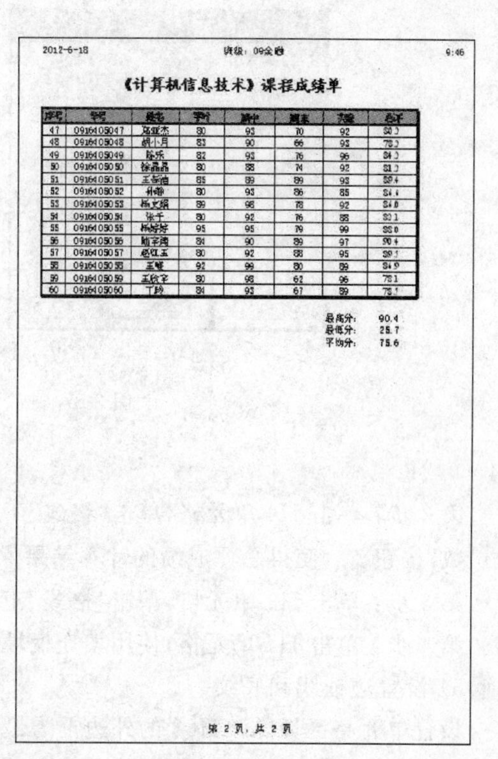

2012-6-18　　班级：09金融　　9:46

《计算机信息技术》课程成绩单

| 序号 | 学号 | 姓名 | 平时 | 期中 | 期末 | 实验 | 总评 |
|---|---|---|---|---|---|---|---|
| 47 | 0916405047 | 冯亚杰 | 80 | 93 | 70 | 92 | 80.2 |
| 48 | 0916405048 | 胡小月 | 83 | 90 | 66 | 93 | 78.2 |
| 49 | 0916405049 | 陈乐 | 82 | 93 | 76 | 96 | 84.2 |
| 50 | 0916405050 | 徐晶晶 | 80 | 88 | 74 | 92 | 81.2 |
| 51 | 0916405051 | 王振伟 | 85 | 89 | 89 | 93 | 89.4 |
| 52 | 0916405052 | 孙静 | 80 | 93 | 86 | 85 | 86.6 |
| 53 | 0916405053 | 杨文娟 | 89 | 96 | 78 | 92 | 85.6 |
| 54 | 0916405054 | 张千 | 80 | 92 | 76 | 88 | 82.1 |
| 55 | 0916405055 | 杨婷婷 | 95 | 95 | 79 | 99 | 88.0 |
| 56 | 0916405056 | 陆宇鹏 | 84 | 90 | 89 | 97 | 90.4 |
| 57 | 0916405057 | 赵红玉 | 80 | 92 | 88 | 95 | 89.5 |
| 58 | 0916405058 | 王敏 | 92 | 99 | 80 | 89 | 86.9 |
| 59 | 0916405059 | 王欣宇 | 80 | 98 | 62 | 96 | 78.1 |
| 60 | 0916405060 | 丁玲 | 84 | 93 | 67 | 89 | 78.5 |

最高分：90.4
最低分：25.7
平均分：75.6

第 2 页，共 2 页

图 3-86　成绩单打印预览效果(共 2 页)

**2. 操作步骤**

1）拷贝素材

新建一个实验文件夹(形如“1203435001 李智 20120607”)，下载案例素材压缩包“应用案例 7-学生成绩单.rar”至该实验文件夹下。右击压缩包，在弹出的快捷菜单中选择“解压到当前文件夹”，将案例素材压缩包解压为一个文件夹。本案例中提及的文件均存放在此文件夹下。

2）打开工作簿文件“学生成绩单.xls”，完善操作

参照图 3-86，合并居中单元格区域 A1：H1，设置表头文字字体：楷体，字形：加粗，字号：18。

具体操作步骤略。

3）将学号按升序排列

第 1 步：选中单元格区域 B4：G63，选择“数据”菜单中的“排序”功能，打开“排序”对话框。界面如图 3-87(a)所示。

第 2 步：选择“主要关键字”为“学号”，选中“升序”单选钮，单击“确定”按钮。

第 3 步：在弹出的“排序警告”对话框中选中“将任何类似数字的内容排序”，然后单击“确定”按钮。界面如图 3-87(b)所示。

4）计算总评成绩

总评＝平时×10％＋期中×20％＋期末×49％＋实验×21％。

第 1 步：单击 H4 单元格，在编辑栏输入公式：＝D4＊0.1＋E4＊0.2＋F4＊0.49＋

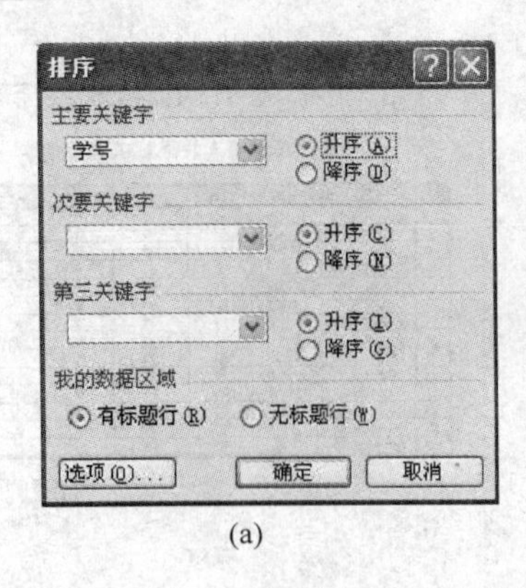


(a)

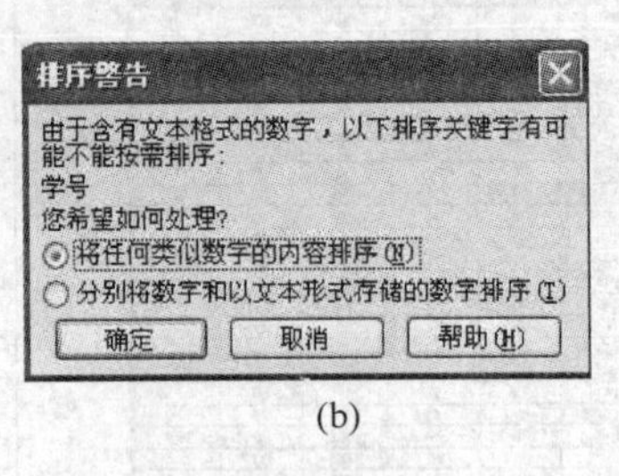


(b)

图 3-87　按“学号”升序排列

G4＊0.21。

第2步：单击H4单元格，单击“格式”工具栏中的“增加小数位数”按钮，或“减少小数位数”按钮，使得总评成绩的计算结果保留1位小数。

第3步：单击H4单元格，单击“格式”工具栏中的“居中”按钮。

第4步：单击H4单元格，使用填充柄填充H5:H63。

5）设置边框线和底纹

设置单元格区域A3:H63的外边框为最粗实线，内部框线为细实线。设置表格标题行区域A3:H3中的文字：加粗，单元格底纹：绿色，下框线：双线。

具体操作步骤略。

6）生成补考名单

第1步：单击数据列表区域A3:H63中任意一个单元格，选择“数据”菜单中的“筛选”菜单中的“自动筛选”功能。

第2步：单击“总评”筛选按钮，在展开的下拉列表中选择“自定义”，打开“自定义自动筛选方式”对话框，设置筛选条件为“总评小于60”(参考图3-88(a))，单击“确定”按钮。筛选结果如图3-88(b)所示。

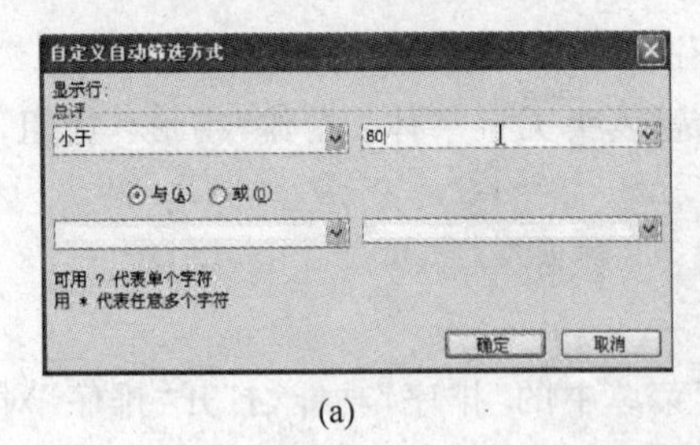


(a)

| | A | B | C | D | E | F | G | H |
|---|---|---|---|---|---|---|---|---|
| 1 | 《计算机信息技术》课程成绩单 | | | | | | | |
| 2 | | | | | | | | |
| 3 | 序 | 学号 | 姓名 | 平时 | 期中 | 期末 | 实验 | 总评 |
| 13 | 10 | 0916405010 | 王晖 | 70 | 76 | 39 | 60 | 53.9 |
| 15 | 12 | 0916405012 | 徐信 | 70 | 21 | 21 | 20 | 25.7 |
| 28 | 25 | 0916405025 | 韩剑 | 75 | 61 | 47 | 60 | 55.3 |
| 30 | 27 | 0916405027 | 钱日骏 | 85 | 38 | 55 | 80 | 59.9 |

(b)

图 3-88　筛选条件和筛选结果

第3步：选中筛选结果数据列表，选择“编辑”菜单中的“复制”功能。

第4步：选择“插入”菜单中的“工作表”功能，将新插入的工作表标签改为“补考名单”。

第5步：单击“补考名单”工作表的A1单元格，选择“编辑”菜单中的“粘贴”功能。

第6步：单击“成绩单”工作表标签，再次选择“数据”菜单中的“筛选”菜单中的“自动筛选”功能，以取消自动筛选状态。

7）分别利用 MAX、MIN 和 AVERAGE 函数计算“成绩单”工作表中的最高分、最低分和平均分

具体操作步骤略。

8）设置“成绩单”工作表的页眉、页脚和打印标题行

第 1 步：选择“文件”菜单中的“打印预览”功能，观察页面设置前的打印预览效果后，单击“关闭”按钮。

第 2 步：选择“文件”菜单中的“页面设置”功能，单击“页眉/页脚”选项卡。

第 3 步：设置页眉。单击“自定义页眉”按钮，打开“页眉”对话框。在“页眉”对话框中，将插入光标移到“左”编辑框后单击“日期”按钮，将插入光标移到“右”编辑框后单击“时间”按钮，在“中”编辑框中输入文字“班级：09 金融”。单击“确定”按钮，返回“页面设置”对话框。

第 4 步：设置页脚。在“页面设置”对话框中，单击“页脚”下拉列表框，选择“第 1 页，共 ? 页”。页眉和页脚设置完成后的界面如图 3-89 所示。

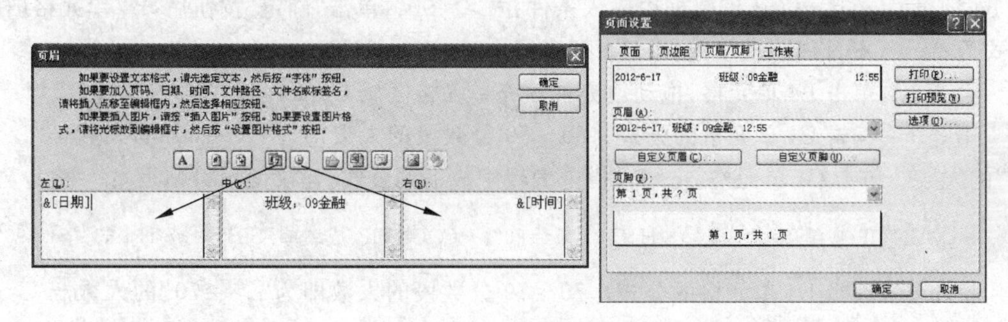


图 3-89　设置页眉和页脚

第 5 步：设置打印标题。在“页面设置”对话框中，单击“工作表”选项卡。单击“顶端标题行”的压缩对话框按钮，拖动鼠标选中第 1～3 行(如图 3-90 所示)，完成后单击压缩对话框按钮，返回“页面设置”对话框。

第 6 步：单击“页面设置”对话框中的“打印预览”按钮，观察当前的打印预览效果后，单击“关闭”按钮。

|  | A | B | C | D | E | F | G | H |
|---|---|---|---|---|---|---|---|---|
| 1 | 《计算机信息技术》课程成绩单 |  |  |  |  |  |  |  |
| 2 |  |  |  |  |  |  |  |  |
| 3 | 序号 | 学号 | 姓名 | 平时 | 期中 | 期末 | 实验 | 总评 |
| 4 | 1 | 0916405001 | 韩年猛 | 85 | 74 | 85 | 100 | 86.0 |
| 5 | 2 | [illegible] | [illegible] | [illegible] | [illegible] | [illegible] | [illegible] | 68.5 |
| 6 | 3 | [illegible] | [illegible] | [illegible] | [illegible] | [illegible] | [illegible] | [illegible] |
| 7 | 4 | [illegible] | [illegible] | [illegible] | [illegible] | [illegible] | [illegible] | [illegible] |
| 8 | 5 | 0916405005 | [illegible] | 80 | 63 | 72 | 60 | 68.5 |
| 9 | 6 | 0916405006 | 徐敏 | 80 | 71 | 74 | 60 | 71.1 |
| 10 | 7 | 0916405007 | 倪玉滨 | 80 | 56 | 54 | 70 | 60.4 |

页面设置 - 顶端标题行：

$1:$3

图 3-90　设置顶端标题行

9）利用 COUNTIF 函数计算“成绩分布”工作表中各分数段的人数

第 1 步：90～100 分数段的人数即为“成绩单”工作表的“总评”数据区域 H4:H63 中满足条件“>=90”的单元格的个数。单击“成绩分布”工作表的 B4 单元格，插入 COUNTIF 函数，打开如图 3-91 所示的“函数参数”对话框。

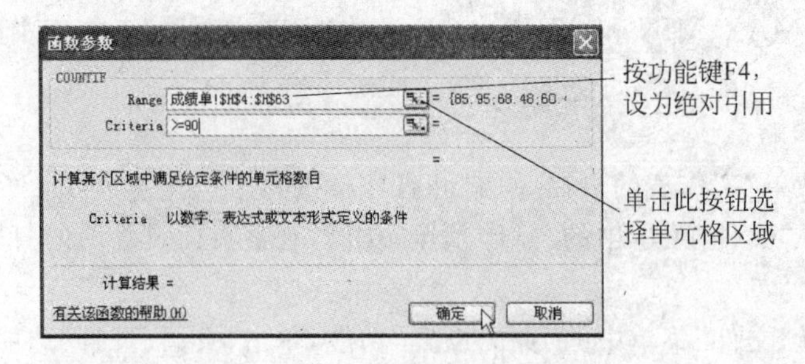


图 3-91 使用 COUNTIF 函数

在 COUNTIF 函数对话框中，单击 Range 编辑框右侧的压缩对话框按钮，选择"成绩单"工作表中的单元格区域 H4:H63，完成后单击压缩对话框按钮，返回"函数参数"对话框。为了使用填充柄计算其他分数段的人数，此处将单元格引用设为绝对引用(按功能键 F4 即可)。在 Criteria 编辑框内输入条件："＞＝90"，单击"确定"按钮后，B4 单元格内的公式为：＝COUNTIF(成绩单！＄H＄4:＄H＄63,"＞＝90")。

第 2 步：单击 B4 单元格，拖动填充柄填充单元格区域 C4:F4。

第 3 步：编辑 C4 单元格的公式。80～89 分数段的人数即为"＞＝80"的人数－"＞＝90"的人数。单击 C4 单元格，在编辑栏中编辑生成下列公式(建议使用剪贴板)：

＝COUNTIF(成绩单！＄H＄4:＄H＄63,"> =80")－COUNTIF(成绩单！＄H＄4:＄H＄63,"> =90")

第 4 步：编辑 D4 单元格的公式。70～79 分数段的人数即为"＞＝70"的人数－"＞＝80"的人数。单击 D4 单元格，在编辑栏中编辑生成下列公式：

＝COUNTIF(成绩单！＄H＄4:＄H＄63,"> =70")－COUNTIF(成绩单！＄H＄4:＄H＄63,"> =80")

第 5 步：编辑 E4 单元格的公式。60～69 分数段的人数即为"＞＝60"的人数－"＞＝70"的人数，单击 E4 单元格，在编辑栏中编辑生成下列公式：

＝COUNTIF(成绩单！＄H＄4:＄H＄63,"> =60")－COUNTIF(成绩单！＄H＄4:＄H＄63,"> =70")

第 6 步：编辑 F4 单元格的公式。60 以下的人数即为"＜60"的人数，在编辑栏中编辑生成下列公式：

＝COUNTIF(成绩单！＄H＄4:＄H＄63,"< 60")

10) 计算各分数段人数的比例

第 1 步：单击"成绩分布"工作表的 B5 单元格，输入公式：＝B4/SUM(＄B＄4:＄F＄4)。

第 2 步：设置 B5 单元格为百分比样式(单击"格式"工具栏中的"百分比样式"按钮 %)，设置小数位数为两位。

第 3 步：单击 B5 单元格，使用填充柄填充 C5:F5。

11) 插入图表

第 1 步：选择"插入"菜单中的"图表"功能，打开"图表向导-4 步骤之 1-图表类型"对话框。单击"标准类型"选项卡，选择"图表类型"为"饼图"，子图表类型为"分离型饼图"。单击"下一步"按钮，打开"图表向导-4 步骤之 2-图表源数据"对话框。

第 2 步：在“图表向导-4 步骤之 2-图表源数据”对话框中，单击“数据区域”选项卡，单击“数据区域”编辑框右端的压缩对话框按钮，参照图 3-92(a)选择数据源(按 Ctrl 键选择不连续的单元格区域)，完成后单击压缩对话框按钮返回对话框，选择系列产生在“行”。单击“下一步”按钮，打开“图表向导-4 步骤之 3-图表选项”对话框。

第 3 步：在“图表向导-4 步骤之 3-图表选项”对话框中，单击“图例”选项卡，选中“显示图例”复选框，并选择图例位置为“底部”；单击“数据标志”选项卡，选中“类别名称”和“显示引导线”复选框。单击“下一步”按钮，打开“图表向导-4 步骤之 4-图表位置”对话框。

第 4 步：在“图表向导-4 步骤之 4-图表位置”对话框中，选中“作为其中的对象插入”单选钮。单击“完成”按钮。

第 5 步：调整图表大小，拖动类别名称的位置。效果如图 3-92(b)所示。

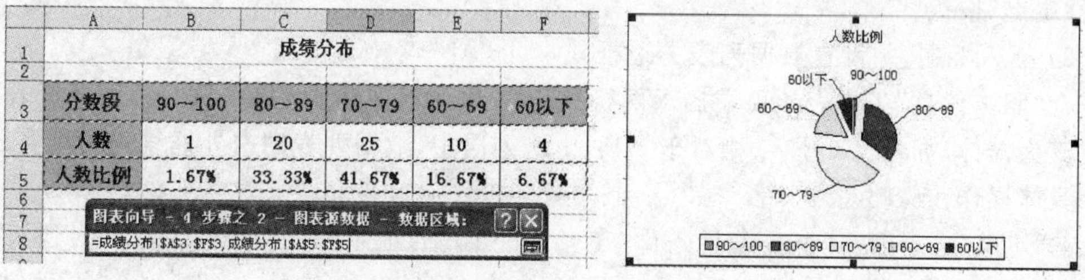

| | A | B | C | D | E | F |
|---|---|---|---|---|---|---|
| 1 | 成绩分布 | | | | | |
| 2 | | | | | | |
| 3 | 分数段 | 90～100 | 80～89 | 70～79 | 60～69 | 60以下 |
| 4 | 人数 | 1 | 20 | 25 | 10 | 4 |
| 5 | 人数比例 | 1.67% | 33.33% | 41.67% | 16.67% | 6.67% |

图表向导 - 4 步骤之 2 - 图表源数据 - 数据区域：

=成绩分布!$A$3:$F$3,成绩分布!$A$5:$F$5

(a)

人数比例

60以下 90～100 80～89 60～69 70～79

90～100 80～89 70～79 60～69 60以下

(b)

图 3-92 选择图表数据源和图表效果

12）保存工作簿

具体操作步骤略。

## 3.9.5 应用案例 8：职工信息表

### 1. 案例目标

将文本文件“职工信息.txt”中的数据导入到 Excel 工作表中，并对职工信息数据进行分析和处理。本案例涉及的主要操作包括：①自动筛选和高级筛选；②分类汇总；③创建数据透视表。

### 2. 操作步骤

1）拷贝素材

新建一个实验文件夹(形如“1203435001 李智 20120607”)，下载案例素材压缩包“应用案例 8-职工信息表.rar”至该实验文件夹下。右击压缩包，在弹出的快捷菜单中选择“解压到当前文件夹”，将案例素材压缩包解压为一个文件夹。本案例中提及的文件均存放在此文件夹下。

2）新建工作簿文件“职工信息表.xls”，导入外部数据文件 data.txt

第 1 步：启动 Excel，选择“文件”菜单中的“保存”功能，将工作簿保存到“应用案例 11-职工信息表”下，取名为“职工信息表.xls”。

第 2 步：双击工作表标签 Sheet1，改名为“职工信息”。

第 3 步：用记事本打开文件 data.txt（不要做任何修改），观察其数据格式，然后关闭。

第 4 步：单击“职工信息”工作表的 A1 单元格，选择“数据”菜单中的“导入外部数据”子菜单中的“导入数据”功能。

第 5 步：在“选取数据源”对话框中，选择 data.txt 文件，单击“打开”按钮。

第 6 步：在“文本导入向导-3 步骤之 1”对话框中，选中“分隔符号”，单击“下一步”按钮。

第 7 步：在“文本导入向导-3 步骤之 2”对话框中，选中“逗号”复选框，单击“下一步”按钮。

第 8 步：在“文本导入向导-3 步骤之 3”对话框中，选中“常规”作为“列数据格式”，单击“完成”按钮。

第 9 步：在“导入数据”对话框中，设置数据的放置位置为“现有工作表”的 A1 单元格，单击“确定”按钮。

3）插入标题，并设置数据列表的边框线

在“职工信息”工作表的顶端插入两行，在 A1 单元格中输入标题“职工信息一览表”，并设置其为楷体、加粗、18 号字、相对于 A1:F1 跨列居中，数据列表的内外框线均为细实线。

具体操作步骤略。

4）使用“自动筛选”查看满足条件“工龄＞＝10”的记录，并将筛选结果复制到工作表“筛选结果 1”，然后取消自动筛选

具体操作步骤略。

5）使用“自动筛选”查看满足条件“5＜＝工龄＜＝10”的记录，并将筛选结果复制到工作表“筛选结果 2”，然后取消自动筛选

第 1 步：单击数据列表中的任一单元格，选择“数据”菜单中的“筛选”子菜单中的“自动筛选”功能。

第 2 步：单击“工龄”筛选按钮，在展开的下拉列表中选择“自定义”，打开“自定义自动筛选方式”对话框，设置筛选条件为工龄“大于或等于 5”与“小于或等于 10”（如图 3-93(a) 所示），单击“确定”按钮。

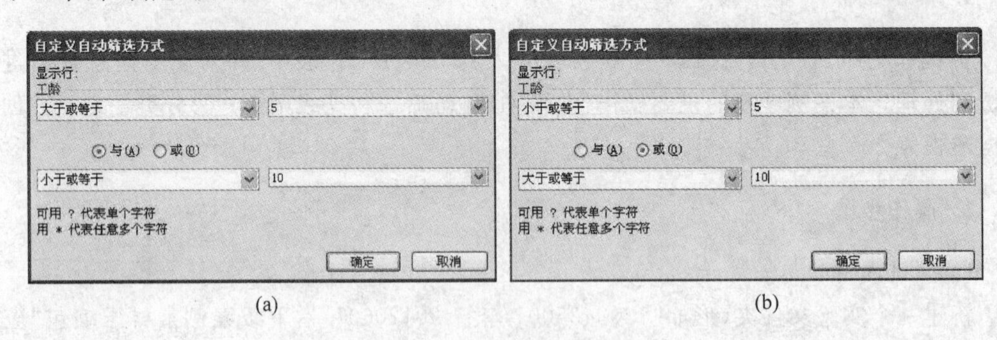


图 3-93　自定义自动筛选

第 3 步：新建工作表，取名为“筛选结果 2”，并将筛选结果复制到该工作表。

第 4 步：再次选择“数据”菜单中的“筛选”子菜单中的“自动筛选”功能，取消自动筛选。

6）使用“自动筛选”查看满足条件“工龄＜＝5 或 工龄＞＝10”的记录，并将筛选结果复制到工作表“筛选结果 3”，然后取消自动筛选

第 1 步：单击数据列表中的任一单元格，选择“数据”菜单中的“筛选”子菜单中的“自动筛选”功能。

第 2 步：单击“工龄”筛选按钮▼，在展开的下拉列表中选择“自定义”，打开“自定义自动筛选方式”对话框，设置筛选条件为工龄“小于或等于 5”或“大于或等于 10”(如图 3-93(b)所示)，单击“确定”按钮。

第 3 步：新建工作表，取名为“筛选结果 3”，并将筛选结果复制到该工作表。

第 4 步：再次选择“数据”菜单中的“筛选”子菜单中的“自动筛选”功能，取消自动筛选。

7) 使用“自动筛选”查看满足条件“工龄＞＝10 且 基本工资＞＝2000”的记录，并将筛选结果复制到工作表“筛选结果 4”，然后取消自动筛选

第 1 步：使用“自动筛选”筛选出满足条件“工龄＞＝10”的记录。

第 2 步：在第 1 步筛选结果的基础上，筛选出满足条件“基本工资＞＝2000”的记录。

第 3 步：新建工作表，取名为“筛选结果 4”，并将筛选结果复制到该工作表。

第 4 步：取消自动筛选。

8) 使用“高级筛选”查看满足条件“工龄＞＝10 且基本工资＞＝2000”的记录，并将筛选结果复制到工作表“筛选结果 5”，然后取消筛选

第 1 步：在数据列表区域外建立如图 3-94 所示的条件区域 I1:J2。

第 2 步：单击数据列表中的任一单元格，选择“数据”菜单中的“筛选”子菜单中的“高级筛选”功能，分别单击“列表区域”和“条件区域”编辑框右侧的压缩对话框按钮，选择列表区域和条件区域。完成后单击“确定”按钮。

第 3 步：新建工作表，取名为“筛选结果 5”，并将筛选结果复制到该工作表。

第 4 步：选择“数据”菜单中的“筛选”子菜单中的“全部显示”功能。

| | A | B | C | D | E | F | G | H | I | J |
|---|---|---|---|---|---|---|---|---|---|---|
| 1 | 职工信息一览表 | | | | | | | | 工龄 | 基本工资 |
| 2 | | | | | | | | | >=10 | >=2000 |
| 3 | 姓名 | 部门 | 工龄 | 基本工资 | 绩效工资 | 住房补贴 | | | | |
| 4 | 陈婧 | 质管科 | 7 | 1300 | 2200 | 580 | | | | |
| 5 | 戴杰 | 生产科 | 2 | 800 | 700 | 80 | | | | |
| 6 | 杜尔昭 | 销售科 | 7 | 1300 | 2200 | 580 | | | | |
| 7 | 范玲玉 | 生产科 | 18 | 2400 | 5500 | 1680 | | | | |
| 8 | 方虹 | 销售科 | 12 | 1800 | 3700 | 1080 | | | | |
| 9 | 葛韬 | 销售科 | 9 | 1500 | 2800 | 780 | | | | |
| 10 | 何津晶 | 生产科 | 9 | 1500 | 2800 | 780 | | | | |
| 11 | 洪玫 | 质管科 | 8 | 1400 | 2500 | 680 | | | | |
| 12 | 蒋鹏敏 | 质管科 | 8 | 1400 | 2500 | 680 | | | | |
| 13 | 李薇 | 质管科 | 13 | 1900 | 4000 | 1180 | | | | |

该条件区域表示：工龄>=10且基本工资>=2000

高级筛选

方式

在原有区域显示筛选结果(F)

将筛选结果复制到其他位置(O)

列表区域(L): $A$3:$F$43

条件区域(C): $I$1:$J$2

复制到(T):

选择不重复的记录(R)

确定 取消

图 3-94 高级筛选示例 1

9) 使用“高级筛选”查看满足条件“工龄＞＝10 或基本工资＞＝2000”的记录，并将筛选结果复制到工作表“筛选结果 6”，然后取消筛选

提醒：需先建立如图 3-95 所示的条件区域 I1:J3，即两个条件处于不同的行，表示“或”关系，操作步骤与操作 8)类似。

10) 以“部门”作为分类字段，对“职工信息”工作表进行分类汇总

第 1 步：将“职工信息”工作表以“部门”为关键字升序排列(因为分类汇总之前必须先

对分类字段排序),方法是:单击数据列表中的“部门”列,单击“常用”工具栏中的“升序排序”按钮。

第 2 步:单击数据列表中的任一单元格,选择“数据”菜单中的“分类汇总”功能,选择“分类字段”为“部门”,选择“汇总方式”为“求和”,在“选定汇总项”列表框中选中“基本工资”、“绩效工资”和“住房补贴”复选框,单击“确定”按钮。

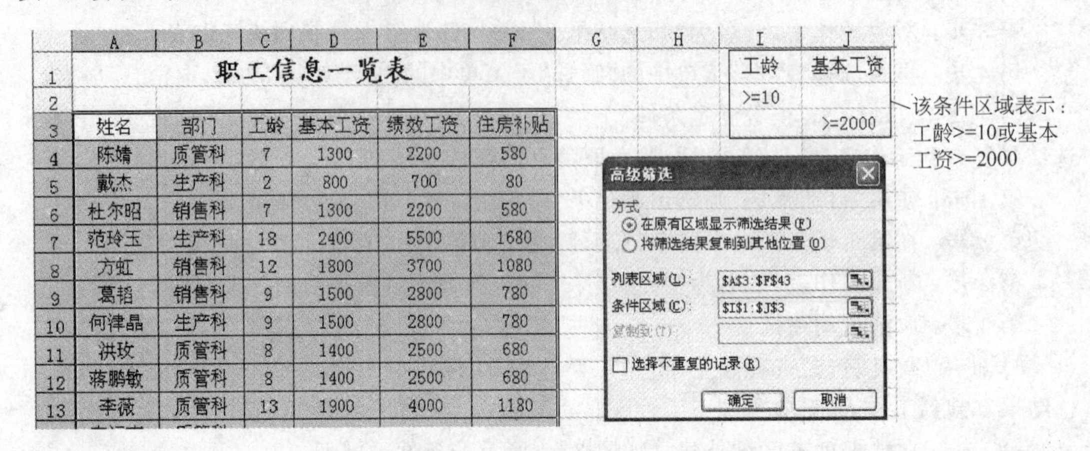

职工信息一览表

| 姓名 | 部门 | 工龄 | 基本工资 | 绩效工资 | 住房补贴 |
|---|---|---|---|---|---|
| 陈婧 | 质管科 | 7 | 1300 | 2200 | 580 |
| 戴杰 | 生产科 | 2 | 800 | 700 | 80 |
| 杜尔昭 | 销售科 | 7 | 1300 | 2200 | 580 |
| 范玲玉 | 生产科 | 18 | 2400 | 5500 | 1680 |
| 方虹 | 销售科 | 12 | 1800 | 3700 | 1080 |
| 葛韬 | 销售科 | 9 | 1500 | 2800 | 780 |
| 何津晶 | 生产科 | 9 | 1500 | 2800 | 780 |
| 洪玫 | 质管科 | 8 | 1400 | 2500 | 680 |
| 蒋鹏敏 | 质管科 | 8 | 1400 | 2500 | 680 |
| 李薇 | 质管科 | 13 | 1900 | 4000 | 1180 |



图 3-95 高级筛选示例 2

# 第4章　演示文稿软件 PowerPoint

## 4.1　概述

PowerPoint 软件是微软公司推出的一个多媒体演示软件，它主要用于信息展示领域。目前在各种商务活动及演讲会上非常常见。

PowerPoint 可以方便地制作出精美的幻灯片，在其中可以编辑文字，插入图片、图形、表格、音频、视频等各种对象或制作各种特殊效果。

利用 PowerPoint，不但可以创建演示文稿，还可以在互联网上进行面对面交谈、远程会议或在 Web 上给观众展示演示文稿。随着办公自动化的普及，PowerPoint 的应用越来越广。

制作演示文稿的基本步骤如下。

(1) 创建演示文稿。

(2) 编辑和格式化。包括添加和整合多媒体信息。

(3) 设置放映方式。

(4) 演示文稿打包。

### 1. PowerPoint 2003 的启动

有多种方法可以启动 PowerPoint 2003。

方法1：首先单击“开始”菜单按钮，移动鼠标指向“所有程序”；然后移动鼠标指向 Microsoft Office；最后移动鼠标指向 Microsoft Office PowerPoint 2003 并单击鼠标。PowerPoint 2003 启动后的窗口界面如图 4-1 所示。

方法2：如果电脑桌面上已经存在了 PowerPoint 的快捷方式，则双击该快捷方式图标也可启动。

方法3：选择任何一个 PowerPoint 文档，双击它即可启动 PowerPoint，并且自动加载该文档。

方法4：找到存放 PowerPoint 程序的路径，双击 PowerPoint 的运行程序。

方法5：在“运行”对话框中输入 PowerPoint 运行程序的路径。

### 2. PowerPoint 2003 工作界面

启动 PowerPoint 2003，其操作界面如图 4-1 所示。主界面大致分成了左、中、右三部分。

(1) 中间是内容编辑区域，默认给出的是一个典型的标题幻灯片版式作为演示文稿的第一张幻灯片，也就是标题幻灯片。

(2) 左边是幻灯片缩略图和大纲视图显示。

(3) 右边是 Office 系列通行的任务窗格。

另外,在编辑区域的正下方是一个添加备注区域,用来对幻灯片进行说明。在演讲时,备注常用来提示当前幻灯片要表现的内容。最下方是状态栏,它显示了当前文件包含多少张幻灯片,以及当前幻灯片是第几张。

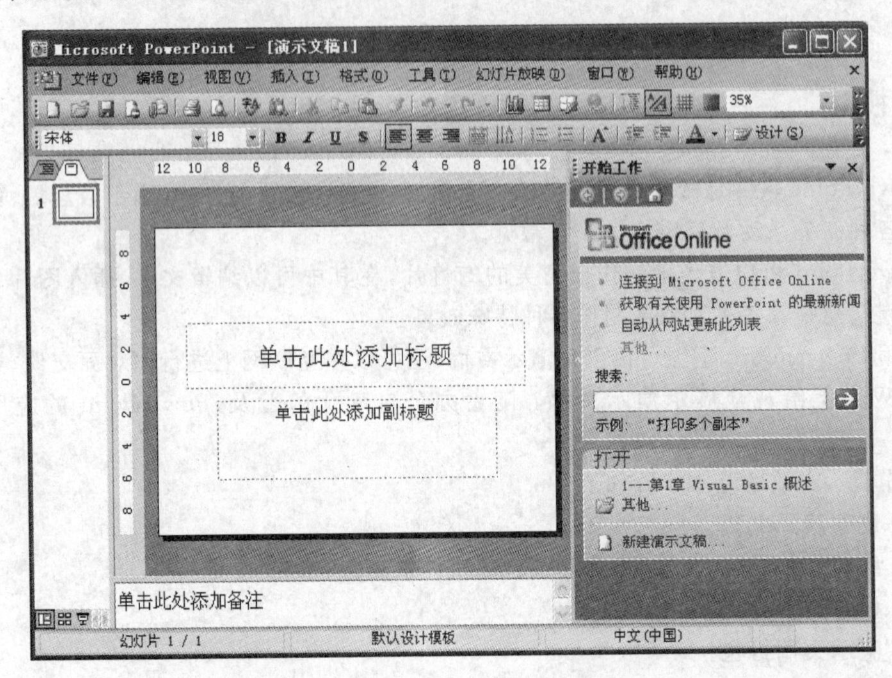


图 4-1 PowerPoint 2003 工作界面

**3. 退出 PowerPoint 2003**

退出 PowerPoint 2003 应用程序,也即关闭 PowerPoint 2003 窗口,主要有以下几种方法。

方法 1:单击窗口右上角的"关闭"按钮。

方法 2:选择"文件"菜单中的"退出"功能。

方法 3:按 Alt + F4 组合键。

方法 4:单击标题栏最左边的图标,选择"控制菜单"中的"关闭"功能。

方法 5:双击标题栏最左边的图标。

## 4.2 基本操作

演示软件产生的文档称为演示文稿。一份完整的演示文稿由若干张相互联系,并按一定顺序排列的"幻灯片"组成。每张幻灯片上可以有文字、表格、图,还可以插入声音、动画、视频等多媒体素材。以扩展名为. ppt 保存在磁盘上,所以有时将演示文稿简称为 PPT 文件。

### 4.2.1 新建演示文稿

新建演示文稿有4种方式:“空演示文稿”、“根据设计模板”、“根据内容提示向导”和“根据现有演示文稿”。这些方式均可通过“新建演示文稿”任务窗格的相应选项来选择,如图4-2所示。

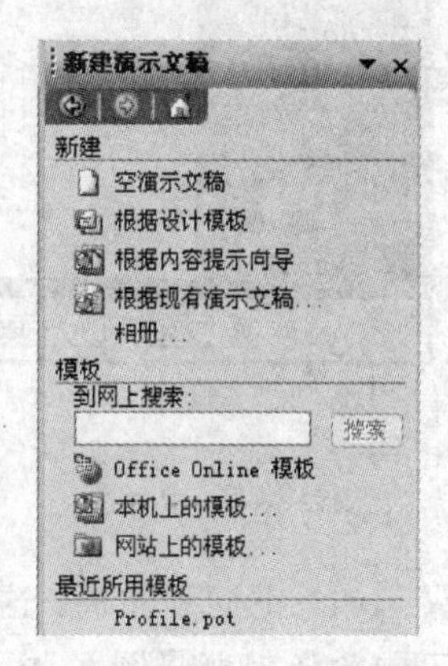


图4-2 “新建”对话框

(1) 根据内容提示向导:初学者可在向导提示下分5步完成演示文稿的建立。顺序依次为:开始、演示文稿类型、演示文稿样式、演示文稿选项、完成。创建者可以根据实际需要选择不同的类型,系统会根据所选类型给出标准框架和提示,帮助完成文稿的创建,如图4-3所示。

(2) 根据设计模板:利用PowerPoint提供的某一个现有的模板来自动快速形成每张幻灯片的外观。创建者可以从图4-4所示对话框中选择一个模板应用于当前文稿。

(3) 根据现有演示文稿:类似于根据设计模板,它可以把本机上现有的任一演示文稿的模板应用于新建的文档。

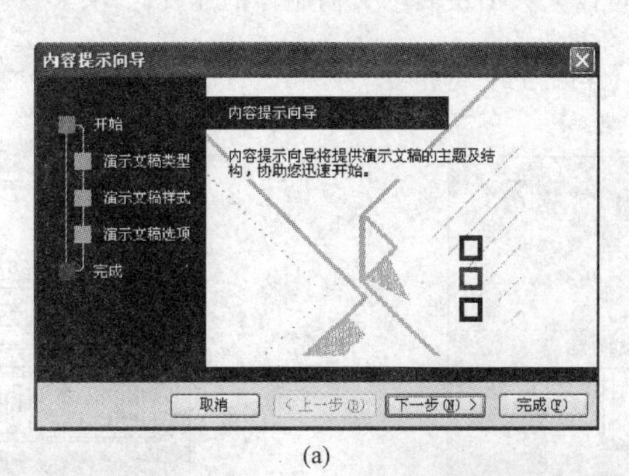


(a)

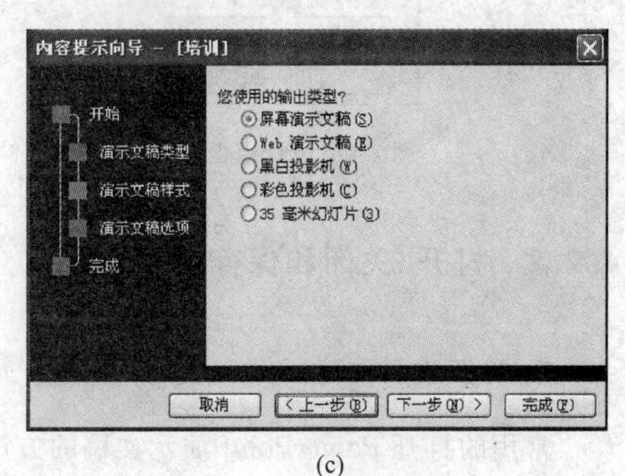


(b) (c)

图4-3 “内容提示向导”对话框

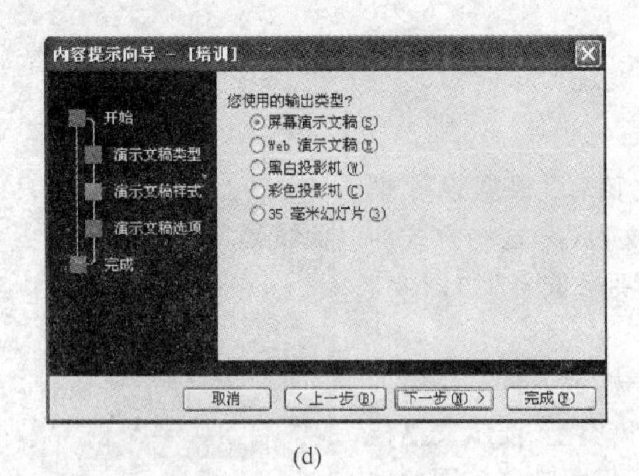


(d)

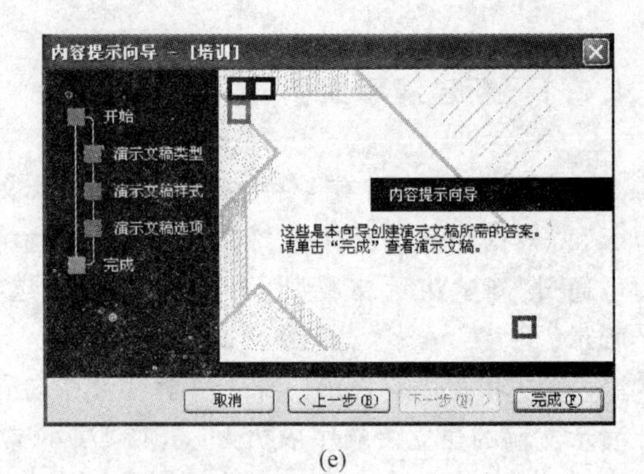


(e)

图 4-3 （续）

(4) 空演示文稿：这是建立新演示文稿最常用的一种方法，它非常有用，建立的幻灯片不包含任何背景图案、内容，但包含了 31 种自动版式供用户选择，如图 4-5 所示。这些版式中包含许多占位符，用于添加标题、文字、图片、图表和表格等各种对象。用户可以按照占位符中的文字提示输入内容；也可以删除多余的占位符或选择“插入”菜单下的“对象”功能插入自己所需的图片、Word、Excel 等各种对象；选择“插入”菜单下的“文本框”功能，插入所需的文本内容。这样，可以大大加快演示文稿制作的速度。

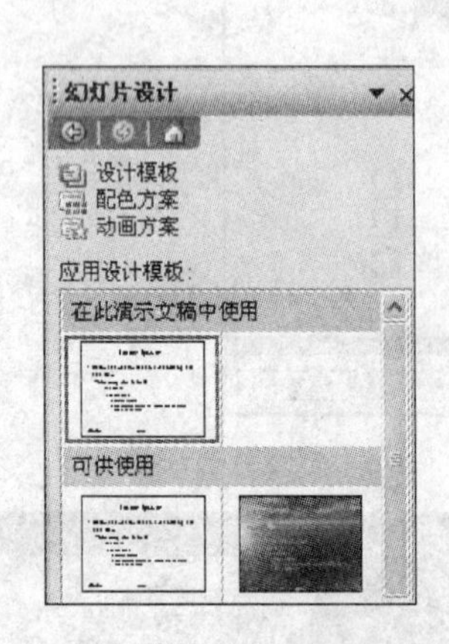


图 4-4 设计模板对话框

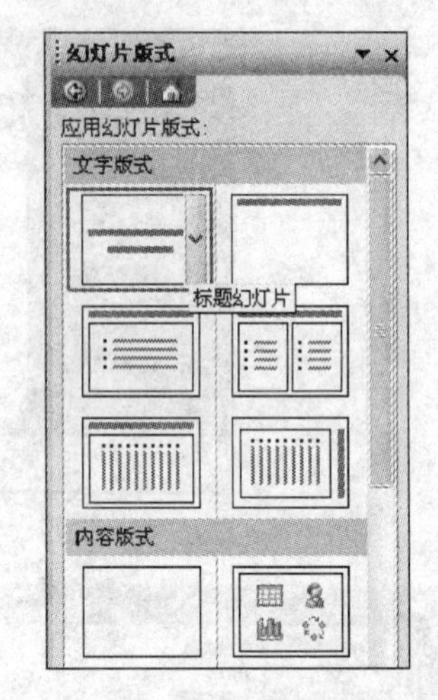


图 4-5 幻灯片版式选择

## 4.2.2 打开、关闭和保存演示文稿

### 1. 打开演示文稿

常用的打开 PowerPoint 演示文稿的方法有以下三种。

方法 1：选择“文件”菜单中的“打开”功能，在“打开”对话框中确定文件位置和演示文稿文件后，单击“打开”按钮。

方法 2：单击“常用”工具栏中的“打开”按钮。

方法 3：在“我的电脑”或“资源管理器”窗口中双击演示文稿文件。

具体操作步骤如下。

第 1 步：选择“文件”菜单下的“打开”功能，或单击工具栏中的“打开”按钮，都会弹出如图 4-6 所示的“打开”对话框。

第 2 步：在“查找范围”框中选择演示文稿所在的文件夹，在文件列表框中选中要打开的演示文稿。

第 3 步：单击“打开”按钮就可打开。

图 4-6 “打开”对话框

**2. 保存演示文稿**

保存 PowerPoint 演示文稿的方法有以下几种。

方法 1：选择“文件”菜单下的“保存”功能。

方法 2：单击常用工具栏上的“保存”按钮。

方法 3：按快捷键 Ctrl＋S。

方法 4：选择“文件”菜单下的“另存为”功能。

保存演示文稿后，系统默认文件扩展名为.PPT。

## 4.2.3 演示文稿的显示视图

PowerPoint 中对幻灯片提供了多种显示方式，称为视图。幻灯片的视图方式有以下三种：普通视图、幻灯片浏览视图和幻灯片放映视图。切换幻灯片视图的方法如下。

方法 1：在 PowerPoint 窗口的左下角，有一组按钮，对应于三种视图方式。

方法 2：打开“视图”菜单，可选择三种视图方式。

**1. 普通视图**

在 PowerPoint 窗口左下角，单击“普通视图”按钮，即可打开该视图方式，如图 4-7 所示。普通视图是建立和编辑幻灯片的主要方式。普通视图主要分为三大区域：最左边包括大纲和幻灯片两种视图模式；主窗口为幻灯片窗格，使用它可以查看、编辑、设计每张幻灯片中的文本外观，并能够在单张幻灯片中添加图片、影片、声音等；视图下方为备注窗格，用户可以在此处添加备注信息。

图 4-7　普通视图

### 2. 幻灯片浏览视图

单击 PowerPoint 窗口左下角的“幻灯片浏览视图”按钮，即可打开该视图方式，如图 4-8 所示。在该视图下可以在一屏中显示多张幻灯片。此时幻灯片缩小，按顺序排列在窗口中。在此视图中，可以通过改变常用工具栏中的显示比例，在一屏中浏览更多的幻灯片或者让幻灯片显示得较大，还可以对幻灯片进行移动、复制、删除等操作。如果在某张幻灯片上双击，即可切换到普通视图。

### 3. 幻灯片放映视图

单击 PowerPoint 窗口左下角的“幻灯片放映视图”按钮，即可从当前页开始放映幻灯片，如图 4-9 所示。幻灯片放映视图是模仿放映幻灯片的过程，在全屏幕方式下按顺序放映幻灯片。单击或按 Enter 键播放下一张，按 Esc 键或全部放映完后恢复原样。

## 4.2.4　演示文稿的编辑

### 1. 幻灯片版式

幻灯片版式用于选择当前幻灯片中各对象的布局，打开“幻灯片版式”任务窗格的操作

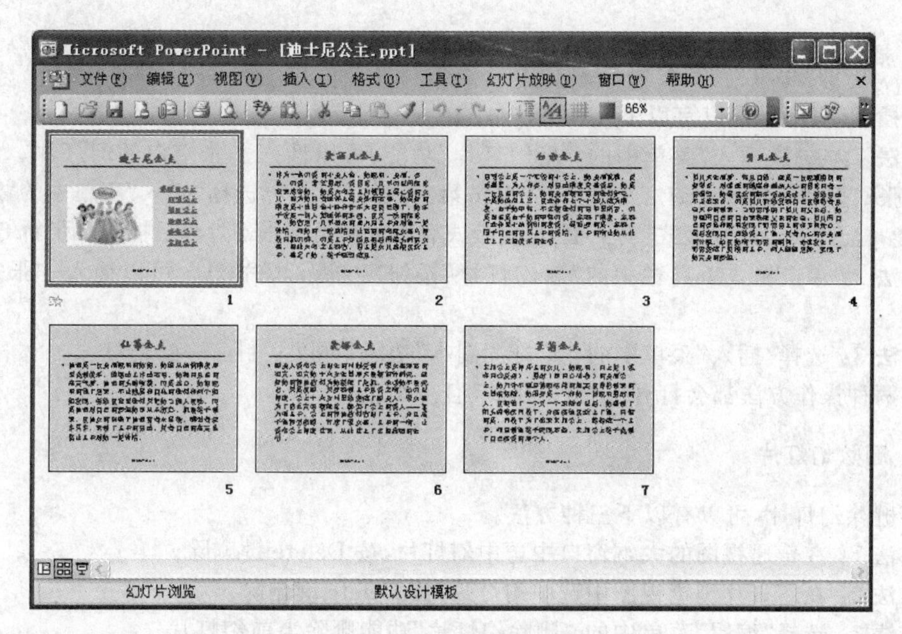


图 4-8 幻灯片浏览视图

图 4-9 幻灯片放映视图

方法有以下几种。

方法 1：当新建一个新的空白演示文稿时，会打开如图 4-5 所示的“幻灯片版式”任务窗格。

方法 2：在当前演示文稿中插入一张新幻灯片时，也会打开“幻灯片版式”任务窗格。

方法 3：选择“格式”菜单下的“幻灯片版式”功能，也将打开“幻灯片版式”任务窗格。

在“幻灯片版式”任务窗格选择需要的版式即可。

**2. 选中幻灯片**

1) 选中单张幻灯片

方法 1：在普通视图的左侧，选择“大纲”选项卡，单击文字左侧的幻灯片标记图标▭即可选中幻灯片。

方法 2：在普通视图的左侧，选择“幻灯片”选项卡，单击整张幻灯片即可选中幻灯片。

方法 3：在幻灯片浏览视图中，直接单击需要的幻灯片即可选中幻灯片。

2) 选中不连续的多张幻灯片

选中一张幻灯片后，按住 Ctrl 键继续单击其他的幻灯片标记图标则可选中分散的多张幻灯片。

3) 选中连续的多张幻灯片

选中一张幻灯片后，按住 Shift 键继续单击其他的幻灯片标记图标则可选中连续的多张幻灯片。

### 3. 插入幻灯片

要插入幻灯片，可以有以下几种方法。

方法1：选择“插入”菜单中的“新幻灯片”功能，可以插入一张空白的幻灯片。例如要在第三张幻灯片后插入新幻灯片时，首先单击第三张幻灯片，再选择“插入”菜单中的“新幻灯片”功能，打开“新幻灯片版式”对话框，选定版式后即可在第三张幻灯片后插入一张新幻灯片。

方法2：单击格式工具栏中的“新幻灯片”按钮“新幻灯片(N)”，可以插入一张空白的幻灯片。

方法3：选择“插入”菜单中的“幻灯片副本”功能，可以复制前一张幻灯片。

前两种操作方法都会打开“幻灯片版式”任务窗格。

### 4. 删除幻灯片

要删除幻灯片，可以有以下三种方法。

方法1：在普通视图的大纲窗口中选中幻灯片，按Delete键删除。

方法2：在幻灯片浏览视图中选中幻灯片，按Delete键删除。

方法3：选择“编辑”菜单中的“删除幻灯片”功能删除当前幻灯片。

### 5. 复制幻灯片

先选中要被复制的单张或多张幻灯片，然后可以按以下几种方法进行幻灯片复制。

方法1：在普通视图的大纲窗口中按住Ctrl键，并拖动幻灯片至合适位置。

方法2：在幻灯片浏览视图中按住Ctrl键，并拖动幻灯片至合适位置。

方法3：在大纲窗口或幻灯片浏览视图中选中幻灯片，用“复制”和“粘贴”命令。

方法4：选中幻灯片，选择“插入”菜单中的“幻灯片副本”功能。

### 6. 移动幻灯片

先选中要被移动的单张或多张幻灯片，然后可以按以下几种方法进行幻灯片移动。

方法1：在普通视图的大纲窗口中直接拖动幻灯片至合适位置。

方法2：在幻灯片浏览视图中直接拖动幻灯片至合适位置。

方法3：在大纲窗口或幻灯片浏览视图中选中幻灯片，用“剪切”和“粘贴”命令。

## 4.3 幻灯片修饰

用户在建立幻灯片时通过选择“幻灯片版式”为插入的对象提供占位符，在占位符中可插入所需的文字、图片、表格等对象。此外，在PowerPoint中还提供了插入声音、影片、动作和超链接等多媒体对象。

### 4.3.1 添加多媒体对象

#### 1. 插入图片、艺术字及自选图形

在PowerPoint中插入图片、艺术字和自选图形的方法和Word中的方法类似，主要有

以下两种操作方法。

方法1：打开"插入"菜单中的"图片"菜单组，在PowerPoint中作为图片处理的对象很多，包括剪贴画、图像文件、自选图形、组织结构图、艺术字、来自扫描仪或相机等的图片。选择需要插入的对象，打开相应的对话框进行相应的操作。图4-10是显示在一张幻灯片中插入多种图片对象的效果。

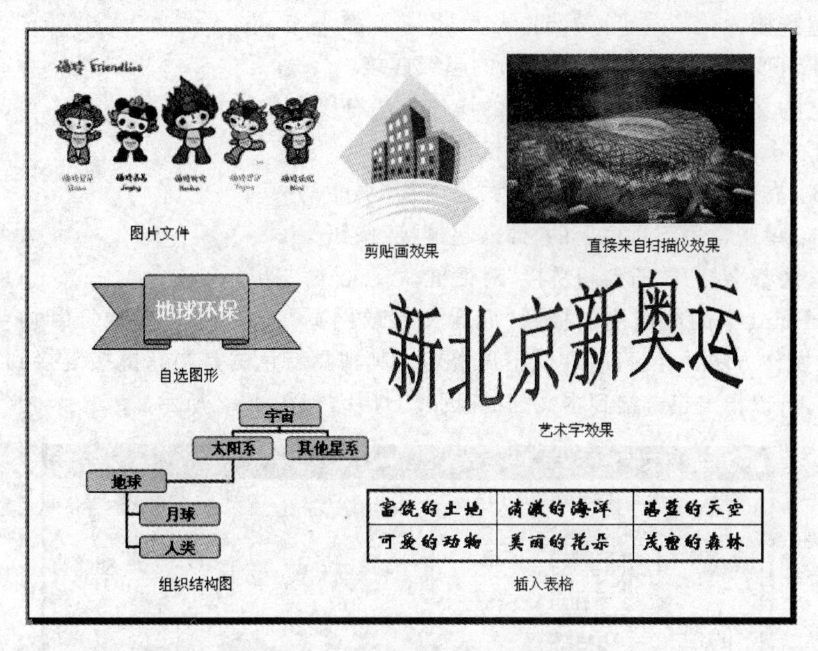


图4-10　插入各种图片组件的效果图

方法2：选择"视图"菜单中的"工具栏"菜单组，选取"绘图"菜单项，使其出现☑，即可打开"绘图"工具栏，如图4-11所示，根据需要选取"插入剪贴画"按钮、"插入文件中的图片"按钮、"插入艺术字"按钮、"自选图形"按钮 自选图形(U) ▾ 等。

绘图(R) ▾ | 自选图形(U) ▾

图4-11　"绘图"工具栏

这些图文对象的操作和设置方法和Word中的类似，这里就不赘述了。

**2. 插入声音和视频**

1）插入声音

为了使放映幻灯片时能同时播放解说词或音乐，可通过选择"插入"菜单中的"影片和声音"菜单中的"文件中的声音"功能，插入事先录制好的声音文件。插入声音文件后会出现一个对话框，询问是否要在放映幻灯片时自动播放该声音。若为否，则需要在放映时单击幻灯片上的插入标记才会播放。成功插入声音文件后，在幻灯片中央位置上有一个插入标记小喇叭图标显示。

2）插入视频文件

选择"插入"菜单中的"影片和声音"菜单中的"文件中的影片"功能，打开"插入影片"对话框，在其中找到影片文件后，单击“确定”按钮将影片文件插入到当前幻灯片中。

**3. 插入超链接**

用户可以在幻灯片中添加超链接，然后利用它转跳到同一文档的某张幻灯片上，或者转跳到其他的文档，如另一演示文稿、Word 文档、公司 Internet 地址和电子邮件等。有两种方式插入超链接。

1) 以带下划线的文本或图片表示的超级链接

为选定的文本或图片设置超链接的操作方法有以下几种。

方法 1：选择“插入”菜单中的“超链接”功能。

方法 2：右击后选择快捷菜单中的“超链接”功能。

方法 3：单击常用工具栏上的“插入超链接”按钮。

上述方法都会打开“插入超链接”对话框。

PowerPoint 中的超链接链接到“原有文件或网页”或“电子邮件地址”时，与 Word 或 Excel 中的操作方法并无区别，在此不再赘述。其独具特色的是当超链接链接到“本文档中的位置”时，可以指定超链接到本文档的哪张幻灯片，如图 4-12 所示。

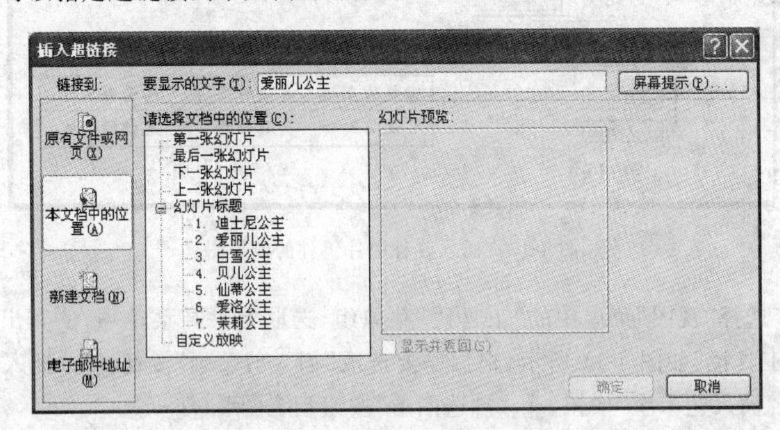


图 4-12 “插入超链接”对话框

进行上述超链接的有关设置后，作为超链接的文本被以下划线的形式表示。在播放幻灯片时，鼠标放置到被设置了超链接的文本或对象上时，鼠标的形状变成一个手的形状。

2) 以动作按钮表示的超链接

PowerPoint 中的动作按钮的实质是一个带有超链接的自定义图形。

添加和设置动作按钮的具体操作步骤如下。

第 1 步：打开要插入动作按钮的幻灯片。

第 2 步：选择“幻灯片放映”菜单中的“动作按钮”功能，在动作按钮组中单击需要的动作按钮，如图 4-13 所示。

第 3 步：当鼠标变成“+”字形时，在幻灯片的合适位置拖动鼠标产生一个动作按钮对象。

第 4 步：释放左键后弹出“动作设置”对话框，对话框中最主要的设置是“超链接到”，可以链接到另一个文档、本文档的另一张幻灯片、网站地址、其他应用程序等，如图 4-14 所示。

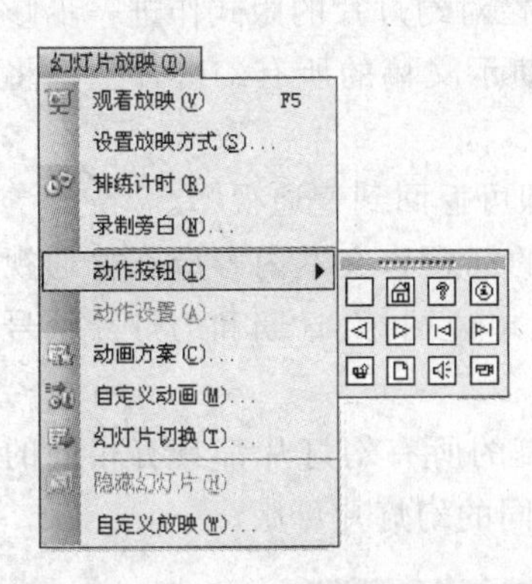


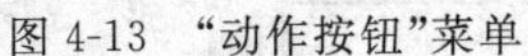

图 4-13 “动作按钮”菜单

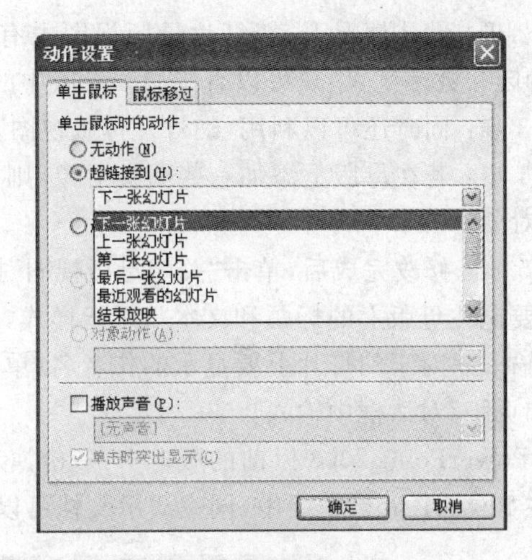


图 4-14 “动作设置”对话框

第 5 步：在对话框中根据需要设置完动作后，单击“确定”按钮即可。

单击“绘图”工具栏上的“自选图形”按钮，其中也包含了“动作按钮”菜单组，它完全等价于“幻灯片放映”菜单中的“动作按钮”菜单组。

**注意**：*若要使整个演示文稿的每张幻灯片均可通过相应按钮切换到上一张幻灯片、下一张幻灯片、第一张幻灯片，不必对每张幻灯片逐一进行，只要在“幻灯片母版”视图中对幻灯片母版进行一次设置即可。*

3）编辑超链接

在插入了超链接之后，需要对已有的超链接修改，可以选中设置有超链接的对象后，用以下任一种方法打开“编辑超链接”对话框或“动作设置”对话框进行修改。

方法 1：选择“插入”菜单中的“超链接”功能。

方法 2：右击后选择快捷菜单中的“编辑超链接”功能。

方法 3：单击常用工具栏上的“插入超链接”按钮。

## 4.3.2 设置幻灯片外观

演示文稿的最大优点之一是可快速地设计格局统一且有特色的一组演示文稿，这主要通过设置幻灯片外观来实现。控制幻灯片外观的途径主要有以下几种：母版、设计模板、配色方案、幻灯片背景、页眉和页脚等。

### 1. 母版

母版是当前演示文稿中所有幻灯片的蓝本，凡是在母版中所做的任何设置与修改都将影响到整个演示文稿的所有幻灯片，这样可以使整个演示文稿保持一致的风格和布局，同时提高了编辑效率。PowerPoint 2003 中有 3 种母版，分别为幻灯片母版、讲义母版和备注母版。现以幻灯片母版为例介绍如何修改母版，具体的操作步骤如下。

第 1 步：选择“视图”菜单中的“母版”菜单中的“幻灯片母版”菜单项，打开“幻灯片母版”视图，并同时打开“幻灯片母版视图”工具栏，如图 4-15 所示。

第 2 步：默认情况下，幻灯片母版视图中有 5 个占位符，分别为标题区、对象区、日期区、页脚区和数字区，用户可以直接修改母版中的这 5 个区域的位置、格式等。

第 3 步：同时还可以利用"幻灯片母版视图"工具栏对幻灯片的版式作进一步修改。

第 4 步：若在母版上添加一些图文对象，则当前演示文稿的所有幻灯片上都将出现这些图文对象。

第 5 步：修改完成后，单击"关闭母版视图"按钮即可返回到普通视图。

但要记住母版上的标题和文本只用于样式，实际的标题和文本内容应在普通视图的幻灯片上输入。对于幻灯片上要显示的作者名、单位名、单位图标、日期和幻灯片编号等应在"页眉和页脚"对话框中输入。

在 PowerPoint 2003 以前的版本中，一份演示文稿的所有幻灯片都具有相同的内容和布局，在 PowerPoint 2003 中，同一演示文档可以有不同的幻灯片母版。

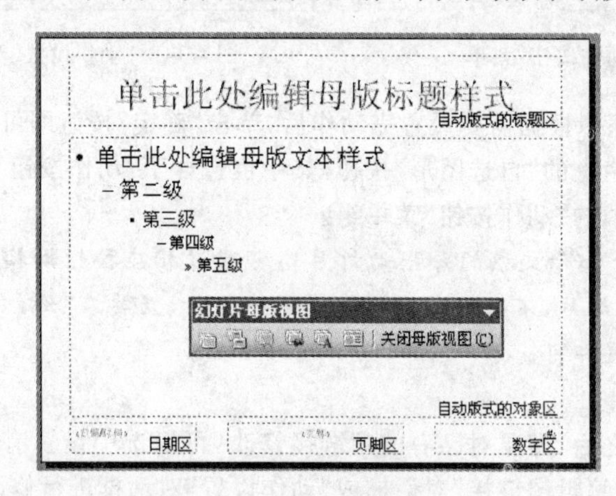


图 4-15 "幻灯片母版"视图

**2. 设计模板**

1）"幻灯片设计"任务窗格

利用 PowerPoint 中的"幻灯片设计"任务窗格，可以设置当前演示文档中幻灯片的设计模板、配色方案和动画方案。打开"幻灯片设计"窗格的方法有以下几种。

方法 1：选择"格式"菜单中的"幻灯片设计"功能。

方法 2：单击格式工具栏中的"幻灯片设计"按钮 设计(S)。

方法 3：在当前幻灯片的空白处右击，在快捷菜单中选择"幻灯片设计"菜单项。

2）应用设计模板

设计模板是扩展名为.pot 的一类文件。通过将模板文件中幻灯片的格式运用在当前的演示文稿中，可以方便、快捷地创建具有统一格式和风格的演示文稿。在演示文稿中使用设计模板的具体操作步骤如下。

第 1 步：打开需要使用设计模板的演示文稿。

第 2 步：单击格式工具栏中的"幻灯片设计"按钮 设计(S)。或选择"格式"菜单中的"幻灯片设计"功能，打开"幻灯片设计"任务窗格。

第 3 步：在"幻灯片设计"任务窗格中，确认"设计模板"超链接项处于被选中状态。

第 4 步：在“应用设计模板”列表框中单击需要的模板即可。

在“应用设计模板”任务窗格中一般仅列出了系统自带的设计模板，但用户也可以自己设计或从网上下载设计模板文件供自己或他人使用。当在任务窗格中并未找到自己需要的设计模板时，也可以单击图 4-16 下部的“浏览”超链接按钮，找到自己需要的设计模板。

### 3. 配色方案

配色方案是对幻灯片的背景颜色、文本颜色、填充颜色、阴影颜色等预设的色彩组合。每个设计模板都有一个或多个配色方案。一个配色方案包括了 8 种不同的颜色，即背景颜色、文本和线条颜色、阴影颜色、标题文本颜色、填充颜色、强调颜色、强调文字和超链接颜色以及强调文字和已访问的超链接颜色。

1）应用幻灯片的配色方案

要更换配色方案，具体操作步骤如下。

第 1 步：单击常用工具栏上的“设计”按钮，或选择“格式”菜单中的“幻灯片设计”功能，打开“幻灯片设计”任务窗格。

第 2 步：在“幻灯片设计”任务窗格顶部单击“配色方案”超链接，“幻灯片设计”任务窗格被切换为“配色方案”任务窗格。

第 3 步：在任务窗格的“应用配色方案”列表框中选择需要的配色方案，如图 4-17 所示。

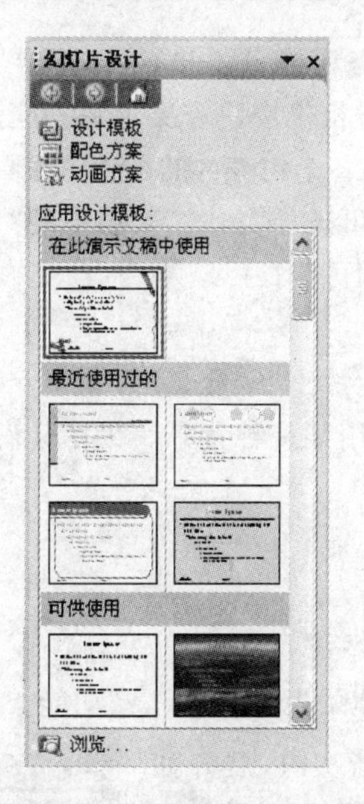


图 4-16 “幻灯片设计”任务窗格

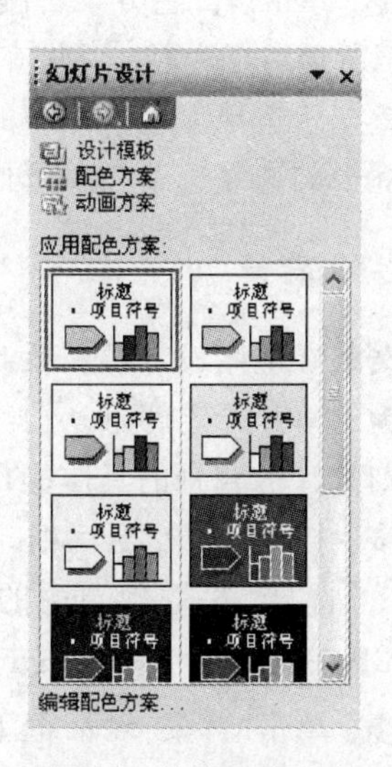


图 4-17 应用配色方案

2）更改配色方案的颜色

如果对设计模板提供的多个配色方案均不满意，用户也可以更改配色方案中的颜色，具体操作步骤如下。

第 1 步：单击“格式”工具栏中的“幻灯片设计”按钮，或选择“格式”菜单中的“幻灯片设计”功能，打开“幻灯片设计”任务窗格。

第 2 步：在“幻灯片设计”任务窗格顶部单击“配色方案”超链接，“幻灯片设计”任务窗格被切换为“配色方案”任务窗格。

第3步：单击其下部的“编辑配色方案”超链接，打开“编辑配色方案”对话框，如图4-18所示。

第4步：选中“配色方案颜色”中需要改变颜色的项目，单击“更改颜色”按钮，在弹出的如图4-19所示的对话框中选择一种颜色，单击“确定”按钮，返回“编辑配色方案”对话框。

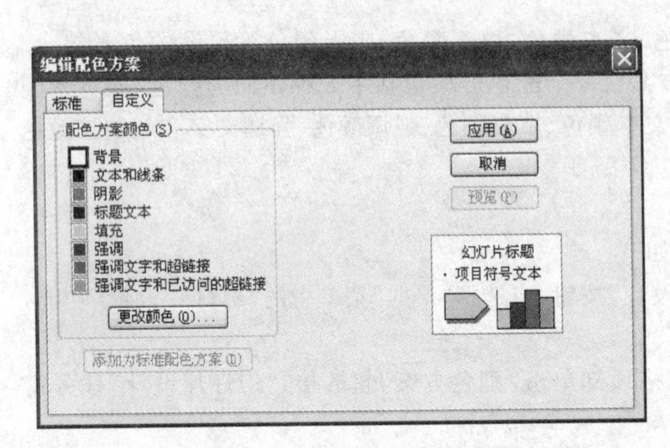


图4-18 “编辑配色方案”对话框

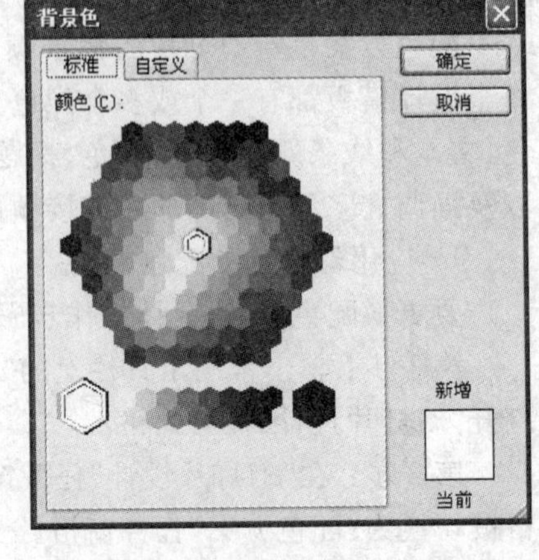


图4-19 更改颜色对话框

第5步：单击“应用”按钮，返回“配色方案”任务窗格。

第6步：单击该配色方案右侧的下拉箭头，单击相应按钮可决定将其应用于所有幻灯片还是应用于所选幻灯片上。可见在一个演示文稿中，各个幻灯片的配色方案可以是不相同的。

如希望把所选择配色方案中的背景图案删去，可选择“格式”菜单中的“背景”功能，只要在其对话框中勾选复选项“忽略母版的背景图形”即可。

**4. 幻灯片背景**

演示文稿在应用设计模板后，幻灯片会自动采用某一种背景。为了让幻灯片更具特色，可以专门为幻灯片指定背景。

设置幻灯片的背景的具体操作步骤如下。

第1步：打开“背景”对话框。有以下两种方法。

方法1：选择“格式”菜单中的“背景”功能。

方法2：在幻灯片空白处右击，在弹出的快捷菜单中选择“背景”功能。

第2步：单击“背景”对话框下方的颜色下拉箭头时，展开如图4-20所示的颜色选择框，从三种方案中选择需要的一种。

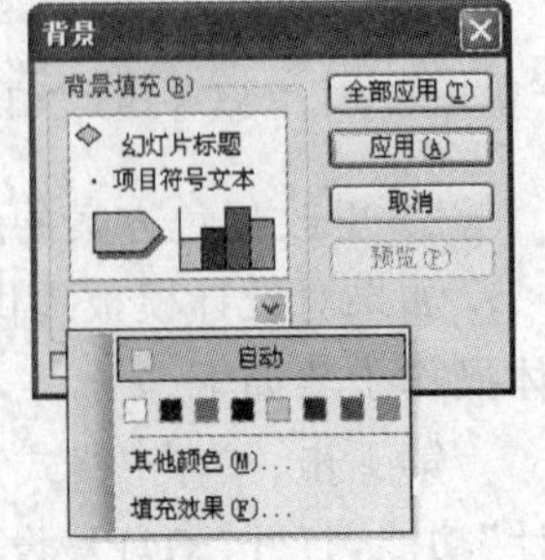


图4-20 “背景”对话框

• 备选区中的颜色

在颜色备选区中预置显示了配色方案中的8种颜色，在进行了其他颜色设置后，这些颜色也将显示在备选区。

• 其他颜色

如果不满足于备选区中的颜色，则可以单击图4-20的“背景”对话框中的“其他颜色”按钮，可以从弹出的“颜色”对话框中选择合适的颜色。

• 填充效果

对于背景只是一种单调的颜色不满意，可以单击图 4-20 的“背景”对话框中的“填充效果”菜单项，打开“填充效果”对话框，该对话框有 4 个选项卡，可以分别设置渐变、纹理、图案和图片背景效果，如图 4-21 所示。

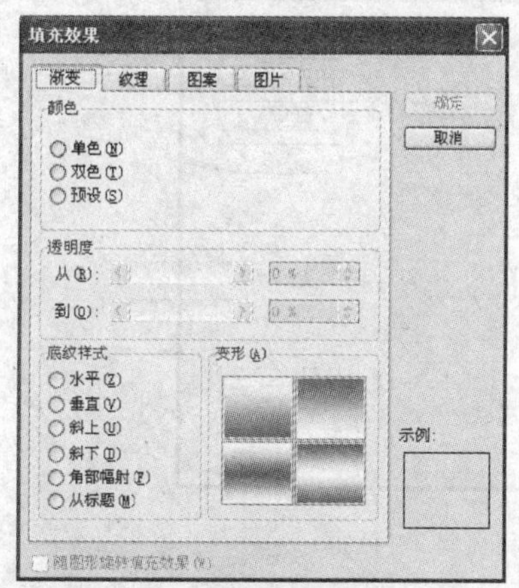


(a) “渐变” 选项卡

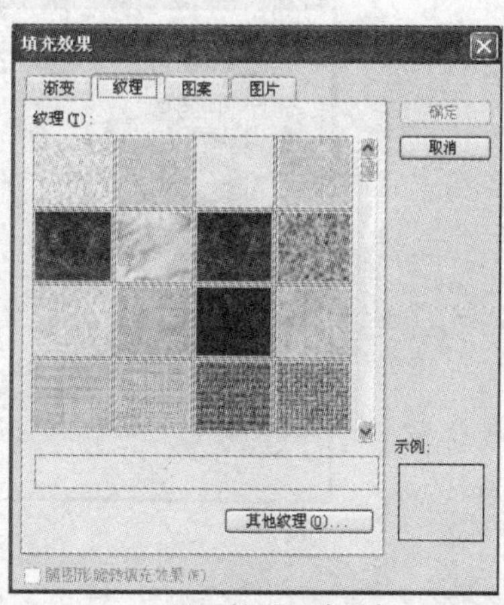


(b) “纹理” 选项卡

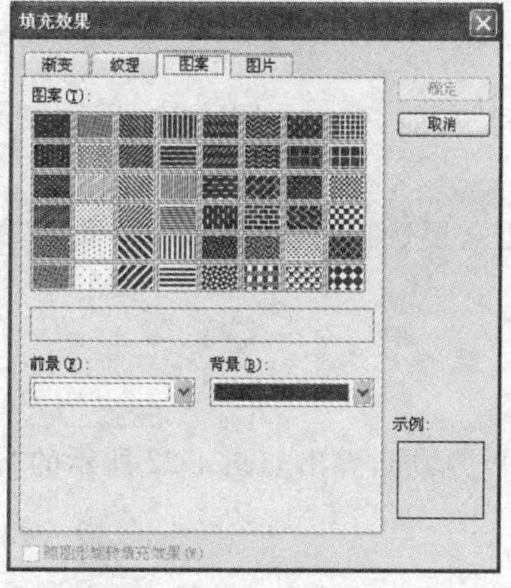


(c) “图案” 选项卡

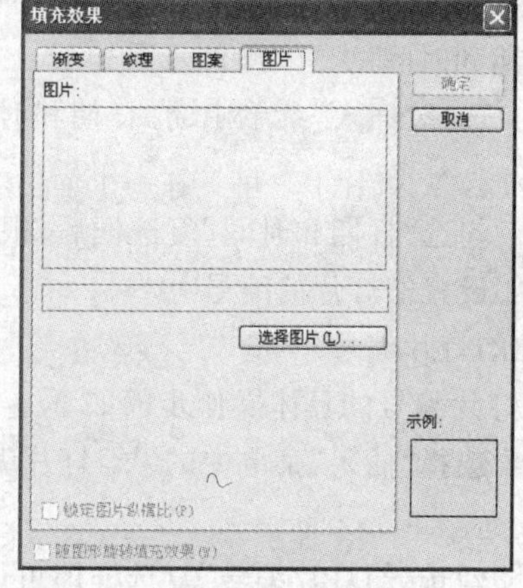


(d) “图片” 选项卡

图 4-21 “填充效果”对话框

第 3 步：在“背景”对话框中选“全部应用”按钮，则所有的幻灯片的背景都将发生变化，若选“应用”按钮，则只有当前幻灯片的背景会有变化。

**5. 页眉和页脚**

1）设置页眉和页脚

在幻灯片上添加页眉和页脚，可以使演示文稿中的每张幻灯片显示幻灯片编号，或者作者、单位、时间等信息。

设置和修改页眉页脚的具体操作步骤如下。

第 1 步：打开需要编辑的演示文稿，选择“视图”菜单中的“页眉和页脚”功能，弹出如

图 4-22 所示的“页眉和页脚”对话框。

第 2 步：勾选“页脚”复选框，在下方的文本框中输入页脚的内容即可。

第 3 步：若勾选“标题幻灯片中不显示”复选框，则在幻灯片板式为标题的幻灯片上不显示在“页眉和页脚”对话框中所设置的日期和时间、幻灯片编号和页脚等内容。

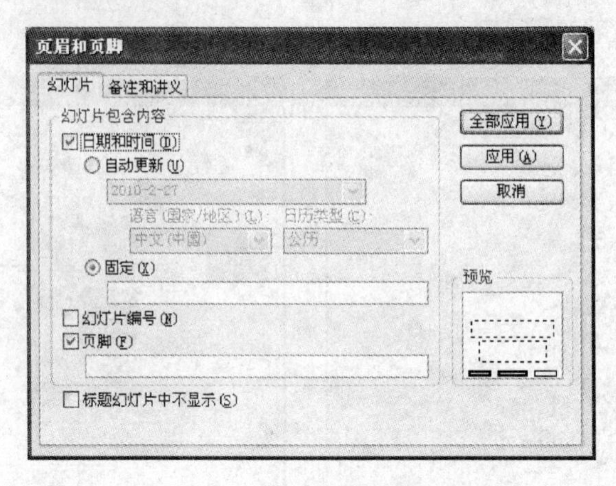


图 4-22 “页眉和页脚”对话框

2）设置日期和时间

添加日期和时间的具体操作步骤如下。

第 1 步：选择“插入”菜单中的“日期和时间”功能，弹出如图 4-22 所示的“页眉和页脚”对话框。

第 2 步：勾选“日期和时间”复选框后，根据需要选择“自动更新”或“固定”方式即可。

第 3 步：设置幻灯片的编号

3）添加幻灯片编号

添加幻灯片编号的具体操作步骤如下。

第 1 步：选择“插入”菜单中的 “幻灯片编号”功能，弹出如图 4-22 所示的“页眉和页脚”对话框。

第 2 步：勾选“幻灯片编号”复选框即可。

## 4.4 设置幻灯片放映方式

### 4.4.1 设置动画

用户可以在幻灯片上插入各种对象，如文本、图片、表格、图表等，并可为各对象设置动画效果，这样就可以安排信息的显示顺序、突出重点、控制信息的流程、集中观众的注意力，能增强视觉效果。

在 PowerPoint 2003 中，动画又有了一些新的效果，包括进入和退出动画、其他强调控制和动作路径动画。

幻灯片内部动画设计有“动画方案”和“自定义动画”两个菜单命令。

### 1. 动画方案

“动画方案”是系统提供的一组基本的动画设计效果，使得用户可快速地设置幻灯片内各对象的动画效果。在幻灯片中单击某一对象（如图片），选择“幻灯片放映”菜单中的“动画方案”功能后，系统会提供 40 多种动画效果，单击所需的效果即可。

### 2. 添加自定义动画

自定义动画是 PowerPoint 给用户提供的控制幻灯片上各对象播放顺序和播放方式的一种功能，用户可以根据需要给幻灯片上的每一个对象分别设置出现的顺序、形式、播放时间和多媒体效果。添加自定义动画的具体操作步骤如下。

第 1 步：在幻灯片中选定要设置动画效果的文本或对象。

第 2 步：选择“幻灯片放映”菜单中的“自定义动画”功能，打开“自定义动画”任务窗格。

第 3 步：单击“添加效果”右侧的下拉箭头，选择一种动画效果，如图 4-23 所示。

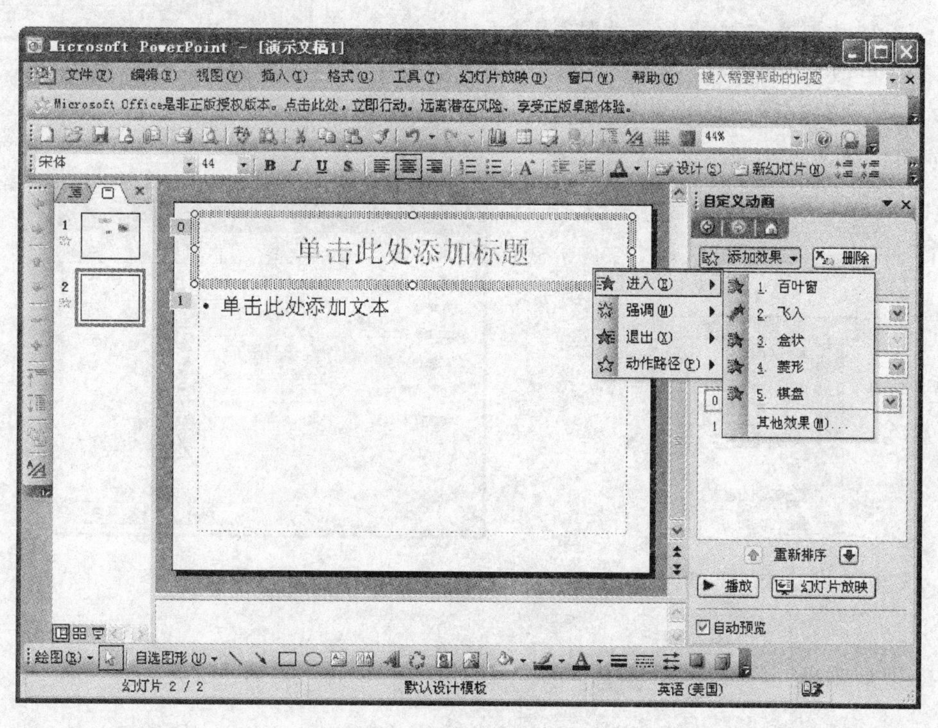


图 4-23 “添加效果”对话框

第 4 步：若在“添加效果”菜单中选择“其他效果”，会弹出一个“添加进入效果”对话框，如图 4-24 所示，可以选择更多的动画效果。

### 3. 设置自定义动画的效果

在“自定义动画”任务窗格中，各设置项的作用和设置方法如下。

(1) “开始”：用于设置当前对象和文本的动画与其他对象动画的衔接方式。

(2) “方向”：用于设置动画播放时对象或文本的移动方式。

(3)“速度”：用于设置动画的播放速度。

(4)“动画对象”列表框：显示了设有动画效果的对象或文本，其排列顺序就是这些动画的播放顺序。

(5)动画“重新排序”：在“动画对象”列表框选中某动画对象，单击“动画对象”列表框下方的和按钮，可以调整选中动画对象的播放顺序。

(6)“效果选项”：在“动画对象”列表框单击选中某动画对象后，右边会弹出一个下拉按钮，单击该按钮即打开图4-25所示的菜单，选择“效果选项”或“计时”菜单项，都会打开类似如图4-26所示的动画效果对话框，在该对话框中通常做如下两种设置。

- 设置动画的声音：在“效果”选项卡中的“声音”下拉列表框中设置。
- 控制动画播放时间：在“计时”选项卡中设置。

(7)“更改”动画效果：在“动画对象”列表框选中某动画对象后，原来的“添加效果”按钮会变成“更改”按钮，使用它可以修改动画效果。

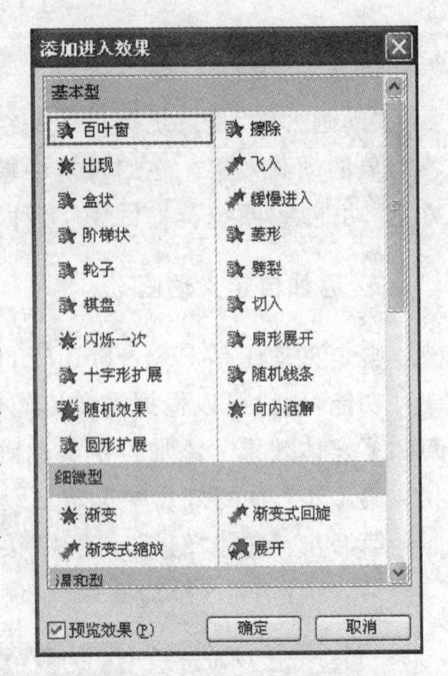


图4-24 “添加进入效果”对话框

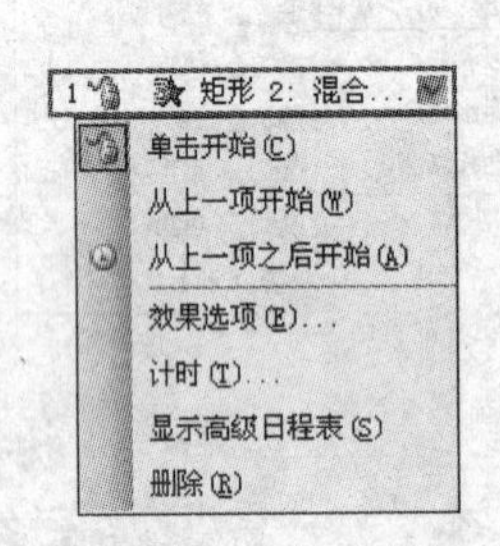


图4-25 “效果选项”菜单

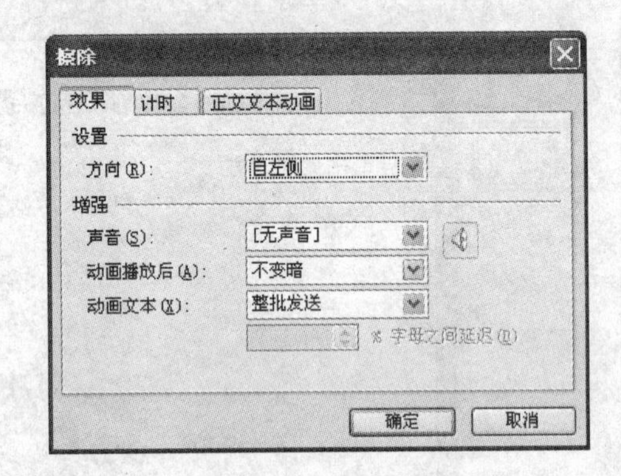


图4-26 “效果”选项卡

**4. 取消动画**

有时由于时间关系，要临时取消该演示文稿的动画效果，可以选择“幻灯片放映”菜单项中的“设置放映方式”功能，在其对话框中勾选“放映时不加动画”复选项即可。下次再去掉这个选项，又能恢复动画效果。

## 4.4.2 设置切换效果

幻灯片的切换是指在放映时，从一张幻灯片更换到下一张幻灯片时的动画方式。PowerPoint 2003提供了40多种不同的幻灯片切换方式，可以使演示文稿中幻灯片间的切换呈现不同的效果。幻灯片切换在“幻灯片切换”任务窗格中进行。

**1. 打开“幻灯片切换”任务窗格**

选择“幻灯片放映”菜单中的 “幻灯片切换”功能,即可打开“幻灯片切换”任务窗格,如图 4-27 所示。

**2. “幻灯片切换”任务窗格中的设置项**

在“幻灯片切换”任务窗格中,各设置项的作用和设置方法如下。

(1) “修改切换效果”列表:可以选择幻灯片切换的效果。

(2) “速度”下拉列表:设置切换时的速度。

(3) “换片方式”:选择手动或自动切换幻灯片。

- “单击鼠标时”复选框:勾选此项,则在前一张幻灯片结束播放最后一个动画效果后,单击或单击空格键或单击回车键时就能切换到当前幻灯片。
- “每隔”复选框:勾选此项,则在前一张幻灯片结束播放最后一个动画效果后的 $n$ 秒后自动切换到当前幻灯片,此处 $n$ 值在“每隔”后的微调框中设置。

(4) “应用于所有幻灯片”按钮:单击该按钮,表示将所设置的切换效果应用于所有幻灯片,否则只应用于当前幻灯片。

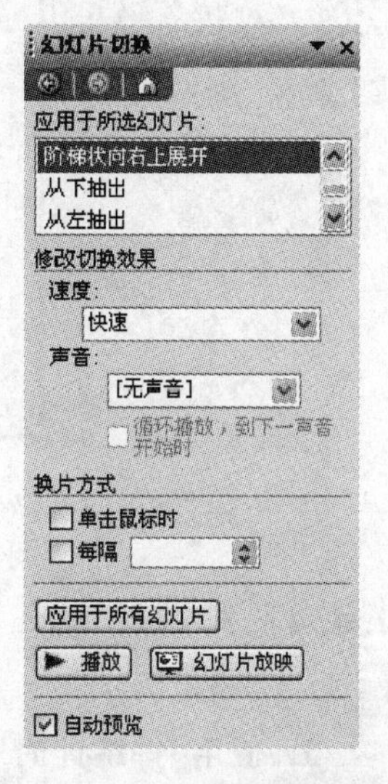


图 4-27 “幻灯片切换”任务窗格

## 4.4.3 设置放映方式

播放幻灯片前可以设置放映方式,幻灯片可以以不同的方式进行展示。设置幻灯片放映方式的具体操作步骤如下。

第 1 步:选择“幻灯片放映”菜单中的 “设置放映方式”功能,打开如图 4-28 所示的“设置放映方式”对话框。

第 2 步:在三种放映方式类型中选择一种。

- “演讲者放映(全屏幕)”:以全屏幕形式显示。演讲者可以控制放映的进程,可用绘图笔进行勾画。适用于大屏幕投影的会议、上课。
- “观众自行浏览(窗口)”:以界面形式显示,可浏览、编辑幻灯片。适用于人数少的场合。
- “在展台游览(全屏幕)”:以全屏形式在展台上做演示。按事先预定的或通过“幻灯片放映菜单中的排练计时”命令设置的时间和次序放映,但不允许现场控制放映的进程。

幻灯片的放映范围设置也是非常有用的。例如某一演示文稿有 250 张幻灯片,这一次只需要播放第 80～120 张,就可以在如图 4-28 所示的对话框中进行相应的设置,这会给演示带来很大的方便。

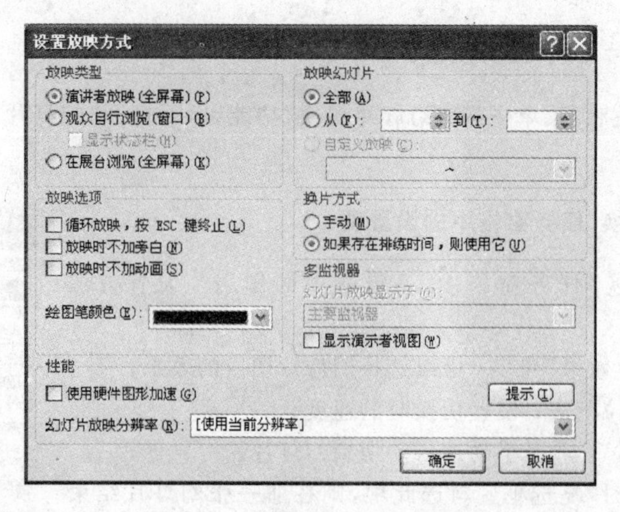


图 4-28 “设置放映方式”对话框

## 4.4.4 排练计时

### 1. 使用“排练计时”功能

在某些场合,需要让演示文档按一定的速度连续播放,播放过程中不需要人工干预。PowerPoint 提供了“排练计时”功能,可以让每张幻灯片按指定的速度播放。

使用“排练计时”功能的具体操作步骤如下。

第 1 步: 选择“幻灯片放映”菜单中的“排练计时”功能,则自第一张幻灯片起开始放映幻灯片,并在幻灯片左上角显示“预演”对话框,如图 4-29 所示。

第 2 步: 在幻灯片放映的同时,演示者可以根据内容进行试讲,此时对话框中间的计时框中显示当前幻灯片所用的时间,其右边显示的则是总计时。

第 3 步: 一张幻灯片试讲完后,单击“下一项”按钮 ,则接着显示下一张幻灯片,演讲者继续对下一张幻灯片进行试讲和计时。

第 4 步: 若对当前幻灯片的试讲效果不满意,可以单击“重复”按钮 ,重新对当前幻灯片试讲并计时,直到满意为止。

第 5 步: 当所有的幻灯片试讲完后,单击“预演”对话框的“关闭”按钮 ,即出现如图 4-30 所示的对话框,显示演示文稿放映所需的时间,并询问是否保留幻灯片的排练时间。

图 4-29 “预演”对话框

图 4-30 保留排练时间提示框

第 6 步: 单击“是”按钮,结束预演。

**2. “排练计时”的作用**

对于进行过排练计时的演示文稿会有以下变化。

(1) 进行过排练计时的演示文稿，若切换到“幻灯片浏览视图”，则每张幻灯片的演示时间会显示在每张幻灯片下方。

(2) 进行过排练计时的演示文档，若打开“幻灯片切换”任务窗格，则每张幻灯片的“换片方式”中的“每隔”复选框被勾选，间隔时间即为排练计时时每张幻灯片所用的播放时间。

(3) 进行过排练计时的演示文档，在“设置放映方式”对话框中选中“换片方式”中的“如果存在排练时间，则使用它”，则在播放时，不需要人工干预，演示文档会自动播放。

### 4.4.5 观看放映

**1. 观看放映幻灯片**

放映幻灯片的操作方法主要有以下几种。

方法 1：单击演示文稿窗口左下角的“从当前幻灯片开始幻灯片放映”按钮 。

方法 2：使用“幻灯片放映”菜单中的“观看放映”功能，或按 F5 键。

方法 3：使用“视图”菜单中的“幻灯片放映”功能。

**2. 观看放映时的操作**

在“演讲者放映”模式下观看放映时，移动鼠标就在屏幕的左下角出现 4 个按钮，如图 4-31 所示，单击 是放映上一张幻灯片，单击 是放映下一张幻灯片。单击 可以弹出“放映控制”快捷菜单，如图 4-32 所示，用户可以根据需要选择相应的命令。单击 将在屏幕上画出轨迹，可以用于演讲时强调重点部分。

在播放的幻灯片任意位置右击也会出现“放映控制”快捷菜单。

图 4-31 放映控制按钮

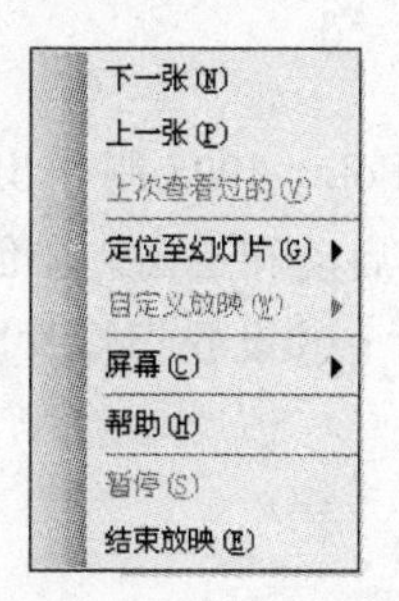


图 4-32 放映控制菜单

**3. 结束观看**

要结束幻灯片的放映，除了可以使用快捷菜单中的“结束放映”功能之外，也可以按 Esc 键来结束放映。

## 4.5 演示文稿的发布

### 1. 演示文稿的打包与解包

1）打包

在 PowerPoint 中可以选择“文件”菜单中的“打包”功能，直接将当前演示文稿打包成为一个包文件，以便将演示文稿放到别的机器上播放。

在 PowerPoint 2003 中可以直接将当前演示文稿打包到 CD 光盘上。打开准备打包的演示文稿，然后选择“文件”菜单中的“打包成 CD”功能，接着出现“打包成 CD”对话框，单击“复制到文件夹”按钮，在出现的对话框中，分别输入打包的演示文稿名称和保存的位置，单击“确定”按钮即可。如果计算机中连接有刻录机，可以直接单击“复制到 CD”按钮，直接将演示文稿刻录到光盘。

2）解包

运行或直接单击打包生成的文件 pptview. exe，在出现的对话框中选择需要解包的演示文稿文件即可。

### 2. 在网上发布演示文稿

如果希望在网上发布演示文稿，只需要选择“文件”菜单中的“另存为”菜单命令，在“另存为”对话框中，将“保存类型”选择为“网页”保存演示文稿，最后把保存下来的网页上传到网上 Web 服务器中，就可以在网上浏览到上传的演示文稿了。

## 4.6 应用案例

### 4.6.1 应用案例 9：迪士尼公主

#### 1. 案例目标

使用 PowerPoint 2003 制作出如图 4-33 所示的演示文稿。本案例涉及的操作主要有：①PowerPoint 的启动和退出；②创建和保存演示文稿；③设置幻灯片版式；④设置背景。⑤插入文本、图片；⑥设置幻灯片自动更新日期和幻灯片编号；⑦使用母版；⑧使用超链接和动作按钮。

#### 2. 操作步骤

1）拷贝素材

新建一个实验文件夹(形如“1203435001 李智 20120607”)，下载案例素材压缩包“应用案例 9-迪士尼公主. rar”至该实验文件夹下。右击压缩包，在弹出的快捷菜单中选择“解压到当前文件夹”，将案例素材压缩包解压为一个文件夹。本案例中提及的文件均存放在此文件夹下。

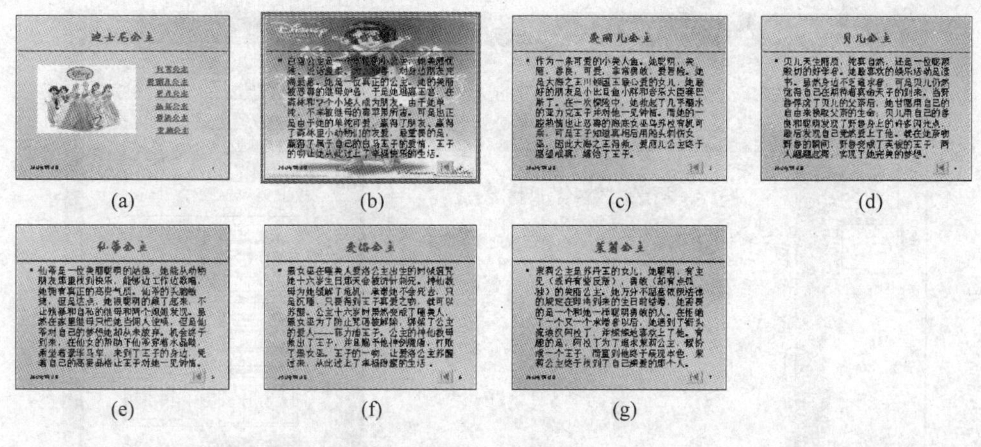

(a) (b) (c) (d)

(e) (f) (g)

图 4-33 效果图

2）新建空白演示文稿

第 1 步：单击“开始”菜单，选择“所有程序”项中的 Microsoft Office 下的 Microsoft Office PowerPoint 2003。

第 2 步：选择“文件”菜单中的“新建”功能。

第 3 步：单击“新建演示文稿”任务窗格中的“空演示文稿”，如图 4-34 所示。

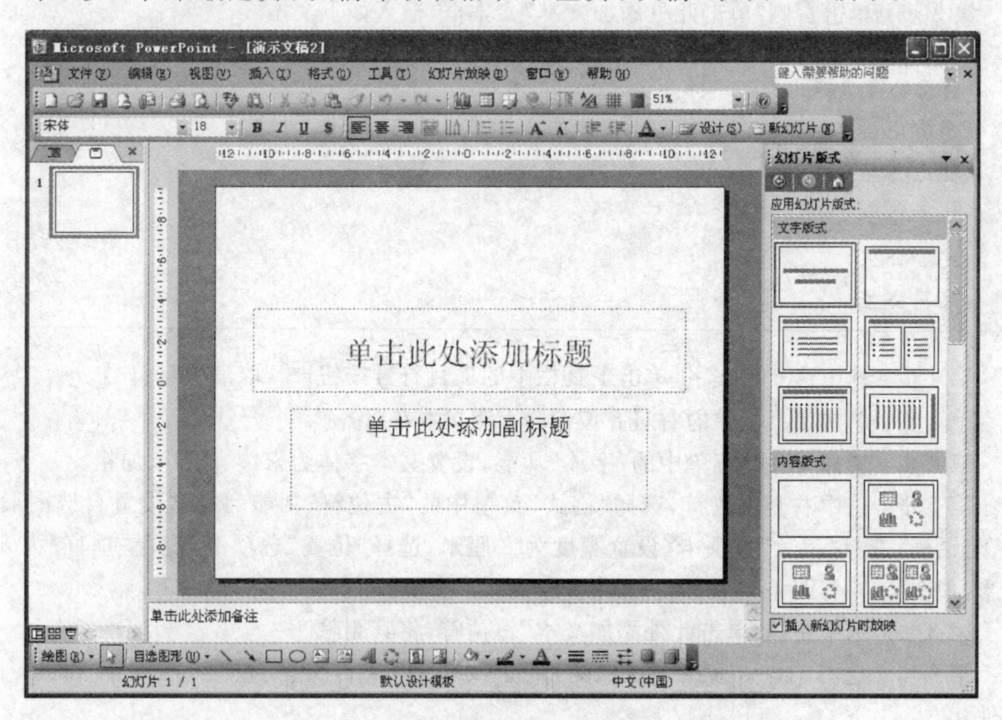


图 4-34 “新建演示文稿”窗口

3）制作第 1 张标题幻灯片

第 1 步：在“应用幻灯片版式”任务窗格中选择“标题和两栏文本”，如图 4-35 所示。

第 2 步：单击“单击此处添加标题”文本框，输入：迪士尼公主。

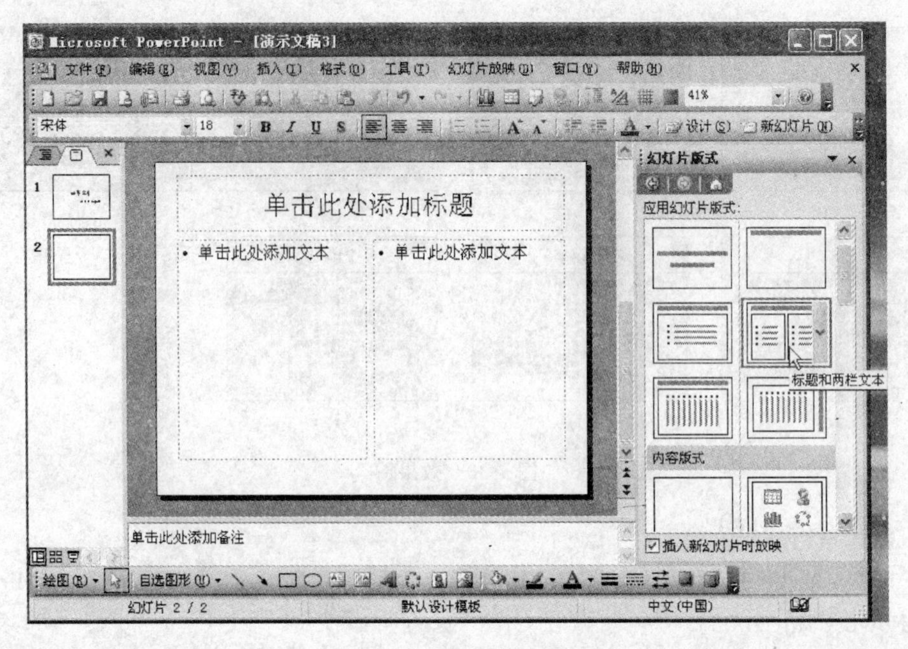


图 4-35　选择版式对话框

第 3 步：单击右侧“单击此处添加文本”文本框，输入如下文本。

白雪公主
爱丽儿公主
贝儿公主
仙蒂公主
爱洛公主
茉莉公主

第 4 步：选中这 6 行文字，单击工具栏中的项目符号按钮，取消项目符号。

第 5 步：单击工具栏中的右对齐按钮，使文本右对齐。

第 6 步：选择“格式”菜单中的“字体”功能，设置文本字体为宋体、28 号、加粗。

第 7 步：选中右侧占位符，选择“格式”菜单中的“占位符”功能，弹出“设置自选图形格式”对话框，选择“尺寸”选项卡，设置宽度为 8 厘米，选择“位置”选项卡，设置“垂直”为 5.5 厘米，如图 4-36 和图 4-37 所示。然后单击“确定”按钮。

第 8 步：选中左侧“单击此处添加文本”占位符，将其删除。

第 9 步：选择“插入”菜单中的“图片”子菜单的“来自文件”功能，插入 princess. jpg 文件。

第 10 步：选中图片右击，选择快捷菜单中的“设置图片格式”功能，切换到“尺寸”选项卡，单击“锁定纵横比”复选框，取消“锁定纵横比”，设置图片高度为 8 厘米，宽度为 12 厘米，如图 4-38 所示，单击“确定”按钮。

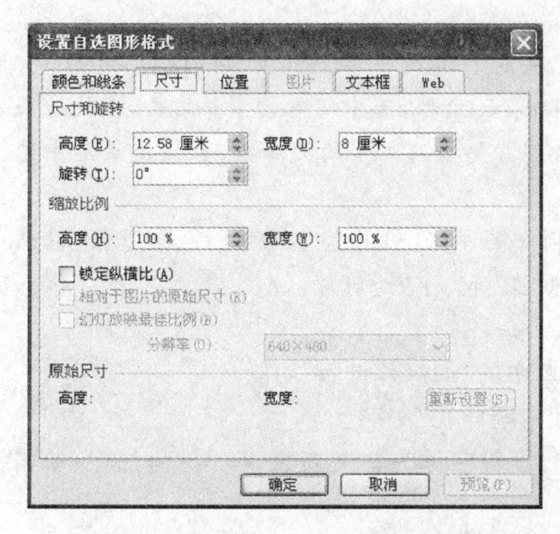


图 4-36 “设置自选图形格式”对话框(a)

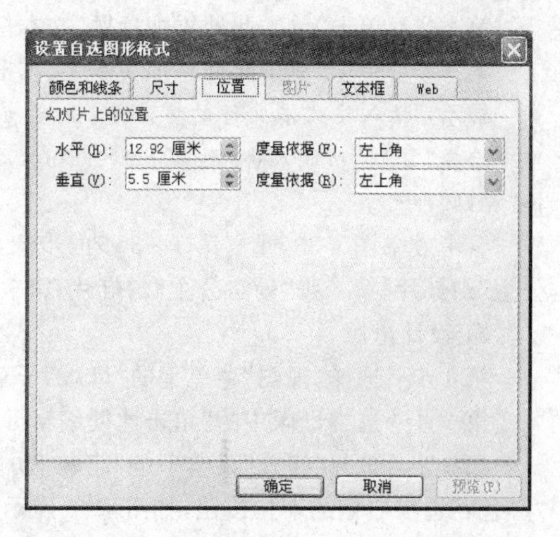


图 4-37 “设置自选图形格式”对话框(b)

第 11 步：拖动图片，调整位置，效果如图 4-39 所示。

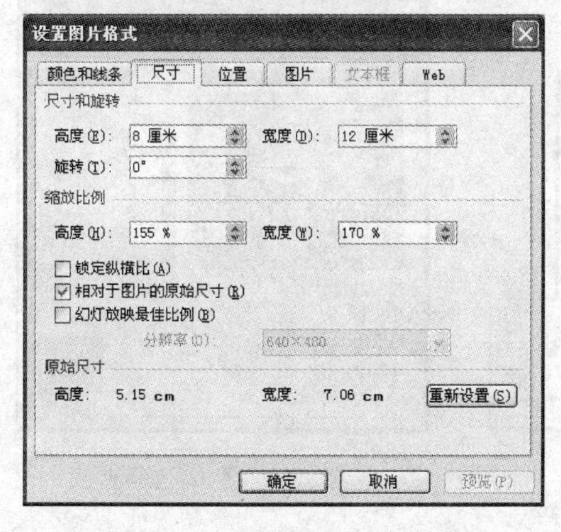


图 4-38 “设置图片格式”对话框

图 4-39 第 1 张幻灯片效果图

4）制作第 2 张幻灯片

第 1 步：选择“插入”菜单中的“新幻灯片”功能。

第 2 步：单击“单击此处添加标题”文本框，输入：白雪公主。

第 3 步：单击“单击此处添加文本”文本框，输入如下文本：

白雪公主是一个年轻的小公主，她美丽优雅、说话温柔、为人和善，对身边朋友充满爱意。她是一位真正的公主。她的美丽被恶毒的继母妒忌，于是她逃离王宫，在森林和七个小矮人成为朋友。由于她单纯，不幸被继母的毒苹果所害。可是也正是由于她的单纯可爱，赢得了朋友、赢得了森林里小动物们的友爱，最重要的是，赢得了属于自己的白马王子的爱情，王子的吻让她从此过上了幸福快乐的生活。

5）制作第 3～7 张幻灯片

第 1 步：选择“插入”菜单中的“新幻灯片”功能。

第 2 步：单击“单击此处添加标题”文本框，输入“爱丽儿公主”。

第 3 步：单击“单击此处添加文本”文本框，在其中插入 ailier. txt 文件的内容。

**提示：**插入纯文本文件的方法是：打开 ailier. txt 文件，选中所需文字并右击，在快捷菜单中选择“复制”功能，然后返回 PowerPoint，右击需要插入文字的文本框，在快捷菜单中选择“粘贴”即可。

参考效果图 4-33，重复第 1～3 步的步骤，制作第 4 张“贝儿公主”幻灯片、第 5 张“仙蒂公主”幻灯片、第 6 张“爱洛公主”幻灯片、第 7 张“茉莉公主”幻灯片。

6）设计母版

第 1 步：选择“视图”菜单下的“母版”子菜单中的“幻灯片母版”功能。

第 2 步：选中母版中的“单击此处编辑母版标题样式”文字。

第 3 步：选择“格式”菜单下的“字体”功能，设置字体为华文新魏、44 号字、加粗，单击“颜色:”选项右侧的下拉按钮，如图 4-40 所示。

第 4 步：单击“其他颜色”按钮，在弹出的“颜色”对话框中选中“自定义”选项卡，按图 4-41 设置颜色模式，单击两次“确定”按钮。

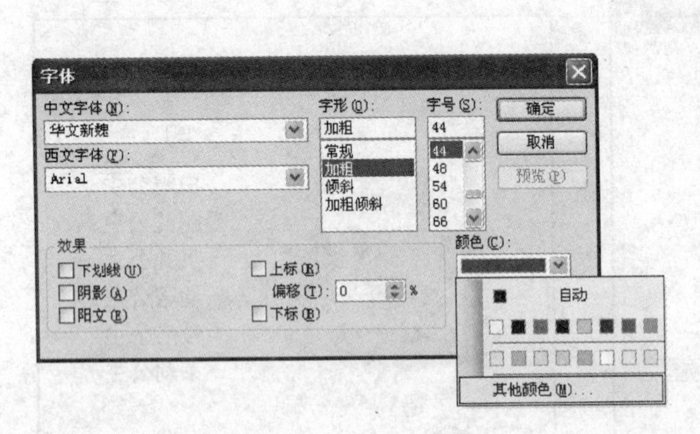


图 4-40 “字体”对话框

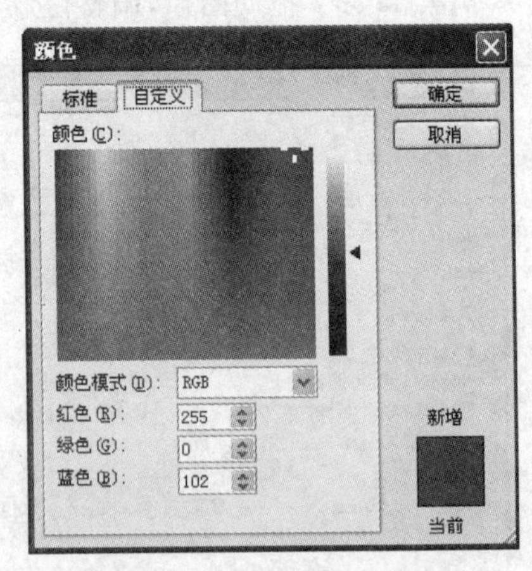


图 4-41 “颜色”对话框

第 5 步：单击“绘图”工具栏中的“直线”按钮，如图 4-42 所示。

图 4-42 “绘图”工具栏

第 6 步：用十字形光标在两个占位符框之间做一条直线，如图 4-43 所示。

第 7 步：单击“幻灯片母版视图”工具栏中的“关闭母版视图”按钮 关闭母版视图(C) 。

7）设置背景颜色

第 1 步：选择“格式”菜单中的“背景”功能，打开“背景”对话框，单击对话框下方的颜色下拉箭头，单击“填充效果”按钮。如图 4-44 所示。

第 2 步：在打开的“填充效果”对话框中，单击“颜色”框左侧的“双色”单选按钮，如图 4-45 所示，单击“填充效果”右侧的“颜色 1(1)”下拉列表按钮，单击“其他颜色”按钮。

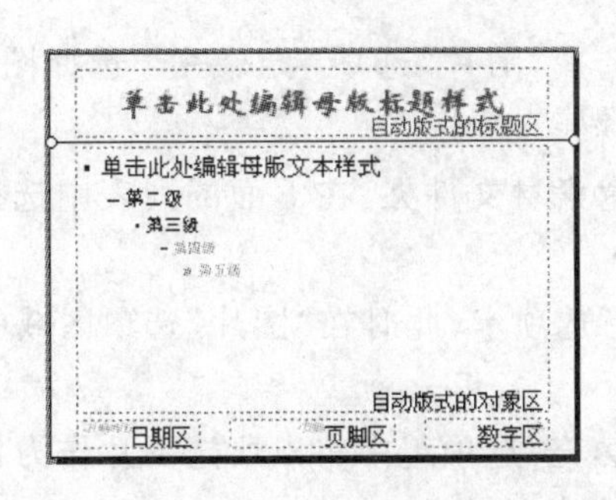


图 4-43 母版设置

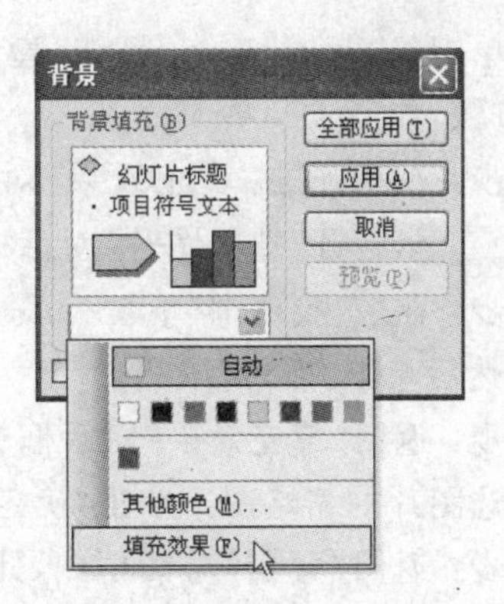


图 4-44 "背景"对话框

第 3 步：在打开的"颜色"对话框中单击"自定义"选项卡，按图 4-46 设置颜色模式。单击"确定"按钮。

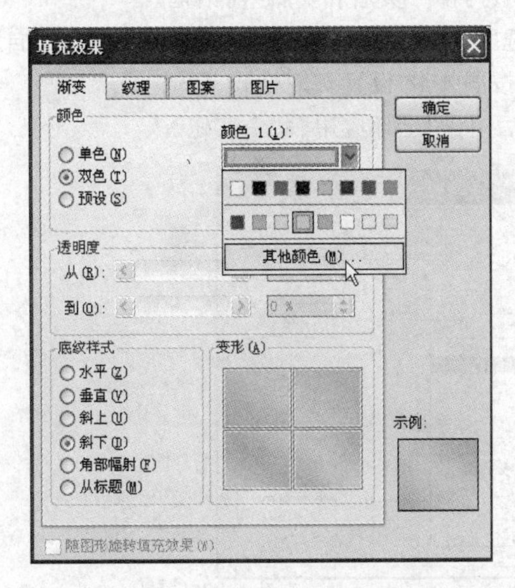


图 4-45 "填充效果"对话框

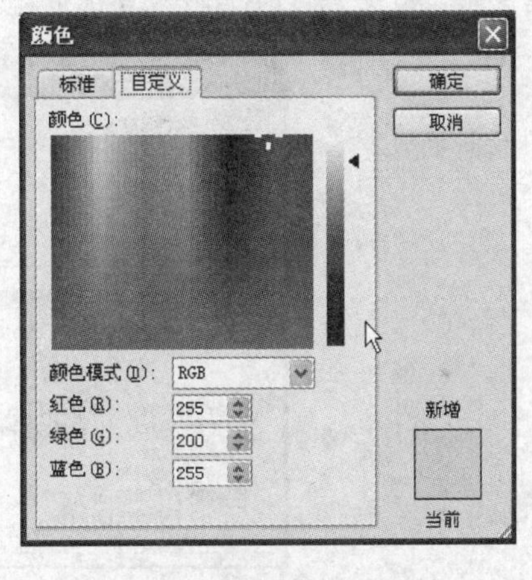


图 4-46 "颜色"对话框(a)

第 4 步：单击"填充效果"右侧的"颜色 2(2)"下拉列表按钮，单击"其他颜色"按钮，在打开的"颜色"对话框中单击"自定义"选项卡，按图 4-47 设置颜色模式，单击"确定"按钮。

第 5 步：在"填充效果"对话框中，单击下侧"底纹样式"框中的"斜下"单选按钮，并单击右下角的第 4 幅图片，如图 4-45 所示。单击"确定"按钮。

第 6 步：在"背景"对话框中，单击"全部应用"按钮。

8）设置背景图片

第 1 步：单击左侧窗格中的第 2 张幻灯片，选择

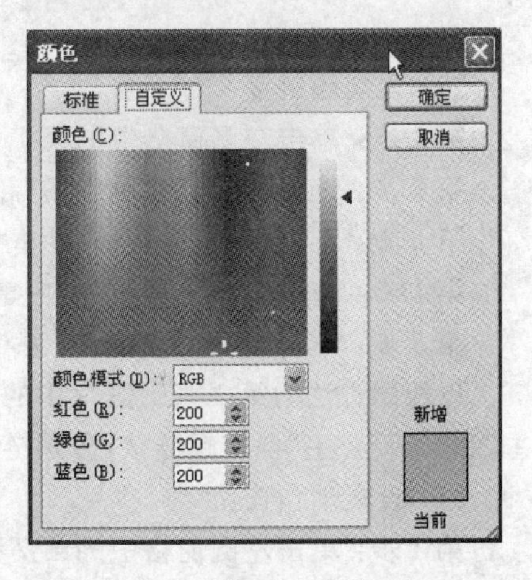


图 4-47 "颜色"对话框(b)

“格式”菜单中的“背景”功能，打开“背景”对话框，单击对话框下方的颜色下拉箭头，单击“填充效果”按钮，如图 4-44 所示。

第 2 步：在打开的“填充效果”对话框中，选择“图片”选项卡。单击“选择图片”按钮 选择图片(L) ，打开“选择图片”对话框。

第 3 步：在“查找范围”下拉列表中选择本章素材文件夹，在下面的列表中选择 snow.jpg 文件，然后单击“插入”按钮。

第 4 步：返回“填充效果”对话框中的“图片”选项卡，此时在“图片”选项区域中就会显示刚刚所选图片的缩略图。单击“确定”按钮

第 5 步：返回“背景”对话框中，此时“背景填充”选项组中将以所选图片作为背景进行填充，单击“应用”按钮即可将图片背景应用于该幻灯片中。

9）为所有幻灯片加入自动更新的日期及幻灯片编号

第 1 步：选择“视图”菜单中的“页眉和页脚”功能，或“插入”菜单中的“幻灯片编号”功能，或“插入”菜单中的“日期和时间”功能，均可打开“页眉和页脚”对话框。

第 2 步：在“页眉和页脚”对话框中勾选“日期和时间”复选框，选择单选按钮“自动更新”，并单击“自动更新”中的下拉列表按钮，按图 4-48 设置日期格式。

第 3 步：勾选“幻灯片编号”复选框，然后单击“全部应用”命令按钮。

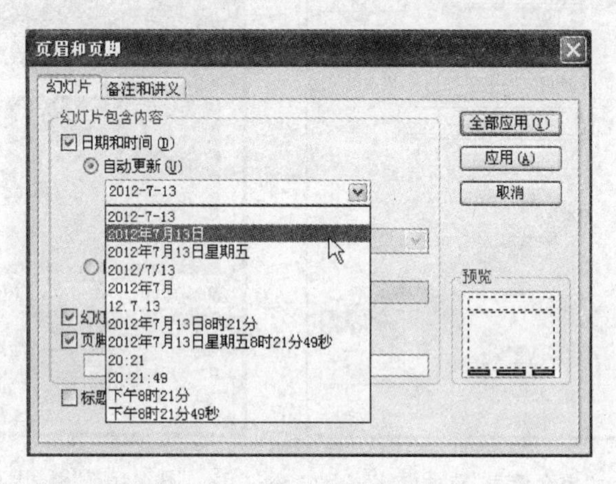


图 4-48 “页眉和页脚”对话框

10）建立超链接

第 1 步：单击左侧窗格中的第 1 张幻灯片，选中第 1 张幻灯片中的文字“白雪公主”。

第 2 步：选择“插入”菜单中的“超链接”功能，打开“插入超链接”对话框。

第 3 步：在“插入超链接”对话框中单击“本文档中的位置”按钮。

第 4 步：选中幻灯片标题为“白雪公主”的幻灯片，如图 4-49 所示。

第 5 步：单击“确定”按钮。

以相同方法为第 1 张幻灯片中的文字“爱丽儿公主”、“贝儿公主”、“仙蒂公主”、“爱洛公主”和“茉莉公主”创建超链接，分别链接到相关的幻灯片上。

11）设置动作按钮

第 1 步：单击左侧窗格中的第 7 张幻灯片。

第 2 步：选择“幻灯片放映”菜单中的“动作按钮”功能，在动作按钮组中单击“开始”动

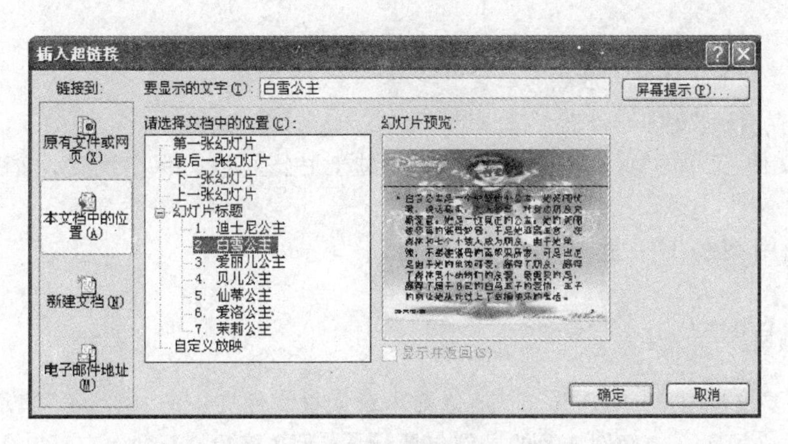


图 4-49 “插入超链接”对话框

作按钮(第 2 行第 3 列),在幻灯片右下角拖动“+”字形鼠标至合适位置松手,系统弹出“动作设置”对话框,如图 4-50 所示。

第 3 步:单击“确定”按钮。

第 4 步:右击动作按钮 |◀,选择快捷菜单中的“复制”功能,将该按钮复制到第 2～6 张幻灯片右下角适当的位置上。

12) 设置放映方式

第 1 步:选择“幻灯片放映”菜单中的“设置放映方式”功能,打开 “设置放映方式”对话框。

第 2 步:在“放映类型”中选中“演讲者放映(全屏幕)”。

第 3 步:在“放映幻灯片”中选“从…到…”,两个微调框分别设置为 1 和 7。

第 4 步:在“放映选项”中,勾选“循环放映,按 ESC 键终止”。设置效果如图 4-51 所示。

第 5 步:单击“确定”按钮。

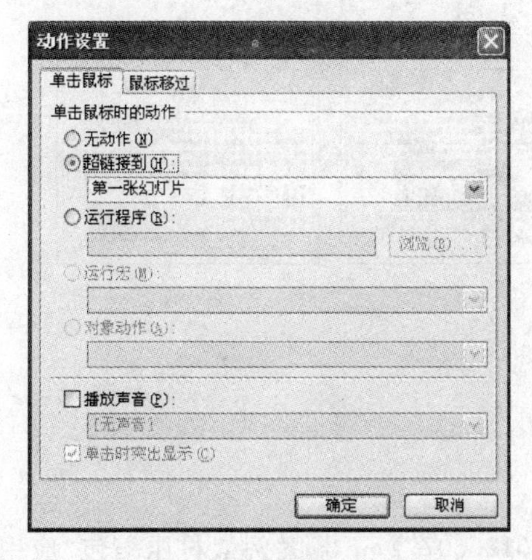


图 4-50 “动作设置”对话框

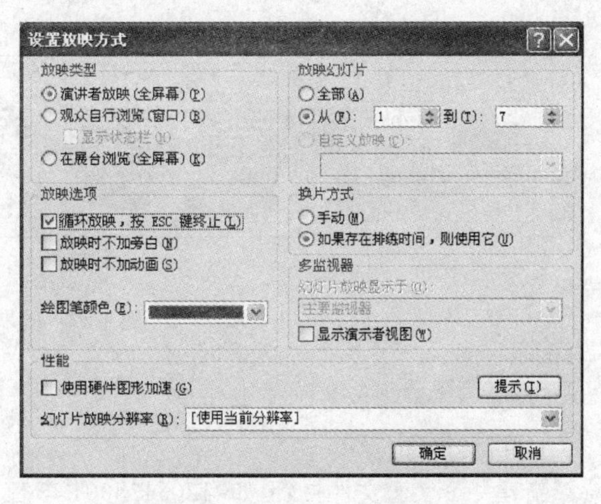


图 4-51 “设置放映方式”对话框

13) 观看放映

第 1 步:选择“幻灯片放映”菜单中的“观看放映”功能,单击各幻灯片观看演示文稿的播放。

第 3 步：按 Esc 键结束放映。

14）保存演示文稿

选择“文件”菜单的“保存”功能，以文件名“迪士尼公主.ppt”保存该演示文稿。

### 4.6.2 应用案例 10：世界名车

#### 1. 案例目标

本案例要求使用 PowerPoint 2003 修饰本章素材文件夹中的“p2.ppt”演示文稿，最终效果如图 4-52 所示。本案例涉及的操作包括：①演示文稿的打开和保存；②设置设计模板和配色方案；③使用母版；④设置背景；⑤自定义动画；⑥设置幻灯片切换效果；⑦设置页脚；⑧观看放映。

图 4-52　效果图

#### 2. 操作步骤

1）拷贝素材

新建一个实验文件夹(形如“1203435001 李智 20120607”)，下载案例素材压缩包“应用案例 10-世界名车.rar”至该实验文件夹下。右击压缩包，在弹出的快捷菜单中选择“解压到当前文件夹”，将案例素材压缩包解压为一个文件夹。本案例中提及的文件均存放在此文件夹下。

2）打开演示文稿

在“我的电脑”或“资源管理器”窗口双击打开 p2. ppt。

3）设置第 1 张幻灯片

第 1 步：单击左侧窗格中的第 1 张幻灯片，选中文字“世界名车”。

第 2 步：选择“格式”菜单中的“字体”功能，设置字体为华文行楷、66 号字、加粗、倾斜。

第 3 步：单击“字体”对话框中的“颜色：”下拉列表按钮，单击“其他颜色”按钮。

第 4 步：在打开的“颜色”对话框中单击“自定义”选项卡，按图 4-53 设置颜色模式。单击两次“确定”按钮。

第 5 步：选中文字“十大名牌汽车车标”，选择“格式”菜单中的“字体”功能，设置字体为华文行楷、40 号字。

第 6 步：单击“字体”对话框中的“颜色”下拉列表按钮，单击“其他颜色”按钮。

第 7 步：在打开的“颜色”对话框中单击“自定义”选项卡，按图 4-54 设置颜色模式。单击两次“确定”按钮。

图 4-53 “颜色”对话框(a)

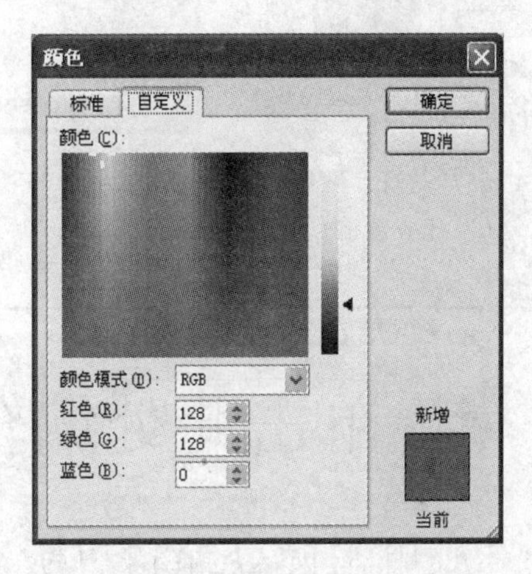


图 4-54 “颜色”对话框(b)

4）应用设计模板

第 1 步：选择“格式”菜单中的“幻灯片设计”功能。

第 2 步：在“幻灯片设计”任务窗格中，确认“设计模板”超链接项处于被选中状态，在“幻灯片设计”任务窗格的“应用设计模板”列表框的最下方单击“浏览”按钮，如图 4-55 所示。

第 3 步：在弹出的“应用设计模板”对话框中选中本章素材文件夹中的 Studio. pot 文件，如图 4-56 所示，然后单击“应用”按钮。

5）设计母版

第 1 步：单击左侧窗格中的第 3 张幻灯片，选择“视图”菜单下的“母版”菜单项的“幻灯片母版”功能。打开“幻灯片母版视图”，如图 4-57 所示。

第 2 步：选中母版中的“单击此处编辑母版标题样式”文字。

第 3 步：选择“格式”菜单下的“字体”功能，设置字体为隶书、44 号字、加粗，单击“颜色”选项右侧的下拉按钮，如图 4-58 所示。

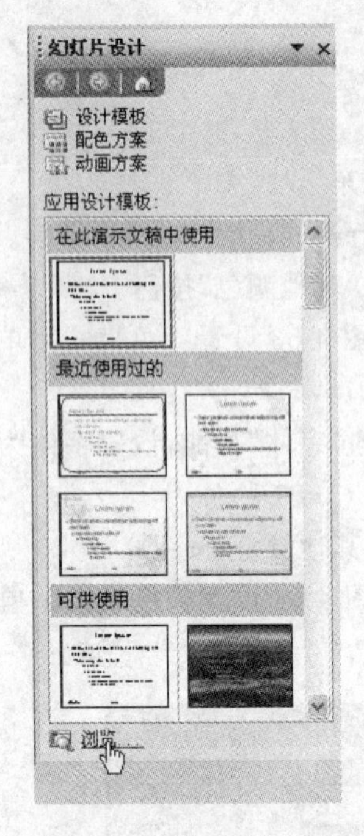


图 4-55 “幻灯片设计”任务窗格

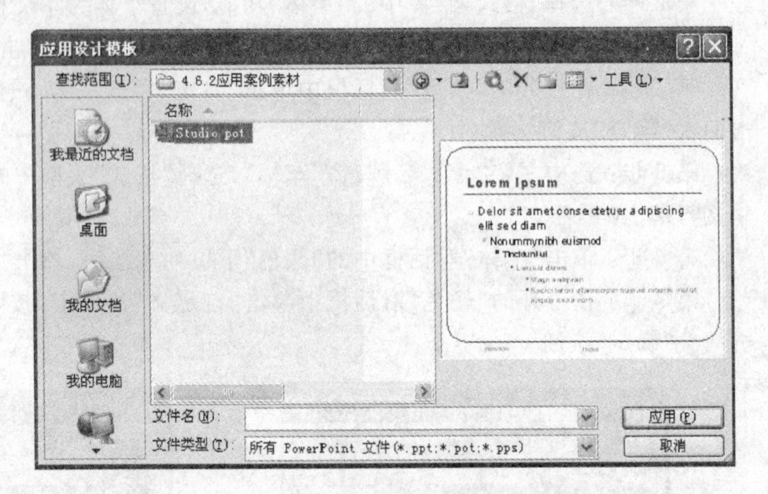


图 4-56 “应用设计模板”对话框

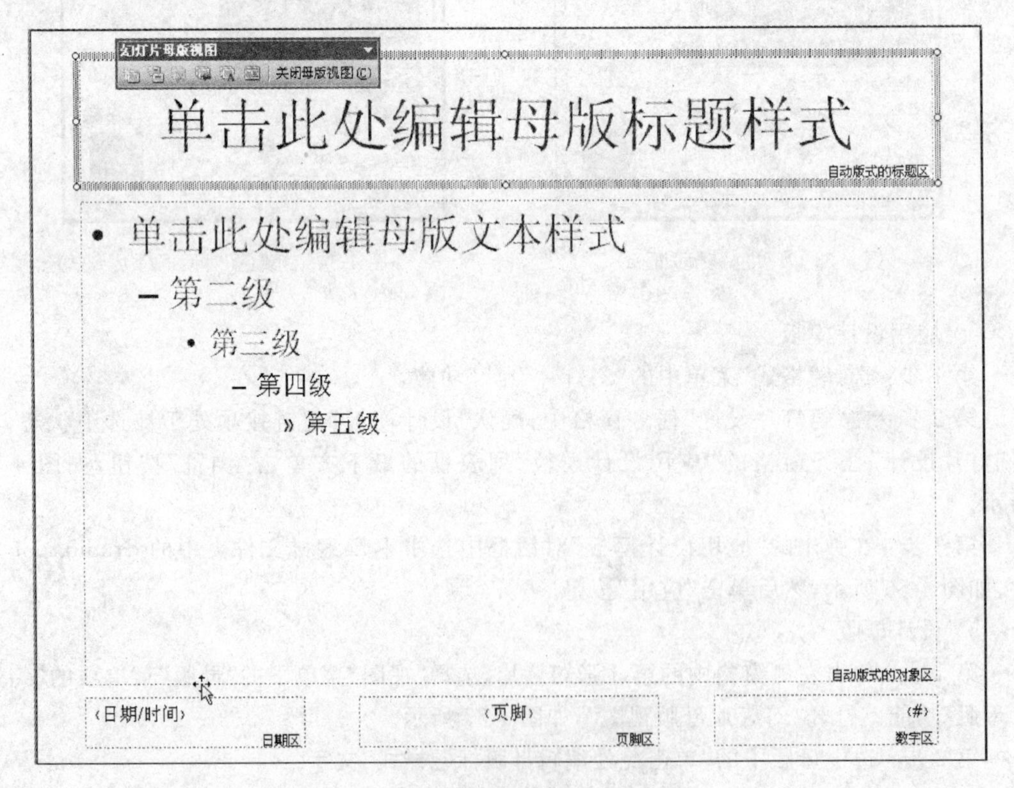


图 4-57 “幻灯片母版视图”工具栏

第 4 步：单击“其他颜色”按钮，在弹出的“颜色”对话框中选择“自定义”选项卡，按图 4-59 设置颜色模式，单击两次“确定”按钮。

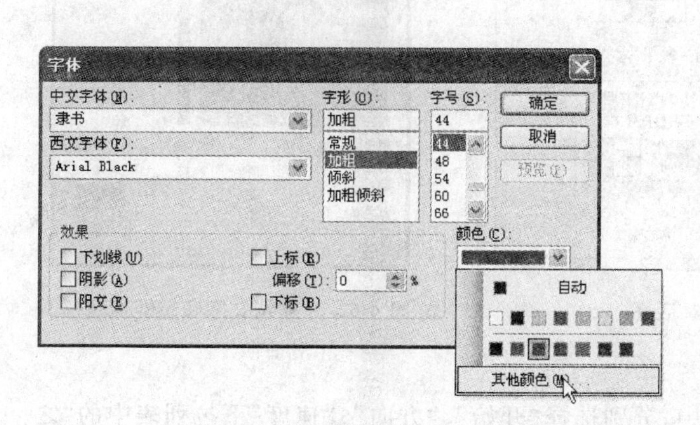


图 4-58 “字体”对话框

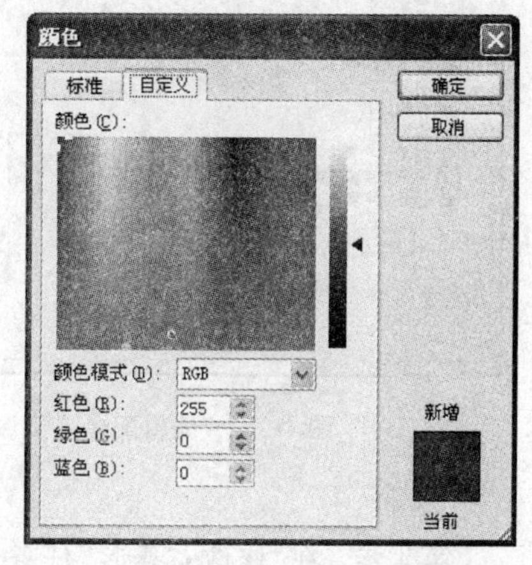


图 4-59 “颜色”对话框

第 5 步：单击格式工具栏中的居中按钮，使文本居中。

第 6 步：单击“幻灯片母版视图”工具栏中的“关闭母版视图”按钮 关闭母版视图(C)。

6）配色方案

第 1 步：选择“格式”菜单中的“幻灯片设计”功能。单击任务窗格中的“配色方案”超链接。

第 2 步：在“幻灯片设计”任务窗格的下方，单击“编辑配色方案”超链接按钮，如图 4-60 所示。系统弹出“编辑配色方案”对话框。

第 3 步：在“编辑配色方案”对话框的“自定义”选项卡中，选中“强调文字和超链接”，然后单击“更改颜色”按钮，如图 4-61 所示。

第 4 步：在弹出的“强调文字和超链接颜色”对话框中选择“自定义”选项卡，颜色模式是“RGB”，设“红色”值为 255，“绿色”值为 0，“蓝色”值为 0，如图 4-62 所示。单击“确定”按钮，然后单击“应用”按钮。

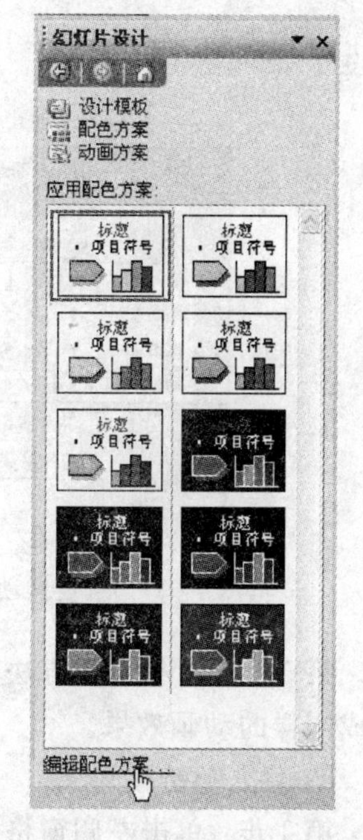


图 4-60 “配色方案”对话框

7）插入标志图片

第 1 步：单击左侧窗格中的第 9 张幻灯片，将光标定位在第 9 张幻灯片的空白处，选择“插入”菜单中的“图片”子菜单中的“来自文件”功能，把素材文件夹中的 picture7.jpg 图片插入到第 9 张幻灯片中。

第 2 步：参考图 4-52 的效果图，将图片拖放到右上角适当的位置。

第 3 步：选中该图片，选择“幻灯片放映”菜单中的“自定义动画”功能，单击“自定义动画”任务窗格中的“添加动画”按钮，在打开的列表中单击“进入”中的“菱形”选项，如图 4-63 所示。

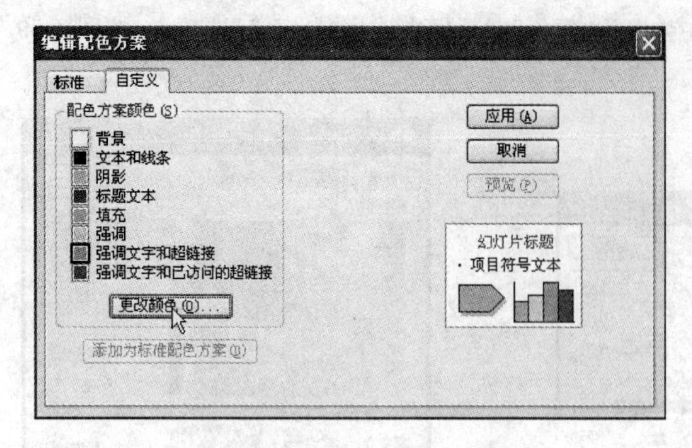


图 4-61 “编辑配色方案”对话框

图 4-62 “强调文字和超链接颜色”对话框

第 4 步：在“修改：菱形”任务中，分别选择“开始”、“方向”、“速度”下拉列表中的“之后”、“内”、“中速”等选项，如图 4-64 所示。

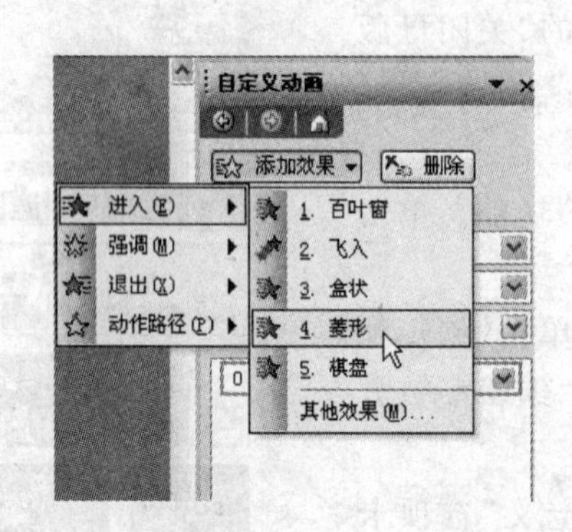


图 4-63 “自定义动画”任务窗格(a)

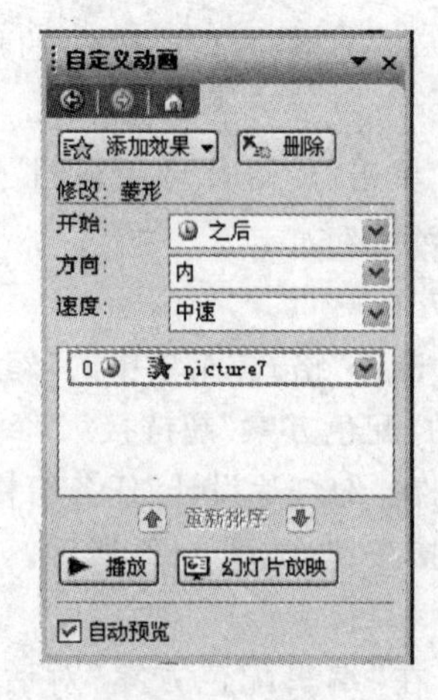


图 4-64 “自定义动画”任务窗格(b)

第 5 步：以相同的方法将第 3～8 张和第 10～12 张幻灯片中右上角的汽车标志图片设置成同样的动画效果。

8）建立超链接

第 1 步：单击左侧窗格中的第 2 张幻灯片，选中幻灯片中的文字“兰博基尼”。

第 2 步：选择“插入”菜单中的“超链接”功能，打开“插入超链接”对话框。

第 3 步：在“插入超链接”对话框中单击“本文档中的位置”按钮。

第 4 步：选中幻灯片标题为“兰博基尼”的幻灯片，如图 4-65 所示。

第 5 步：单击“确定”按钮。

以相同的方法为第 2 张幻灯片中的文字“保时捷”、“法拉利”、“奔驰”、“宝马”、“宾利”、“劳斯莱斯”、“捷豹”、“凯迪拉克”和“林肯”创建超链接，分别链接到相关的幻灯片上。

9）设置动画

第 1 步：单击右侧窗格中的第 3 张幻灯片。选择“幻灯片放映”菜单中的“自定义动画”

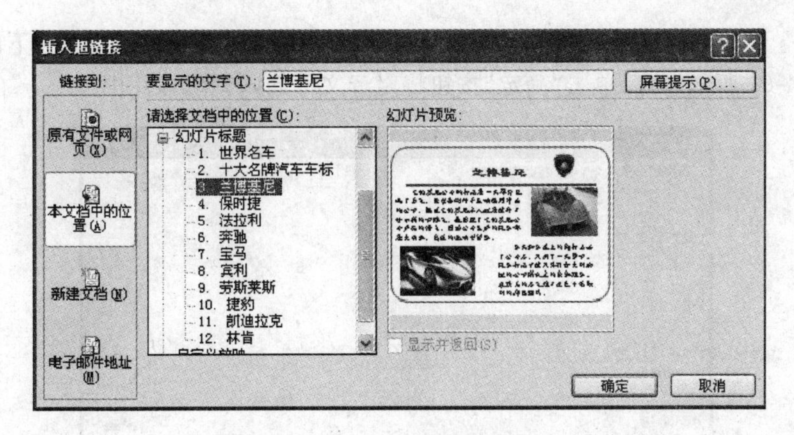


图4-65 “插入超链接”对话框

功能。

第2步：选中第3张幻灯片中的文字“兰博基尼”，单击“自定义动画”任务窗格中的“添加动画”按钮。

第3步：在打开的列表中选择“进入”中的“百叶窗”选项，并分别在“开始”、“方向”、“速度”下拉列表中选择“之后”、“水平”、“中速”等选项。

第4步：右击右侧的动画标题1，选择“效果选项”，如图4-66所示。

第5步：在“百叶窗”对话框的“效果”选项卡中，设置声音为“打字机”，如图4-67所示。单击“确定”按钮。

第6步：以相同的方法将第3张幻灯片中的其余文字设置动画效果：进入中的飞入、自底部、快速。

第7步：以相同的方法将第3张幻灯片中的两张图片设置动画效果：强调中的陀螺型、顺时针、完全旋转、中速。

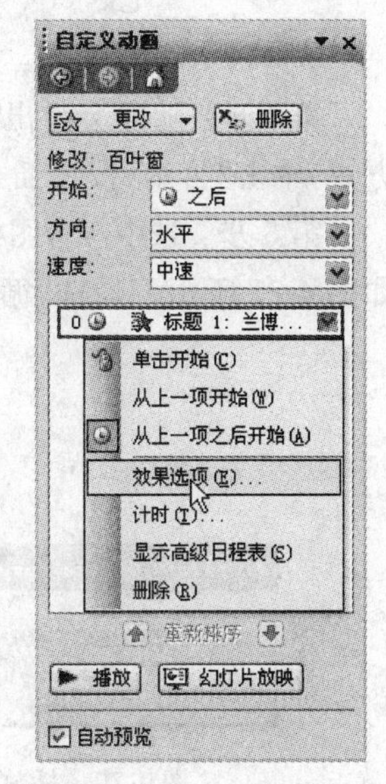


图4-66 “自定义动画”任务窗格

10）设置背景音乐

第1步：在左边的窗格中选中第1张幻灯片。

第2步：选择“插入”菜单中“影片和声音”子菜单中的“文件中的声音”功能，如图4-68所示。

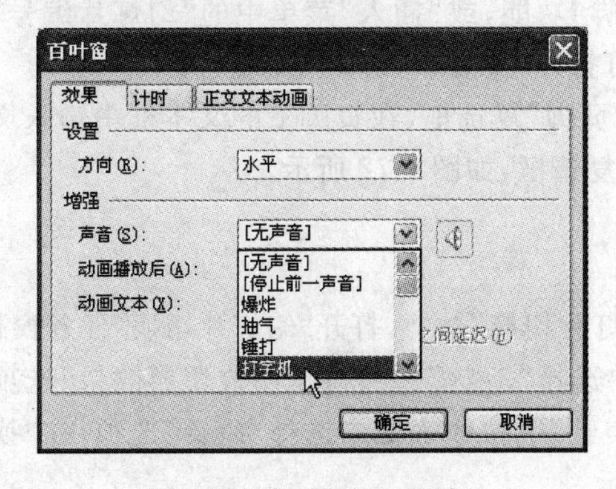


图4-67 “百叶窗”对话框

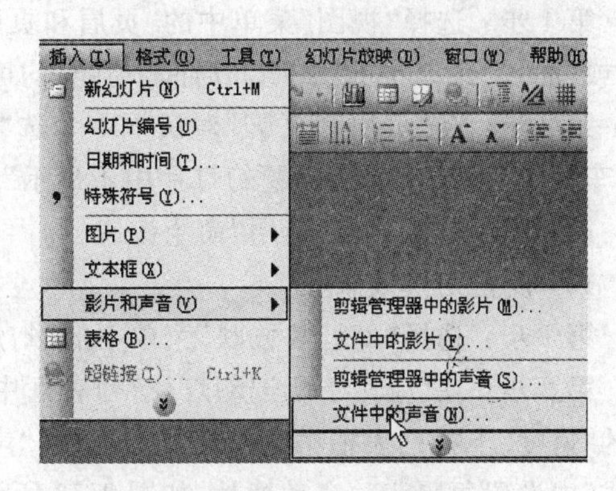


图4-68 插入声音菜单

第 3 步：系统弹出“插入声音”对话框。在对话框中选中本章素材文件夹下的 child.mid 文件，如图 4-69 所示，然后单击“确定”按钮将声音文件插入到幻灯片中。

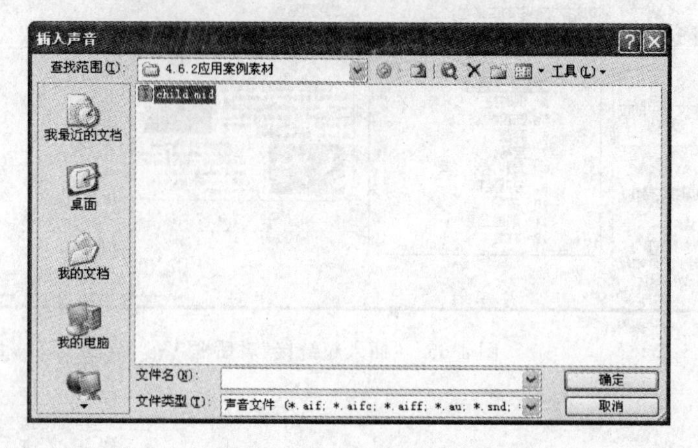


图 4-69 “插入声音”对话框

第 4 步：随即会弹出询问提示框，如图 4-70 所示，询问用户在幻灯片放映时播放声音的方式，单击“自动”按钮插入所需的声音文件，之后出现图标🔈。

第 5 步：选中声音图标🔈，选择“编辑”菜单中的“声音对象”功能，弹出“声音选项”对话框，如图 4-71 所示。勾选“循环播放，直到停止”选项，勾选“幻灯片放映时隐藏声音图标”选项。

图 4-70 播放声音提示框

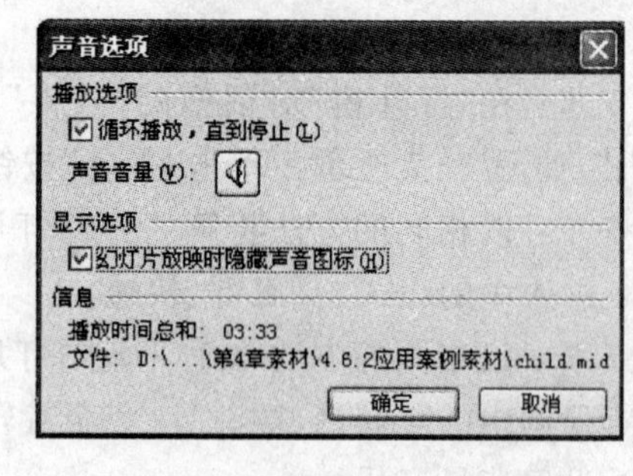


图 4-71 “声音选项”对话框

第 6 步：单击“确定”按钮。

11）插入页脚

第 1 步：选择“视图”菜单中的“页眉和页脚”功能，或“插入”菜单中的“幻灯片编号”功能，或“插入”菜单中的“日期和时间”功能，均可打开“页眉和页脚”对话框。

第 2 步：在“页眉和页脚”对话框中勾选“页脚”复选框，在页脚下的文本框中输入文字“名车标志赏析”，勾选“标题幻灯片中不显示”复选框，如图 4-72 所示。

第 3 步：单击“全部应用”命令按钮。

12）设置切换效果

第 1 步：选择“幻灯片放映”菜单中的“幻灯片切换”功能，打开“幻灯片切换”任务窗格。

第 2 步：在“应用于所选幻灯片”列表框中选择“溶解”选项，在“修改切换效果”选项组中的“速度”下拉列表框中选择“中速”选项，“声音”下拉列表框中选择“风铃”选项，在“换片方式”中设置每隔 10s 自动换片，如图 4-73 所示。

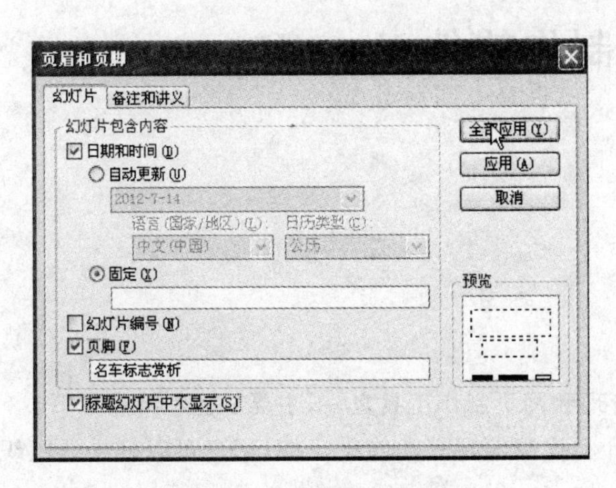


图 4-72 “页眉和页脚”对话框

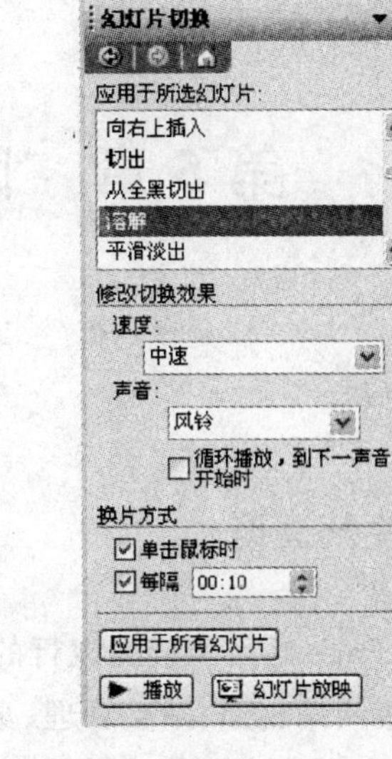


图 4-73 “幻灯片切换”任务窗格

第 3 步：单击“应用于所有幻灯片”按钮，使得每张幻灯片都具有相同的切换效果。

13）保存演示文稿

选择“文件”菜单的“另存为”功能，以文件名“名车标志. ppt”保存演示文稿。

14）观看放映

第 1 步：选择“幻灯片放映”菜单中的“观看放映”功能，单击各幻灯片观看演示文稿的播放。

第 2 步：按 Esc 键结束放映。

# 第5章　网页制作软件 FrontPage

## 5.1　概述

### 5.1.1　主要功能

FrontPage 是目前较为流行的站点管理和网页制作工具之一，主要功能和特点如下。

(1) 集网站创建、站点管理、页面设计和代码编写等功能于一体，用户可以轻松地组织和编辑网页，并发布到指定的站点。

(2) 采用“图形化”和“所见即所得”的编辑方式，用户不需要编写任何 HTML 代码就可以通过工具栏或菜单制作出精美的网页。

(3) 提供了大量网站模板、网页模板、主题以及样式表模板供用户选择使用，从而方便了用户美化网页，大大简化了设计工作。

(4) 提供了表格绘制功能，用户可以使用表格组织网页，对表格的布局、边框和背景等进行编辑修改。

(5) 可以建立普通网页、框架网页以及交互式网页，并在网页中插入文字、图片、音频以及视频等。

### 5.1.2　界面组成

启动 FrontPage 2003 后，默认打开一个空白网页，界面如图 5-1 所示。界面的主要元素有菜单栏、工具栏、标记栏、任务窗格、网页编辑区等。

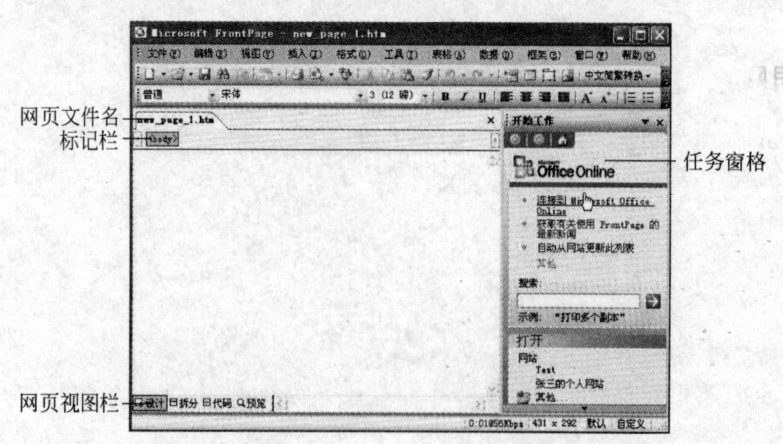


图 5-1　FrontPage 2003 主界面

# 5.2 网站的基本操作

## 5.2.1 网站的视图模式

网站可以简单地看作是一个包含若干文件夹和文件的目录。其中文件可以是网页文件、图片文件、声音文件、视频文件以及网站配置文件等。多数网站向网站访问者提供了一个称为主页的网页文件作为起点。主页使用超链接和导航结构与其他网页相互链接。

FrontPage 2003 提供了 7 种网站视图模式,分别为网页视图、文件夹视图、报表视图、导航视图、超链接视图以及任务视图。用户通过“视图”菜单可选择进入不同的网站视图模式。

网页视图模式主要用于编辑网页。在该模式下,用户可以在网页编辑区输入文字、插入表格、图片以及音频等内容。

文件夹视图模式主要用于网站的管理和维护。在该模式下,用户可将网页进行归类并放置到相关文件夹,以达到优化网站组织结构、方便网页制作的目的。

导航视图模式可以直观地显示网站的主页和从页之间的逻辑关系,用户可以通过拖动鼠标快速地改变网站的组织关系。

超链接视图模式能形象地显示出网页之间的链接关系,单击其中的超链接,可快速打开网页。报表视图模式提供了级联菜单,用户可选择需要的命令,以显示网站的相关信息,如网站摘要、文件信息等。

任务视图以列表的形式显示网站中的所有任务,包括已经完成的任务和尚未完成的任务。

远程网站视图模式用于将制作好的网站发布到一个网络服务提供商提供的服务器上,以便 Internet 用户访问。

## 5.2.2 新建网站

新建一个网站有三种途径:使用模板、使用向导以及导入现有的网站。

### 1. 使用网站模板新建网站

FrontPage 2003 提供了 6 种网站模板:只有一个网页的模板、SharePoint 工作组网站、个人网站、客户支持网站、空白网站以及项目网站。

使用网站模板新建一个网站的具体操作步骤如下。

第 1 步:选择“文件”菜单中的“新建”功能,打开“新建”任务窗格。

第 2 步:在任务窗格的“新建网站”选区中单击超链接“其他网站模板”,打开“网站模板”对话框,并单击“常规”选项卡。

第 3 步:选择一种网站模板,并在“指定新网站的位置”文本框中输入网站存放的文件夹(若该文件夹不存在,则将自动创建)。

第 4 步:单击“确定”按钮。

在第 3 步中，若选择“只有一个网页的模板”，则新建的网站中自动包含有_private 和 Images 两个文件夹，以及一个普通的空白网页文件 index. htm。_private 文件夹用于存放私人文件，Images 文件夹用于存放网页中的图片文件，index. htm 一般用作网站的主页。

若选择“个人网站”，则创建一个组织结构如图 5-2 所示的网站，其中包括自我介绍(about. htm)、爱好(favorite. htm)、反馈(feedback. htm)、主页(index. htm)、兴趣(interest. htm)以及图片库(photo. htm)共 6 个网页文件。此外，还有_themes、photogallery、images 等文件夹，用以存放主题、照片文件、网页图片等内容。用户可对这些文件和文件夹做进一步的补充和完善。

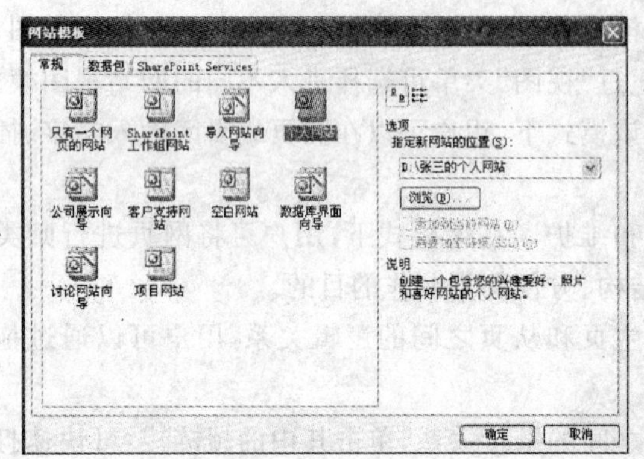
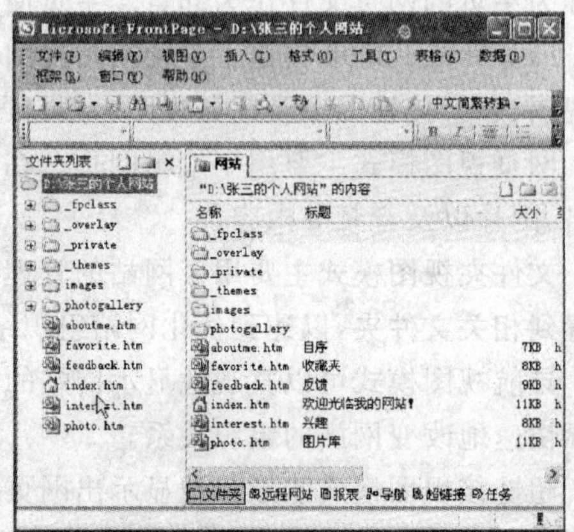

图 5-2　使用网站模板创建的个人网站

若选择“空白网站”，则新建的网站中仅含有_private 和 images 两个文件夹，而不包含任何网页文件。用户可根据需要在网站中添加网页文件和其他文件夹。

**2. 使用向导新建网站**

网站向导由一系列向导对话框组成，每个对话框向用户提出若干个问题，FrontPage 根据用户的回答逐步完成网站的创建工作。FrontPage 2003 为用户提供了 4 种向导来创建站点，分别为导入网站向导、公司展示向导、数据库界面向导以及讨论网站向导。

使用向导新建网站的步骤与使用网站模板新建网站的步骤类似，只是在第 3 步中需选择一种网站向导，确定后将会弹出一系列对话框。用户根据需要回答对话框中的问题，然后单击“下一步”按钮，若在设置过程中对上一步的设置不满意，可单击“上一步”按钮重新进行设置。

**3. 导入现有的网站**

用户除了可以使用网站模板和网站向导创建网站之外，还可以通过导入本地计算机、Web 服务器或 Internet 上的文件和文件夹创建网站。导入的文件可以是网页文件，也可以是其他网页素材，如图片文件、音频文件、视频文件等。

导入网站的具体操作步骤如下。

第 1 步：选择“文件”菜单中的“导入”功能，打开“导入”对话框。

第 2 步：在“导入”对话框中，单击“添加文件”按钮导入文件，或单击“添加文件夹”按钮导入文件夹，或单击"来自网站"导入网络服务器上的指定文件。

第 3 步：添加完文件或文件夹后，在"文件"列表框中将显示上一步添加的文件和文件夹，然后单击"确定"按钮。

### 5.2.3 管理网站

网站创建完成后，还需要对其进行管理。网站管理操作主要包括打开网站、保存网站、重命名网站、删除网站、关闭网站以及对网站中的文件和文件夹进行移动、删除等操作。

**1. 打开网站**

要对一个已经关闭的网站进行编辑修改，需要先将其打开。

打开网站的具体操作步骤如下。

第 1 步：选择"文件"菜单中的"打开网站"功能，打开"打开网站"对话框，如图 5-3 所示。

第 2 步：在"打开网站"对话框中，选择要打开的网站名称（带站点标记的文件夹）。

第 3 步：单击"打开"按钮。

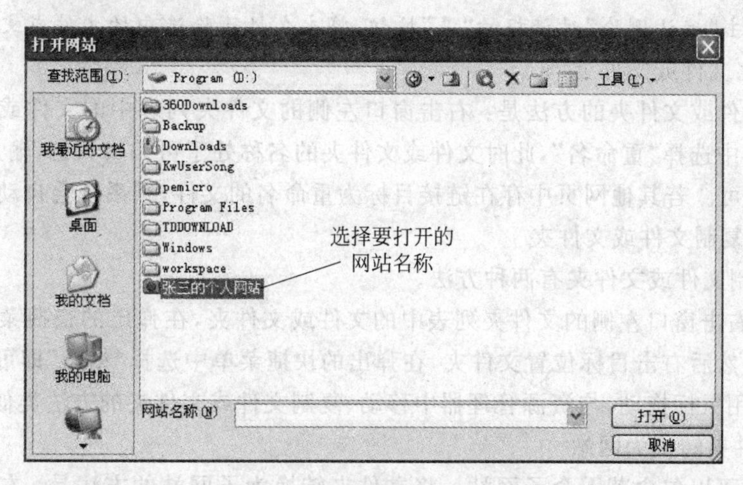


图 5-3 "打开网站"对话框

**注意：**

(1) 在已经有网站打开的情况下，若按上述步骤再次打开网站，FrontPage 2003 将创建一个新窗口，并在新窗口中打开该网站。

(2) 打开网站后，若窗口左侧未出现文件夹列表，可选择"视图"菜单中的"文件夹列表"功能，或按快捷键 Alt+F1。

(3) 双击左侧文件夹列表中的网页文件，则将在窗口右侧打开该文件，用户可对该文件进行编辑。双击文件夹列表中的文件夹，则展开该文件夹，显示其包含的文件及文件夹。

**2. 重命名网站**

网站名称其实就是网站所在文件夹的名称。在 FrontPage 2003 环境下修改该名称的方法是：选择“工具”菜单中的“网站设置”功能，打开“网站设置”对话框。在对话框中的“网站名称”文本框中输入新的网站名称，单击“确定”按钮即可。

### 3. 管理网站中的文件和文件夹

打开网站后，文件夹列表中显示了网站包含的文件夹和文件清单。对于这些文件夹和文件，用户可根据需要进行删除、重命名、复制、移动等操作。此外，用户还可以将指定文件夹转换为网站或将指定文件导出，也可以向当前打开的网站导入或新建文件和文件夹，以丰富网站的内容。

1）删除文件和文件夹

删除网站中不再需要的文件或文件夹，有以下几种方法。

方法1：右击窗口左侧的文件夹列表中待删除的文件或文件夹，在弹出的快捷菜单中选择“删除”，打开“确认删除”对话框，单击“是”按钮。

方法2：单击窗口左侧的文件夹列表中待删除的文件或文件夹，选择“编辑”菜单中的“删除”功能，打开“确认删除”对话框，单击“是”按钮。

方法3：单击窗口左侧的文件夹列表中待删除的文件或文件夹，直接按 Delete 键，打开“确认删除”对话框，单击“是”按钮。

**注意**：单击“确认删除”对话框的“是”按钮，将永久性删除选中的文件或文件夹。

2）重命名文件或文件夹

重命名文件或文件夹的方法是：右击窗口左侧的文件夹列表中的文件或文件夹，在弹出的快捷菜单中选择“重命名”，此时文件或文件夹的名称处于可编辑状态，输入新的名称后按 Enter 键即可。若其他网页中存在链接目标为重命名的文件，则系统会自动更新。

3）移动、复制文件或文件夹

移动、复制文件或文件夹有两种方法。

方法1：右击窗口左侧的文件夹列表中的文件或文件夹，在弹出的快捷菜单中选择“剪切”或“复制”，然后右击目标位置文件夹，在弹出的快捷菜单中选择“粘贴”即可。

方法2：用鼠标拖动，与资源管理器中移动、复制文件或文件夹的方法类似。

4）将文件夹转换为网站

一个网站可以包含若干个子网站。将文件夹转换为子网站的方法是：右击该文件夹，在弹出的快捷菜单中选择“转换为网站”，弹出如图5-4所示的警告对话框，单击“是”按钮。

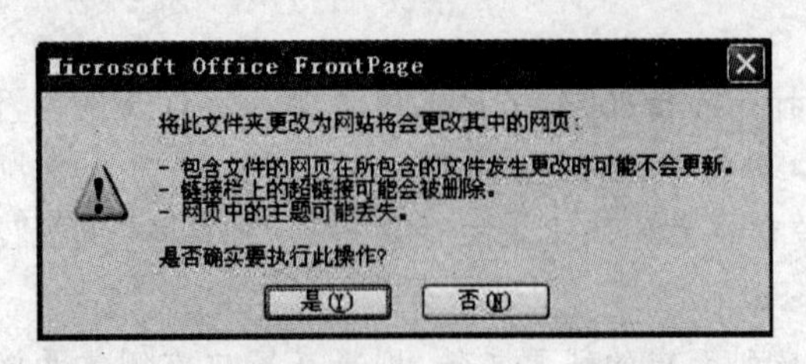


图5-4 将文件夹转换为网站时的警告

5）导入文件或文件夹

将网站之外的文件或文件夹导入到网站的方法是：选择“文件”菜单中的“导入”功能，打开“导入”对话框，单击对话框中的“添加文件”按钮导入文件，或单击“添加文件夹”按钮导入文件夹。

6）导出文件

导出文件是指将选中的文件另存，方法是：先选中文件，然后选择“文件”菜单中的“导出”功能，打开“所选项另外导出为”对话框，在该对话框中选择导出的位置，并输入导出的文件名，最后单击“保存”按钮即可。

**4. 新建文件或文件夹**

根据实际需要，用户可向网站中添加文件和文件夹，具体的操作方法是：右击文件夹列表中的某个文件或文件夹列表区空白处，在弹出的快捷菜单中选择“新建”功能（如图 5-5 所示），根据需要可选择新建空白网页、文本文件、文件夹或子网站。

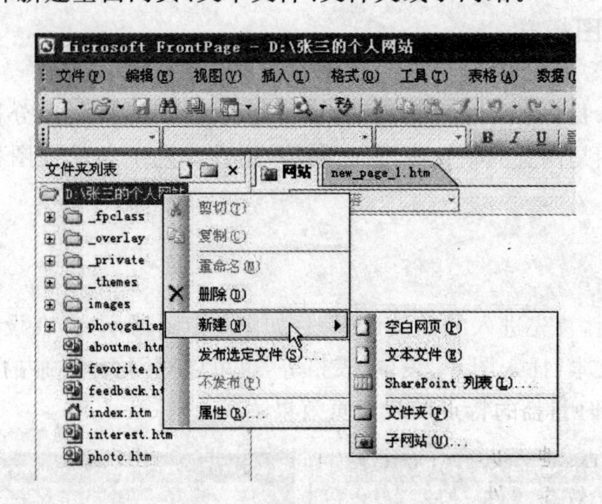


图 5-5　新建文件或文件夹

**5. 关闭网站**

当网站编辑完成后，需将其关闭。关闭网站的方法是：选择“文件”菜单中的“关闭网站”功能。若网站中存在尚未保存的网页，则会弹出是否保存文件的对话框。

### 5.2.4　发布网站

完成网站的编辑、制作之后，需将网站发布到 Web 服务器上，以便众多 Internet 用户访问，以实现资源信息共享。

发布网站的具体操作步骤如下。

第 1 步：打开需要发布的网站。

第 2 步：选择“文件”菜单中的“发布网站”功能，打开“远程网站属性”对话框。

第 3 步：在“远程 Web 服务器类型”选区中选择需要的服务器类型；在“远程网站位置”文本框中输入网站位置，或单击“浏览”按钮，在打开的“新的发布位置”对话框中选择网站的发布位置。

第 4 步：单击“确定”按钮，自动切换至“远程网站”视图模式。

第 5 步：在“远程网站”视图模式中的状态区，选中“本地到远程”单选钮，单击“发布网站”按钮。

## 5.3 网页的基本操作

FrontPage 中的网页有两种：普通网页和框架网页。一个网站通常包含许多普通网页和框架网页，每个普通网页文件的内容包括文字、图片、声音、视频、动画、表单、表格等，网页文件之间通过超链接建立联系，从而形成了网状的组织形式。以下介绍的是普通网页的基本操作，框架网页将在 5.6 节介绍。

### 5.3.1 网页的视图模式

FrontPage 2003 提供了 4 种网页视图模式，分别为设计视图、拆分视图、代码视图以及预览视图。设计视图是网页的默认视图。通过单击窗口左下角的视图栏按钮，可切换到不同的视图模式。

#### 1. 设计视图

打开一个网页后，首先进入的是设计视图（如图 5-6(a)所示）。在设计视图模式下，用户可以在网页中输入文本、插入图片、表单、表格等，也可以对网页中的内容进行删除、修改等，FrontPage 以“所见即所得”的特点展现网页效果。

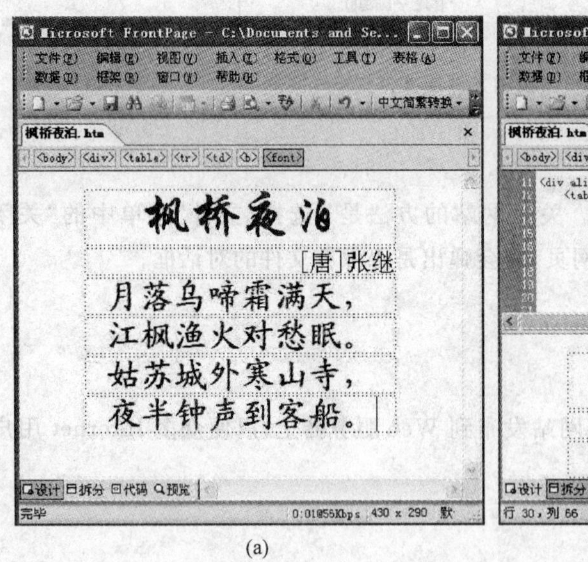

(a)

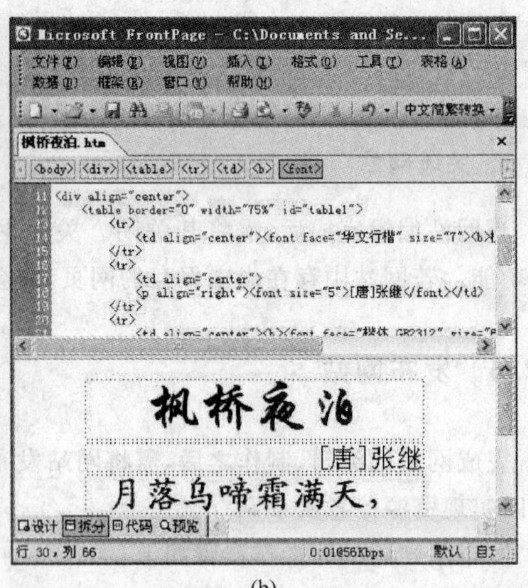

(b)

图 5-6 网页的设计视图和拆分视图

#### 2. 拆分视图

单击视图栏中的“拆分”按钮，即可进入拆分视图（如图 5-6(b)所示）。拆分视图将网页编辑区拆分为上、下两部分，上半部分是 HTML 代码区，下半部分是设计区。无论用户在哪个区域进行编辑，另一个区域的内容都会自动进行相应的改动。在该视图模式下，用户可以直观地看到自己设计的页面效果被编辑器自动转换成了 HTML 代码，也可以直观地看到自己编写的 HTML 代码在网页中产生的效果。

**3. 代码视图**

单击视图栏中的“代码”按钮，即可进入代码视图（如图 5-7(a)所示）。在代码视图模式下，网页编辑区仅显示 HTML 代码，并用不同颜色区分 HTML 标记、标记属性以及标记值。

例如，代码视图中有一行语句：<td align＝"center"><font face＝"华文行楷" size＝"7"><b>枫桥夜泊</b></font></td>，其中 td、font 和 b 分别为单元格、字体和加粗的 HTML 标记，大多数 HTML 标记都是成对出现的。align 是 td 标记的属性，center 是 align 属性的值。显然，用户在该视图模式下编辑网页的前提是，必须熟悉 HTML 标记。

**4. 预览视图**

单击视图栏中的“预览”按钮，即可进入预览视图（如图 5-7(b)所示）。在预览视图模式下，用户可以检查网页效果是否符合要求，如背景音乐是否能够播放、超链接是否正确。

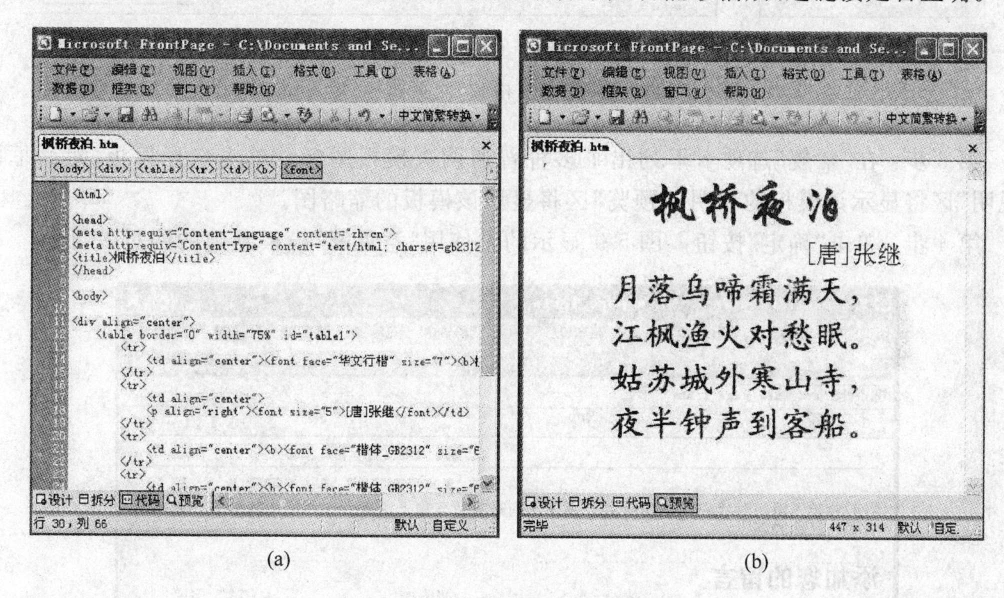


(a) (b)

图 5-7 网页的代码视图和预览视图

## 5.3.2 新建网页

网页文件可以是网站的组成部分，也可以独立存在。用户可以使用模板新建网页或使用现有网页新建网页，也可以创建一个空白网页。

**1. 使用模板新建网页**

使用模板可快速创建具有一定格式的网页，具体操作步骤如下。

第 1 步：选择“文件”菜单中的“新建”功能，打开如图 5-8(a)所示的“新建”任务窗格，任务窗格通常位于 FrontPage 窗口的最右边。

第 2 步：单击任务窗格中的“新建网页”选区中的“其他网页模板”超链接，打开如图 5-8(b)所示的“网页模板”对话框。

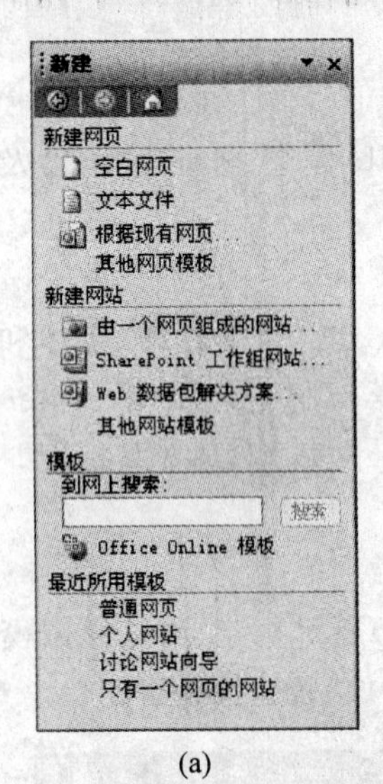


(a)

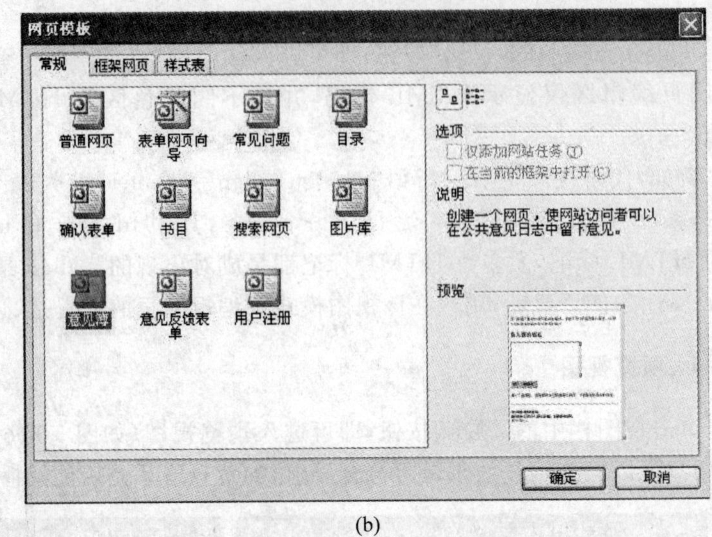


(b)

图 5-8 “新建”任务窗格和“网页模板”对话框

第 3 步：在“常规”选项卡下列出了多种普通网页模板图标。单击选择模板，对话框的“说明”区将显示该模板的说明，“预览”区将显示该模板的缩略图。

第 4 步：单击“确定”按钮。图 5-9 显示的是使用“意见簿”模板新建的网页效果。

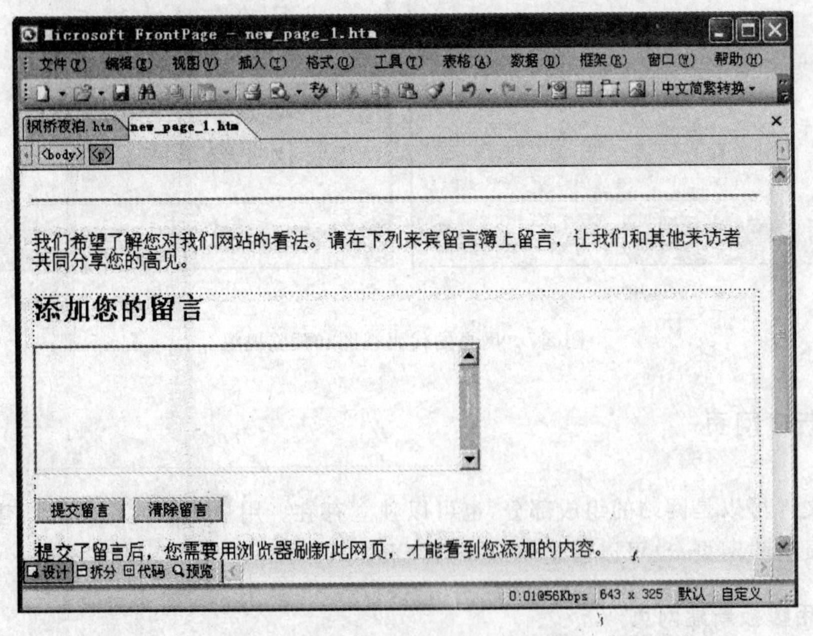


图 5-9 使用“意见簿”模板新建网页

**2. 使用现有网页新建网页**

在希望新建网页与一个已经存在的网页具有相似的外观效果时，最简便的方法是根据现有网页创建新网页，具体操作步骤如下。

第 1 步：选择“文件”菜单中的“新建”功能，打开如图 5-8(a)所示的“新建”任务窗格。

第 2 步：单击任务窗格中的“新建网页”选区中的“根据现有网页”超链接，打开“根据现有网页新建”对话框。

第 3 步：在该对话框的“查找范围”下拉列表中选择网页的位置，然后在文件列表框中选择网页文件，最后单击“创建”按钮。

根据现有网页创建的新网页与现有网页内容完全相同，用户可以根据需要对新网页进行编辑修改。

**3. 创建空白网页**

空白网页是指页面内容为空的网页，设计者可根据自己的实际需要，向网页中添加文字、表格、图片等丰富多彩的内容。

创建空白网页有以下 4 种方法。

方法 1：单击“常用”工具栏中的“新建普通网页”按钮，系统将自动新建一个名为“new_page_1.htm”的空白网页。

方法 2：单击 “新建”任务窗格(如图 5-8(a)所示)中的“新建网页”选区中的“空白网页”超链接。

方法 3：打开“网页模板”对话框(如图 5-8(b)所示)，选择“普通网页”模板，单击“确定”按钮。

方法 4：若要在已经打开的网站中新建一个空白网页，可右击文件夹列表区，在弹出的快捷菜单中选择“新建”菜单中的“空白网页”功能。

### 5.3.3 管理网页

网页管理操作主要有打开网页、保存网页、关闭网页、删除网页、浏览网页以及打印网页等操作。

**1. 打开网页**

前面提到，一个网页可以是网站的组成部分，也可以独立存在。要编辑、修改一个已经存在的网页，首先要将其打开。

打开网站内的网页文件的方法是：首先打开网站，显示文件夹列表(按 Alt＋F1 组合键)，然后在文件夹列表中双击需要打开的文件。

打开一个独立网页文件的方法是：首先选择“文件”菜单中的“打开”功能，或单击“常用”工具栏中的“打开”按钮，打开“打开文件”对话框，然后在该对话框中选择要打开的网页所处的位置、文件名以及文件类型，最后单击“打开”按钮即可。

### 2. 保存网页

在关闭网页或退出 FrontPage 时，若用户已经对网页进行了编辑且尚未存盘，FrontPage 将提示用户对网页进行保存。

保存网页的具体操作步骤如下。

第 1 步：若当前网页文件名为默认文件名，选择“文件”菜单中的“保存”功能，或单击“常用”工具栏中的“保存”按钮，打开“保存”对话框；若要将当前网页文件另存为一个文件，选择“文件”菜单中的“另存为”功能，打开“另存为”对话框。

第 2 步：在“另存为”对话框中的“保存位置”下拉列表中选择网页将要保存的位置，在“文件名”编辑框中输入网页的名称，在“保存类型”下拉列表中选择网页将要保存的类型。

第 3 步：若要更改网页标题，可单击“更改标题”按钮，打开“设置网页标题”对话框，在“网页标题”文本框中输入新的网页标题，单击“确定”按钮，返回“另存为”对话框。

第 4 步：单击“另存为”对话框中的“保存”按钮，如图 5-10 所示。

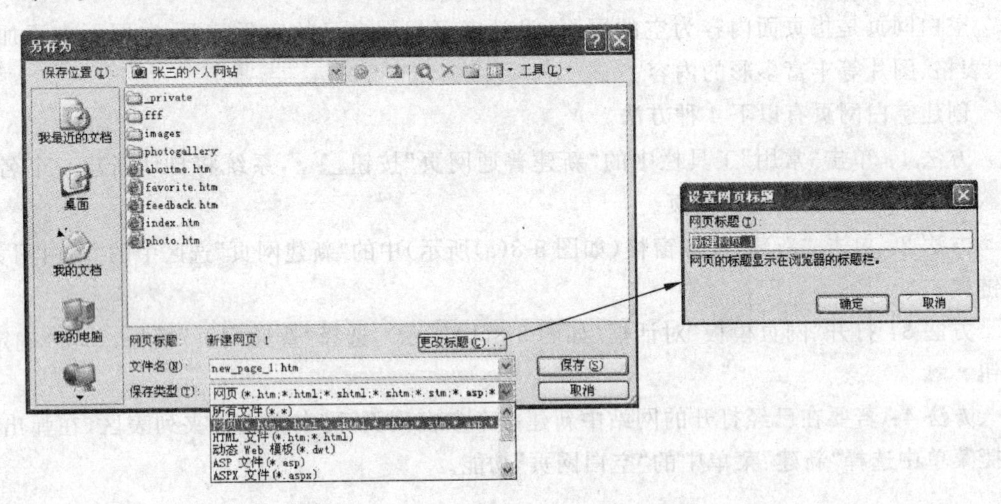


图 5-10 “另存为”对话框和“设置网页标题”对话框

**说明：**

(1) 网页的保存类型默认为“＊.htm”。若选择保存类型为“FrontPage 模板(＊.tem)”，则可将当前网页保存为模板。下次在使用模板创建网页时，打开“网页模板”对话框时，可看到该对话框新增了“我的模板”选项卡。

(2) 若网页中插入了位于网站之外的图像、音频、视频以及 Flash 动画等嵌入式文件，在对网页保存完毕后，将自动弹出“保存嵌入式文件”对话框(如图 5-11 所示)。单击“重命名”按钮可重新为嵌入式文件命名；单击“更改文件夹”按钮可指定嵌入式文件的保存位置(默认为网站目录)；单击“设置操作”按钮可选择是否保存该嵌入式文件；单击“图片文件类型”按钮可更改图片文件的类型。

### 3. 浏览网页

要浏览编辑完成后的网页效果，有以下几种方法。

方法 1：单击网页视图栏中的“预览”按钮，但采用该方法会看不到某些元素的实际效果。

方法 2：选择“文件”菜单中的“在浏览器中预览”功能，从弹出的浏览器列表中选择一种浏览器，或直接按快捷键 F12。

方法 3：在“我的电脑”或“资源管理器”中，双击要预览的网页文件（仅限于扩展名为 .htm 或 .html 的文件）。

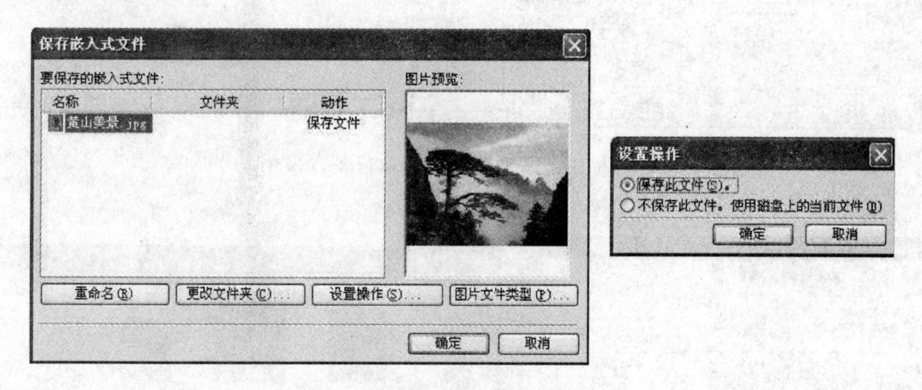


图 5-11　“保存嵌入式文件”对话框

**4. 关闭网页**

如果要关闭打开的网页，可选择“文件”菜单中的“关闭”功能，或单击标题栏上的“关闭”按钮 ✕。如果网页已被修改，但尚未进行保存操作，系统将会弹出信息提示框，提醒用户对网页进行保存。

## 5.3.4 设置网页属性

网页属性包括网页的标题、背景音乐、背景颜色、背景图片、超链接颜色以及页边距等。右击网页空白处，在弹出的快捷菜单中选择“网页属性”，打开“网页属性”对话框可编辑以上属性。

1）设置网页标题和背景音乐

单击“网页属性”对话框中的“常规”选项卡（如图 5-12 所示），在“标题”文本框中输入网页的标题，浏览网页时，该标题将出现在浏览器的标题栏上。

单击“浏览”按钮，打开“背景音乐”对话框，选择一个音频文件，单击“打开”按钮。

2）设置背景图片、背景颜色及超链接颜色

单击“网页属性”对话框中的“格式”选项卡（如图 5-13 所示），若要设置背景图片，先选中“背景图片”复选框，单击“浏览”按钮，打开“选择背景图片”对话框，在文件列表框中选择需要的图片文件后，单击“打开”按钮。在“颜色”选区中，可选择网页的背景颜色、文本颜色、超链接颜色、已访问的超链接颜色以及当前超链接颜色。

**注意**：若设置了网页的背景图片，则网页的背景颜色不起作用。

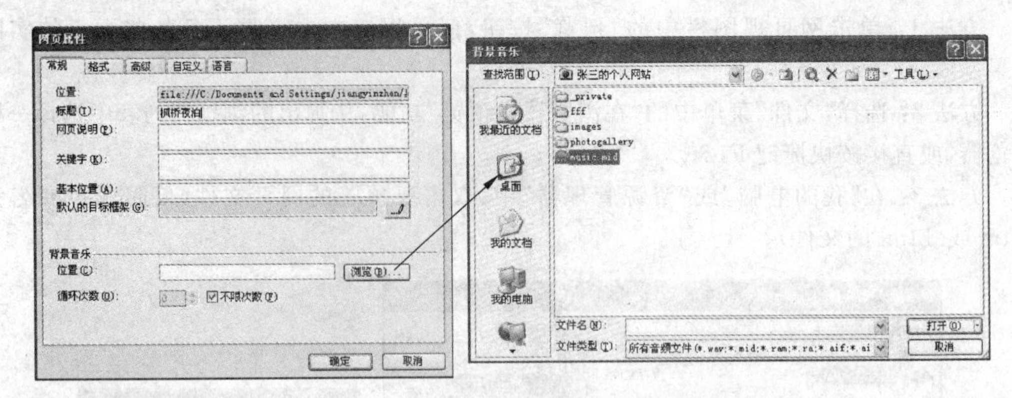


图 5-12 设置网页标题和背景音乐

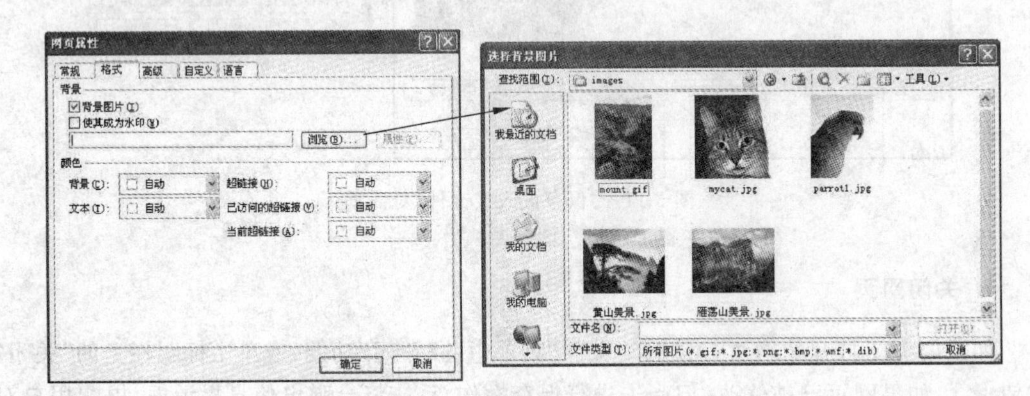


图 5-13 设置背景图片、背景色及超链接颜色

3) 设置网页边距

单击“网页属性”对话框中的“高级”选项卡(如图 5-14 所示),在“边距”选区中输入“上边距”、“左边距”、“下边距”以及“右边距”的值,以控制网页内容距离页面顶端、左边、底端以及右边的距离。

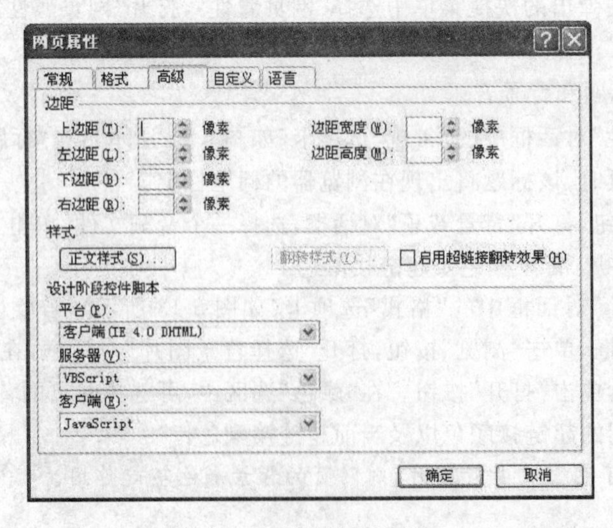


图 5-14 设置网页边距

## 5.4 网页的编辑与修饰

### 5.4.1 编辑网页

#### 1. 输入文本

作为一个“所见即所得”的网页编辑器，FrontPage 在输入和编辑文本方面，很多方法和技巧与 Word 字处理软件非常相似。在网页的设计视图模式下，工作区内有一个不断闪烁的光标即为插入点，输入的文本都将从插入点开始插入到网页中。

在输入文本的过程中，按 Enter 键将产生一个新段落，并与前一段落之间多出一个空行；按 Shift＋Enter 键将产生一个新行，在位置上与前一行紧密衔接。用户可以为不同的段落设置不同的段落格式，如段落间距、行距等，但不能为同一段落中的多行设置不同的段落格式。若单击“常用”工具栏中的“全部显示”按钮，可看到段落标记为“¶”、行标记为“↵”，再次单击“全部显示”按钮即可隐藏这些标记。在代码视图中，段落标记为＜p＞…＜/p＞，而换行标记为＜br＞。

对于文本的选定、移动、复制以及删除等操作的方法与 Word 类似，不再赘述。

#### 2. 插入水平线

为了使网页中的段落区分更加明显，可在段落之间插入水平线。插入水平线的具体操作步骤如下。

第 1 步：将光标定位到需要插入水平线的位置。

第 2 步：选择“插入”菜单中的“水平线”功能，即可在光标处插入一条水平线。

第 3 步：若要修改水平线的属性，可右击水平线，在弹出的快捷菜单中选择“水平线属性”，或直接双击水平线，打开“水平线属性”对话框，在该对话框中可设置水平线的宽度、高度、对齐方式、颜色以及是否为实线等。设置完成后，单击“确定”按钮。“水平线属性”对话框及插入水平线效果如图 5-15 所示。

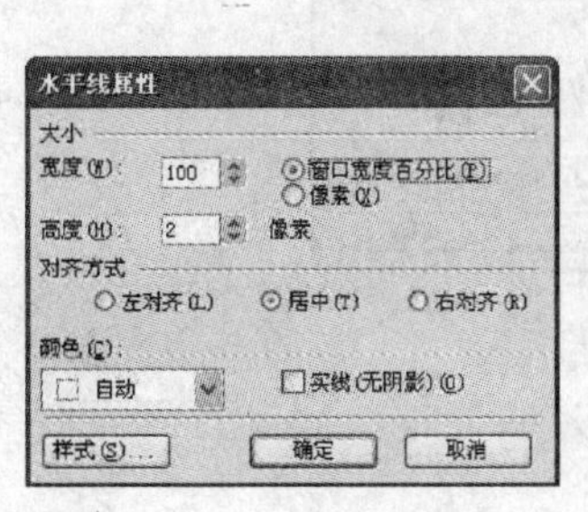


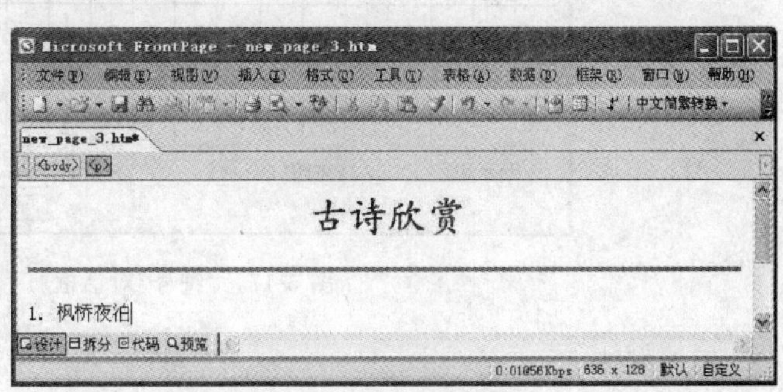


图 5-15 “水平线属性”对话框及插入水平线的效果

#### 3. 插入日期和时间

在编辑网页时，经常需要插入或更新网页的日期和时间。为此，FrontPage 为用户提供了快速插入日期和时间的功能，并提供了多种不同的日期和时间格式。插入日期和时间的具体操作步骤如下。

第 1 步：将光标定位到需要插入日期和时间的位置。

第 2 步：选择“插入”菜单中的“日期和时间”功能，打开“日期和时间”对话框（如图 5-16 所示）。

第 3 步：在该对话框中选择显示类别、日期格式以及时间格式。设置完成后，单击“确定”按钮。

**注意**：移动鼠标至插入的日期和时间处，当鼠标形状变为时，单击可选中日期和时间，按 Delete 键可将其删除；双击可再次打开“日期和时间”对话框，对其属性进行编辑修改。

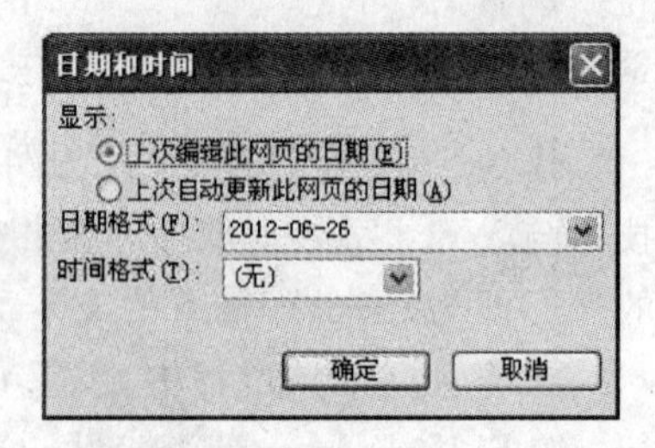


图 5-16 “日期和时间”对话框

### 4. 插入符号

在编辑网页的过程中，经常会遇到一些无法从键盘直接输入的特殊符号，如“☑”、“®”、“Ω”等。插入这些特殊符号可按照如下步骤操作。

第 1 步：将光标定位到需要插入特殊符号的位置。

第 2 步：选择“插入”菜单中的“符号”功能，打开“符号”对话框（如图 5-17 所示）。

第 3 步：在该对话框的“字体”下拉列表中选择需要的字体，在“子集”下拉列表中选择相关的类别，然后在符号列表框中选择需要插入的符号，单击“插入”按钮。

第 4 步：重复第 3 步，直到所有需要的符号都插入完成，单击“关闭”按钮。

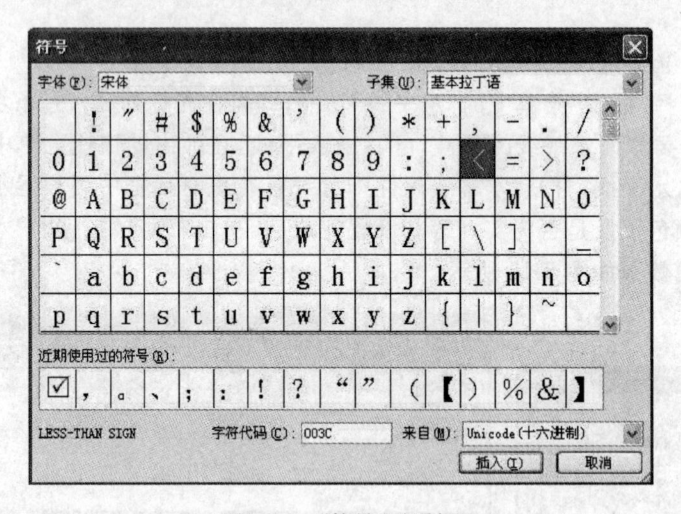


图 5-17 “符号”对话框

### 5. 插入书签

书签是网页中被标记的位置，常用作超链接的目标。在浏览篇幅较长的网页时，为使用户快速查看到自己想浏览的标题内容，可在这些标题处插入书签，然后添加以书签作为目标的超链接。

在网页中插入书签的具体操作步骤如下。

第 1 步：将光标定位到需要插入标签的位置，或选中需要作为书签名称的文字。

第 2 步：选择“插入”菜单中的“书签”功能，或按 Ctrl＋G 快捷键，打开“书签”对话框（如图 5-18(a)所示）。

第 3 步：在“书签名称”文本框中输入书签的名称，单击“确定”按钮。

书签插入完成后，书签位置处出现标志（如图 5-18(b)所示），或选中的文字以下划虚线标志显示。在网页的预览视图下，则看不到这些标志效果。

要删除已经建立的书签，可在如图 5-18(a)所示的“书签”对话框中选择待删除的书签，单击“清除”按钮。

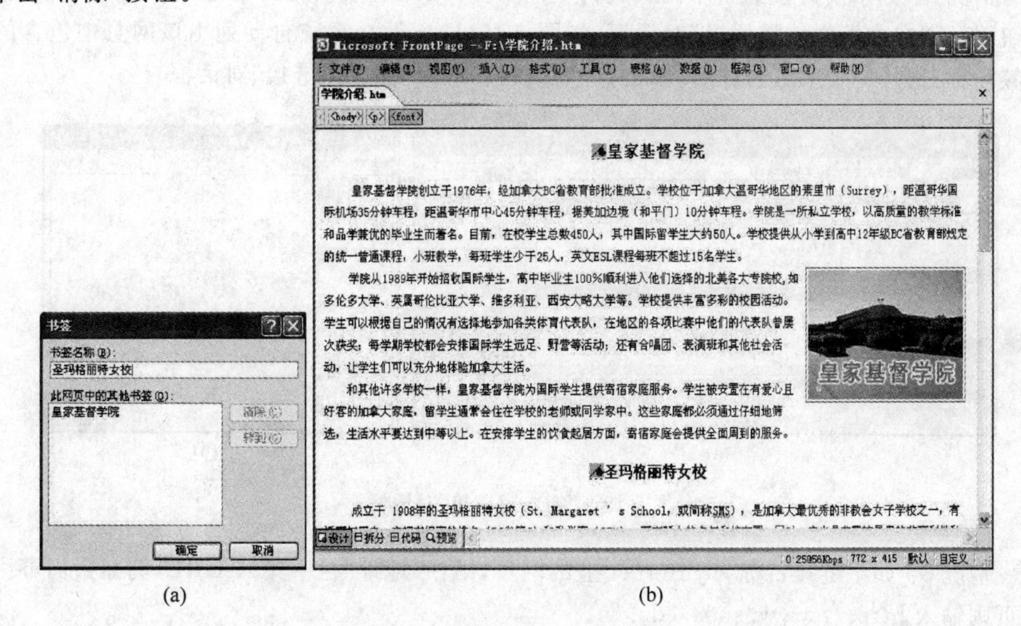


(a) (b)

图 5-18 插入书签

**6. 插入超链接**

超链接是网页的核心，正是由于超链接的存在，才使得网络浏览者能够轻松地在网络世界中遨游。在网页浏览器中，超链接的链接源通常用下划线或特定的颜色区别于其他内容。当鼠标指针移至超链接时，鼠标指针形状变为图标，此时单击就可以打开超链接的目标。

超链接具有两个要素：链接源和链接目标。链接源可以是普通文本、艺术字、一副图片或图片的某一部分。链接目标可以是一个网页或网页中的标签、图片、Office 文档、多媒体文件或者应用程序的 URL（统一资源定位器），也可以是一个 E-Mail 地址。URL 是资源位置的表示方法，分为绝对 URL 和相对 URL。绝对 URL 由传输协议、Web 服务器、路径和文件名组成，如 http://sit.suda.edu.cn/user/login.htm。相对 URL 是指相对于当前网页的 URL，只包含路径和文件名。

1) 创建文本超链接

文本超链接是最常见、最简单的超链接，链接源可以是几个字符或几行文字。创建文本超链接的具体操作步骤如下。

第 1 步：输入并选中用作链接源的文本。

第 2 步：选择“插入”菜单中的“超链接”功能，或者单击“常用”工具栏中的“插入超链接”按钮，或者右击选中的文本，在弹出的快捷菜单中选择“超链接”，打开“插入超链接”对话框。

第 3 步：设置链接目标，分为以下 4 种情况。

情况 1：如果链接目标为本网站内的网页或文件，则直接单击文件列表框中的文件（如图 5-19(a)所示）。

情况 2：如果要链接到一个网页文件中的书签，则先选中该网页文件，然后单击“书签”按钮，打开“在文档中选择位置”对话框（如图 5-19(b)所示），系统自动列出该网页中包含的书签名称，选择一个书签名称后，单击“确定”按钮，返回“插入超链接”对话框。

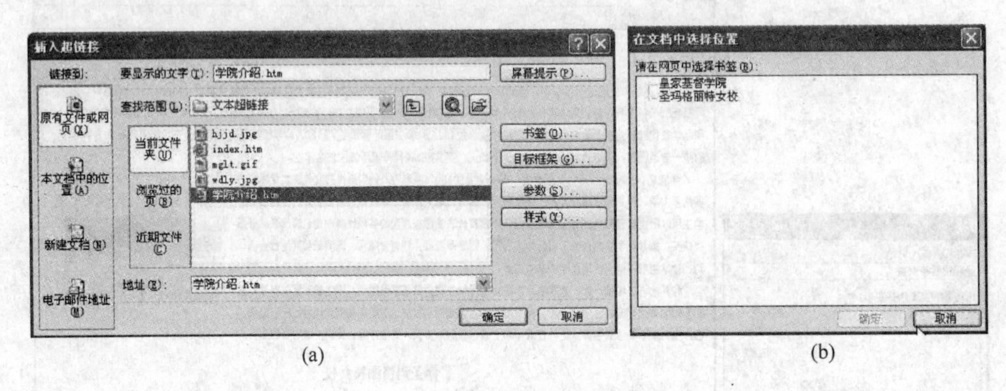

(a) (b)

图 5-19 “插入超链接”对话框

情况 3：如果链接目标为 Internet 上的网页，则在“地址”栏中输入 URL，例如指向苏大主页则输入 http://www.suda.edu.cn。

情况 4：如果链接目标为电子邮箱地址，则单击“链接到”选区中的“电子邮件地址”，出现如图 5-20 所示的对话框，在该对话框的“电子邮件地址”文本框中输入邮箱地址，例如 john@suda.edu.cn（系统自动在前面加上 mailto:）。

第 4 步：单击“插入超链接”对话框中的“确定”按钮。

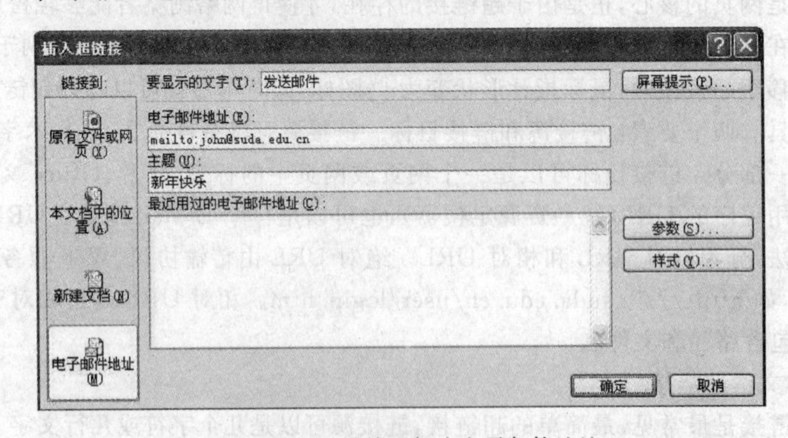

图 5-20 设置链接目标为电子邮箱地址

为突出显示,通常超链接文本的颜色与普通文本的颜色不同。默认情况下,未访问过的超链接为蓝色,已访问过的为深蓝色,正在访问的为紫红色。网页设计者可根据自己的喜好更改这些颜色设置。具体方法是:右击网页任意处,在弹出的快捷菜单中选择"网页属性"命令,打开"网页属性"对话框,单击该对话框中的"格式"选项卡,在如图 5-13(a)所示的界面中可更改颜色。

2) 创建图片超链接

图片超链接的功能与文本超链接的功能相同,都起到导航的作用,但图片超链接更加美观、生动。在设计网页时,可以将整幅图片视作一个链接源,也可以仅将图片的一小部分区域作为链接源,这一小部分区域称为热点。在一幅图片上可以同时建立多个热点,每个热点指向不同的链接目标。例如在一张地图上,可以在每个省份区域建立热点,分别指向各省份的主页。

创建整幅图片的超链接的具体操作步骤如下。

第 1 步:插入图片。方法是:选择"插入"菜单中的"图片"菜单中的"来自文件"功能,打开"插入图片"对话框,选择一个图片文件后,单击"插入"按钮。

第 2 步:右击图片,在弹出的快捷菜单中选择"超链接",打开"插入超链接"对话框。

第 3 步:设置链接目标,其方法与设置文本超链接的方法相同。

创建图片热点的超链接的具体操作步骤如下。

第 1 步:插入图片,方法与上同。

第 2 步:若图片工具栏没有显示出来,则右击图片,在弹出的快捷菜单中选择"显示图片工具栏",或选择"视图"菜单中的"工具栏"菜单中的"图片"功能,打开如图 5-21 所示的"图片"工具栏。

第 3 步:单击"图片"工具栏上的"长方形热点"按钮、"圆形热点"按钮或"多边形热点"按钮,然后在图片上按下鼠标左键并拖动,以绘制不同形状的热点。释放鼠标左键后将自动打开"插入超链接"对话框。

第 4 步:在"插入超链接"对话框中设置链接目标,方法与上同。若对创建好的热点的形状不满意,可以用鼠标拖动热点的控制点,以改变其形状。

不管是文本超链接、图片超链接还是热点超链接,右击超链接,在弹出的快捷菜单中选择"超链接属性",打开"编辑超链接"对话框,用户可重新设置超链接的目标、屏幕提示等信息。单击"删除链接"按钮,则可将超链接删除,使得链接源成为普通文本或图片。

图 5-21 "图片"工具栏

### 7. 插入滚动字幕

滚动字幕是一种能在浏览器中水平滚动的文本信息。插入滚动字幕的具体步骤如下.

第 1 步:打开网页,将光标定位到需要插入滚动字幕的位置。

第 2 步:选择"插入"菜单中的"Web 组件"功能,打开"插入 Web 组件"对话框(如

图 5-22(a)所示),在“组件类型”列表框中选择“动态效果”,在右侧对应的列表框中选择“字幕”。

第 3 步:单击“完成”按钮,弹出“字幕属性”对话框(如图 5-22(b)所示)。

第 4 步:在“字幕属性”对话框中输入需要滚动显示的文本、选择字幕的滚动方向(向左或向右)、设置字幕的滚动速度(延迟数值越小,滚动速度越快)以及字幕的运动方式(滚动条、幻灯片或交替)。在“大小”选区中设置字幕的宽度和高度(单位为像素或百分比);在“重复”选区中设置字幕连续滚动或重复的次数。在“背景色”下拉列表中选择一种颜色作为字幕的背景色。设置完成后,单击“确定”按钮。

字幕插入完成后,选中字幕(周围出现 8 个实心■),通过选择“格式”菜单中的“字体”功能或“格式”工具栏中的按钮可设置文字的字体、字形、字号、特殊效果等属性。双击字幕,将再次打开“字幕属性”对话框,可修改字幕属性。单击“预览”按钮 预览,即可看到滚动字幕的动态效果。

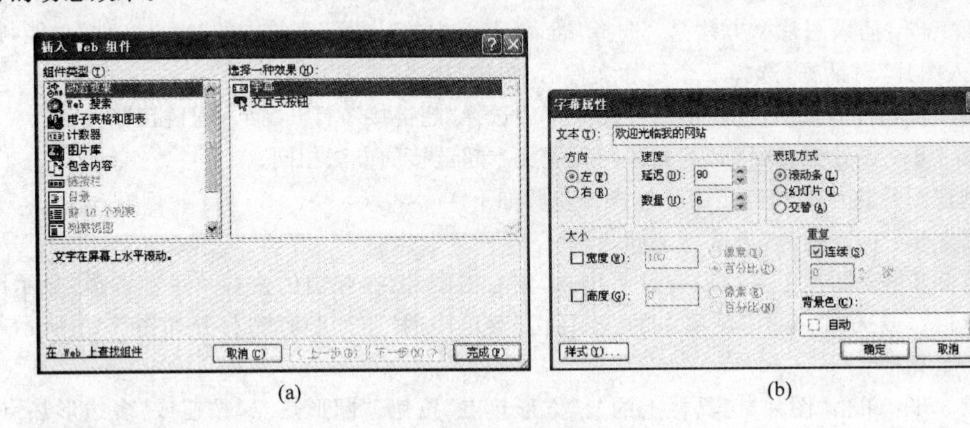


(a) (b)

图 5-22 “插入 Web 组件”对话框

**8. 插入交互式按钮**

在网页中插入交互式按钮,可建立具有动态效果的超链接,使网页内容更加丰富、生动。插入交互式按钮的具体操作步骤如下。

第 1 步:打开网页,将光标定位到需要插入交互式按钮的位置。

第 2 步:选择“插入”菜单中的“Web 组件”功能,打开“插入 Web 组件”对话框(如图 5-22(a)所示),在“组件类型”列表框中选择“动态效果”,在右侧对应的列表框中选择“交互式按钮”。

第 3 步:单击“完成”按钮,弹出“交互式按钮”对话框。

第 4 步:单击“交互式按钮”对话框中的“按钮”选项卡(如图 5-23(a)所示),选择按钮的类型(如编织带 1),输入按钮上的文本(如苏州大学),单击“浏览”按钮,打开“编辑超链接”对话框,设置交互式按钮的链接目标。

第 5 步:单击“交互式按钮”对话框中的“字体”选项卡(如图 5-23(b)所示),选择交互式按钮文字的字体、字形、字号;选择交互式按钮分别在初始时、悬停时以及按下时的字体颜色;选择交互式按钮文字的水平对齐方式和垂直对齐方式。

第 6 步:单击“交互式按钮”对话框中的“图像”选项卡(如图 5-23(c)所示),设置交互式按钮的宽度和高度。

第 7 步：单击“确定”按钮。

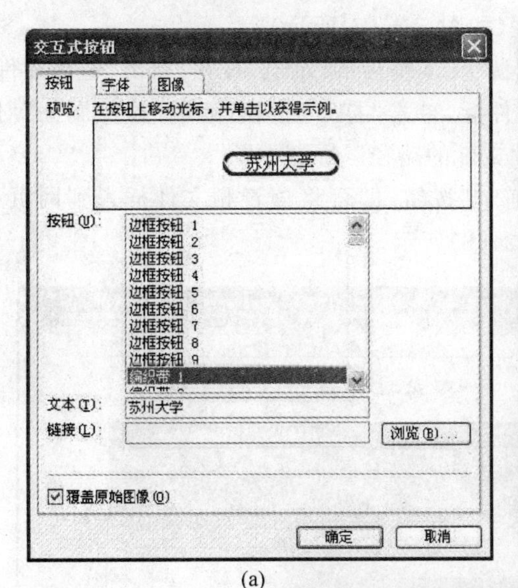


(a)

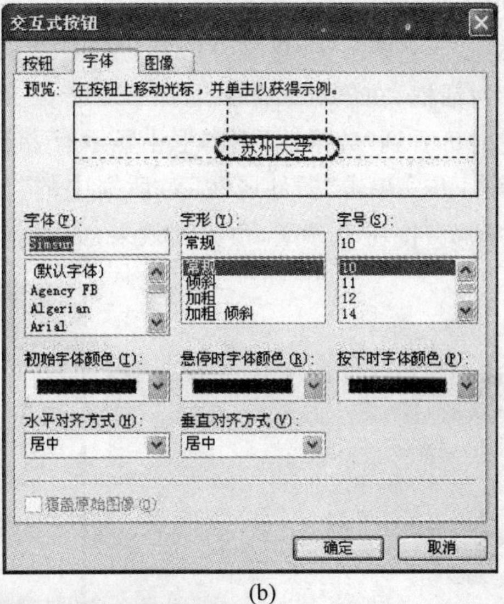


(b)

(c)

图 5-23 “交互式按钮”对话框

**9. 插入多媒体文件**

在网页制作中，插入与网页内容相匹配的多媒体文件(如音频文件、视频文件或 Flash 动画)能增添网页的感染力，使其更加生动形象。

1) 插入音频文件

常见的音频文件的格式有 WAV、MP3、WMA 等。插入音频文件的具体操作步骤如下。

第 1 步：打开网页，将光标定位到需要插入音频的位置。

第 2 步：选择“插入”菜单中的“Web 组件”功能，打开“插入 Web 组件”对话框（如图 5-22(a)所示），在“组件类型”列表框中选择“高级控件”，在右侧对应的列表框中选择“插件”，单击“完成”按钮，弹出“插件属性”对话框（如图 5-24(a)所示）。

第 3 步：单击“插件属性”对话框中“数据源”文本框后的“浏览”按钮，弹出“选择插件数据源”对话框，在该对话框中选择一个音频文件后，单击“打开”按钮，返回“插件属性”对话框，此时可看到“数据源”文本框中显示有音频文件的路径。

第 4 步：单击“插件属性”对话框中的“确定”按钮，即可将该音频文件插入到网页中。单击“预览”按钮 预览，预览其效果，如图 5-24(b)所示。

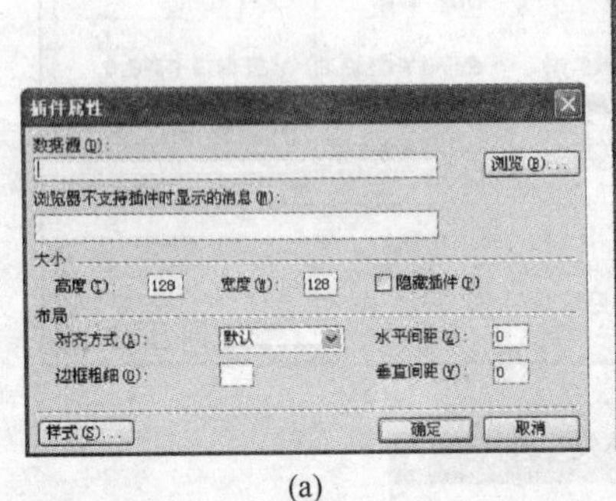


(a)

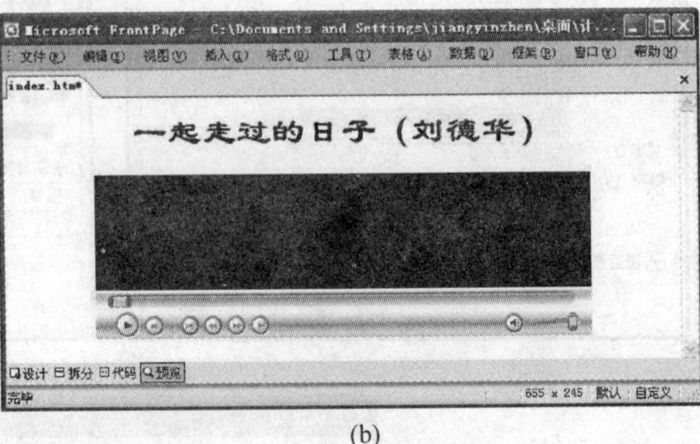


(b)

图 5-24 插入音频文件及预览效果

2）插入视频文件

常见的视频文件的格式有 WMV、AVI、MOV 等。插入视频文件的具体操作步骤如下。

第 1 步：打开网页，将光标定位到需要插入视频的位置。

第 2 步：选择“插入”菜单中的“图片”菜单中的“视频”功能，打开“视频”对话框，在该对话框中选择要插入的视频文件，单击“打开”按钮。返回网页编辑窗口后，可看到有一个图片框架显示视频的外观，效果如图 5-25(a)所示。

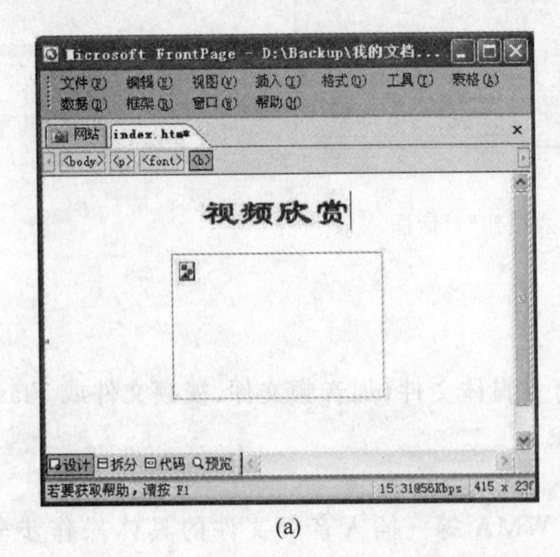


(a)

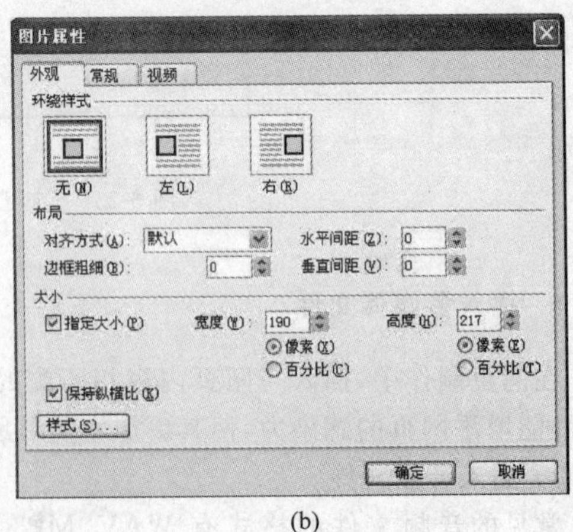


(b)

图 5-25 插入视频文件

第 3 步：双击图片框架，打开“图片属性”对话框(如图 5-25(b)所示)。单击“外观”选项卡，可设置图片框架的环绕样式、对齐方式以及大小。单击“常规”选项卡，可设置初始图片和超链接。单击“视频”选项卡，可重新选择视频文件、设置视频循环播放的次数以及两次播放视频文件之间的时间间隔。设置完成后，单击“确定”按钮。

第 4 步：选择“文件”菜单中的“保存”功能，保存网页。

第 5 步：按快捷键 F12，打开浏览器软件浏览插入视频文件的网页效果。

3) 插入 Flash 影片

在网页中不但可以插入音频文件和视频文件，还可以插入 Flash 动画。常见的 Flash 动画格式为 SWF 格式。插入 Flash 影片的具体操作步骤如下。

第 1 步：打开网页，将光标定位到需要插入 Flash 影片的位置。

第 2 步：选择“插入”菜单中的“图片”菜单中的“Flash 影片”功能，打开“选择文件”对话框，在对话框中选择需要插入的 Flash 动画，单击“插入”按钮，即可将 Flash 动画插入到网页中，效果如图 5-26(a)所示。

第 3 步：双击插入的 Flash 影片，打开“Flash 影片属性”对话框(如图 5-26(b)所示)。单击“外观”选项卡，可设置影片的质量、缩放比例以及对齐方式等。单击“常规”选项卡，可设置播放属性。设置完成后，单击“确定”按钮。

第 4 步：选择“文件”菜单中的“保存”功能，保存网页。

第 5 步：按快捷键 F12，打开浏览器软件浏览插入 Flash 影片的网页效果。

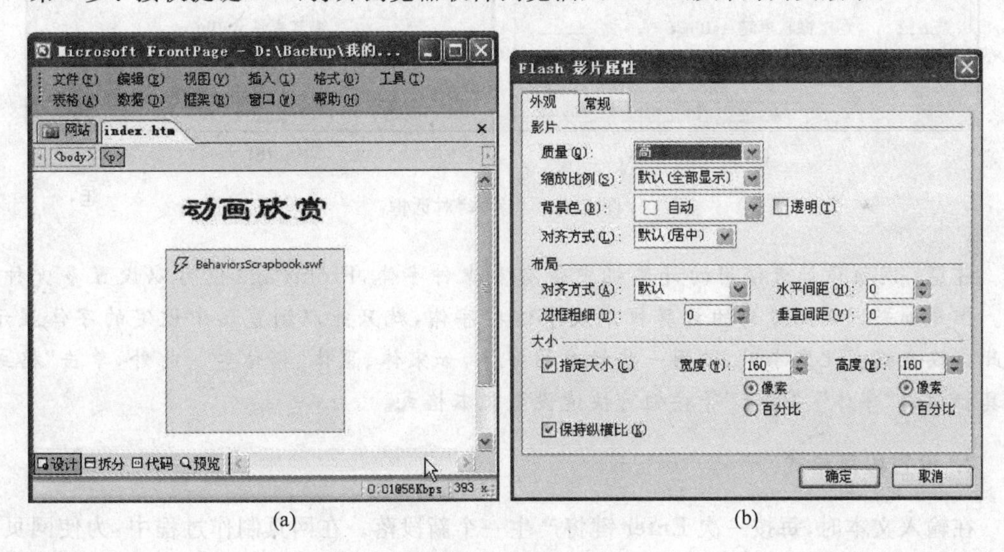


(a) (b)

图 5-26 插入 Flash 影片

## 5.4.2 修饰网页

为了使网页具有自己的独特风格，给浏览者留下深刻的印象，通常要对网页中的文本进行格式化操作，如设置文字的字体、字形或字号，段落的对齐方式、段落之间的间距以及段落的边框和底纹等。

### 1. 设置文本外观

在网页设计过程中，可对文本设置不同的字体、字形、大小、颜色以及效果等，使网页格式多样化。设置文本格式的具体操作步骤如下。

第 1 步：选中要设置格式的文本。

第 2 步：选择“格式”菜单中的“字体”功能，打开“字体”对话框(如图 5-27(a)所示)，默认显示“字体”选项卡，选择字体、字形、大小、颜色以及效果选项。

第 3 步：单击“字符间距”选项卡，设置字与字之间的距离，如图 5-27(b)所示。

第 4 步：设置完成后，单击“确定”按钮，关闭对话框，或单击“应用”按钮查看效果。

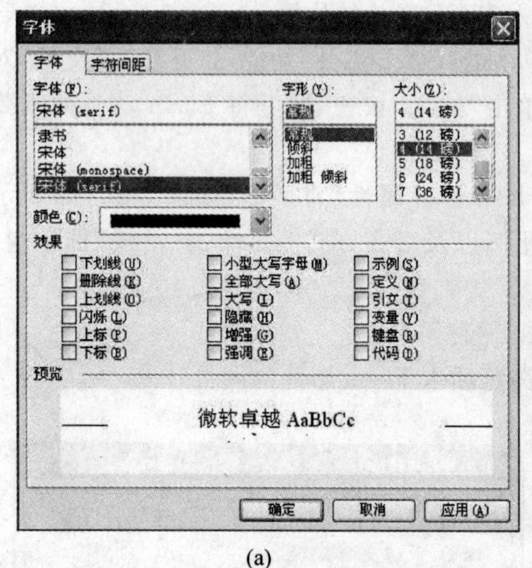


(a)

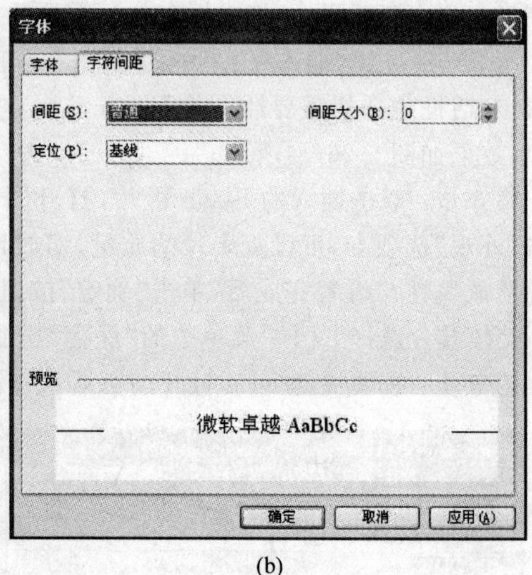


(b)

图 5-27 “字体”对话框

**注意**：网页设计者使用的计算机中带有多少种字体，FrontPage 便可以设置多少种字体。但是如果网页浏览者的计算机中没有这些字体，就只能以浏览器中设定的字体显示。因此建议在格式化文本时，选用一些标准的字体，如宋体、黑体、楷体等。此外，单击“格式”工具栏中的“字体”、“字号”等按钮可快速设置文本格式。

### 2. 设置段落格式

在输入文本时，每按一次 Enter 键将产生一个新段落。在网页制作过程中，为使网页布局更加美观、层次更加清晰，增加文本的可读性，经常需要对段落进行格式修饰。段落格式主要包括段落的对齐方式、段落缩进、段间距、行间距以及边框和底纹等。

1) 设置段落的对齐方式、缩进、段落间距以及行间距

设置段落的对齐方式、缩进、段落间距以及行间距的具体操作步骤如下。

第 1 步：选中要设置格式的段落(连续快速单击三次即可选中一段)。

第 2 步：选择“格式”菜单中的“段落”功能，打开“段落”对话框(如图 5-28 所示)，设置段落的对齐方式、文本的缩进量、段前段后间距以及行距大小。

第 3 步：设置完成后，单击“确定”按钮。

段落的对齐是指段落中各行文本相对于网页边距的对齐方式。FrontPage 2003 为用户提供了 5 种对齐方式：左对齐、居中、右对齐、两端对齐和交互象形文字。行距大小可选择“单倍行距”、“1.5 倍行距”或“双倍行距”，也可以直接输入数值（默认单位为 px）。

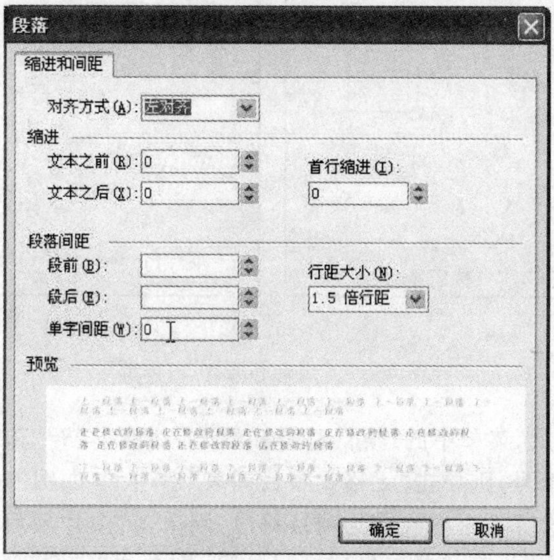

图 5-28 “段落”对话框

2）设置段落的边框和底纹

段落边框是指在段落四周添加的方框，底纹是指在段落内部填充的底色。设置段落的边框和底纹的具体操作步骤如下。

第 1 步：选中要设置边框和底纹的一个或多个段落。

第 2 步：选择“格式”菜单中的“边框和底纹”功能，打开“边框和底纹”对话框。

第 3 步：单击“边框”选项卡（如图 5-29(a)所示），在“设置”选区中选择边框的类型；在“样式”列表框中选择边框的样式；在“颜色”下拉列表中选择边框的颜色；在“宽度”数值框中输入边框线的宽度。

第 4 步：单击“底纹”选项卡（如图 5-29(b)所示），在“填充”选区中的“背景色”和“前景色”下拉列表中选择底纹的背景色和前景色。若要设置背景图片，则在“图案”选区中单击“浏览”按钮，打开“选择背景图片”对话框，选择一个图片文件后，单击“打开”按钮即可。

第 5 步：设置完成后，单击“边框和底纹”对话框中的“确定”按钮，关闭对话框。

### 3. 设置项目符号和编号

项目符号和编号是一种结构简单、层次清晰的数据组织形式。在网页中使用项目符号和编号，可使网页内容重点突出、层次分明、结构有序。

设置项目符号和编号的具体操作步骤如下。

第 1 步：将插入点定位在要插入项目符号和编号的段落的开始位置。如果要对已经存在的段落设置项目符号和编号，则需将这些段落全部选中。

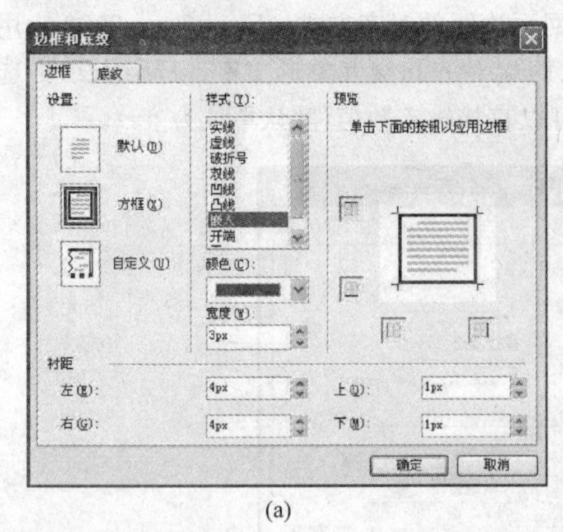


(a)

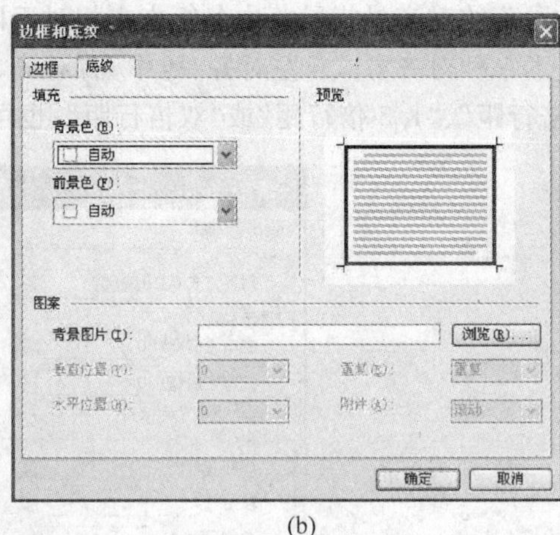


(b)

图 5-29 “边框和底纹”对话框

第 2 步：选择“格式”菜单中的“项目符号和编号”功能，打开“项目符号和编号方式”对话框。若要设置项目符号，则单击“无格式项目列表”选项卡(如图 5-30(a)所示)，从中选择一种项目符号。若要选择一个图片作为项目符号，则单击“图片项目符号”选项卡，单击“浏览”按钮指定图片文件的位置。若要设置项目编号，则单击“编号”选项卡(如图 5-30(b)所示)，从中选择一种编号样式，并设置起始编号。

第 3 步：设置完成后，单击“确定”按钮。

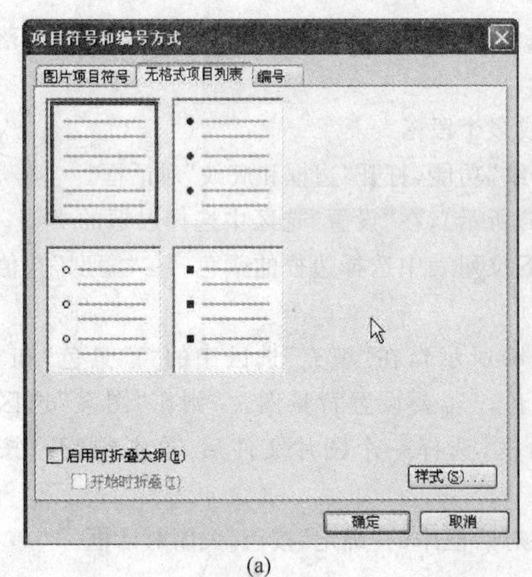


(a)

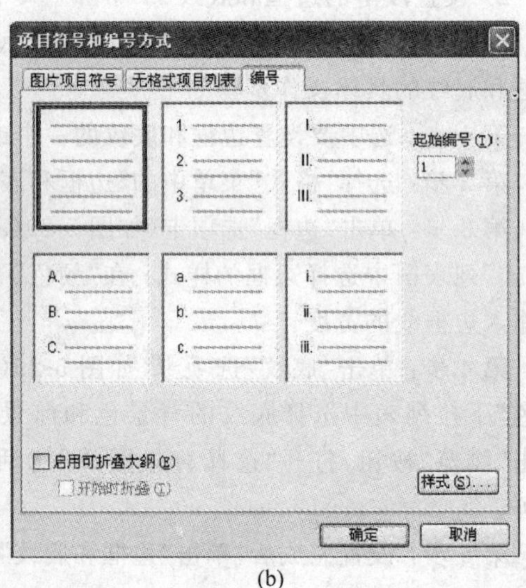


(b)

图 5-30 “项目符号和编号方式”对话框

**4. 设置网页过渡效果**

网页过渡效果是指网页浏览者在进入或离开网站或网页时所显示的特殊效果。设置网页过渡效果的具体操作步骤如下。

第 1 步：打开要设置过渡效果的网页。

第 2 步：选择“格式”菜单中的“网页过渡”功能，打开“网页过渡”对话框。

第 3 步：在“事件”下拉列表中选择用来触发过渡效果的事件（包括进入网页、离开网页、进入网站以及离开网站）；在“周期(秒)”文本框中输入效果变化的时间；在“过渡效果”列表框中选择一种过渡效果（如盒状收缩、盒状展开等），单击“确定”按钮完成设置。

第 4 步：按快捷键 F12，打开浏览器软件，查看网页过渡效果。

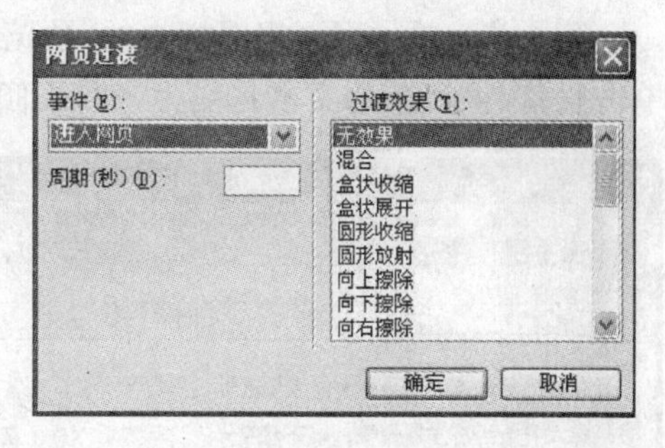


图 5-31 “网页过渡”对话框

**5. 设置 DHTML 效果**

DHTML 效果是一种为网页中的段落文本或图片在单击、双击、鼠标悬停或网页加载时添加的动态效果，如当鼠标移到一段文本时，该段文本变为红色；单击一幅图片时，图片变为另一幅图片。

1）设置段落文本的 DHTML 效果

设置段落文本 DHTML 效果的具体操作步骤如下。

第 1 步：选中需要设置 DHTML 效果的段落文本。

第 2 步：选择“视图”菜单中的“工具栏”菜单中的“DHTML 效果”功能，打开“DHTML 效果”工具栏（如图 5-32 所示）。

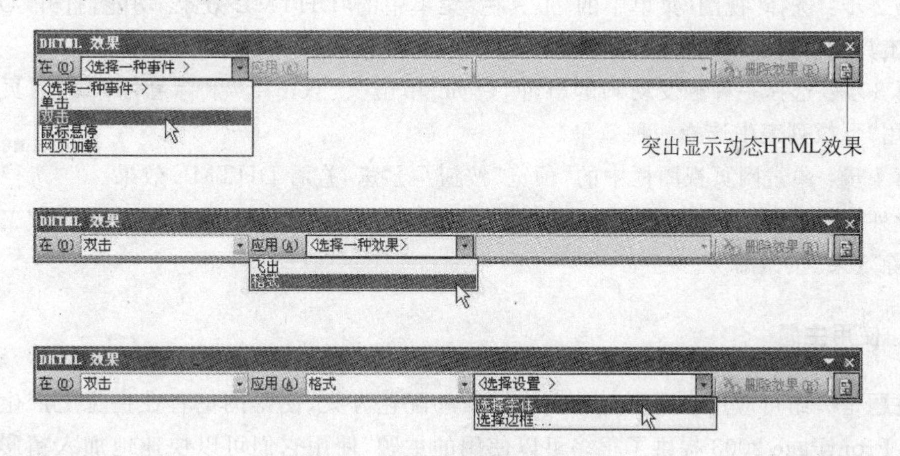


图 5-32 “DHTML 效果”工具栏

第 3 步：选择一种触发动画的事件，例如“单击”、“双击”、“鼠标悬停”或“网页加载”。选择触发事件后，“应用”下拉列表变为可用状态，在其下拉列表中选择一种效果，例如“飞出”或“格式”。

第 4 步：若在第 3 步选择了“飞出”，则在其后的设置列表框中选择一种飞出的效果，例如“到左侧”、“到顶端”、“到右下部”等。若在第 3 步选择了“格式”，则在其后的设置列表框中选择“选择字体”或“选择边框”，打开“字体”或“边框和底纹”对话框对选中段落的文本进行属性设置，设置完成后，单击“确定”按钮。

第 5 步：单击“DHTML 效果”工具栏最右端的“突出显示动态 HTML 效果”按钮，设置有 DHTML 效果的段落将以默认的底纹突出显示，以区别于普通段落。

第 6 步：单击网页视图栏中的“预览”按钮 预览，查看 DHTML 效果。图 5-33 显示了单击段落，该段落的文本将变为“加粗、倾斜、隶书、绿色、红色边框”的 DHTML 效果。

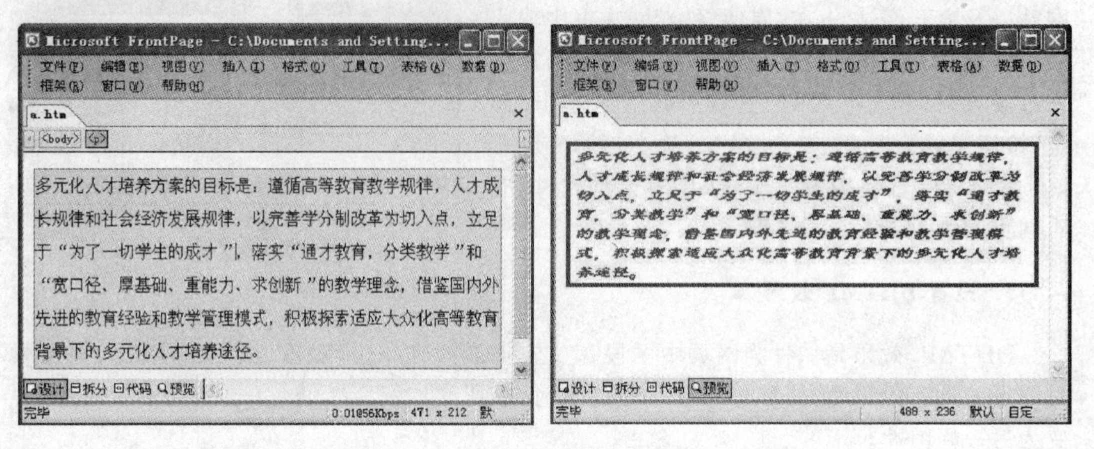


图 5-33　设置 DHTML 效果前后对比

2）设置图片的 DHTML 效果

设置图片 DHTML 效果的具体操作步骤如下。

第 1 步：选中需要设置 DHTML 效果的图片。

第 2 步：选择“视图”菜单中的“工具栏”菜单中的“DHTML 效果”功能，打开“DHTML 效果”工具栏(如图 5-32 所示)。

第 3 步：选择一种触发动画的事件，例如“单击”、“双击”、“鼠标悬停”或“网页加载”。在“应用”下拉列表中选择一种效果。

第 4 步：单击网页视图栏中的“预览”按钮 预览，查看 DHTML 效果。

此外，若要删除段落文本或图片的 DHTML 效果，只需单击“DHTML 效果”工具栏中的“删除效果”按钮即可。

**6. 使用主题**

主题是一组可应用在网页上的设计元素和配色方案，使得浏览者在视觉上产生一致性效果。FrontPage 2003 提供了很多可以使用的主题，使用它们可以快速地加入精彩的网页内容和赋予网页专业的外观，加速网站建设的速度。主题可应用于单个网页、多个网页或整个网站。对整个站点应用主题可以使站点有统一的风格。如果站点是使用向导或模板建立的，那么该站点通常已自动应用了相关主题。

应用主题的操作步骤如下。

第 1 步：打开网站，选择“视图”菜单中的“文件夹”功能，在窗口左侧显示“文件夹列表”。

第 2 步：选择网页。

情况 1：若将主题应用于单个网页，则在“文件夹列表”中双击打开要应用主题的网页。

情况 2：若将主题应用于多个网页，则先按下 Ctrl 键，然后在“文件夹列表”中单击选择要应用主题的网页。

情况3：若将主题应用于整个网站，则单击“文件夹列表”顶端的站点名称。

第3步：选择“格式”菜单中的“主题”功能，打开“主题”任务窗格。根据实际需要，选中该任务窗格底部的“鲜艳的颜色”复选框、“动态图形”复选框以及“背景图片”复选框，然后在“选择主题”列表框中，单击所需要的主题(如饼图、波浪、彩虹、彩条等)，该主题即应用到相关网页。

“鲜艳的颜色”复选框：主题中的颜色分为“普通”和“鲜艳”两种，用以设置正文、标题、超链接、网页横幅、导航栏标签、表格边框以及网页背景等。选中该复选框，表示使用“鲜艳”的颜色。

“动态图形”复选框：主题中的图形分为“普通”和“动态”两种，用以修饰网页横幅、项目符号、导航按钮以及水平线等。选中该复选框，表示使用“动态”图形。

“背景图片”复选框：选中该复选框，表示使用主题的背景图片，否则不使用。

此外，对于已经使用了主题的网页，若要将主题删除，只需单击“选择主题”列表框中的“无主题”即可。

## 5.5 利用表格组织网页

表格是人们组织和处理数据的一种最常见的形式，它由若干行和若干列的单元格组成。每个单元格中可以存放文本或图像。在网页设计中使用表格，一方面是为了存放数据，其实更重要的是为了布局页面，使网页看起来更加井然有序、整齐简洁。

### 5.5.1 创建表格

如果用户熟悉 Word 中创建表格的方法，学习在网页中创建表格将会非常容易。FrontPage 提供了插入表格按钮、插入表格对话框、手动绘制表格以及将文本自动转换为表格共4种创建表格的方法。

#### 1. 使用“插入表格”按钮

使用“插入表格”按钮是在网页中创建表格最简单、最快捷的方法，具体操作步骤如下。

第1步：将光标定位在需要插入表格的位置。

第2步：单击“常用”工具栏中的“插入表格”按钮，弹出一个示意网格(如图5-34所示)。

第3步：在网格中向右下方移动鼠标选择所需要的行数和列数，确定后单击即可在网页中插入一个具有若干行若干列的规则表格。

**注意**：使用“插入表格”按钮插入的表格将采用默认的表格属性，例如所有行等高、所有列等宽、边框粗细为1等。

#### 2. 使用“插入表格”对话框

使用“插入表格”对话框插入表格的具体操作步骤如下。

第1步：将光标定位在需要插入表格的位置。

第2步：选择“表格”菜单中的“插入”菜单中的“表格”功能，打开“插入表格”对话框(如图5-35(a)所示)。

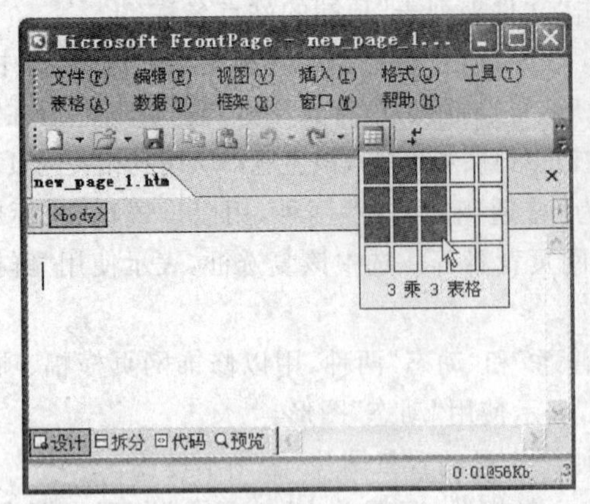
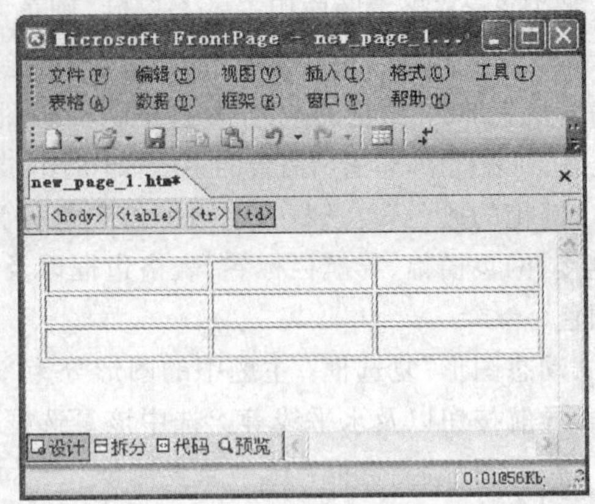

图 5-34 使用"插入表格"按钮插入表格

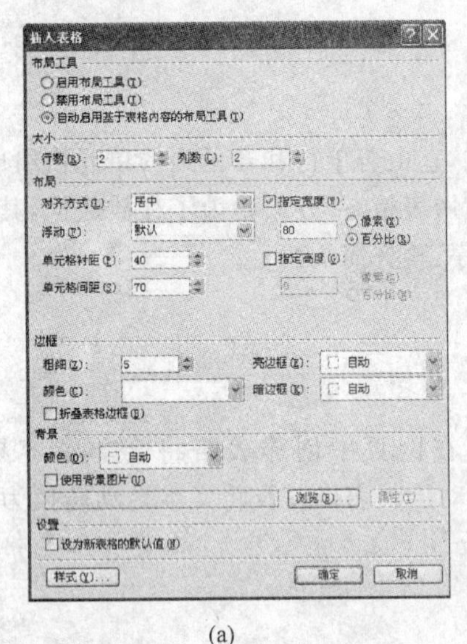

(a)

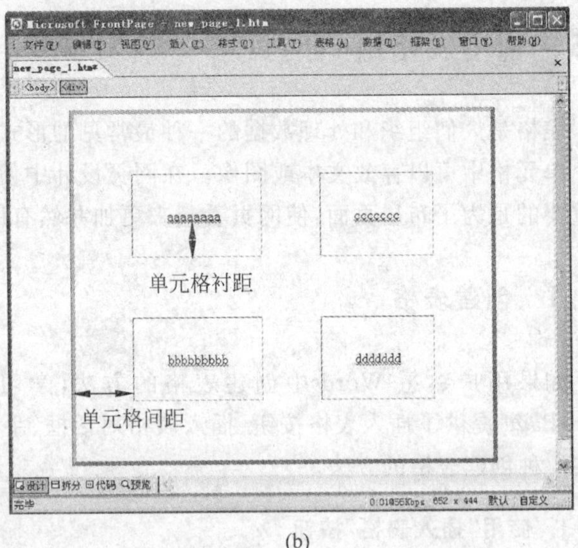


(b)

图 5-35 "插入表格"对话框及示例

第 3 步：在对话框的"大小"选区中，设置表格的行数和列数。

第 4 步：在对话框的"布局"选区中，设置表格相对于页面的对齐方式、表格的宽度和高度、单元格衬距以及单元格间距。单元格衬距是指单元格内容与单元格边框线的距离。单元格间距是指两个单元格的边框线之间的距离，如图 5-35(b)所示。

第 5 步：在对话框的"边框"选区中，设置表格边框线的粗细及颜色。若设置亮边框和暗边框的颜色，则表格边框线的颜色自动失效。

第 6 步：在对话框的"背景"选区中，设置表格的背景颜色，或单击"浏览"按钮，选择一幅图片作为表格的背景图片。

第 7 步：若选中"设置"选区中的"设为新表格的默认值"，则以上设置参数将成为下次创建表格时的默认值。

第 8 步：设置完成后，单击"确定"按钮。

### 3. 手动绘制表格

使用“插入表格”按钮或“插入表格”对话框插入的表格是具有若干行、若干列的规则表格，但在实际应用中，经常需要使用不规则表格。绘制不规则表格有两种方法：一种是对规则表格进行单元格的合并或拆分，一种是手动绘制。

手动绘制表格的具体操作步骤如下。

第 1 步：选择“视图”菜单中的“工具栏”菜单中的“表格”功能，或“表格”菜单中的“绘制表格”功能，弹出“表格”工具栏，如图 5-36(a)所示。

第 2 步：单击工具栏中的“绘制表格”按钮，此时光标变为形状。

第 3 步：按住鼠标左键并拖动鼠标，到达目标位置后释放鼠标左键，即可绘制出一个表格的外框。

第 4 步：在表格的外框内按住鼠标左键并拖动鼠标，此时可看到一条虚线，释放鼠标后虚线变为实线。

第 5 步：重复第 4 步，直至绘制出满足要求的不规则表格(如图 5-36(b)所示)。完成后，再次单击“绘制表格”按钮，退出手动绘制表格状态。

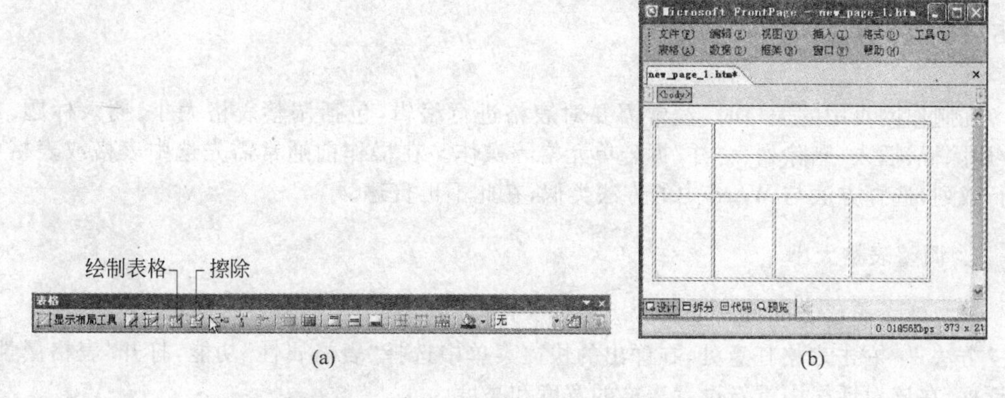


(a)　　(b)

图 5-36 “表格”工具栏及手动绘制表格示例

此外，在绘制表格的过程中，如果需要删除表格外框内的线条，可单击“表格”工具栏中的“擦除”按钮，此时光标变为形状。将鼠标移动到要删除的线条上并按下鼠标左键沿着线条拖动，当要删除的线条变为红色时，释放鼠标即可将该线条删除。

### 4. 文本与表格的相互转换

在网页设计过程中，为使网页的外观统一、整齐，设计者经常希望将已经输入的文本内容分散到表格的各个单元格中，此时可用 FrontPage 提供的文本转换成表格功能，具体操作步骤如下。

第 1 步：选中需要转换的文本内容。

第 2 步：选择“表格”菜单中的“转换”菜单中的“文本转换成表格”功能，打开“文本转换成表格”对话框(如图 5-37 所示)。

第 3 步：根据选中文本的格式，选择一种文本分隔符(如逗号)，单击“确定”按钮。

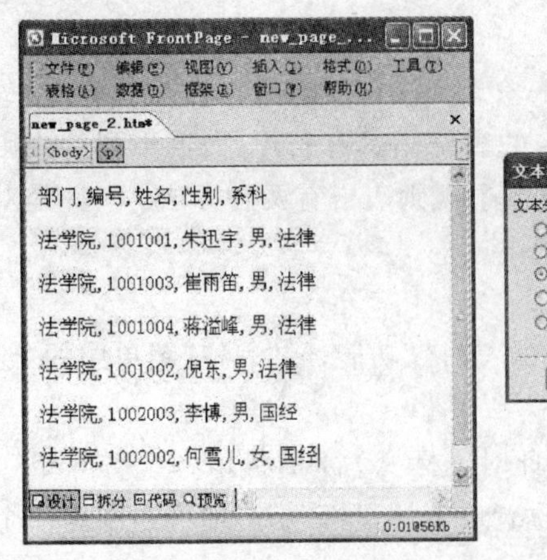

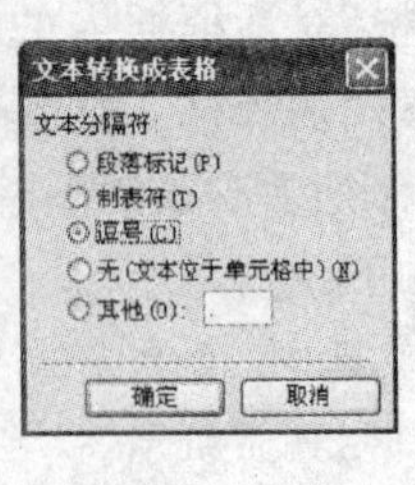

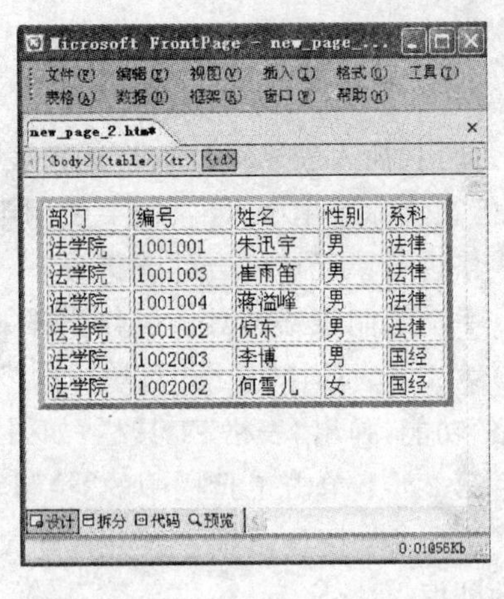


图 5-37 将文本转换成表格

**注意**：FrontPage 2003 中不仅可以将文本转换为表格，同时也可以将表格转换为文本。具体方法是：单击表格任意处，选择“表格”菜单中的“转换”菜单中的“表格转换成文本”功能，转换后的效果是一个单元格中的内容占据一行。

## 5.5.2 编辑表格

在制作网页中的表格时，经常需要对表格进行编辑，包括调整表格大小、插入标题、插入/删除行、插入/删除列、合并/拆分单元格等操作。在操作前通常需先选中表格或表格中的行或列，选择方法与 Word 中的方法类似，在此不再赘述。

### 1. 调整表格大小

调整整个表格宽度或高度的方法有以下几种。

方法 1：右击表格任意处，在弹出的快捷菜单中选择“表格属性”功能，打开“表格属性”对话框，在该对话框中重新设置表格的宽度和高度。

方法 2：将鼠标指针指向要调整表格的外框线上，当鼠标指针变为“↕”或“↔”形状时，按住鼠标左键并拖动鼠标，调整表格外框的宽度或高度。

调整表格行高或列宽的方法有以下几种。

方法 1：将鼠标指针指向表格的内框线上，当鼠标指针变为“↕”或“↔”形状时，按住鼠标左键并拖动鼠标，即可调整行高或列宽。

方法 2：右击单元格，在弹出的快捷菜单中选择“单元格属性”，打开“单元格属性”对话框，在该对话框中设置单元格的宽度或高度。

方法 3：选中表格中相应的行或列，选择“表格”菜单中的“平均分布各行”或“平均分布各列”功能，自动分配行高或列宽。

方法 4：选中表格中相应的行或列，单击“表格”工具栏中的“平均分布各行”按钮 或“平均分布各列”按钮 ，自动分配行高或列宽。

### 2. 插入表格和表格标题

FrontPage 2003 具有表格嵌套功能，即可以在表格的一个单元格中再插入一张表格。

具体操作方法是：将光标定位在要插入表格的单元格中，单击“插入表格”按钮 或选择“表格”菜单中的“插入”菜单中的“表格”功能，插入一张新的表格，效果如图 5-38 所示。

插入表格标题的方法是：单击表格任意处，选择“表格”菜单中的“插入”菜单中的“标题”功能，插入光标将出现在表格顶端，此时输入标题内容，即可为表格创建标题（如图 5-39 所示）。当然，用户也可以像设置其他文本一样设置标题文本的属性，如字体、字形、字号、颜色等。

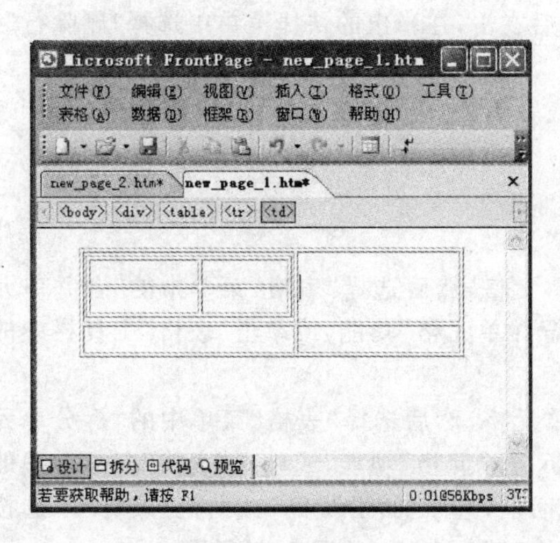


图 5-38 嵌套表格

图 5-39 插入表格标题

### 3. 插入行、列或单元格

插入行或列的方法有以下几种。

方法 1：将光标定位在要插入行或列的位置，然后选择“表格”菜单中的“插入”菜单中的“行或列”功能，打开“插入行或列”对话框（如图 5-40 所示）。在该对话框中选中“行”或“列”单选按钮；在“行数”或“列数”数值框中输入要插入的行数或列数；在“位置”选区中选择将要插入的行或列的位置，最后单击“确定”按钮。

方法 2：将光标定位在要插入行或列的位置，单击“表格”工具栏中的“插入行”按钮 或“插入列”按钮 ，则将在光标所在行的上方插入一行，或所在列的左侧插入一列。

方法 3：右击要插入行或列的位置，在弹出的快捷菜单中选择“插入行”或“插入列”，效果与方法 2 相同。

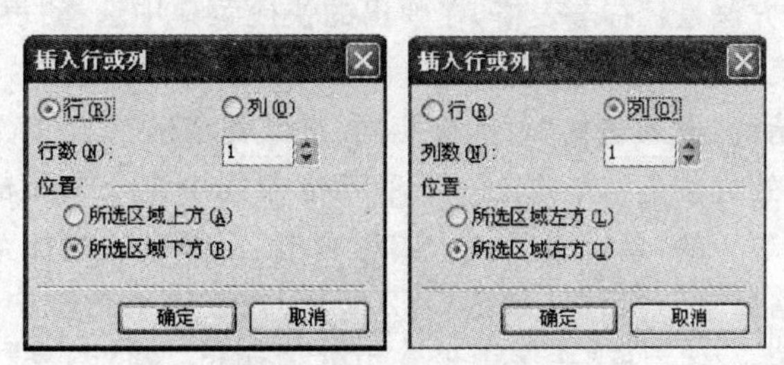


图 5-40 “插入行或列”对话框

插入单元格的方法是：单击一个单元格，选择"表格"菜单中的"插入"菜单中的"单元格"功能，则在该单元格的左侧插入一个空单元格，而该单元格及其右侧的所有单元格右移一列。

**4. 删除行、列或单元格**

删除行、列或单元格的方法有以下几种。

方法1：选中要删除的行、列或单元格，然后选择"表格"菜单中的"删除行"、"删除列"或"删除单元格"功能。

方法2：选中要删除的行、列或单元格，然后右击，在弹出的快捷菜单中选择"删除行"、"删除列"或"删除单元格"功能。

方法3：选中要删除的行、列或单元格，然后单击"表格"工具栏中的"删除单元格"按钮。

**5. 合并与拆分**

合并单元格的方法是：先选中要合并的单元格，然后选择"表格"菜单中的"合并单元格"功能，或右击，在弹出的快捷菜单中选择"合并单元格"功能，或单击"表格"工具栏中的"合并单元格"按钮。

拆分单元格的方法是：先选中要拆分的单元格，然后选择"表格"菜单中的"拆分单元格"功能，或右击，在弹出的快捷菜单中选择"拆分单元格"功能，或单击"表格"工具栏中的"拆分单元格"按钮，打开"拆分单元格"对话框，选中"拆分成列"或"拆分成行"单选按钮，并在"行数"或"列数"数值框中输入要拆分的行数或列数，如图5-41所示。

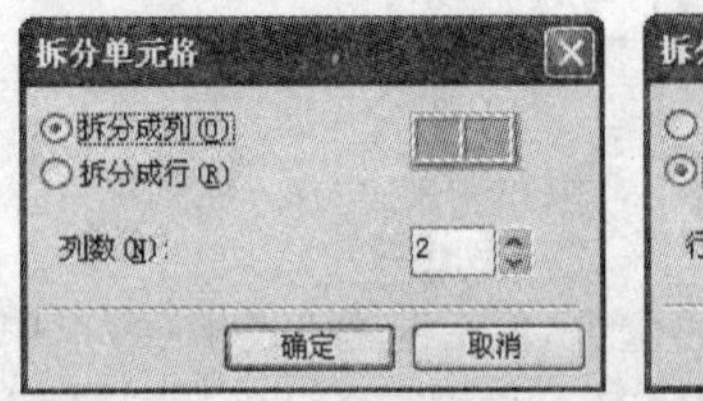

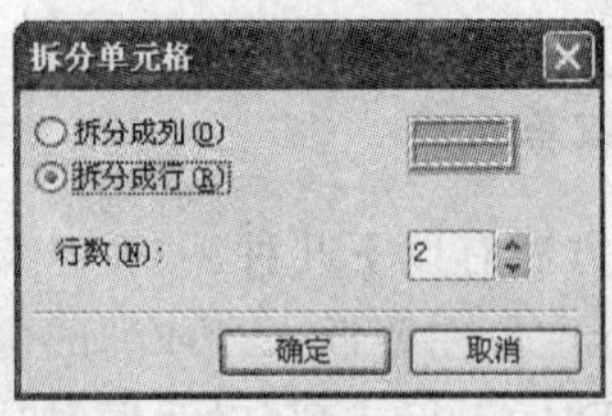


图5-41 "拆分单元格"对话框

**6. 设置表格、单元格及标题属性**

表格的属性分为表格属性和单元格属性。在"表格属性"对话框中设置的属性将自动用于所有单元格，而在"单元格属性"对话框中设置的属性仅适用于选中单元格。当两种属性都设置了并且存在冲突时，则优先使用单元格属性。

设置表格属性的方法是：右击表格，在弹出的快捷菜单中选择"表格属性"功能，或者单击表格，选择"表格"菜单中的"表格属性"菜单中的"表格"功能，打开"表格属性"对话框，其界面与图5-35(a)所示的"插入表格"对话框相同，设置完成后单击"确定"按钮即可。

设置单元格属性的方法是：先单击一个单元格或选中多个单元格，然后选择"表格"菜单中的"表格属性"菜单中的"单元格"功能，或者右击，在弹出的快捷菜单中选择"单元格属性"功能，打开"单元格属性"对话框(如图5-42所示)。在该对话框中的"布局"选区中设置水平、垂直对齐方式等；在"边框"选区中设置边框的颜色；在"背景"选区中设置单元格的背景色或背景图片。设置完成后单击"确定"按钮。

在为表格插入标题时，标题默认的位置是在表格的上方。要使标题移至表格下方，可设置标题属性。设置表格标题属性的方法是：将光标定位在表格的标题中，选择“表格”菜单中的“表格属性”菜单中的“标题”功能，或者右击，在弹出的快捷菜单中选择“标题属性”功能，打开“标题属性”对话框（如图 5-43 所示），在该对话框中可以对标题的位置进行设置。设置完成后单击“确定”按钮。

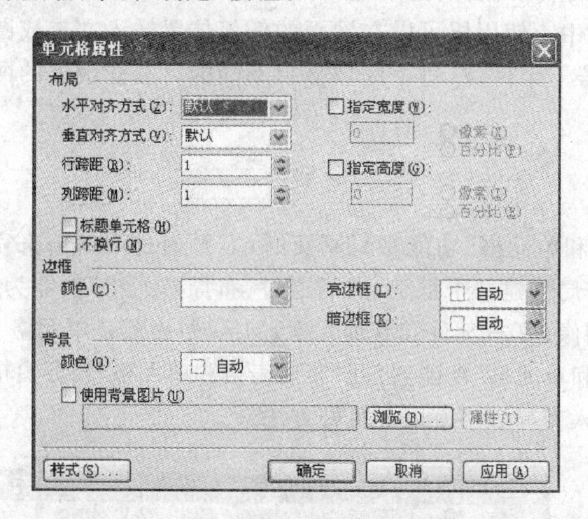

图 5-42 “单元格属性”对话框

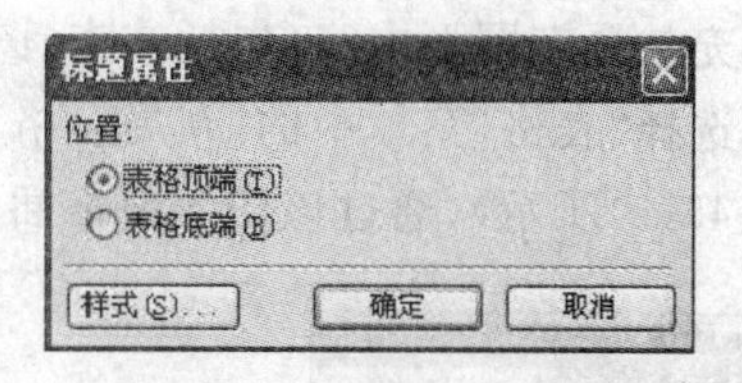

图 5-43 “标题属性”对话框

#### 7. 使用自动套用格式

与 Excel 2003 一样，FrontPage 2003 也提供了很多样式的表格模板，使用表格模板可以快速地设置表格的格式，具体操作步骤如下。

第 1 步：单击要使用自动套用格式的表格。

第 2 步：选择“表格”菜单中的“表格自动套用格式”功能，或者在“表格”工具栏中的“表格自动套用格式组合”下拉列表中选择一种样式（如图 5-44(a)所示选择了“古典型 2”样式），或者单击“表格自动套用格式”按钮，打开“表格自动套用格式”对话框（如图 5-44(b)所示），在该对话框中选择要套用的格式及表格项目，同时在“预览”列表框中预览表格套用格式后的效果。设置完成后单击“确定”按钮。

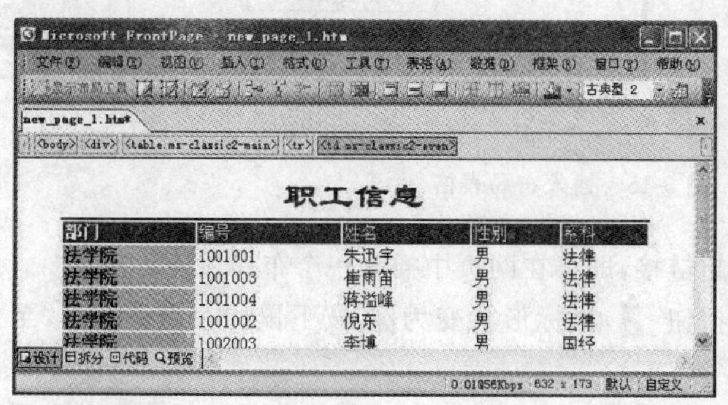

(a)

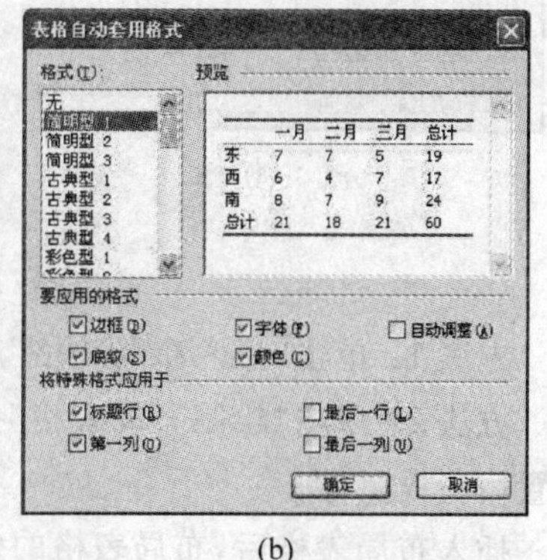

(b)

图 5-44 “表格自动套用格式”对话框

## *5.5.3 使用布局表格

在网页设计过程中，页面布局是一项重要的基本工作，对于包含内容繁杂的网页更是如此。在 FrontPage 2003 中，可使用布局表格、层或框架进行网页布局。使用布局表格可以很方便地将不规则的表格加入到网页中。使用层可以在网页的任何位置插入文本或图像。而使用框架可以将浏览器窗口分为若干个区域，每个区域显示不同的可独立滚动的网页。本节介绍如何使用布局表格。

### 1. 插入布局表格和单元格

用 FrontPage 2003 的“布局表格和单元格”功能布局网页时，需要通过两部分来完成。首先通过“布局表格”功能来为网页布局创建一个框架，然后通过“布局单元格”功能为该框架填充包含有网页内容(包括文本、图像、Web 部件和其他元素)的区域，也就是单元格。

选择“表格”菜单中的“布局表格和单元格”功能，打开“布局表格和单元格”任务窗格(如图 5-45(a)所示)，通过该任务窗格插入布局表格有以下几种方法。

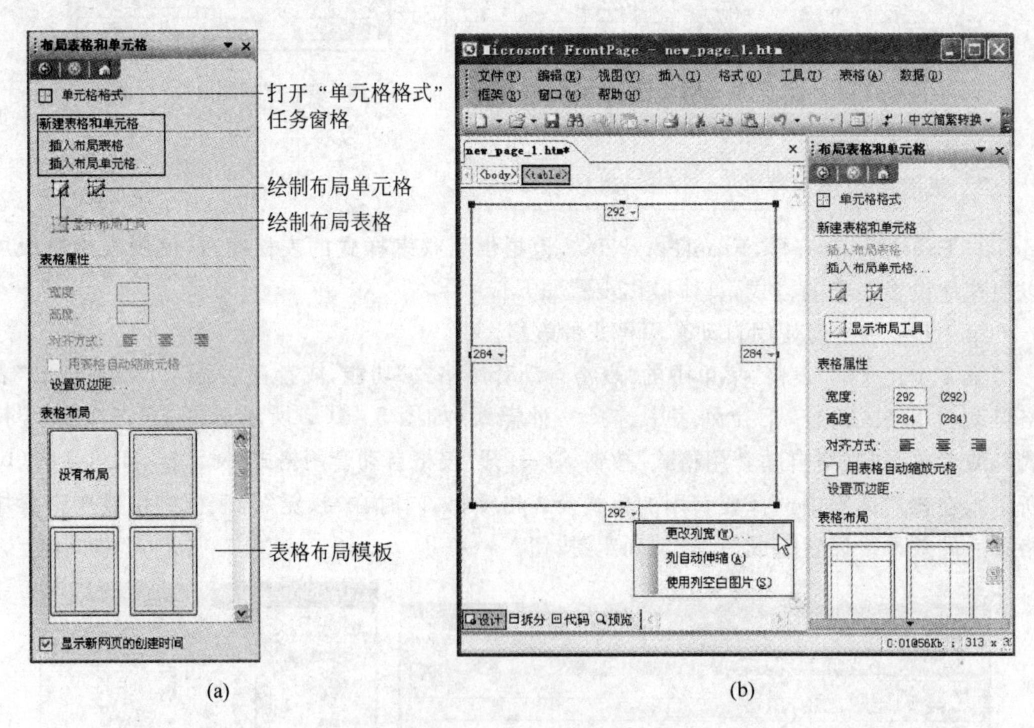


图 5-45 插入布局表格

方法 1：单击“插入布局表格”超链接，即可在网页中插入一个布局表格。

方法 2：单击“绘制布局表格”按钮，鼠标形状变为笔形，按下鼠标左键并拖动，至合适位置后释放鼠标。

插入布局表格后，布局表格的外边框线默认为绿色，并用蓝色字体显示表格的宽度和高度。在任务窗格的“表格属性”选区中可设置表格的宽度、高度以及对齐方式。单击“设置页边距”超链接，将打开“网页属性”对话框，在该对话框中设置上、下、左、右页边距。注意：如果要想覆盖网页的默认边距，并让布局表格跨到文档窗口的边缘，可以将布局表格中的各个边距的属性都设置为 0。

此外，布局表格的每一侧边框都会出现显示列宽和行高的标签。每个标签都包括一个下拉箭头，单击此下拉箭头将弹出一个下拉菜单，选择下拉菜单中的“更改行高”或“更改列宽”功能，在弹出的对话框中也可设置布局表格的高度和宽度。选择下拉菜单中的“自动伸缩”功能可以按照比例自动伸缩，调整表格的宽度和高度，如图 5-45(b)所示。单击布局表格的外框线，按 Delete 键即可删除布局表格。

向布局表格中插入布局单元格有以下几种方法。

方法 1：将光标定位在布局表格内，单击“插入布局单元格”超链接，打开“插入布局单元格”对话框(如图 5-46(a)所示)，在该对话框中设置单元格的宽度、高度以及位置后，单击“确定”按钮即可绘制出布局表格。

方法 2：单击“绘制布局单元格”按钮，鼠标形状变为，按下鼠标左键并拖动，至合适位置后释放鼠标，如图 5-46(b)所示。如果需要绘制连续的布局单元格，单击“绘制布局单元格”后，按住 Ctrl 键的同时拖动鼠标即可。

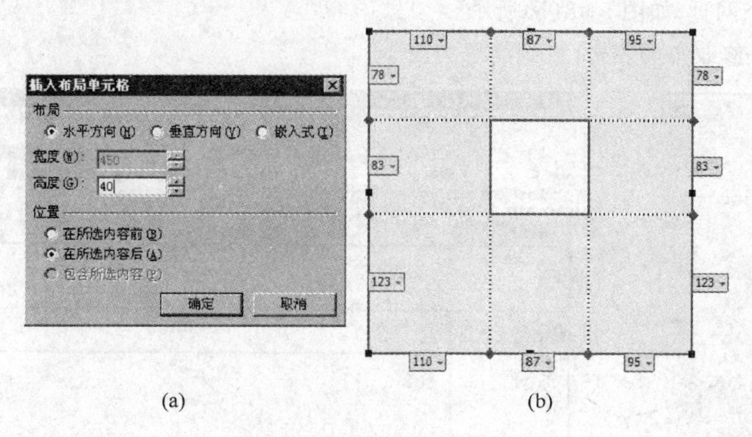


图 5-46　插入布局单元格

单击“布局表格和单元格”任务窗格(如图 5-45(a)所示)中的“单元格格式”超链接，打开“单元格格式”任务窗格(如图 5-47 所示)。单击该任务窗格中的“单元格属性和边框”超链接，可设置单元格的属性(包括宽度、高度、衬距、垂直对齐方式以及背景色)、边框、边距等。单击“单元格表头和表尾”超链接，可设置单元格表头和表尾的高度、背景色、边框颜色等。单击“单元格角部和阴影”超链接，可设置单元格的角部属性和阴影属性。

**2. 应用布局表格模板**

为帮助用户快速地创建出布局合理、美观大方的网页，FrontPage 2003 提供了 12 种布局表格模板供用户选择。使用布局表格模板的具体操作步骤如下。

第 1 步：新建一个空白网页。

第 2 步：选择“表格”菜单中的“布局表格和单元格”功能，打开“布局表格和单元格”任务窗格(如图 5-48(a)所示)。

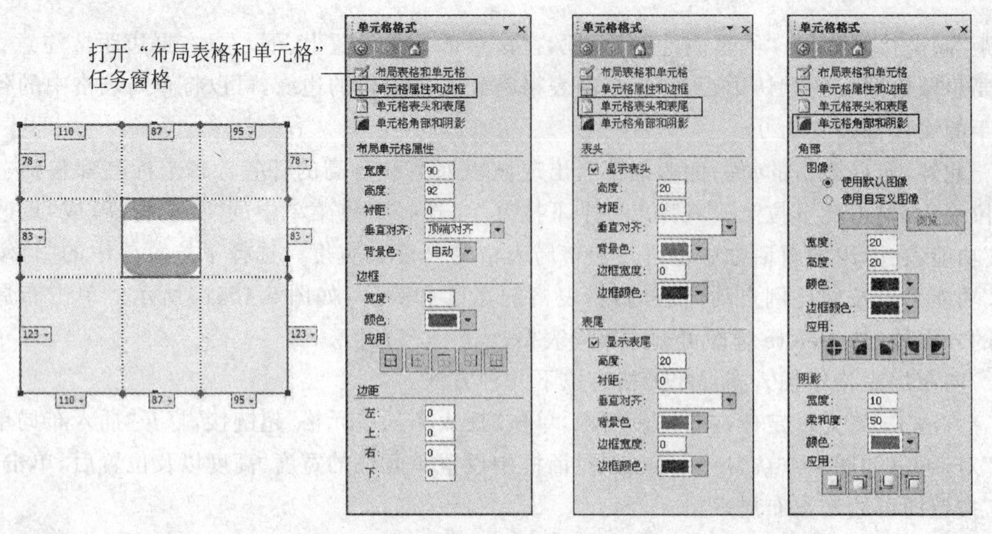


图 5-47 设置布局单元格格式

第 3 步：根据实际需要，在“表格布局”列表框中选择一种模板。默认情况下，布局表格模板充满整个网页，如图 5-48(b)所示。

第 4 步：修改布局表格，直到满意为止。

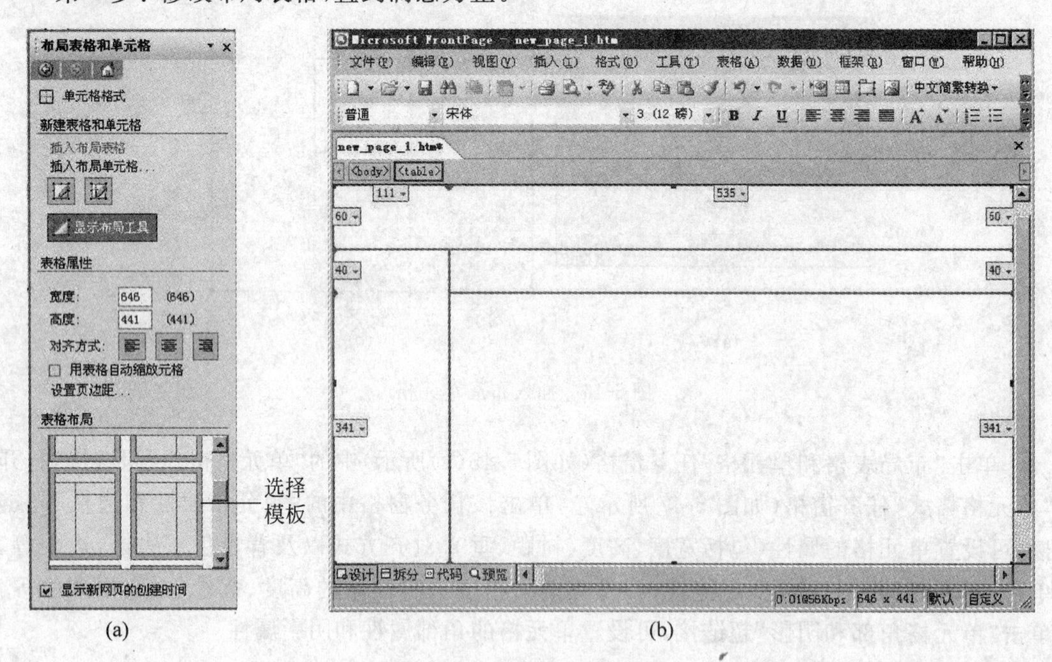


图 5-48 应用布局表格模板

## 5.6 框架网页设计

### 5.6.1 创建框架网页

框架网页是一种能将浏览器窗口划分为若干个区域的特殊网页，每个区域称为一个子框架，每个子框架具有名称、初始网页、标题、框架大小、边距等属性，而包含这些子框架的框架称为父框架。

FrontPage 2003 为用户提供了 10 种框架网页模板，用户使用模板可快速方便地创建满足要求的框架网页，具体操作步骤如下。

第 1 步：选择“文件”菜单中的“新建”功能，打开“新建”任务窗格（如图 5-8(a)所示）。

第 2 步：单击“新建”任务窗格中的“其他网页模板”超链接，打开“网页模板”对话框，单击该对话框中的“框架网页”选项卡，如图 5-49 所示。

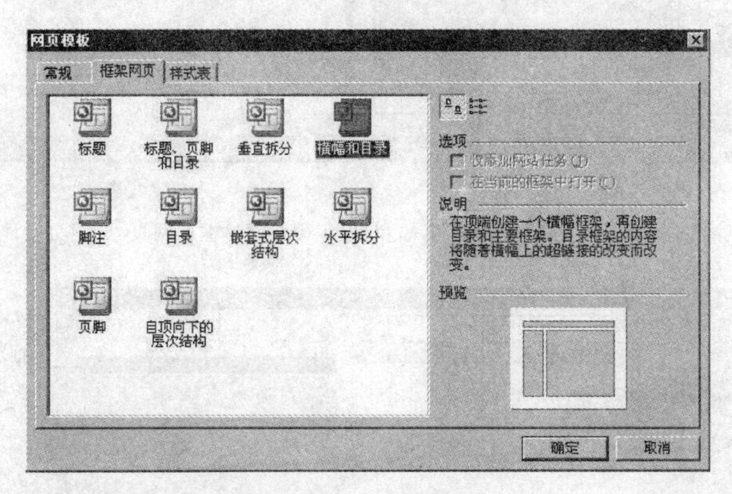


图 5-49　框架网页模板

第 3 步：在该选项卡中单击需要的框架网页模板，在“预览”区可预览该框架的效果。单击“确定”按钮，即可创建一个框架网页。

第 4 步：通过框架网页模板创建的框架网页中，每一个框架窗口都包含“设置初始网页”和“新建网页”两个按钮。

若单击“设置初始网页”按钮，将弹出“插入超链接”对话框，在该对话框中为当前的框架选定一个现有网页，然后单击“确定”按钮。

若单击“新建网页”按钮，则可在当前框架中创建空白网页，用户可以像编辑普通网页一样，在网页的空白区域添加各种文本、图片或视频。

图 5-50(a)显示的是使用“横幅和目录”模板创建的框架网页，该框架网页包含三个框架，单击每个框架中的“新建网页”按钮，将出现图 5-50(b)所示界面。

## 5.6.2　保存框架网页

保存框架网页与保存普通网页有所不同，用户必须对框架网页中的每一个子框架分别保存，然后再保存父框架网页。例如保存图 5-50(b)所示的“横幅和目录”框架网页，将经历如下几个步骤。

第 1 步：选择“文件”菜单中的“保存”功能，打开“另存为”对话框（如图 5-51 所示），此时对话框右边的预览框中，顶端的横幅子框架以深蓝色显示。选择保存位置，单击“更改标题”按钮设置该网页的标题，输入网页的文件名，单击“保存”按钮。

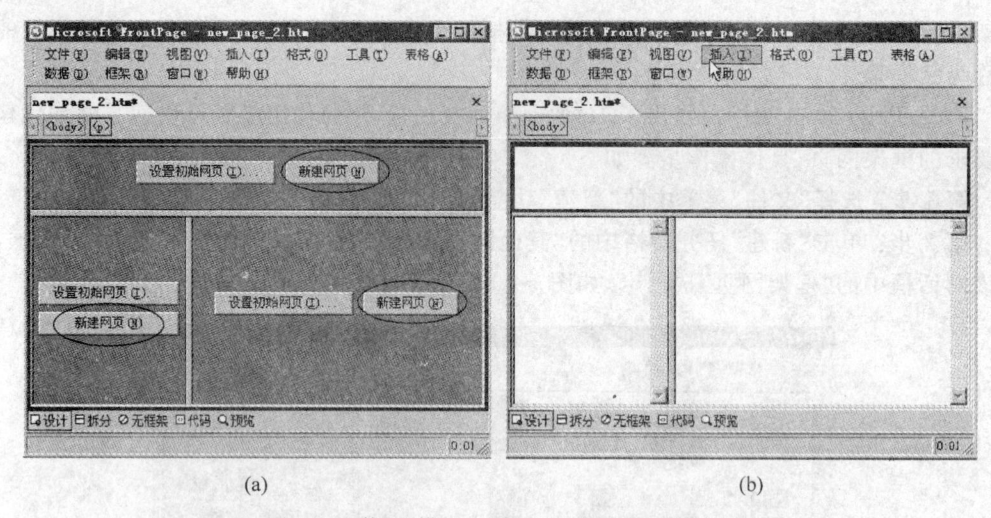


图 5-50　使用“横幅和目录”模板创建框架网页

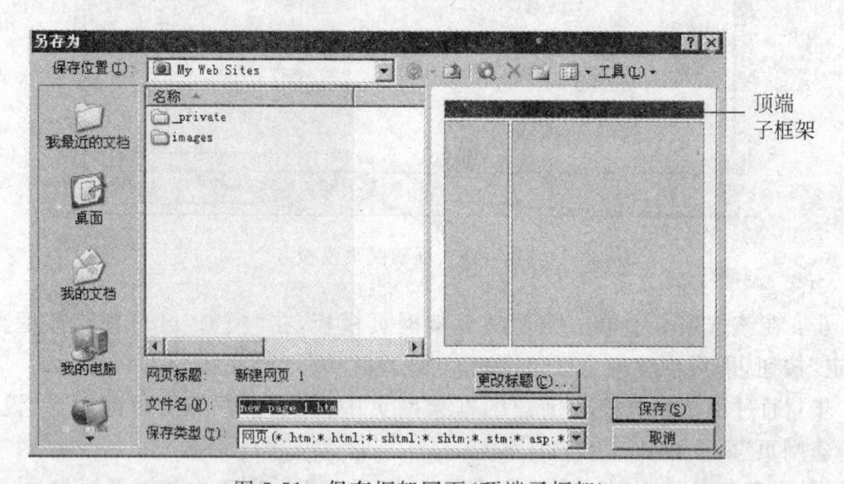


图 5-51　保存框架网页(顶端子框架)

第 2 步：保存完顶端网页后，“另存为”对话框中左下侧的子框架变为深蓝色(如图 5-52 所示)，参照第 1 步保存该网页。

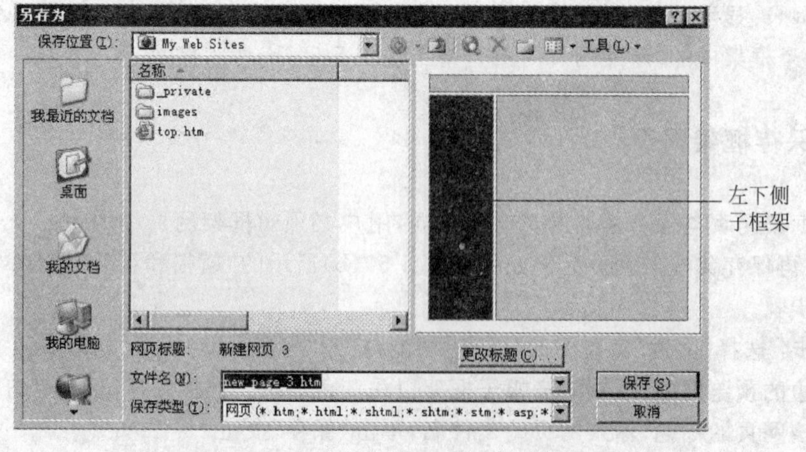


图 5-52　保存框架网页(左下侧子框架)

第 3 步：保存完左下侧网页后，“另存为”对话框中右下侧的子框架变为深蓝色（如图 5-53 所示），参照第 1 步保存该网页。

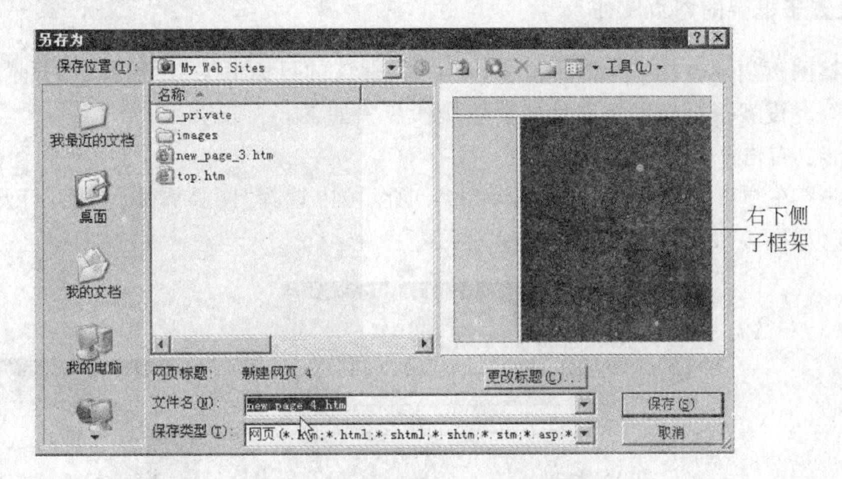


图 5-53 保存框架网页(右下侧子框架)

第 4 步：保存完右下侧网页后，“另存为”对话框中父框架以深蓝色边框显示（如图 5-54 所示），参照第 1 步保存父框架网页。

父框架网页默认文件名为 index. htm。在浏览器中浏览父框架网页时，标题栏显示的是父框架网页的标题，子框架的标题并不显示。

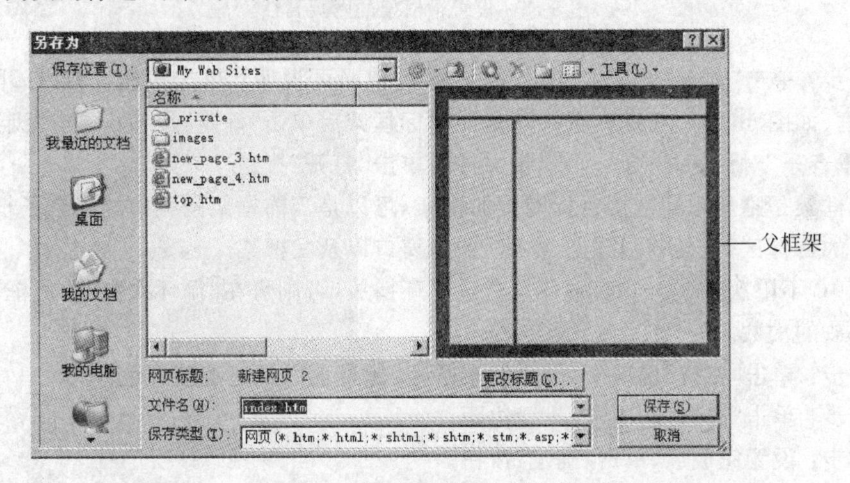


图 5-54 保存框架网页(父框架)

### 5.6.3 打开框架网页

打开框架网页的方法与打开普通网页的方法相同，参见 5.3.3 小节。

### 5.6.4 框架网页属性

新创建的框架网页属性都是采用系统默认值，例如显示框架的边框，并可在浏览器中拖动边框以调整各子框架的大小。若用户对框架的默认外观不满意，可修改框架属性。

### 1. 设置子框架的网页属性

子框架网页属性包括：网页标题、网页说明、默认的目标框架、背景音乐、背景颜色以及背景图片等。设置子框架网页属性的具体操作步骤如下。

第1步：右击子框架内任意处。

第2步：在弹出的快捷菜单(如图5-55(a)所示)中选择"网页属性"功能，打开"网页属性"对话框(如图5-55(b)所示)。

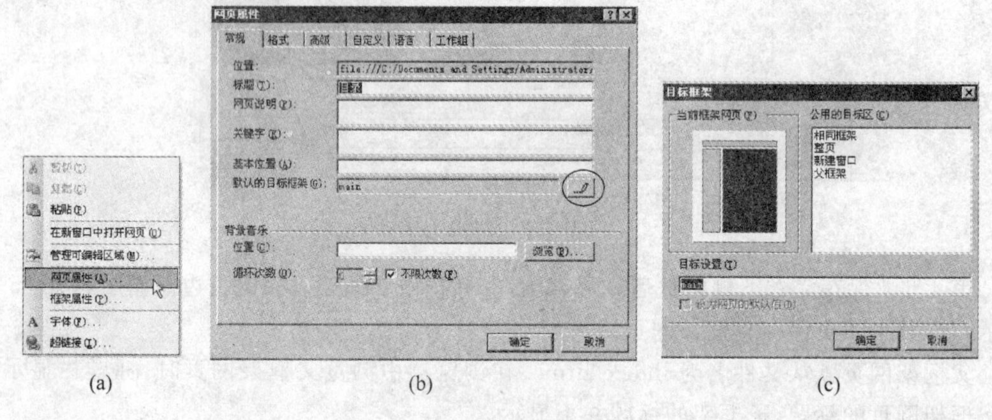


(a) (b) (c)

图5-55 设置子框架的网页属性

第3步：单击"常规"选项卡，输入网页标题和网页说明；单击按钮 ，打开"目标框架"对话框(如图5-55(c)所示)，选择默认的目标框架后单击"确定"按钮；单击"浏览"按钮，打开"背景音乐"对话框，选择一个音频文件后单击"打开"按钮。

目标框架是指显示超链接目标网页的框架，可以是当前框架网页中的某个子框架，也可以是公用的目标区，包括相同框架、整页、新建窗口以及父框架。

若选中"不限次数"复选框，则背景音乐循环播放，否则可在"循环次数"数值框中设置背景音乐播放的次数。

第4步：单击"格式"选项卡，设置背景图片、背景色以及超链接颜色。

第5步：单击"高级"选项卡，设置边距。

第6步：设置完成后，单击"确定"按钮。

### 2. 设置子框架的框架属性

子框架属性包括：框架名称、初始网页、框架标题、框架大小以及滚动条属性等。设置子框架属性的具体操作步骤如下。

第1步：右击子框架内任意处。

第2步：在弹出的快捷菜单(如图5-56(a)所示)中选择"框架属性"功能，打开"框架属性"对话框(如图5-56(b)所示)。

第3步：在"名称"栏中输入框架的名称(该名称将在设置网页的目标框架时使用)，单击"浏览"按钮选择框架的初始网页，设置框架的大小以及边距，选择框架是否"可在浏览器中调整大小”,选择“显示滚动条”的方式：需要时显示、不显示、始终显示。

第 4 步：设置完成后,单击“确定”按钮。

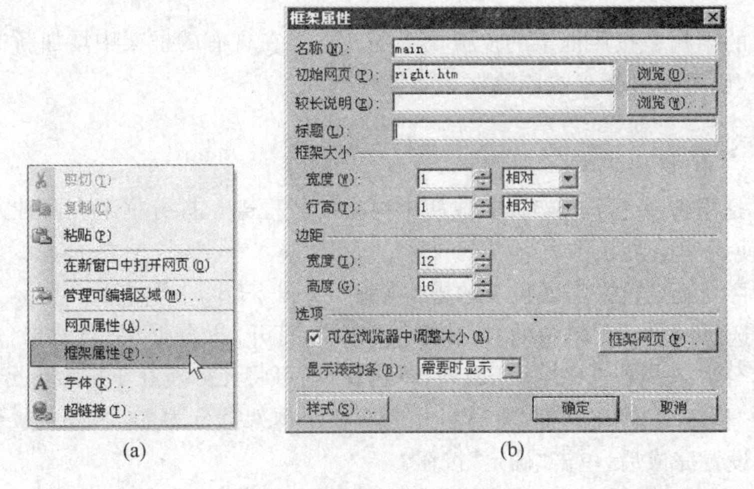


(a) (b)

图 5-56 设置子框架属性

### 3. 设置父框架的网页属性

通常一个父框架包含两个或两个以上的子框架,设置父框架网页属性的操作步骤如下。

第 1 步：右击任意一个子框架。

第 2 步：在弹出的快捷菜单中选择“框架属性”功能,打开“框架属性”对话框,单击该对话框中的“框架网页”按钮(如图 5-56 所示),打开“网页属性”对话框(如图 5-57 所示)。

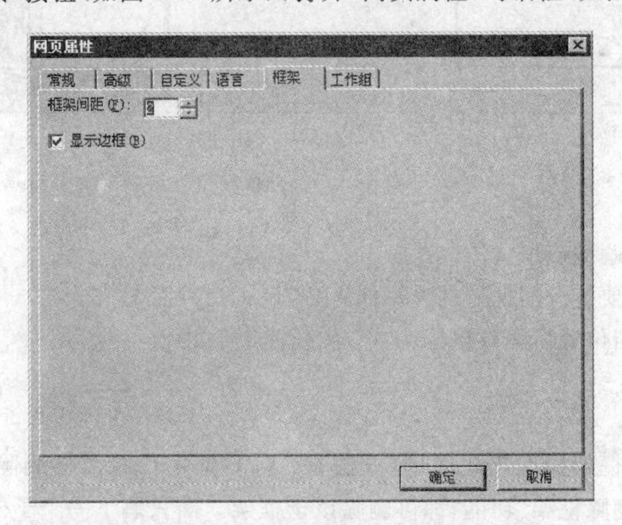


图 5-57 设置父框架的网页属性

第 3 步：与图 5-55 相比,父框架的“网页属性”对话框没有“格式”选项卡,增加了“框架”选项卡。在“框架”选项卡下,可设置框架间距,以及选择是否显示框架的边框。其他选项卡下的属性设置方法与设置子框架的网页属性方法相同,不再赘述。

## 5.6.5 拆分删除框架

框架网页的结构是按照框架的模板设置的。若要在现有的框架中增加新的框架或删除不需要的框架，则可通过拆分或删除框架来实现。

### 1. 拆分框架

拆分框架是指将一个子框架拆分成两个更小的子框架。拆分框架有两种方法。

方法 1：使用菜单。

第 1 步：将光标定位在需要拆分的子框架中(如图 5-58(a)所示)。

第 2 步：选择“框架”菜单中的“拆分框架”功能，打开“拆分框架”对话框(如图 5-58(b)所示)，选择拆分方式。若选中“拆分成列”单选钮，则可将光标所在子框架拆分为左、右两个框架。若选中“拆分成行”单选钮，则可将光标所在子框架拆分为上、下两个框架。

第 3 步：设置完成后，单击“确定”按钮。

图 5-58(c)显示的是将一个子框架拆分成上、下两个框架的效果。

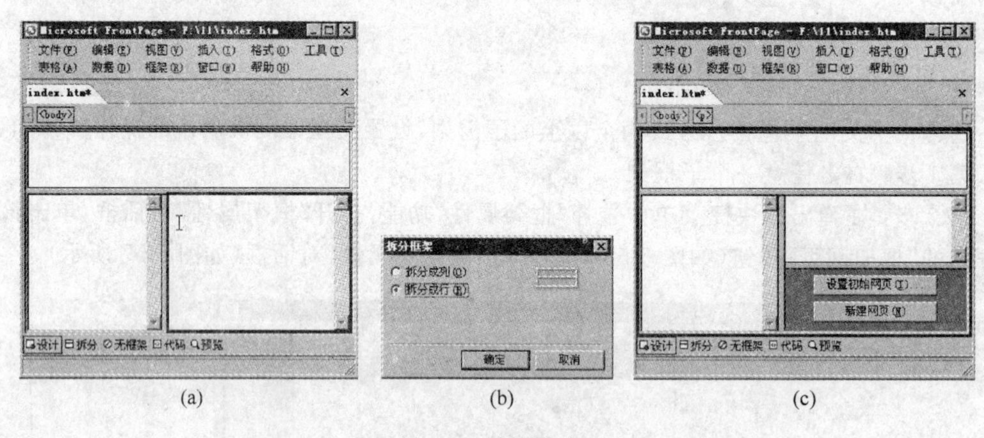


(a) (b) (c)

图 5-58 拆分框架

方法 2：使用鼠标拖动。

将光标定位在要拆分的框架的边框线上，当鼠标指针变为“↕”或“↔”形状时，按下 Ctrl 键，拖动鼠标到适当位置后释放鼠标。

### 2. 删除框架

删除不需要的框架操作比较简单，方法是：将光标定位在需要删除的子框架中，选择“框架”菜单中的“删除框架”功能，即可删除该子框架。当只剩下一个子框架时，该菜单项变为灰色，但用户可选择“框架”菜单中的“拆分框架”功能，即可拆分框架。

## 5.6.6 嵌入式框架

在网页设计过程中，若想在一个网页中开辟一个区域用来显示另一个网页的内容，可通过插入嵌入式框架来实现,经常用来显示产品价格、客户合约等内容。

插入嵌入式框架的具体操作步骤如下。

第1步:打开或新建网页,将光标定位在需要插入嵌入式框架的位置。该网页可以是普通网页,也可以是子框架网页。

第2步:选择“插入”菜单中的“嵌入式框架”功能,即可在网页中插入嵌入式框架,用户可根据需要单击“设置初始网页”按钮,打开“插入超链接”对话框,选择一个网页文件,或单击“新建网页”按钮,创建一个空白网页。例如:单击图5-59(a)中“设置初始网页”按钮,插入超链接 http://www.suda.edu.cn 后,网页效果如图5-59(b)所示。

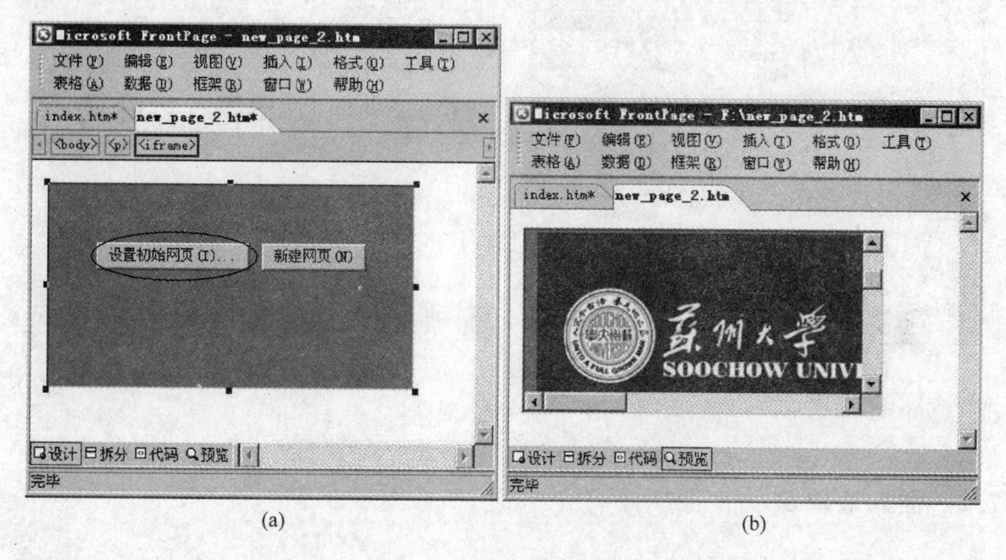


(a) (b)

图5-59 插入嵌入式框架

若需要调整嵌入式框架的大小,可单击嵌入式框架的边框,当嵌入式框架周围出现8个控制点时,拖动控制点即可调整嵌入式框架的大小。或者双击嵌入式框架的边框,打开“嵌入式框架属性”对话框,该对话框与“框架属性”对话框非常相似,可设置框架的初始网页、框架大小、边距等属性。

## *5.7 使用表单

表单是实现网络交互的主要手段。网页浏览者在表单域中输入各种信息(如用户名、密码、联系电话等),提交后可将输入信息发送到站点服务器,站点服务器可对这些信息进行校对、存储等处理。

### 5.7.1 插入表单

一个表单通常包括若干个表单域。在网页中插入表单域之前,先要插入表单。

插入表单的具体操作步骤如下。

第1步:将光标定位在需要插入表单的位置。

第 2 步：选择“插入”菜单中的“表单”菜单中的“表单”功能(如图 5-60(a)所示)。

新插入的表单周围以虚框显示，默认有“提交”和“重置”两个按钮(如图 5-60(b)所示)。有了表单之后，就可以在表单中插入表单域了。

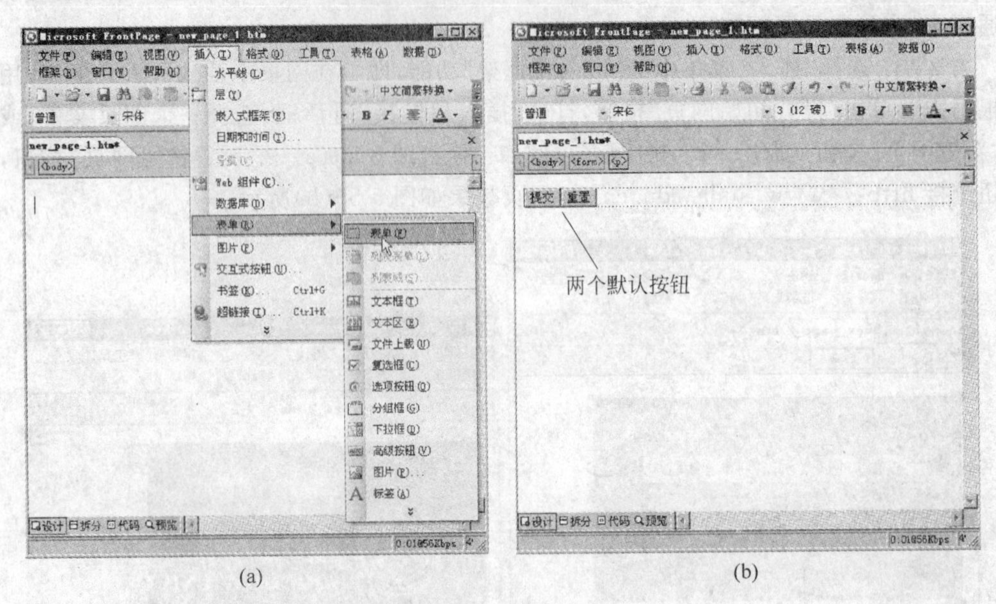


图 5-60　插入表单

## 5.7.2　插入表单域

FrontPage 2003 提供了多种表单域，主要包括：文本框、文本区、文件上载、复选框、选项按钮等。在表单中插入各种表单域的步骤如下。

第 1 步：将光标定位在表单中需要插入表单域的位置(可以按 Enter 键换行)。

第 2 步：选择“插入”菜单中的“表单”功能，在其子菜单下选择需要插入的表单域类型(如文本框、文本区等)，即可在表单中插入一个表单域。

第 3 步：双击新插入的表单域，或右击表单域，在弹出的快捷菜单中选择相应的表单域属性，打开“表单域属性”对话框，在该对话框中设置其属性。对于不同的表单域，打开的表单域属性对话框界面也不同。

下面介绍几个常用的表单域。

1) 文本框

文本框是一个单行的长方形输入框，是网页中使用频率最高的表单域之一，通常接收如姓名、电话、email 等内容较少的信息。“文本框属性”对话框如图 5-61 所示。密码输入框是一种特殊的文本框，若选中“文本框属性”对话框中“密码域”的“是”选项按钮，则当浏览者在文本框中输入信息时，不显示信息的真实内容，而是以“ * ”或“.”显示。

2) 文本区

与文本框不同的是，在文本区中可输入一行或多行文本。当用户输入的文本内容超过文本区显示的数量时，将自动出现滚动条，拖动滚动条可以查看文本区中其余的内容。文本区一般用于输入信息量较大的内容，如个人简历、客户留言等。在“文本区属性”对话框（如图 5-62 所示）中，可设置文本区的宽度和行数，以调整文本区的大小。

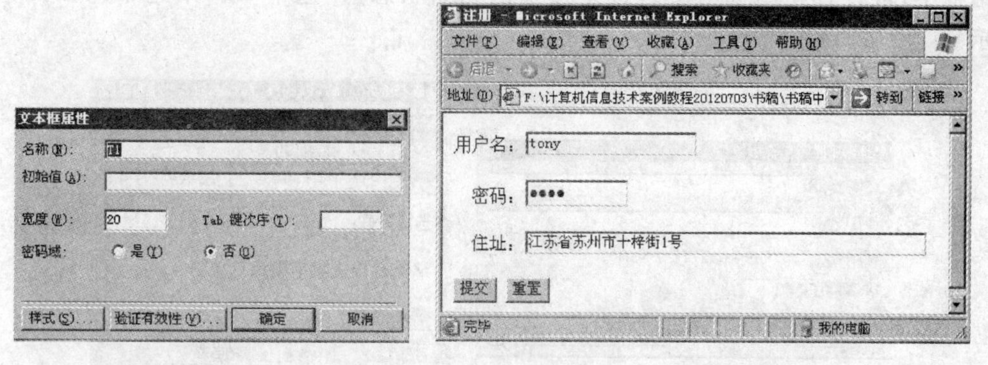


图 5-61　文本框表单域 a

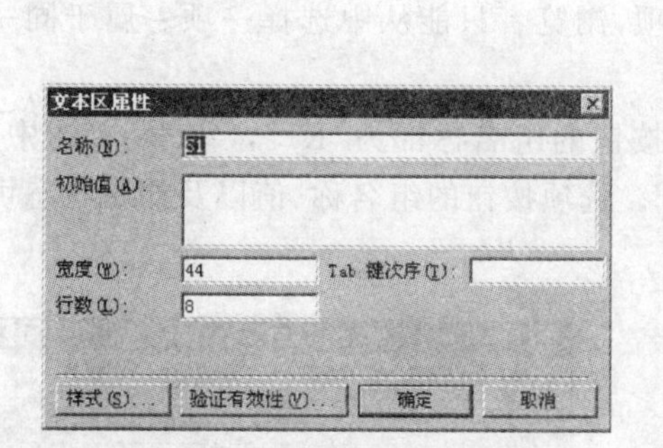


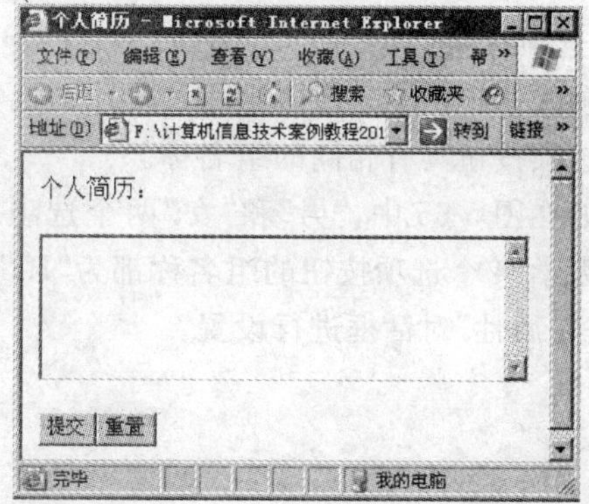


图 5-62　文本区表单域 b

3）文件上载

文件上载是一种用于浏览文件以便上传至服务器的表单域，由一个文本框和一个浏览按钮组成（如图 5-63 所示）。浏览网页时，单击“浏览”按钮，将打开“选择文件”对话框，在该对话框中选择一个文件并单击“打开”按钮后，文件上载表单域中的文本框中将显示所选择文件的具体路径和文件名。

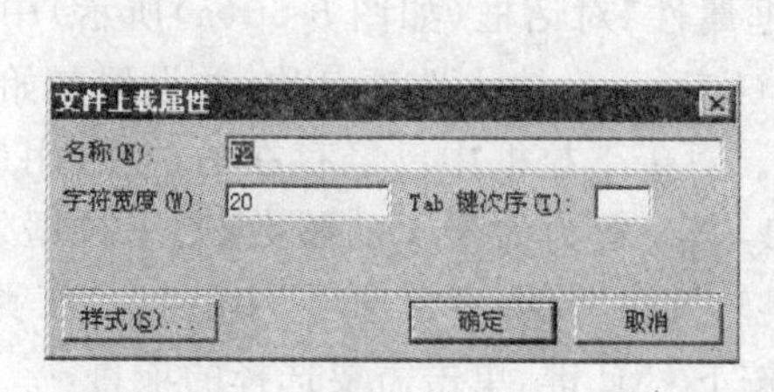

图 5-63　文件上载表单域

4）复选框

复选框提供了多个相互不排斥的选项，供浏览者从中选择若干项。在“复选框属性”对话框中，可设置在浏览网页时该复选框的初始状态为“选中”或“未选中”（如图 5-64 所示）。

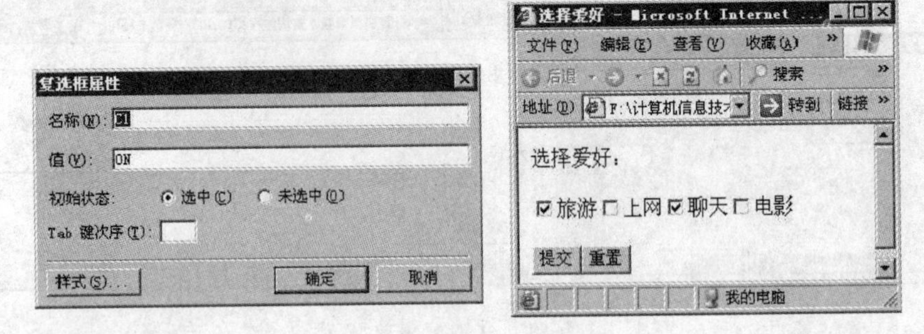


图 5-64 复选框表单域

5）选项按钮

选项按钮提供了一组多个相互排斥的选项，浏览者只能从中选择一项。属于同一个组的所有选项按钮具有相同的组名称。

例如在图 5-65 中，“男”和“女”两个选项按钮的组名称都为“R1”，“小学”、“初中”、“高中”和“大学”4 个选项按钮的组名称都为“R2”。选项按钮的组名称、值以及初始状态可通过“选项按钮属性”对话框进行设置。

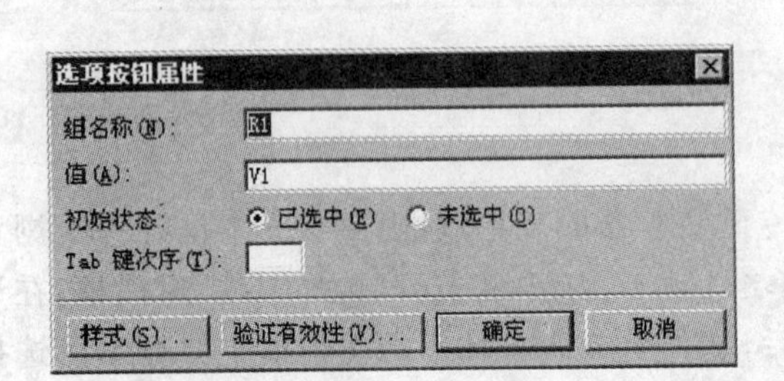


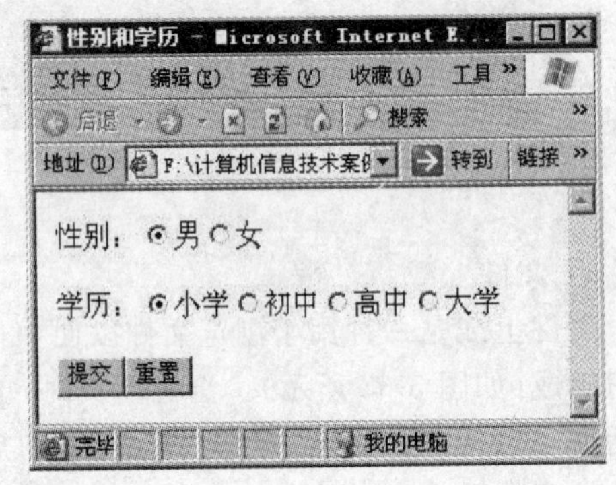


图 5-65 选项按钮表单域

6）下拉框

新插入的下拉框表单域是空的。在“下拉框属性”对话框（如图 5-66(a)所示）中，单击“添加”按钮，打开“添加选项”对话框（如图 5-66(b)所示），输入选项名称，并设置初始状态，单击“确定”按钮后可向下拉框中添加一个项目。对于下拉框中已经存在的选项，用户可以修改、删除、上移、下移。下拉框的默认高度为 1，若设置为大于 1 的整数，则下拉框外观变为列表框（下三角按钮消失，出现垂直滚动条）。若选中“允许多重选项”中的“是”选项按钮，则用户可以同时选择多个选项。选择方法是：按下 Ctrl 键，单击需要选择的项目。

在图 5-66(c)示例中，“选择省份”下拉框的高度设置为 1，且不允许多重选择；“选择爱好”下拉框的高度设置为 6，允许多重选择。

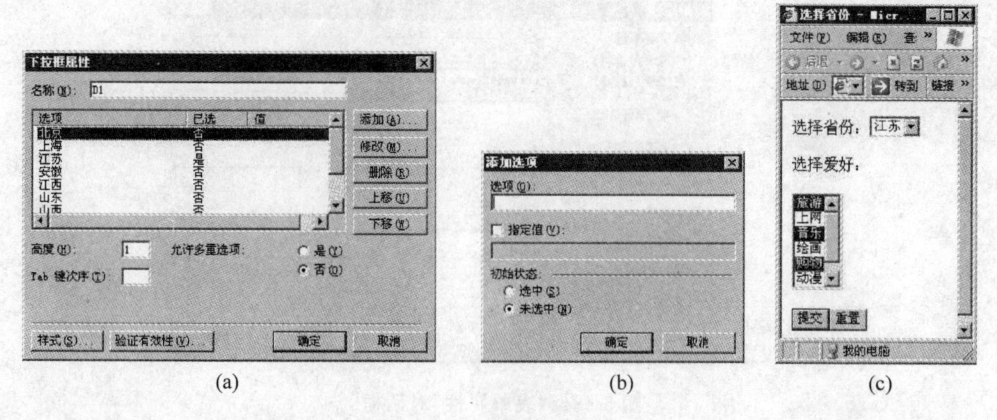

(a) (b) (c)

图 5-66 下拉框表单域

7）按钮

插入表单之后，表单内默认包含“提交”和“重置”两个按钮，这两个按钮是 FrontPage 自行定义并使用的，用户不需要编写任何代码，单击“提交”按钮即可将数据提交到服务器，单击“重置”按钮就可将表单内容返回到初始状态。双击“提交”或“重置”按钮，将打开“按钮属性”对话框，图 5-67 显示的是“提交”按钮的属性对话框，在该对话框中，可修改按钮的“名称”、“值/标签”以及“按钮类型”。

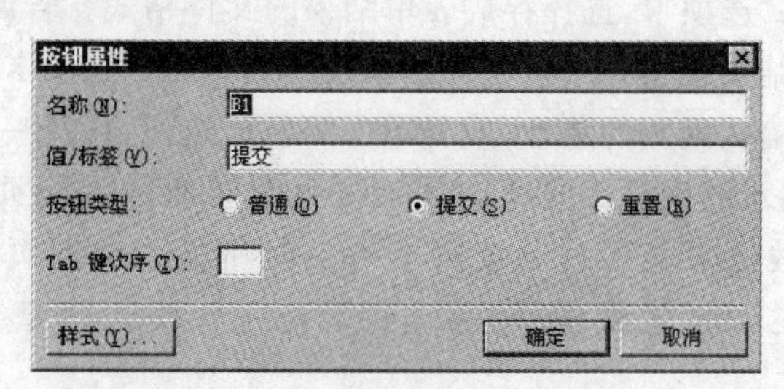


图 5-67 “按钮属性”对话框

此外，网页设计者也可添加自己的按钮（通常为“普通”类型），并编写代码实现按钮的单击事件功能。

## 5.7.3 处理表单结果

FrontPage 2003 提供了多种处理表单结果的方法，例如将表单结果发送到文件、发送到 E-Mail、发送到数据库或发送到其他处理程序。在默认情况下，表单结果发送到文件 form_results.csv 中，该文件位于网站的隐藏目录_private 下。若要更改处理表单的方式，可右击表单任意处，在弹出的快捷菜单中选择“表单属性”功能，打开“表单属性”对话框（如图 5-68 所示）。

在“将结果保存到”选区中，可选中“发送到”、“发送到数据库”或“发送到其他对象”选项按钮。

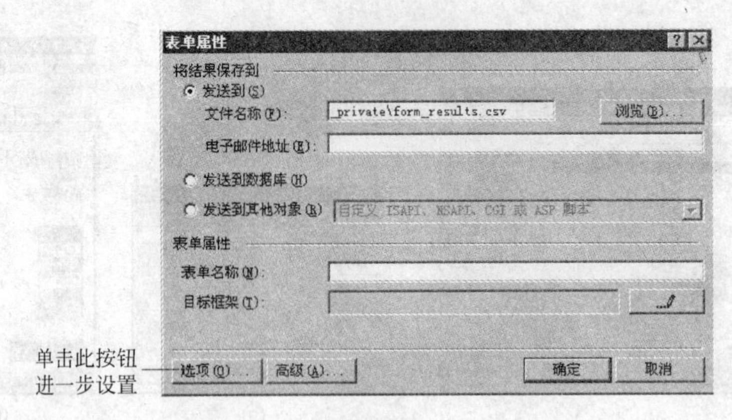


图 5-68 “表单属性”对话框

1) 将表单结果发送到文件

将表单结果发送到文件的具体操作步骤如下。

第 1 步：选中“表单属性”对话框中的“发送到”选项按钮。

第 2 步：在“文件名称”文本框中输入用以保存表单结果的文件路径和名称，或者单击“浏览”按钮，在弹出的“当前网站”对话框中选择一个文件后，单击“确定”按钮。

第 3 步：单击“表单属性”对话框中的“选项”按钮，打开“保存表单结果”对话框(如图 5-69 所示)。单击“文件结果”选项卡，选择存放表单结果的文件格式。若设置了“可选文件”的文件名称及格式，则表单结果也将存入该文件。单击“确认网页”选项卡，在“确认网页的 URL(可选)”文本框中输入确认网页的地址，或者单击“浏览”按钮，选择一个网页，该网页将成为用户成功提交表单时显示的网页。同样，在“验证失败时所显示网页的 URL(可选)”文本框中设置用户输入的数据未能通过验证脚本检查时所显示的网页。单击“保存的域”选项卡，设置要保存的表单域名称、保存的时间以及一些附加信息。完成后单击“确定”按钮。

第 4 步：设置完成后，单击“表单属性”对话框中的“确定”按钮。

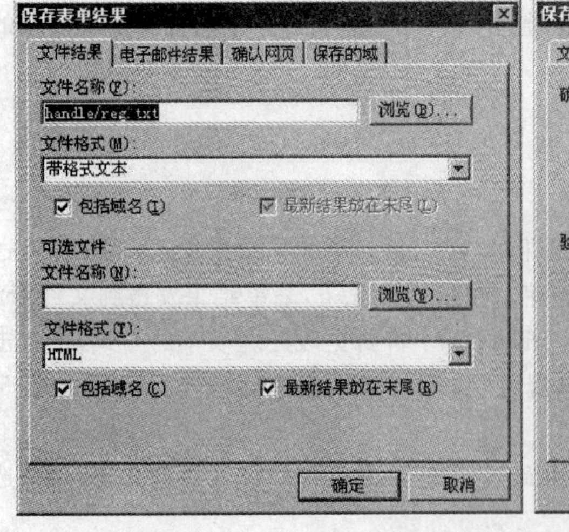


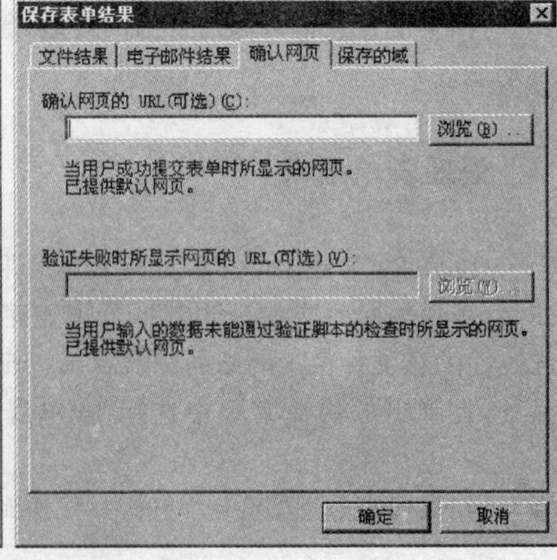


图 5-69 将表单结果发送到文件

2）将表单结果发送到一个电子邮件地址

将表单结果发送到一个电子邮件地址的具体操作步骤如下。

第1步：选中“表单属性”对话框中的“发送到”选项按钮。

第2步：在“电子邮件地址”文本框中输入一个电子邮件地址，如 tony@126.com。

第3步：单击“表单属性”对话框中的“选项”按钮，打开“保存表单结果”对话框。单击“电子邮件结果”选项卡(如图5-70所示)，在“接收结果的电子邮件地址”文本框中可重新设置一个邮件地址，选择一种电子邮件格式，并设置邮件标题属性，完成后单击“确定”按钮，返回“表单属性”对话框。

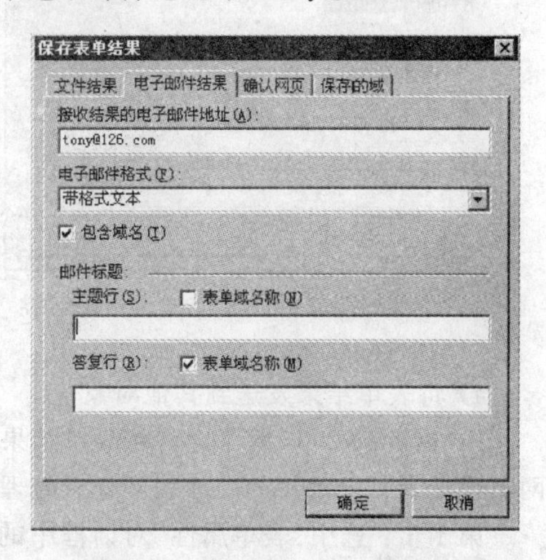


图5-70 将表单结果发送到一个电子邮件地址

第4步：设置完成后，单击“表单属性”对话框中的“确定”按钮。

3）将表单结果发送到数据库

将表单结果发送到数据库的具体操作步骤如下。

第1步：选中“表单属性”对话框中的“发送到数据库”选项按钮。

第2步：单击该对话框中的“选项”按钮，打开“将结果保存到数据库的选项”对话框(如图5-71(a)所示)。

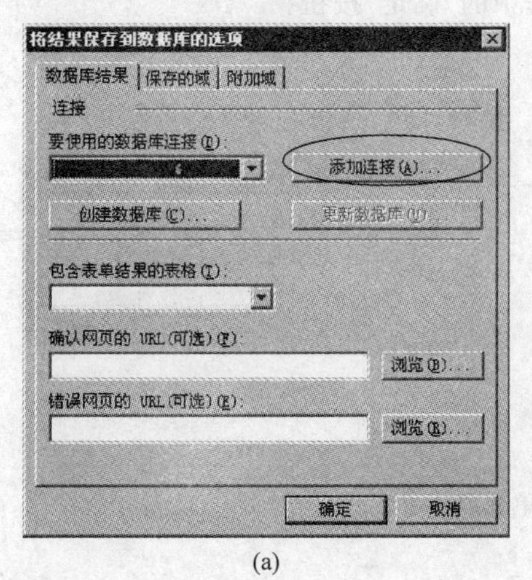


(a)

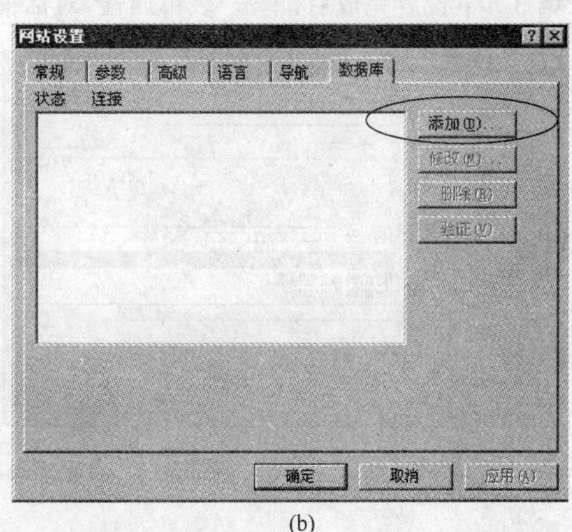


(b)

图5-71 将表单结果发送到数据库

第3步：单击该对话框中的“添加连接”按钮，打开“网站设置”对话框(如图5-71(b)所示)。单击该对话框中的“添加”按钮，打开“新建数据库连接”对话框，如图5-72所示。在该对话框中输入数据库连接的名称，选择数据库连接的类型，然后单击“浏览”按钮，打开相应的对话性选择相应的数据库文件或连接文件；单击“高级”按钮，打开“高级连接属性”对话框，在该对话框中设置用户名和密码。

第 4 步：设置完成后，单击“表单属性”对话框中的“确定”按钮。

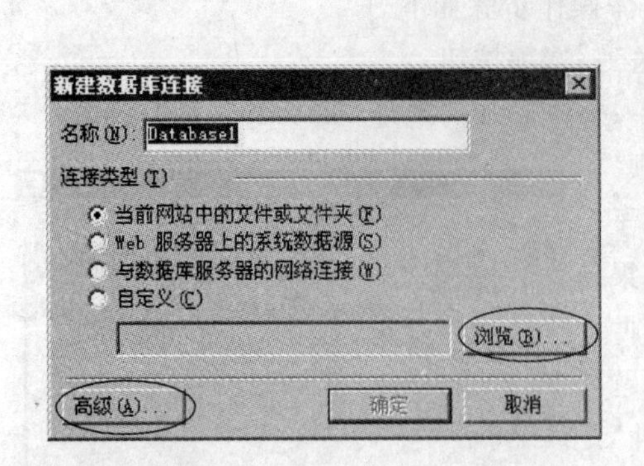


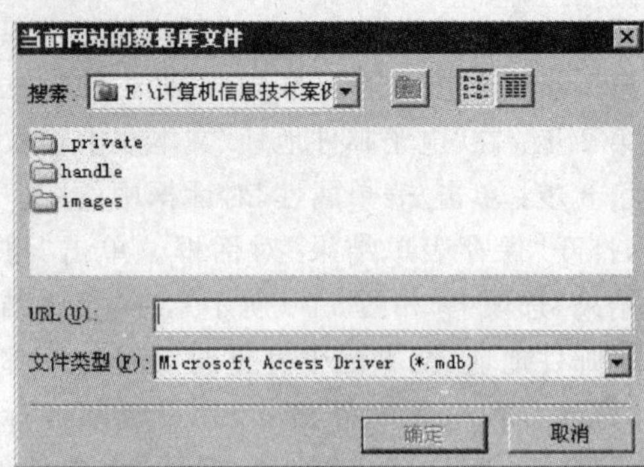


图 5-72　设置数据库连接

4）将表单结果发送到其他对象

FrontPage 2003 除了允许将表单结果发送给文件、电子邮件或数据库之外，还允许交由网页设计者自己编写的处理程序分析处理。具体操作步骤如下。

第 1 步：选中“表单属性”对话框中的“发送到其他对象”选项按钮，在其右边的下拉列表中选择一种表单处理程序（如图 5-73 所示）。

第 2 步：单击“选项”按钮，打开“自定义表单处理程序的选项”对话框，在该对话框中的“动作”文本框中输入表单处理程序的路径及文件名，在“方法”下拉列表中选择表单提交方式（POST 或 GET），单击“确定”按钮，返回“表单属性”对话框。

第 3 步：设置完成后，单击“表单属性”对话框中的“确定”按钮。

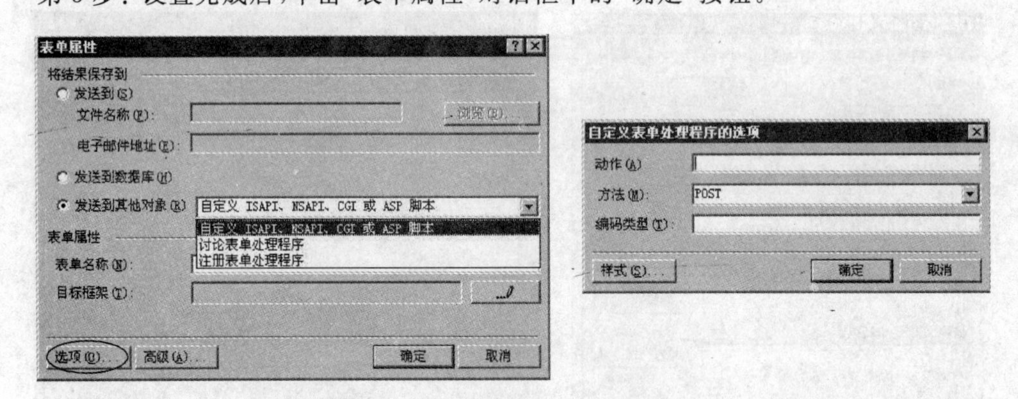


图 5-73　自定义表单处理程序

## 5.8　应用案例

### 5.8.1　应用案例 11：旅游景点介绍

#### 1. 案例目标

打开网页文件“旅游景点介绍.htm”，经过编辑、修饰后，使其更加生动、美观。本案例涉及的主要操作包括：①表格操作；②插入艺术字、标签、超链接；③设置文本字体、段落格式；④设置网页背景图片；⑤设置背景音乐。

**2. 操作步骤**

1）拷贝素材

新建一个实验文件夹(形如“1203435001 李智 20120607”)，下载案例素材压缩包“应用案例 11-旅游景点介绍.rar”至该实验文件夹下。右击压缩包，在弹出的快捷菜单中选择“解压到当前文件夹”，将案例素材压缩包解压为一个文件夹。本案例中提及的文件均存放在此文件夹下。

2）打开网页“旅游景点介绍.htm”

第1步：启动 FrontPage 2003。

第2步：选择“文件”菜单中的“打开”功能，选择“查找范围”为“应用案例 11-旅游景点介绍”，文件名为“旅游景点介绍.htm”。

第3步：单击“打开”按钮。

3）设置表格及单元格属性

第1步：右击表格，在弹出的快捷菜单中选择“表格属性”功能，打开“表格属性”对话框，在该对话框中，设置表格“宽度”为“60%”，“对齐方式”为“居中”，单元格“衬距”、单元格“间距”以及“边框粗细”均为“0”。设置完成后，单击“确定”按钮。

第2步：选中第1列(方法是：单击第1列任意一个单元格，选择“表格”菜单中的“选择”菜单中的“列”功能)，右击，在弹出的快捷菜单中选择“单元格属性”功能，打开“单元格属性”对话框，设置“水平对齐”方式为“居中”，“垂直对齐”方式为“顶端对齐”，指定“宽度”为“10%”。设置完成后，单击“确定”按钮。

第3步：采用同样的方法，设置表格第2列“水平对齐”方式为“居中”，“垂直对齐”方式为“默认”(即相对垂直居中)，指定“宽度”为“15%”。设置完成后，单击“确定”按钮。

4）设置表格内文字的字体和段落格式

第1步：选中表格第1列，选择“格式”菜单中的“字体”功能，打开“字体”对话框，在该对话框中，选择“字体”为“宋体”，“字形”为“加粗、倾斜”，“大小”为“5 (18 磅)”，“颜色”为褐紫红色。设置完成后，单击“确定”按钮。

第2步：采用同样的方法，设置表格第2列文字的“字体”为“隶书”，“字形”为“加粗、倾斜”，“大小”为“4 (14 磅)”，“颜色”为紫色。设置完成后，单击“确定”按钮。

第3步：选中表格第3列，选择“格式”菜单中的“段落”功能，打开“段落”对话框，设置“首行缩进”为“30px”，“行距”大小为“1.5 倍行距”，“段前”、“段后”间距均为“0”。设置完成后，单击“确定”按钮。

第4步：在表格第3列的每个单元格顶端插入一根水平线。方法是：将光标定位在单元格的开头，选择“插入”菜单中的“水平线”功能。

5）设置网页背景图片

第1步：右击网页，在弹出的快捷菜单中选择“网页属性”功能，打开“网页属性”对话框。

第2步：在该对话框中，单击“格式”选项卡，选中“背景图片”复选框，并单击“浏览”按钮，选择图片文件 bj.gif 作为背景图片。

第 3 步：设置完成后，单击“确定”按钮。

6）插入书签

第 1 步：选中表格第 1 列中的文字“海南”，选择“插入”菜单中的“书签”功能，在打开的“书签”对话框（如图 5-74 所示）中，输入书签名称为“海南”（默认情况下，书签名称为选中的文字），单击“确定”按钮。

第 2 步：采用同样的方法，选中表格第 1 列中的文字“台湾”，并插入书签“台湾”。

第 3 步：采用同样的方法，选中表格第 1 列中的文字“西藏”，并插入书签“西藏”。

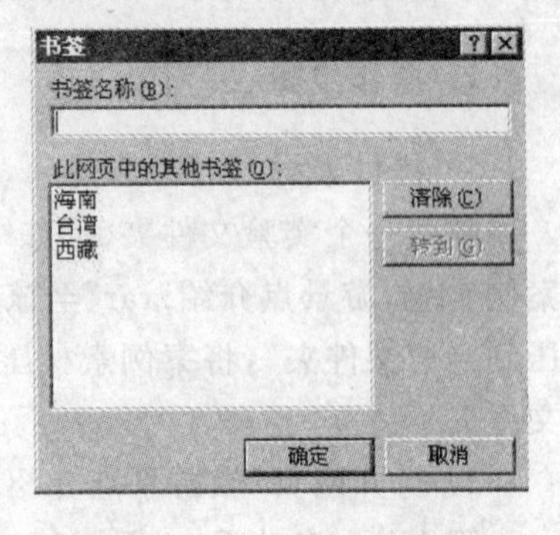


图 5-74　插入 3 个书签

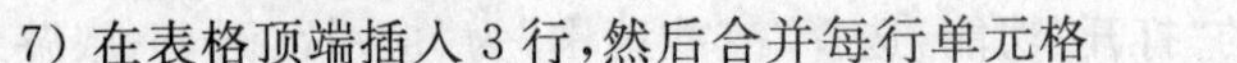

7）在表格顶端插入 3 行，然后合并每行单元格

第 1 步：单击表格第 1 行，选择“表格”菜单中的“插入”菜单中的“行或列”功能，打开“插入行或列”对话框，在该对话框中设置在“所选区域上方”插入“行”，“行数”为“3”。设置完成后，单击“确定”按钮。

第 2 步：合并第 1 行，选中表格第 1 行，选择“表格”菜单中的“合并单元格”功能，或右击，在弹出的快捷菜单中选择“合并单元格”功能，将第 1 行的 3 个单元格合并为 1 个单元格。

第 3 步：采用同样的方法，依次合并表格的第 2 行和第 3 行。

8）在表格第 1 行中插入艺术字并设置单元格背景颜色

第 1 步：插入艺术字，将光标定位在第 1 行，选择“插入”菜单中的“图片”菜单中的“艺术字”功能，打开“艺术字库”对话框，选择第 3 行第 2 列艺术字样式，单击“确定”按钮。在随后打开的“编辑艺术字文字”对话框中，输入文字“好去处!”，选择字体为隶书、加粗、大小为 36。设置完成后，单击“确定”按钮。

第 2 步：设置背景颜色，右击第 1 行单元格，在弹出的快捷菜单中选择“单元格属性”功能，在打开的“单元格属性”对话框的“背景”选区中，选择颜色为银白色。设置完成后，单击“确定”按钮。

9）在表格第 2 行插入一个 1 行 3 列的表格，并创建文字超链接

第 1 步：将光标定位在第 2 行，选择“表格”菜单中的“插入”菜单中的“表格”功能，打开“插入表格”对话框，设置“行数”为“1”，“列数”为“3”，“单元格衬距”、“单元格间距”以及“边框粗细”均为“0”。设置完成后，单击“确定”按钮。

第 2 步：在该表格中的三个单元格中分别输入“海南”、“台湾”和“西藏”，并居中显示。

第 3 步：为该表格中的文字“海南”创建超链接，选中“海南”，选择“插入”菜单中的“超链接”功能，或者单击“常用”工具栏中的“插入超链接”按钮，或者右击选中文本，在弹出的快捷菜单中选择“超链接”，打开“插入超链接”对话框。单击该对话框中的“书签”按钮，打开“在文档中选择位置”对话框，选择书签“海南”后，单击“确定”按钮。单击“插入超链接”对话框中的“确定”按钮，完成超链接的设置。

第 4 步：采用同样的方法，为表格中的文字“台湾”创建超链接，指向书签“台湾”。

第 5 步：采用同样的方法，为表格中的文字“西藏”创建超链接，指向书签“西藏”。

10) 在表格第 3 行插入一张中国地图

第 1 步：将光标定位在第 3 行，选择“插入”菜单中的“图片”菜单中的“来自文件”功能，打开“图片”对话框。

第 2 步：在“图片”对话框中，选择图片“地图.jpg”，单击“插入”按钮。若“图片”工具栏没有显示出来，则右击图片，在弹出的快捷菜单中选择“显示图片工具栏”，或选择“视图”菜单中的“工具栏”菜单中的“图片”功能。

第 3 步：单击“图片”工具栏上的“圆形热点”按钮，在地图图片中的“海南”所在地，按下鼠标左键并拖动，至合适大小后释放鼠标左键，打开“插入超链接”对话框。单击该对话框中的“书签”按钮，打开“在文档中选择位置”对话框，选择书签“海南”后，单击“确定”按钮。单击“插入超链接”对话框中的“确定”按钮，完成超链接的设置。

第 4 步：采用类似的方法，单击“图片”工具栏上的“长方形热点”按钮，为地图图片中的“台湾”所在地创建超链接，指向书签“台湾”。

第 5 步：采用类似的方法，单击图片工具栏上的“多边形热点”按钮，为地图图片中的“西藏”所在地创建超链接，指向书签“西藏”。

**注意**：若对创建的热点形状和位置不满意，可以用鼠标拖动，改变其形状和位置。

11) 浏览网页效果

选择“文件”菜单中的“保存”功能，保存网页。

选择“文件”菜单中的“在浏览器中预览”功能，从弹出的浏览器列表中选择一种浏览器，或直接按快捷键 F12，检查超链接设置是否正确。

## 5.8.2 应用案例 12：个人网站

### 1. 案例目标

新建一个空白网站后，向该网站中添加一个以“标题、页脚和目录”为模板的框架网页作为主页和 4 个普通网页。本案例涉及的主要操作包括：①新建网站；②新建框架网页；③新建普通网页；④插入 Web 组件(字幕、交互式按钮)；⑤插入多媒体文件(Flash 文件、视频文件)；⑥使用 DHTML 效果；⑦使用主题。

### 2. 操作步骤

1) 拷贝素材

新建一个实验文件夹(形如“1203435001 李智 20120607”)，下载案例素材压缩包“应用案例 12-个人网站.rar”至该实验文件夹下。右击压缩包，在弹出的快捷菜单中选择“解压到当前文件夹”，将案例素材压缩包解压为一个文件夹。本案例中提及的文件均存放在此文件夹下。

2) 新建网站

第 1 步：启动 FrontPage 2003。选择“文件”菜单中的“新建”功能，打开“新建”任务窗格。

第 2 步：在任务窗格的“新建网站”选区中单击超链接“其他网站模板”，打开“网站模板”对话框，并单击“常规”选项卡。

第 3 步：选择“空白网站”模板，单击“浏览”按钮，选择“应用案例 12-个人网站”文件夹作为“指定新网站的位置”。

第 4 步：单击“确定”按钮。

**注意**：若窗口左侧未显示“文件夹列表”窗口，则选择“视图”菜单中的“文件夹列表”功能，或者按快捷键 Alt+F1。此时，新建的网站中含有_private 和 images 两个文件夹，而不包含任何网页文件。

第 5 步：用鼠标直接拖动，将“应用案例 12-个人网站”文件夹下的所有文件移至 images 文件夹。完成后的效果如图 5-75(a)所示。

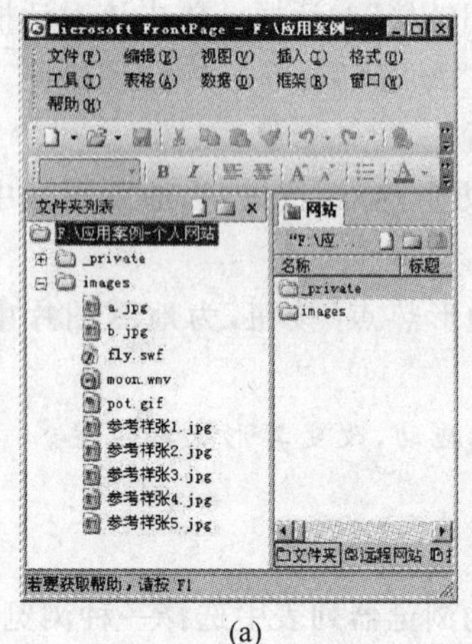


(a)

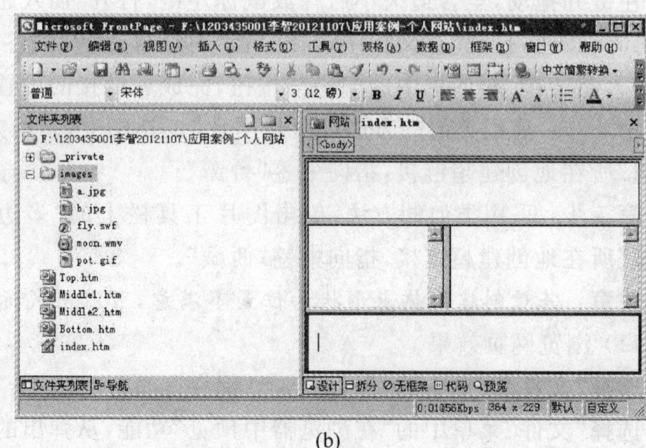


(b)

图 5-75 文件夹列表视图效果

3）新建以“标题、页脚和目录”为模板的框架网页并保存

第 1 步：选择“文件”菜单中的“新建”功能，打开“新建”任务窗格。

第 2 步：单击任务窗格中的“新建网页”选区中的“其他网页模板”超链接，打开“网页模板”对话框。

第 3 步：单击“网页模板”对话框中的“框架网页”选项卡，选中“标题、页脚和目录”模板，单击“确定”按钮。

第 4 步：此时可看到窗口被划分为 4 个区域，每个区域内包含“新建初始网页”和“新建网页”两个按钮。单击每个区域内的“新建网页”按钮。

第 5 步：保存框架网页。选择“文件”菜单中的“保存”功能，或者单击“保存”按钮，首先打开的是保存顶端子框架对话框，在该对话框中，选择保存位置为网站根目录(即“应用案例 12-个人网站”文件夹)，单击“更改标题”按钮，输入标题“欢迎”，完成后单击“确定”按钮。输入文件名 Top.htm，单击“保存”按钮。

第 6 步：随后打开的是保存中间左侧的子框架对话框，单击“更改标题”按钮，输入标题“目录”，完成后单击“确定”按钮。输入文件名 Middle1.htm，单击“保存”按钮。

第 7 步：随后打开的是保存中间右侧的子框架对话框，单击“更改标题”按钮，输入标题“内容”，完成后单击“确定”按钮。输入文件名 Middle2.htm，单击“保存”按钮。

第 8 步：随后打开的是保存底部子框架对话框，单击“更改标题”按钮，输入标题“版权所有”，完成后单击“确定”按钮。输入文件名 Bottom.htm，单击“保存”按钮。

第 9 步：最后打开的是保存父框架对话框，单击“更改标题”按钮，输入标题“欢迎访问我的网站”,完成后单击“确定”按钮。输入文件名 index. htm,单击“保存”按钮。

框架网页保存完成后,文件夹列表显示如图 5-75(b)所示。

4) 在子框架网页 Top. htm 中插入字幕

第 1 步: 将光标定位在子框架网页 Top. htm。

第 2 步: 选择“插入”菜单中的“Web 组件”功能,打开“插入 Web 组件”对话框,在“组件类型”列表框中选择“动态效果”,在右侧对应的列表框中选择“字幕”。

第 3 步: 单击“完成”按钮,弹出“字幕属性”对话框。

第 4 步: 在“字幕属性”对话框中输入“欢迎光临我的网站”,在“大小”选区中设置字幕的宽度为 80%。设置完成后,单击“确定”按钮。

第 5 步: 选中字幕,选择“格式”菜单中的“字体”功能,设置: 隶书、加粗、7(36 磅)、青色。

第 6 步: 选中字幕,选择“格式”菜单中的“段落”功能,设置对齐方式: 居中。

第 7 步: 单击“保存”按钮,保存该网页。

5) 编辑子框架网页 Bottom. htm 和 Middle2. htm

在子框架网页 Bottom. htm 中输入文字“版权所有 © 1997-2012”,并设置: 5(18 磅)、居中。在子框架网页 Middle2. htm 中自由输入一些介绍自己的文字,如爱好、习惯等。

参考上一个应用案例,具体操作步骤略。

**注意**: 符号“©”可通过选择“插入”菜单中的“符号”功能输入。在“符号”对话框中选择 Symbol 字体。

6) 新建普通网页 Page1. htm

第 1 步: 单击“常用”工具栏中的“新建普通网页”按钮,自动打开一个空白网页。

第 2 步: 输入 6 行文字(如图 5-76 所示),并设置第 1 行文字: 居中、加粗、7(36 磅)、褐紫红色。选中第 2~6 行文字,选择“格式”菜单中的“项目符号和编号”功能,单击“图片项目符号”选项卡,选中“指定图片”单选钮,单击“浏览”按钮,选择素材文件夹下的图片 images\pot. gif,单击“确定”按钮。

第 3 步: 设置文字“百度”的链接目标为 http://www. baidu. com。

第 4 步: 设置文字“新浪”的链接目标为 http://www. sina. com. cn。

第 5 步: 设置文字“搜狐”的链接目标为 http://www. sohu. com。

第 6 步: 设置文字“网易”的链接目标为 http://www. 163. com。

第 7 步: 设置文字“腾讯”的链接目标为 http://www. qq. com。

第 8 步: 单击“保存”按钮,保存位置: 网站根目录,网页标题: 最常访问,文件名: Page1. htm。按快捷键 F12 浏览网页效果。

7) 新建普通网页 Page2. htm

第 1 步: 单击“常用”工具栏中的“新建普通网页”按钮,自动打开一个空白网页。

第 2 步: 输入文字“图片欣赏”(如图 5-77 所示),并设置: 居中、加粗、7(36 磅)、褐紫红色。

第 3 步: 选择“插入”菜单中的“图片”菜单中的“来自文件”功能,选择图片文件 images\a. jpg。

第 4 步: 选中图片,选择“视图”菜单中的“工具栏”菜单中的“DHTML 效果”功能,打开“DHTML 效果”工具栏。在该工具栏中,选择触发动画的事件“鼠标悬停”。在“应用”下拉列表中选择“交换图片”效果,然后在其后的设置列表框中选择“选择图片”,打开“图片”对话框,选择图片文件 images\b. jpg 后,单击“打开”按钮。

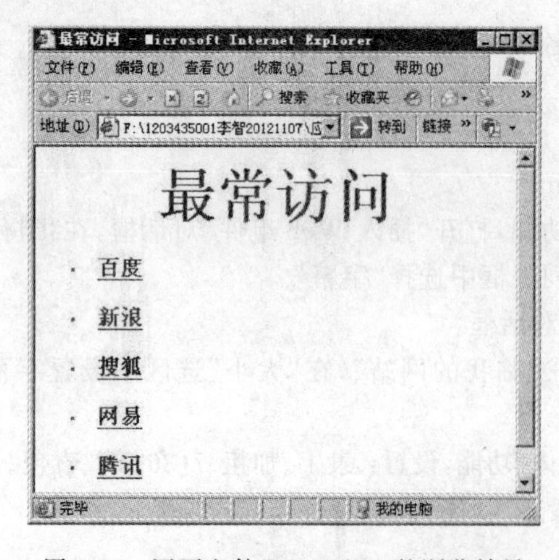

图 5-76　网页文件 Page1. htm 的浏览效果　　　图 5-77　网页文件 Page2. htm 的浏览效果

第 5 步：单击“保存”按钮，保存位置：网站根目录，网页标题：图片欣赏，文件名：Page2. htm。按快捷键 F12 浏览网页效果。

8) 新建普通网页 Page3. htm

第 1 步：单击“常用”工具栏中的“新建普通网页”按钮，自动打开一个空白网页。

第 2 步：输入文字“动画欣赏”(如图 5-78 所示)，并设置：居中、加粗、7(36 磅)、褐紫红色。

图 5-78　网页文件 Page3. htm 的浏览效果

第 3 步：选择“插入”菜单中的“图片”菜单中的“Flash 影片”功能，选择文件 images\fly. swf，单击”插入“按钮。

第 4 步：单击“保存”按钮，保存位置：网站根目录，网页标题：动画欣赏，文件名：Page3. htm。按快捷键 F12 浏览网页效果。

9) 新建普通网页 Page4. htm

第 1 步：单击“常用”工具栏中的“新建普通网页”按钮，自动打开一个空白网页。

第 2 步：输入文字“视频欣赏”(如图 5-79 所示)，并设置：居中、加粗、7(36 磅)、褐紫红色。

第 3 步：选择“插入”菜单中的“图片”菜单中的“视频”功能，选择文件 images\moon.wmv。

第 4 步：单击“保存”按钮，保存位置：网站根目录，网页标题：视频欣赏，文件名：Page4.htm。按快捷键 F12 浏览网页效果。

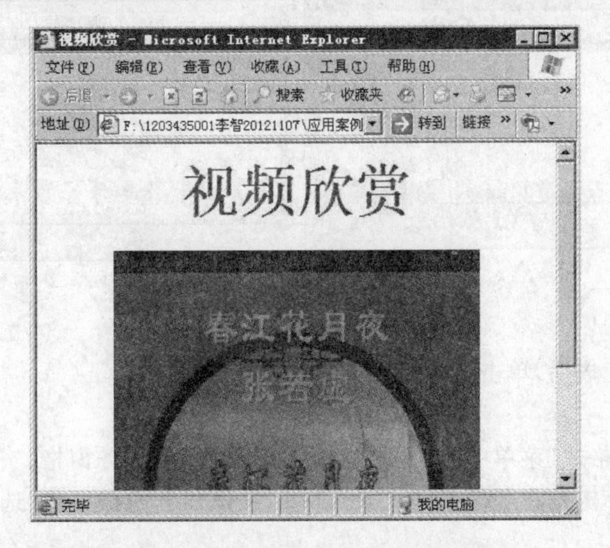


图 5-79　网页文件 Page4.htm 的浏览效果

10）编辑子框架网页 Middle1.htm

第 1 步：将光标定位在子框架网页 Middle1.htm。

第 2 步：选择“插入”菜单中的“Web 组件”功能，打开“插入 Web 组件”对话框，在“组件类型”列表框中选择“动态效果”，在右侧对应的列表框中选择“交互式按钮”。

第 3 步：单击“完成”按钮，弹出“交互式按钮”对话框。

第 4 步：单击“交互式按钮”对话框中的“按钮”选项卡，选择按钮类型“发光标签 1”，输入按钮上的文本“最常访问”，单击“浏览”按钮，打开“编辑超链接”对话框（如图 5-80 所示），在该对话框中，选择链接目标地址为 Page1.htm，单击“目标框架”按钮，单击选择“当前框架网页”选区中的中间、右侧子框架（名称为 main）作为目标框架。设置完成后，单击各对话框中的“确定”按钮即可。

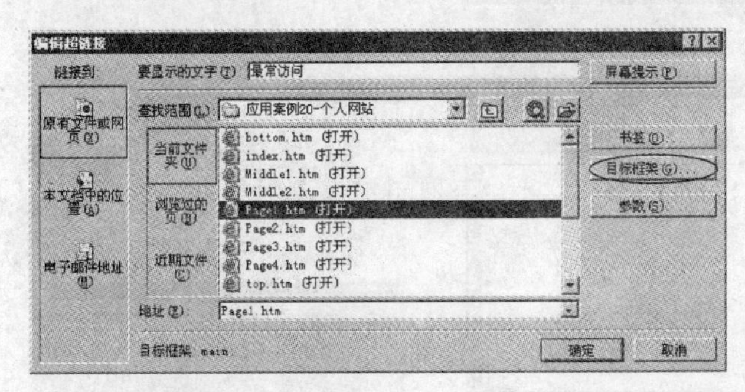


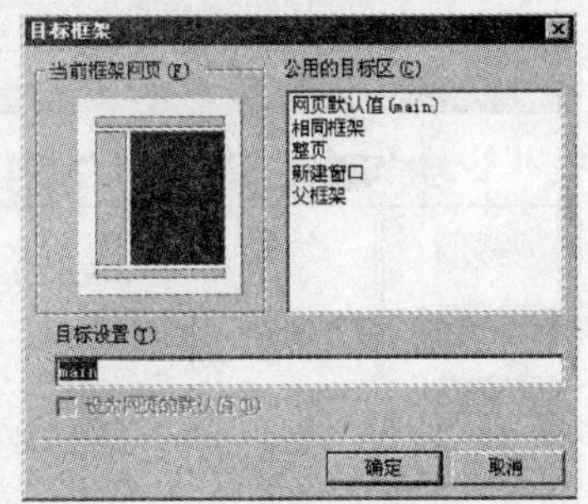


图 5-80　设置交互式按钮的超链接

第 5 步：采用同样的步骤，插入三个交互式按钮，按钮文本分别为“图片欣赏”、“动画欣赏”和“视频欣赏”，链接目标分别为 Page2.htm、Page3.htm 和 Page4.htm，目标框架均为 main。

第 6 步：单击“保存”按钮，在打开的“保存嵌入式文件”对话框（如图 5-81 所示）中，单击“更改文件夹”按钮，打开“更改文件夹”对话框，选择文件夹 images。

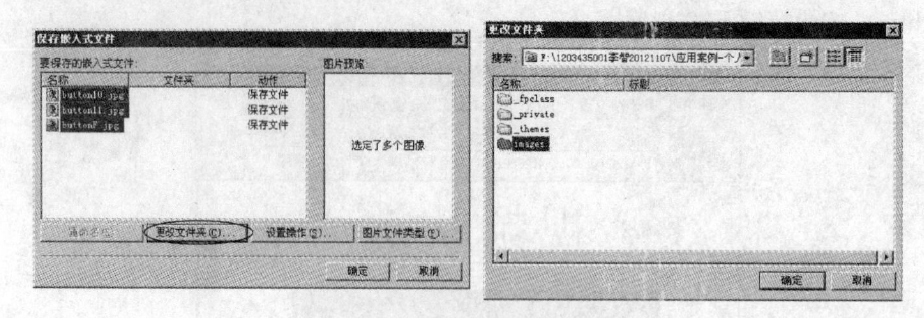


图 5-81 保存嵌入式文件

第 7 步：设置完成后，单击各对话框中的“确定”按钮。

11）应用主题

第 1 步：选择“格式”菜单中的“主题”功能，打开“主题”任务窗格。

第 2 步：将光标定位在子框架网页 top. htm，在该任务窗格中的“选择主题”列表框中，单击主题“彩条”。

第 3 步：将光标定位在子框架网页 Middle1. htm，在该任务窗格中的“选择主题”列表框中，单击主题“波浪”。

第 4 步：在文件夹列表中，按下 Ctrl 键，同时选中网页文件 Middle2. htm、Page1. htm、Page2. htm、Page3. htm 以及 Page4. htm，在该任务窗格中的“选择主题”列表框中，单击主题“彩虹”。

第 5 步：将光标定位在子框架网页 bottom. htm，在该任务窗格中的“选择主题”列表框中，单击主题“侧影”。

第 6 步：单击“保存”按钮，保存网页。

12）浏览主页 index. htm

第 1 步：打开主页 index. htm。

第 2 步：按快捷键 F12 浏览网页效果（如图 5-82 所示）。

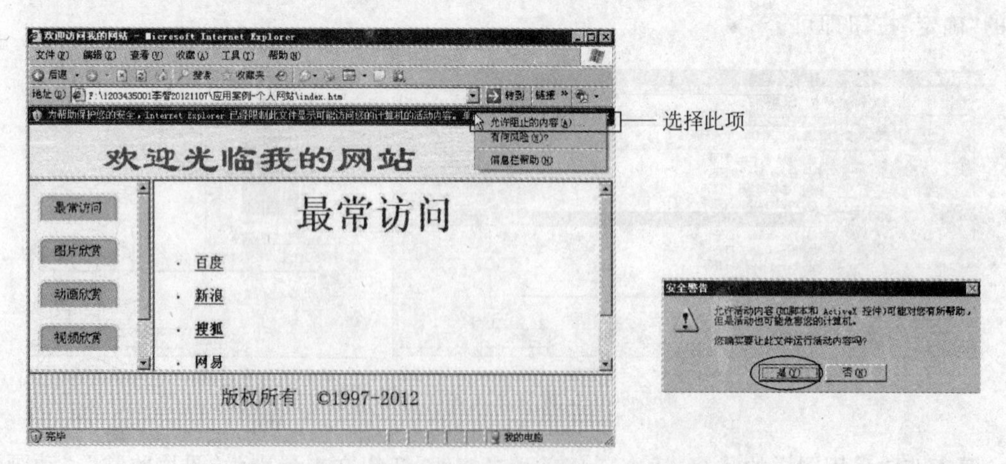


图 5-82 “应用案例 12-个人网站”浏览效果

### 5.8.3 应用案例13：神舟九号飞船

**1. 案例目标**

打开站点，并编辑、修饰网页。本案例涉及的主要操作包括：①打开网站；②拆分框架；③修改网页属性；④插入图片、艺术字；⑤设置网页过渡效果；⑥文本转换成表格；⑦使用表格自动套用格式；⑧插入嵌入式框架。

**2. 操作步骤**

1）拷贝素材

新建一个实验文件夹（形如“1203435001 李智 20120607”），下载案例素材压缩包“应用案例13-神舟九号飞船.rar”至该实验文件夹下。右击压缩包，在弹出的快捷菜单中选择“解压到当前文件夹”，将案例素材压缩包解压为一个文件夹。本案例中提及的文件均存放在此文件夹下。

2）打开网站

第1步：启动 FrontPage 2003。若有默认网站打开，则选择“文件”菜单中的“关闭网站”命令。

第2步：选择“文件”菜单中的“打开网站”命令，打开“打开网站”对话框。选中“应用案例13-神舟九号飞船”文件夹，单击“打开”按钮。

3）打开关于发射情况的网页文件 fsqk. htm，导入文本文件“发射情况. txt”并转换为表格

第1步：双击打开左侧文件夹列表中的文本文件“发射情况. txt”（仔细观察文本文件的格式），选中文本文件的所有内容后，选择“编辑”菜单中的“复制”功能，将其复制到剪贴板。

第2步：双击打开左侧文件夹列表中的网页文件“fsqk. htm”，选择“编辑”菜单中的“粘贴”功能，效果如图5-83(a)所示。

第3步：选中网页中的所有文本内容，选择“表格”菜单中的“转换”菜单中的“文本转换成表格”功能，打开“文本转换成表格”对话框（如图5-83(b)所示），选中“其他”单选钮，并在其后的文本框中输入“:”，单击“确定”按钮。

第4步：单击表格任意处，选择“表格”菜单中的“表格自动套用格式”功能，打开“表格自动套用格式”对话框，在“格式”列表框中选择“简明型1”，单击“确定”按钮。

第5步：单击“保存”按钮，保存网页 fsqk. htm。

4）打开关于技术改进的网页文件 jsgj. htm，将其中5个标题设置为黑体、18磅、加粗、紫色，并设置“进入网页”的过渡效果为“盒状收缩”

第1步：双击打开左侧文件夹列表中的网页文件 jsgj. htm。

第2步：选中标题文字“1. 概述”，设置其为黑体、18磅、加粗、紫色。

第3步：在选中文字“1. 概述”的情况下，双击“常用”工具栏中的“格式刷”按钮，鼠标形状变为，此时拖动鼠标选中其余4个标题，使得它们的格式与第1个标题相同。

第4步：单击“格式刷”按钮，结束复制格式状态。

第5步：选择“格式”菜单中的“网页过渡”功能，打开“网页过渡”对话框，在该对话框的“事

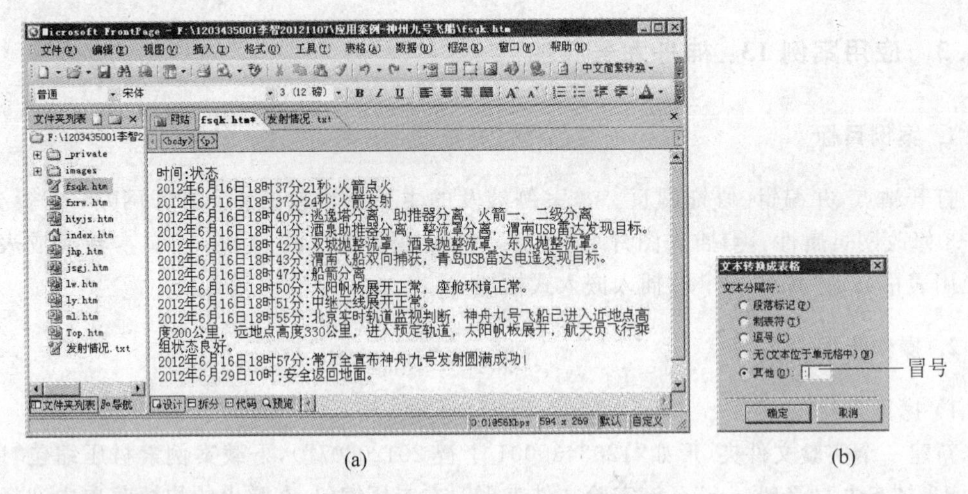


(a) (b)

图 5-83 导入文本文件并转换成表格

件”下拉列表中选择“进入网页”；在“过渡效果”列表框中选择“盒状收缩”，单击“确定”按钮。

第 6 步：单击“保存”按钮，保存网页 jsgj.htm。

5）打开关于航天员介绍的网页文件 htyjs.htm，参照表格第一行内容，完善表格的第 2、3 行内容。

第 1 步：双击打开左侧文件夹列表中的网页文件 htyjs.htm。

第 2 步：将光标定位在表格的第 2 行第 1 列，选择“插入”菜单中的“图片”菜单中的“来自文件”功能，打开“图片”对话框，选择 images 文件夹下的 lw.jpg 文件，单击“插入”按钮。

第 3 步：将光标定位在表格的第 2 行第 2 列，选择“插入”菜单中的“嵌入式框架”功能，在插入的框架中，单击“新建初始网页”按钮，在打开的“插入超链接”对话框中，选择网页 lw.htm，单击“确定”按钮。

第 4 步：双击嵌入式框架的边框，打开“嵌入式框架属性”对话框，设置框架的宽度为 500 像素，高度为 212 像素，单击“确定”按钮。

第 5 步：参照上述第 2～4 步，在表格的第 3 行第 1 列插入 jhp.jpg，第 2 列插入嵌入式框架，设置初始网页为 jhp.htm，并调整其宽度和高度分别为 500 像素和 212 像素。

第 6 步：单击“保存”按钮，保存网页 htyjs.htm。

6）完善主页

打开主页 index.htm，设置上框架高度为 100 像素，并将下框架拆分为左、右两个子框架，设置左框架宽度为 10%，不显示滚动条，标题为“目录”，设置右框架初始网页为 fxrw.htm。设置整个框架网页的标题为“走近神舟九号”。

第 1 步：双击打开左侧文件夹列表中的网页文件 index.htm。

第 2 步：右击上框架，在弹出的快捷菜单中选择“框架属性”功能，打开“框架属性”对话框，在“框架大小”选区中设置“高度”为 100 像素，单击“确定”按钮。

第 3 步：单击下框架，选择“框架”菜单中的“拆分框架”功能，打开“拆分框架”对话框，选中“拆分成列”单选钮，单击“确定”按钮。

第 4 步：下框架被拆分为左、右两个子框架后，单击右侧子框架中的“设置初始网页”按钮，打开“插入超链接”对话框，单击该对话框中的“当前文件夹”，选择网页文件 fxrw. htm，单击“确定”按钮。

第 5 步：右击左框架，在弹出的快捷菜单中选择“框架属性”功能，打开“框架属性”对话框，在“框架大小”选区中设置“宽度”为 10%，在“显示滚动条”下拉列表框中选择“不显示”，单击“确定”按钮。

第 6 步：右击左框架，在弹出的快捷菜单中选择“网页属性”功能，打开“网页属性”对话框，单击“常规”选项卡，在“标题”文本框中输入文字“目录”，单击“确定”按钮。

第 7 步：右击任意子框架，在弹出的快捷菜单中选择“框架属性”功能，打开“框架属性”对话框，单击该对话框中的“框架网页”按钮，打开“网页属性”对话框，单击“常规”选项卡，在“标题”文本框中输入文字“走近神舟九号”，单击“确定”按钮。

7）进一步完善

设置上框架中的文字“神舟九号飞船”为字幕（使用默认值），格式：隶书、加粗、36 磅、绿色。设置左侧子框架中“发射情况”、“飞行任务”、“技术改进”以及“航天员介绍”的超链接，分别指向网页 fsqk. htm、fxrw. htm、jsgj. htm 以及 htyjs. htm，目标框架均为右侧子框架。

参考上一个应用案例，具体操作步骤略。

8）浏览主页 index. htm

参考上一个应用案例，具体操作步骤略。网页效果如图 5-84 所示。

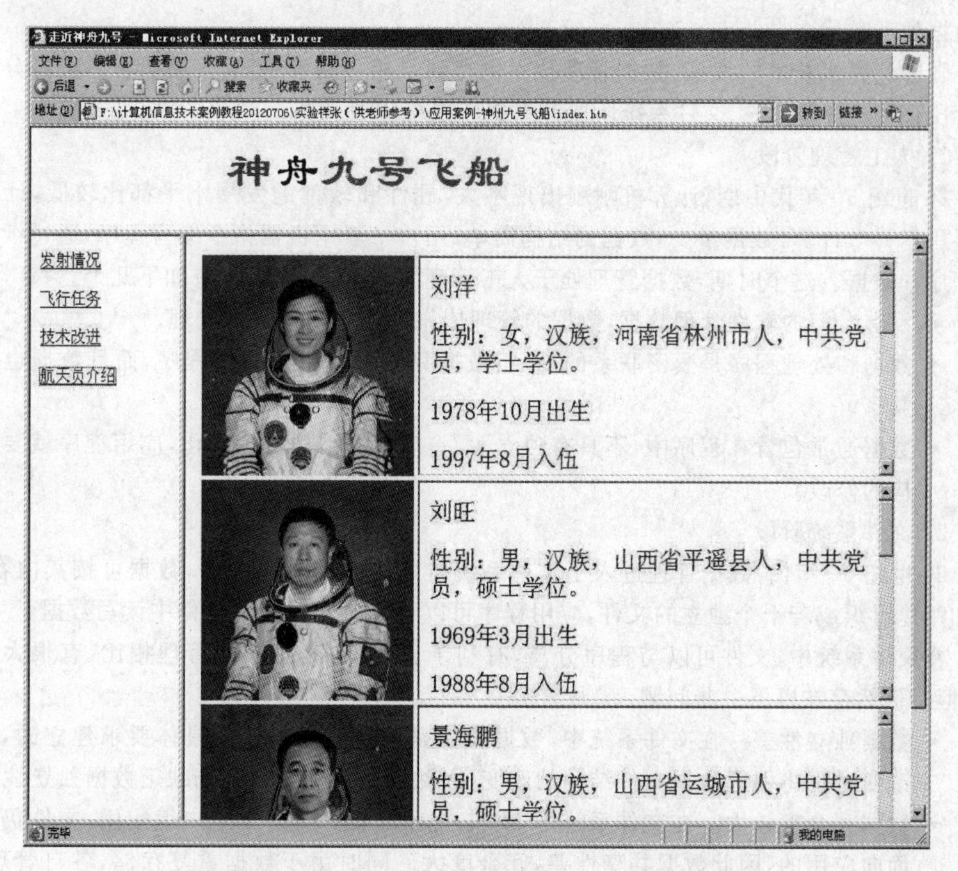


图 5-84 “应用案例 13-神舟九号飞船”浏览效果

# 第 6 章　数据库系统软件 Access

## 6.1　概述

### 6.1.1　数据库基础知识

#### 1. 数据管理技术的产生和发展

数据处理的历史伴随着人类社会的发展由来已久。随着人类社会文明的发展，人们不断寻求更加有效的数据处理工具和新的方法。

古代人们用绳结、算筹来处理数据。用算盘、机械计算机、电动计算机来处理数据，用账簿、卡片来存储数据。到了 20 世纪 40 年代电子计算机的发明，数据处理就进入了电子计算机数据处理时代。

随着计算机技术的发展，数据管理技术也得到了相应的发展，其发展历程一般可分为三个阶段：人工管理阶段、文件系统阶段和数据库系统阶段。

1）人工管理阶段

20 世纪 50 年代中期，计算机刚刚出现不久，硬件和软件的发展水平都比较低，计算机主要用于科学计算，数据量少，数据的结构简单，用户一般用机器指令编写程序，通过纸带输入程序和数据。这个时期，数据管理处于人工管理阶段，其主要特点有如下几个。

- 没有专门的软件管理数据，数据的管理依靠应用程序本身来处理。
- 数据和处理程序是紧密联系的，一组数据只能对应一个应用程序，而且数据也不能共享。
- 数据通常包含在程序中，不具有独立性，一旦数据结构发生变化，应用程序就要作相应的修改。

2）文件系统阶段

20 世纪 60 年代，数据管理进入了文件系统阶段。在文件系统中，数据可按其内容、结构和用途组织成若干个独立的文件，应用程序可以通过操作系统从文件中读写数据。

在文件系统中，文件可以与程序分离，有利于长期保存，与程序管理相比，有很大的进步，但是仍然存在以下一些问题。

- 数据独立性差。在文件系统中，数据文件是按照应用程序的具体要求建立的，程序改变时也将引起数据文件结构的改变，因此程序和数据之间仍缺乏数据独立性。
- 数据冗余度较大。在文件系统中，文件一般为某一用户或用户组使用，文件仍然是面向应用的，因此数据共享性差，冗余度大。同时由于数据重复存储，各自管理，容易产生数据的不一致性。

- 数据的安全性和完整性问题。由于文件之间相互独立，缺乏集中管理和约束机制，数据的完整性和安全性等无法得到保证。

3）数据库系统阶段

20世纪60年代以后，为了克服文件系统的弊病，适用日益增长的数据处理的需求，人们开始探索新的数据管理方法与工具。这一时期，磁盘存储技术取得了重大进展。大容量和高速存取的磁盘相继问世并投入市场，给新型数据管理技术的研究提供了良好的物质基础。

为了解决多用户、多应用程序共享数据的要求，出现了专门的软件系统——数据库管理系统，从而标志着数据管理进入了数据库系统阶段。

数据库技术的主要目的是有效地管理和存储大量的数据资源，包括提高数据的共享程度和降低数据的冗余度；建立数据一致性和完整性的约束机制；使数据与程序之间更加独立，更加便于应用程序和数据的维护。

**2. 数据库系统的组成**

数据库系统是指具有数据库管理功能的计算机系统，该系统实现了有组织、动态地存储大量相关数据，提供了数据处理和信息资源共享的便利手段，集成了系统所需的计算机软硬件、数据和相关的人力资源。

数据库系统由计算机硬件系统、系统软件(包括操作系统和DBMS)、数据库、应用软件、数据库管理人员和用户等部分组成。

数据库、数据库管理系统、数据库系统是数据库技术中常用的术语，三者之间有着一定的区别和联系。

(1) 数据库(Database，DB)是按照某种模型组织起来的、可以被各种用户或应用程序共享的数据的集合。通常是需要长期保存在计算机的存储设备中的。

(2) 数据库管理系统(Database Management System，DBMS)是对数据库进行管理的通用软件系统，在计算机软件中属于系统软件的范畴。它是数据库系统中的核心部分。它具有对数据库中的数据资源进行统一的管理和控制功能，它提供了数据库定义和操作的语言。在数据库系统中，数据库管理人员和用户对数据库进行的各种操作都是通过DBMS来实现的。

(3) 数据库系统(Database System，DBS)由数据库、DBMS、应用程序、系统维护和操作人员等方面组成。该系统可提供对数据库进行操作和维护的各项功能，以完成用户的具体需求。

综上所述，数据库是存储在计算机内的有结构的数据的集合。数据库管理系统是一个数据库管理软件，其职能是维护数据库，接受和完成用户程序或命令提出的访问数据的各种要求。而数据库系统则是计算机系统中引进数据库后的系统构成。

(4) 数据库管理员(Database Administrator，DBA)。在大中型数据库系统设计和运行中，必须配备专门的机构来对数据库进行有效的管理和控制，解决系统设计和运行中出现的问题，行使这种控制权的机构及人员就叫数据库管理员，他具有最高的数据库管理权限，全面负责数据库系统的管理工作。

### 3. 数据模型

数据模型是数据库管理系统用来表示实体和实体之间联系的方法。数据库的数据模型包含数据结构、数据操作和完整性约束 3 个部分。数据结构是实体与实体之间联系的表示和实现。数据操作是数据库的查询和更新操作的实现。数据完整性约束是数据及其联系应具有的制约和依赖规则。

1) 实体

实体是客观存在、可以相互区别的事物。实体就是具体的对象(例如一名学生、一本书)。具有相同性质的实体集合称为实体集,例如全校学生的集合组成学生实体集。实体集中各个实体借助实体标识符(称为关键字)加以区别,例如在学生实体集中可以通过学号来区别每一个实体。

2) 联系

联系是实体集之间关系的抽象表示。两个实体集之间的联系可以为一对一联系、一对多联系或多对多联系。假设有两个实体集,分别用 $X$ 和 $Y$ 表示。

- 如果 $X$ 与 $Y$ 中的每一个实体至多和另一个实体集中的一个实体有联系,则称 $X$ 与 $Y$ 是一对一联系(简记为 1∶1);
- 如果 $X$ 中的每一个实体和 $Y$ 中的多个实体有联系,则称 $X$ 与 $Y$ 是一对多联系(简记为 1∶$m$);
- 如果 $X$ 与 $Y$ 中的每一个实体都和另一个实体集中的多个实体有联系,则称 $X$ 与 $Y$ 是多对多联系(简记为 $m$∶$n$)。

3) 层次模型、网状模型和关系模型

数据库管理系统所支持的传统的数据模型分为层次、网状、关系 3 种。

- 层次模型:这种模型用树型结构表示实体及实体之间的联系。树中的结点表示实体集,树中的连线表示实体集之间的联系。
- 网状模型:这种模型采用网络(有向图)结构表示实体及实体之间的联系。
- 关系模型:这种模型以关系数学为其理论基础,采用二维表结构来表示实体及实体之间的联系。由于人们比较熟悉二维表的形式,关系数学又具有系统严谨的理论,应用起来也非常方便,故该模型得到了广泛的应用。

### 4. 关系数据库

1) 关系

一个关系的逻辑结构就是一张二维表。这种用二维表的形式表示实体和实体间联系的数据模型称为关系模型。关系就是同类型元组的集合。

- 元组:二维表中水平方向的行称为元组,一个元组对应于表文件中的一条记录。
- 属性:二维表中垂直方向的列称为属性,每一列都有唯一的属性名。
- 域:是属性的取值范围。

2) 关键字

在关系中能唯一区分、确定不同元组的属性或属性组合称为该关系的关键字。有超关键字、主关键字、候选关键字和外部关键字等。

- 超关键字：二维表中能唯一确定记录的一个列或几个列的组被称为“超关键字”。超关键字虽然能唯一确定记录，但是它所包含的字段可能是有多余的。一般希望用最少的字段来唯一确定记录。
- 候选关键字：如果一个超关键字，去掉其中任何一个字段后不再能唯一确定记录，则称它为候选关键字。候选关键字既能唯一确定记录，它包含的字段又是最精练的。

一个二维表中总存在超关键字，因而也必存在候选关键字。一个二维表中至少有一个候选关键字，也可能有多个。

- 主关键字：从二维表的候选关键字中，选出一个可作为主关键字。主关键字的值不能为空，否则主关键字就起不了唯一标识记录的作用。
- 外部关键字：当一个二维表（*A* 表）的主关键字被包含到另一个二维表（*B* 表）中时，它就称为 *B* 表的外部关键字（Foreign Key）。例如，在学生表中，“学号”是主关键字，而在成绩表中，“学号”便成了外部关键字。

在数据库结构设计中，应该指出各个二维表的主关键字，如果主关键字过于复杂，往往要增设一个字段，这个字段的内容是该类事物的编号或代号，用这个字段来作为单一主关键字。

3）关系的规范化

- 关系中的每个属性都是不可分割的数据项。
- 同一个关系中不允许出现相同的属性。
- 同一个关系中不允许出现相同的元组。
- 同一个关系中属性或元组的前后次序可以按需要交换。

**5. 关系运算**

关系的基本运算有两类：一类是传统的集合运算（并、差、交等），另一类是专门的关系运算（选择、投影、联接）。

1）传统的集合运算

具有相同结构的两个关系（例如 *R*1、*R*2）可以进行传统的并、差、交的集合运算。

（1）并运算

关系 *R*1 和 *R*2 并运算的结果是这两个关系的全体元组构成的集合。例如，有两个结构相同的学生关系 *S*1 和 *S*2，分别存储两个系的学生档案，如果把 *S*2 中的学生档案追加到 *S*1 中，则为两个关系的并运算。

（2）差运算

关系 *R*1 和 *R*2 差运算的结果是由属于 *R*1 而且 *R*2 中没有的元组构成的集合。例如，有两个关系 *T*1 和 *T*2，分别存储学校教师名单和本学期任课教师名单，如果查询本学期未任课的教师名单，则需要进行差运算。

（3）交运算

关系 *R*1 和 *R*2 交运算的结果是这两个关系中同时存在的元组构成的集合。例如，有两个关系 *S*1 和 *S*2，分别存储已通过英语四级考试的学生名单和通过计算机二级考试的学生名单，如果查询通过英语四级考试且通过计算机二级考试的学生名单，则需要进行交运算。

2）专门的关系运算

(1) 选择运算

从关系中选择满足给定条件的元组。对应于二维表，选择是从行的角度进行抽取满足条件的记录。例如，有一个关系 $T$，存储教师的档案信息，从中找出职称为教授的教师档案，所进行的查询操作就属于选择运算。

(2) 投影运算

从关系中选择若干个属性以构成新的关系。对应于二维表，投影是从列的角度抽取所指定的列(字段)以构成一个新的关系。例如，存储教师档案信息的关系 $R$ 包括教师工号、姓名、性别、出生日期、职称等许多属性，从中找出教师的工号、姓名、出生日期等部分数据，则属于投影运算。

(3) 联接运算

根据联接条件将两个关系中对应的元组拼接成一个新的元组以构成一个新的关系。例如，有两个关系 $T1$(病历号，姓名，单位，……)和 $T2$(病历号，就诊日期，……)，则求关系 $T3$(病历号、姓名、单位、就诊日期，……)的操作属于联接运算。

**6. 关系的完整性**

关系的完整性规则是对关系的某种约束。关系模型中有实体完整性、参照完整性和用户自定义完整性等。

1）实体完整性

实体完整性规则是要求关键字的值在关系中必须非空并且是唯一的，否则就无法按照关键字的值来唯一地确定一个元组。例如，学生表中的学号字段，教师表中的工号字段等。

2）参照完整性

参照完整性规则是要求一个关系中外部关键字的值必须是另一个关系中主关键字的有效值或空值。也就是说，一个关系中不允许使用不存在的实体。例如，学生成绩表中的课程代号的值必须是存在于课程表内的课程代号值。

3）用户自定义完整性

用户自定义的完整性规则就是设计者根据具体应用的语义要求而自行定义的数据取值范围以及数据必须满足的约束条件等。例如，学生成绩表中的成绩字段值规定为 0～100 之间。

**7. 关系数据库设计基础**

1）数据库设计原则

(1) 数据库表的设计应遵循概念单一化原则，将较为复杂的表分解为单个主题的若干个简单的表。

(2) 数据表中不应出现与其他表重复的字段，除了为建立表之间联系而必须有的外部关键字之外。

(3) 表中的字段应该是不可分解的原始数据。尽量避免出现由已有其他字段计算得出结果的字段。

(4) 保证相应数据表之间能够用外部关键字建立联系。

2）数据库设计过程

（1）数据需求分析

根据对拟建的信息系统的需求做出的分析，确定所设计数据库的信息需求、处理需求以及对数据的安全性与完整性的要求。

（2）确定所需的数据表

根据系统的数据需求和处理需求，确定数据库应包含的数据内容，这些数据如何分门别类地存放。按照E-R图确定需要创建的数据表。

（3）确定各数据表中包含的字段

对于各个数据表内所应包含的字段，必须精心设计。要按照数据库设计原则，以减少数据的冗余和避免数据处理中出现数据不一致的问题。考虑每一个表的主关键字和外部关键字的设置问题。

（4）确定数据表之间的关系

按照系统的数据处理需求，根据数据表之间由处理需求而确定的数据库表之间存在的关系，确定数据表两两之间是一对一还是一对多关系。

（5）改进求精

数据库的整个设计过程实际上是一个不断返回、修改、调整、完善的迭代过程。在每一个具体设计阶段后都要看看能否满足应用要求，如果不能满足，则要返回上面的一个或几个阶段进行修改和调整，直到满意为止。

### 6.1.2 Access 概述

#### 1. Access 简介

1）特点

自从1992年Microsoft公司首次发布Access数据库管理系统以来，Access以其系统小、功能强和使用方便、简单易用等优点，深受中、小型企业和普通用户的欢迎。现在，Access已逐步成为一个国内外广泛流行的、功能强大的桌面数据库管理系统。

Access是Office软件包的一个组成部分，使用Access无需编写程序代码，仅通过直观的可视化操作即可完成大部分数据的管理工作。Access数据库管理系统主要有如下一些特点。

（1）单文件型数据库。所有的信息保存在一个Access数据库文件中，它不仅包含所有的表，而且包括操作或控制数据的其他对象（如查询、窗体、报表等）通过Access可以实现对这个文件的便捷管理。

（2）提供对数据的完整性和安全性控制的机制。

（3）提供了一个界面友好的可视化开发环境。Access提供了大量的向导、生成器，使用户在开发一些简单的应用软件时，可以“无代码”编程。

（4）与Office中的其他组件高度集成。

目前比较流行的开发工具都支持Access数据库。

2）Access的启动

启动Access 2003的具体操作步骤如下。

第 1 步：单击“开始”菜单按钮，移动鼠标指向“所有程序”。

第 2 步：移动鼠标指向 Microsoft Office。

第 3 步：移动鼠标指向 Microsoft Office Access 2003 并单击。

3) Access 的退出

退出 Access 2003 应用程序也即关闭 Access 2003 窗口，有如下几种方法。

方法 1：单击 Access 2003 窗口右上角的“关闭”按钮☒，退出 Access 2003。

方法 2：单击 Access 2003 窗口“文件”菜单中的“退出”，退出 Access 2003。

方法 3：单击 Access 2003 窗口“控制菜单”中的“关闭”，退出 Access 2003。

方法 4：按 Alt + F4 组合键，退出 Access 2003。

**2. Access 2003 工作界面**

Access 2003 启动后的窗口界面如图 6-1 所示。界面的主要元素有标题栏、菜单栏、工具栏、状态栏和任务窗格等。

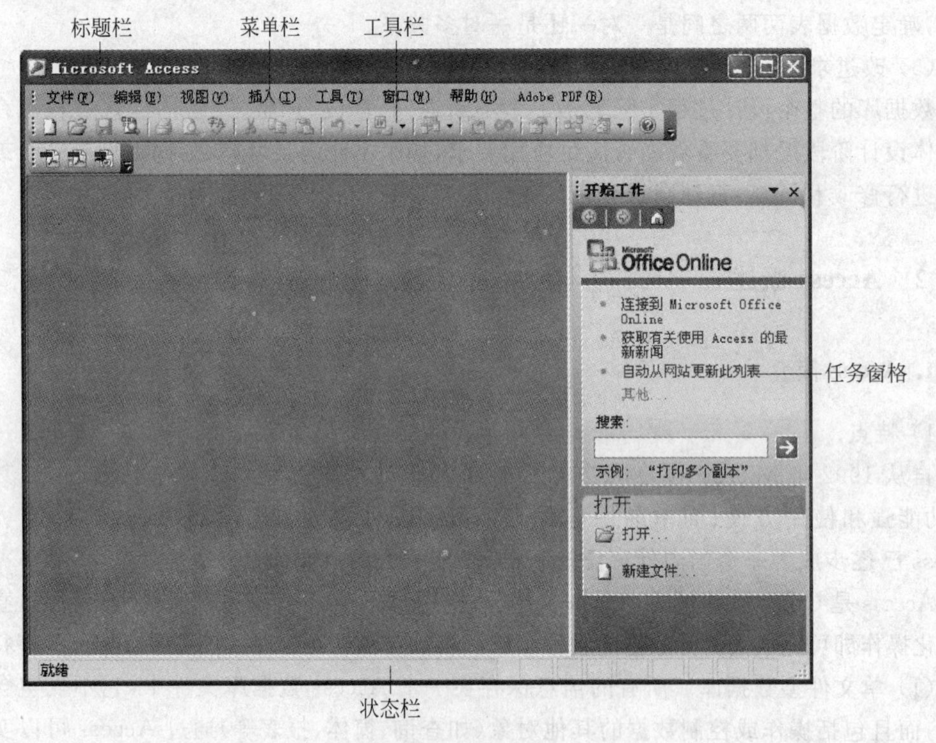


图 6-1 Access 2003 启动界面

## 6.2 Access 2003 数据库的设计与创建

### 6.2.1 设计数据库

在利用 Access 2003 创建数据库之前，先要进行数据库的结构设计。对于 Access 数据库的结构设计，最关键的任务是设计出合理的、符合一定的规范化要求的表以及表之间的关系。本节结合教学管理数据库系统实例介绍 Access 数据库管理系统的设计和使用。

**1. 教学管理数据库系统的结构设计**

数据库结构设计是总体设计过程中非常重要的一个环节，好的数据库结构可以简化开发过程，使系统功能更加清晰明确。在任何一个关系型数据库管理系统中，数据表都是其最基本的组成部分。根据分析，教学管理数据库系统可以分别用二维表：学生表、教师表、课程表、任课表和学生成绩表表示。结构设计图如图 6-2 所示。

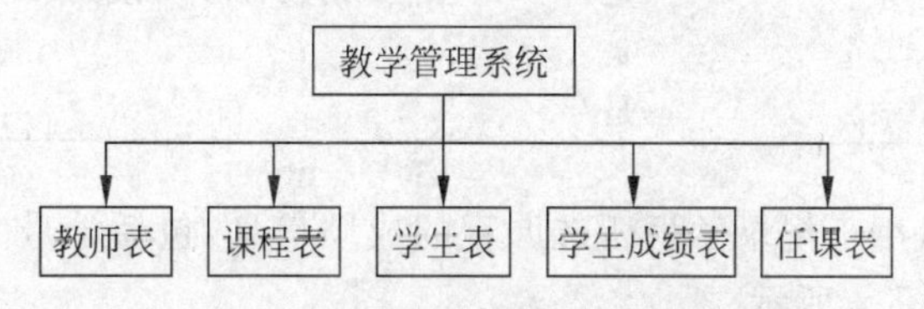


图 6-2 教学管理系统结构设计图

学生表、课程表、教师表、学生成绩表和任课表的表结构如下。

(1) 学生表：用于记录学生的基本信息，包括学号、姓名、性别及出生日期、政治面貌等字段，其逻辑结构如表 6-1 所示。

表 6-1 "学生表"数据表字段

| 字段名称 | 字段类型 | 字段大小 | 允许为空 | 备注 | 说明 |
|---|---|---|---|---|---|
| 学号 | 文本 | 10 | 否 | 主关键字 | 学生的编号 |
| 姓名 | 文本 | 8 | 是 | | 学生的姓名 |
| 性别 | 文本 | 2 | 是 | 组合框：男或女 | 学生的性别 |
| 出生日期 | 日期/时间 | 短日期 | 是 | 输入掩码：短日期 | 学生的出生日期 |
| 政治面貌 | 文本 | 10 | 是 | 组合框：党员、团员或无 | 学生的政治面貌 |
| 籍贯 | 文本 | 20 | 是 | | 学生的籍贯 |
| 班级编号 | 文本 | 6 | 是 | | 学生所属班级的编号 |
| 系别 | 文本 | 20 | 是 | | 学生所在的院系 |

(2) 课程表：用于记录学校所开设的课程信息，包括课程编号、课程名称及相应的学分等字段，其逻辑结构如表 6-2 所示。

表 6-2 "课程表"数据表字段

| 字段名称 | 字段类型 | 字段大小 | 允许为空 | 备注 | 说明 |
|---|---|---|---|---|---|
| 课程编号 | 文本 | 4 | 否 | 主关键字 | 课程的编号 |
| 课程名 | 文本 | 18 | 是 | | 课程的名称 |
| 课程类别 | 是/否 | | 是 | 显示控件：复选框<br>默认值：True | 是否是必修课 |
| 学分 | 数字 | 小数 | 是 | | 课程对应的学分 |

(3) 教师表：用于记录教师的基本信息，包括学历、职称以及所在院系等字段，其逻辑结构如表 6-3 所示。

表 6-3 “教师表”数据表字段

| 字段名称 | 字段类型 | 字段大小 | 允许为空 | 备　注 | 说明 |
|---|---|---|---|---|---|
| 教师编号 | 文本 | 8 | 否 | 主关键字 | 教师的编号 |
| 姓名 | 文本 | 8 | 是 |  | 教师的姓名 |
| 性别 | 文本 | 2 | 是 | 组合框：男或女 | 教师的性别 |
| 学历 | 文本 | 10 | 是 | 组合框：博士、研究生、本科或大专 | 教师的最高学历 |
| 工作时间 | 日期/时间 | 短日期 | 是 | 输入掩码：短日期 | 教师工作的时间 |
| 职称 | 文本 | 20 | 是 | 组合框：助教、讲师、副教授或教授 | 教师的职称 |
| 系别 | 文本 | 6 | 是 |  | 教师所在的院系 |
| 简历 | 备注 |  | 是 |  | 教师的简历 |

(4) 学生成绩表：用于记录学生所选课程的成绩信息，包括学号、课程编号以及成绩等字段，其逻辑结构如表 6-4 所示。

表 6-4 “成绩表”数据表字段

| 字段名称 | 字段类型 | 字段大小 | 允许为空 | 备注 | 说明 |
|---|---|---|---|---|---|
| 学号 | 文本 | 10 | 是 |  | 学生的编号 |
| 课程编号 | 文本 | 4 | 是 |  | 课程的编号 |
| 成绩 | 数字 | 整型 | 是 | 默认值：0 | 某门课程的成绩 |

(5) 任课表：用于记录教师任课的基本信息，包括课程编号、教师编号以及班级编号等字段，其逻辑结构如表 6-5 所示。

表 6-5 “任课表”数据表字段

| 字段名称 | 字段类型 | 字段大小 | 允许为空 | 备注 | 说明 |
|---|---|---|---|---|---|
| 课程编号 | 文本 | 4 | 是 |  | 课程的编号 |
| 教师编号 | 文本 | 8 | 是 |  | 教师的编号 |
| 班级编号 | 文本 | 6 | 是 |  | 班级的编号 |

**2. 表之间的关系设计**

构成教学管理数据库的这 5 张表并不是彼此独立的，它们彼此之间存在一定的内在联系。例如，借助于一个公共的字段(学号)可以将学生表和学生成绩表联系起来，它们之间是一对多的关系。同样学生成绩表与课程表、教师表与任课表以及课程表与任课表之间都存在着联系。具体关系如图 6-3 所示。

## 6.2.2 创建数据库

使用 Access 2003 开发数据库管理系统的时候首先要创建一个空数据库，然后在该数据库中创建或者导入用于实现各个功能的表、查询等对象。

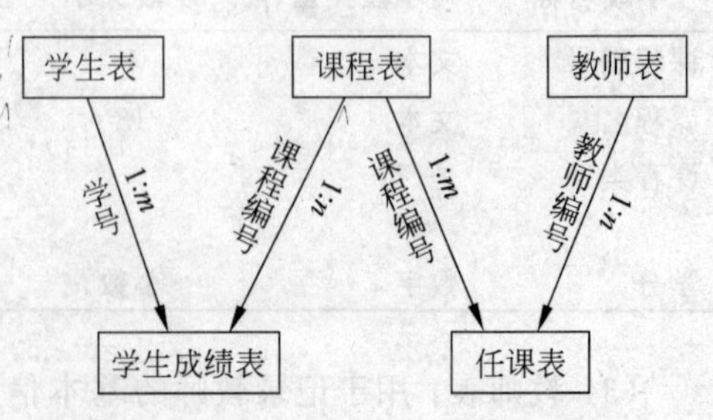


图 6-3 教学管理系统 5 张表之间的关系

Access 数据库是一个独立的文件，其后缀为.MDB。

Access 提供了三种创建数据库的方法。

### 1. 使用数据库向导创建数据库

具体操作步骤如下。

第 1 步：启动 Access 2003，窗口界面如图 6-1 所示。

第 2 步：单击工具栏上的“新建”按钮，或选择“文件”菜单中的“新建”功能，或单击任务窗格中的“新建文件”按钮。

第 3 步：在“新建文件”任务窗格中，单击“本机上的模板”，出现如图 6-4 所示的“模板”对话框。

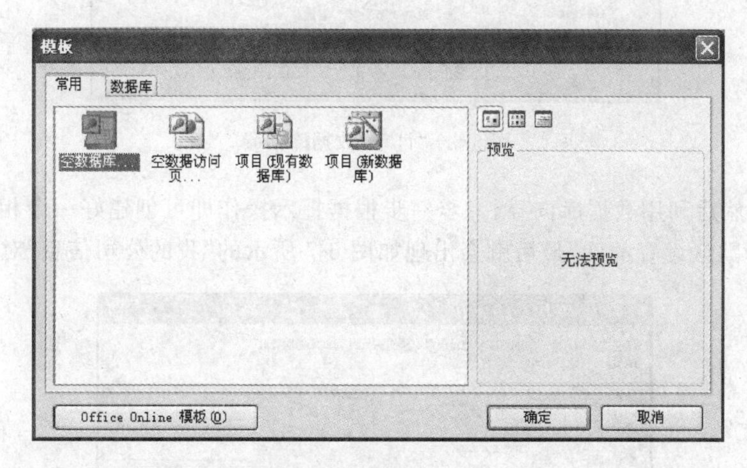


图 6-4 “模板”对话框

第 4 步：在“模板”对话框中，单击“数据库”选项卡。

第 5 步：选择要创建的数据库类型的图标(以“订单”数据库为例)，然后单击“确定”按钮，出现如图 6-5 所示的“文件新建数据库”对话框。

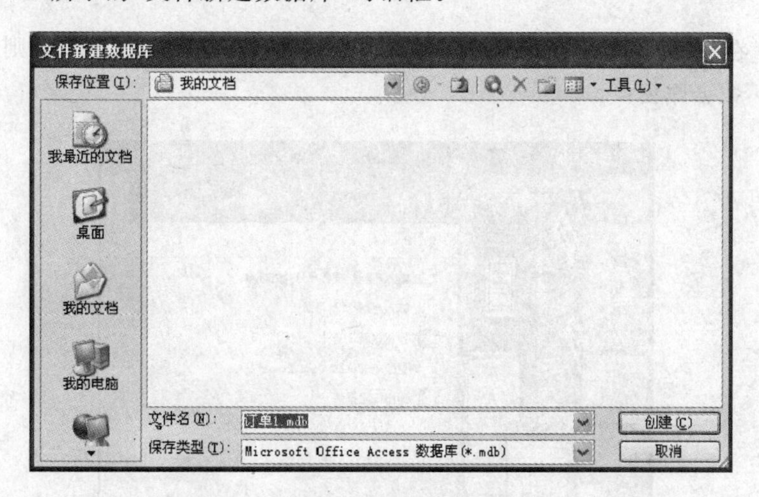


图 6-5 “文件新建数据库”对话框

第 6 步：在“文件新建数据库”对话框中指定数据库文件的保存位置与文件名，然后单击“创建”按钮，出现如图 6-6 所示的“数据库向导”对话框(不同的数据库有不同的向导)。

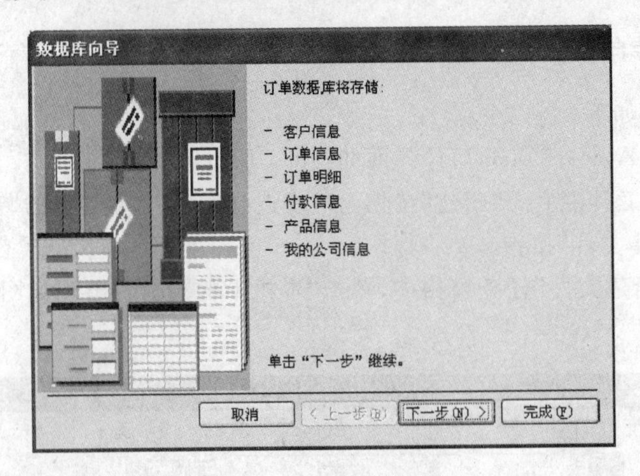


图 6-6 “订单”数据库向导

第 7 步：然后利用数据库向导，一步一步根据提示操作即可创建好一个相关的数据库。假如全部选择默认设置的话，最后就会出现如图 6-7 所示的“我的公司信息”对话框。

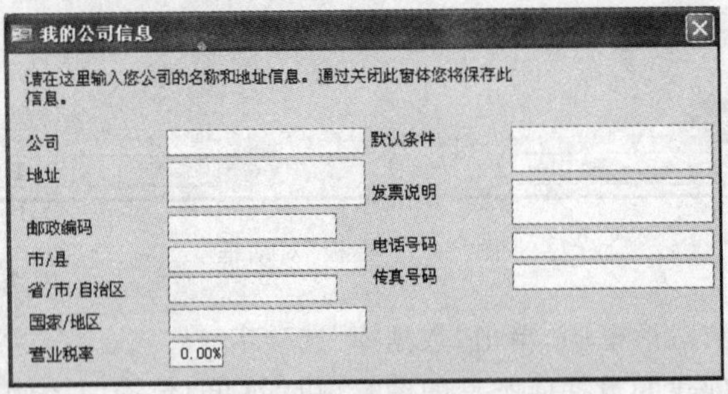

我的公司信息

请在这里输入您公司的名称和地址信息。通过关闭此窗体您将保存此信息。

公司
地址
邮政编码
市/县
省/市/自治区
国家/地区
营业税率 0.00%
默认条件
发票说明
电话号码
传真号码

图 6-7 “我的公司信息”对话框

第 8 步：在“我的公司信息”对话框中填写相关信息，然后关闭该窗口。则出现如图 6-8 所示的“订单”数据库窗口。

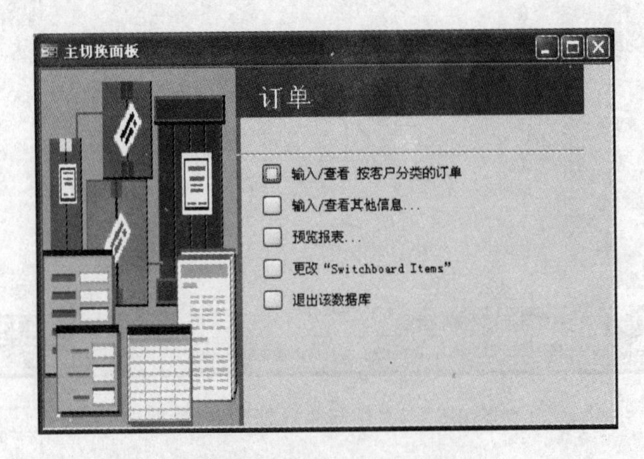


图 6-8 “订单”数据库主页面

**2. 使用模板创建数据库**

具体操作步骤如下。

第1步：启动 Access 2003，窗口界面如图 6-1 所示。

第2步：单击工具栏上的“新建”按钮，或选择“文件”菜单中的“新建”功能，或单击任务窗格中的“新建文件”按钮。

第3步：在“新建文件”任务窗格中，在“模板”下的文本框中输入要搜索的模板关键字，或单击“Office Online 模板”，在弹出的对话框中寻找合适的模板。此后操作步骤与使用数据库向导创建数据库类似。

**3. 创建空白数据库**

这是最灵活也是最常用的一种创建数据库的方法。步骤是先创建一个空数据库，然后再创建或者导入用于实现各个功能的表、窗体、报表以及其他对象。

具体操作步骤如下。

第1步：启动 Access 2003，在如图 6-1 所示的窗口中单击工具栏上的“新建”按钮，或选择“文件”菜单中的“新建”功能，或单击任务窗格中的“新建文件”按钮。

第2步：在“新建文件”任务窗格中，单击“空数据库”，出现如图 6-9 所示的“文件新建数据库”对话框。

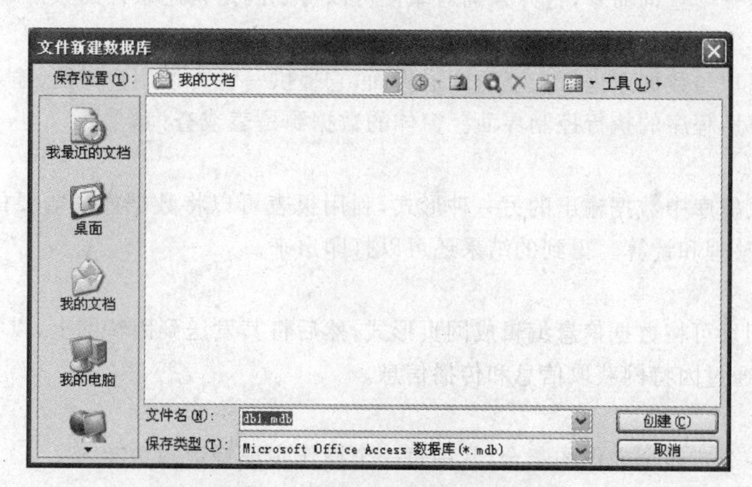


图 6-9 “文件新建数据库”对话框

第3步：在“文件新建数据库”对话框中指定数据库文件的保存位置与文件名，然后单击“创建”按钮。

创建好数据库之后，数据库的窗口如图 6-10 所示。

**4. 数据库窗口**

Access 数据库是关系数据库。在 Access 数据库窗口中，包括表、查询、窗体、报表、页、宏和模块 7 个对象。

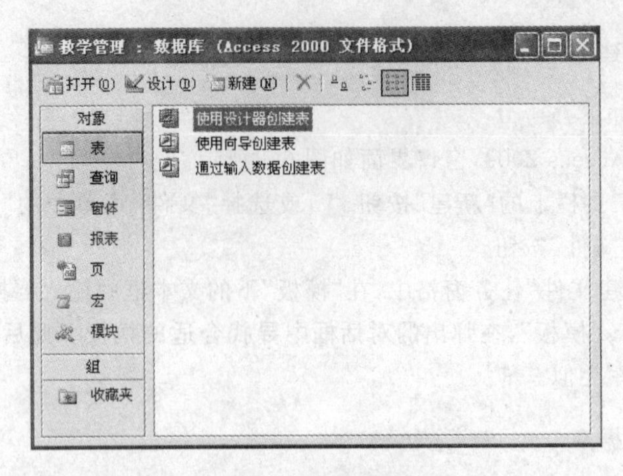


图 6-10 “教学管理”数据库窗口

1）表

表是数据库中用来存储数据的对象，它是整个数据库系统的数据源，也是数据库其他对象的基础。通常在建立了数据库之后，首要的任务就是建立数据库中的各种表。

2）查询

查询是从表(或查询)中根据指定条件选择一部分数据，形成一个全局性的集合。查询对象实际上是一个查询命令，打开查询对象便可以得到满足指定条件的数据库信息。

3）窗体

窗体是用户与数据库进行交互的图形界面，它提供一种方便用户浏览、输入和更改数据的窗口以及应用程序的执行控制界面。窗体的数据源是表或查询。

4）报表

报表是数据库中数据输出的另一种形式，利用报表可以将数据库中需要的数据提取出来进行分析、整理和计算。得到的结果还可以打印出来。

5）页

数据访问页可将数据信息编辑成网页形式，然后将其发送到因特网上，以实现快速的数据共享，完成通过因特网获取信息和传播信息。

6）宏

宏是指一个或多个操作的集合，其中每一个操作实现特定的功能。

7）模块

模块用来实现数据的自动操作，是应用程序开发人员的工作环境，通过模块可创建完整的数据库应用程序。模块是用 Access 所提供的 VBA(Visual Basic for Application)语言所编写的程序。

## 6.2.3 使用数据库

### 1. 打开数据库

打开数据库的具体操作步骤如下。

第1步：启动 Access 2003，在如图 6-1 所示的窗口中选择"文件"菜单中的"打开"功能，或单击工具栏上的 按钮，出现"打开"对话框，如图 6-11 所示。

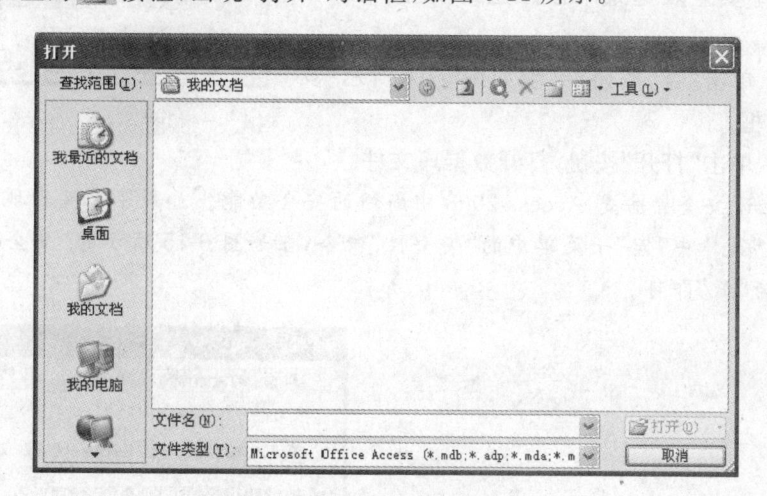


图 6-11 "打开"对话框

第2步：选择数据库文件的存储位置与文件名，如图 6-12 所示，然后单击"打开"按钮。

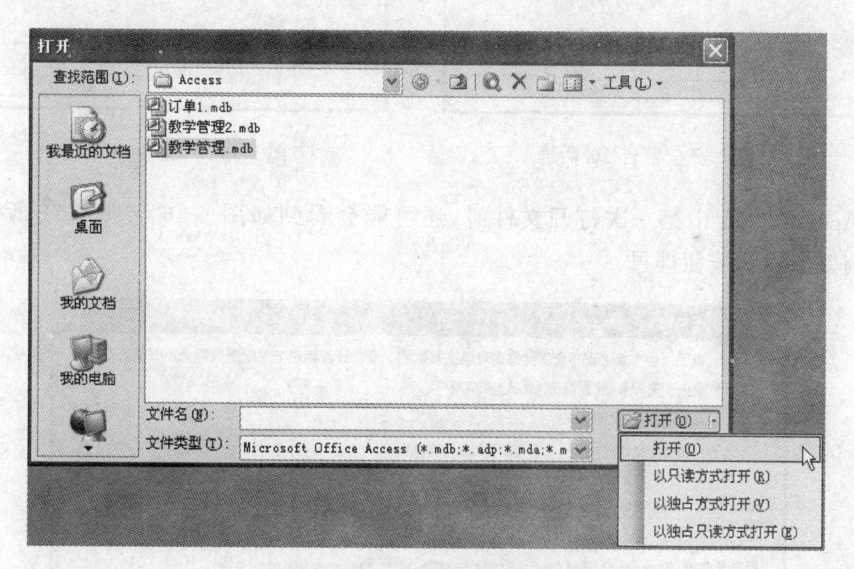


图 6-12 打开文件的 4 种方式

**说明**：Access 数据库有 4 种打开方式，可以单击"打开"按钮右侧的箭头，如图 6-12 所示打开一个下拉菜单，然后选择一种打开方式即可。

(1)"打开"：网络环境下，多个用户可以同时访问并修改此数据库。

(2)"以只读方式打开"：采用这种方式打开数据库后，只能查看数据库的内容，不能对数据库做任何的修改。

(3)"以独占方式打开"：在网络环境下，防止多个用户同时访问此数据库。

(4)"以独占只读方式打开"：网络环境下，以只读方式打开数据库，并防止其他用户打开。

第3步：初次打开一个数据库文件时，Access 2003会出现不安全表达式未被阻止的安全警告，如图6-13所示。

图6-13　安全警告

第4步：单击“否”按钮，出现如图6-14所示“安全警告”对话框。

第5步：单击“打开”按钮，打开数据库文件。

**说明**：上述安全警告是Access 2003中新增的安全功能。如果不希望出现该对话框，可以选择“工具”菜单中“宏”子菜单中的“安全性”命令，在如图6-15所示的“安全性”对话框中设置安全级为“低”即可。

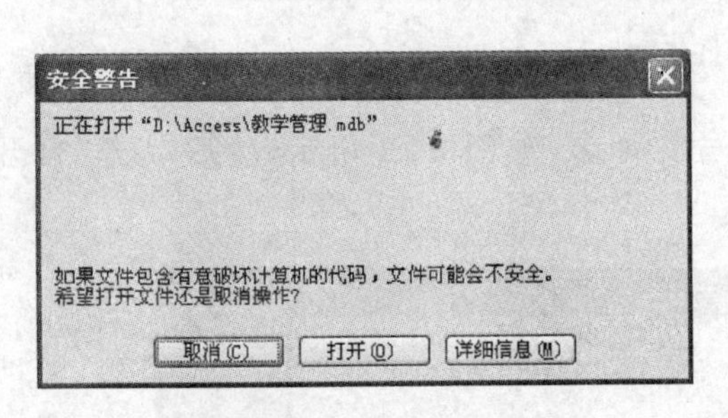


图6-14　“安全警告”对话框

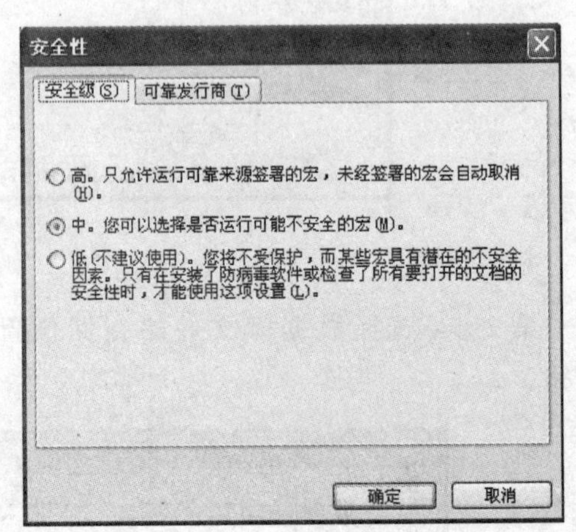


图6-15　“安全性”对话框

在Access 2003中第一次打开文件时，还可能会看到如图6-16与图6-17所示的对话框。分别单击默认按钮即可。

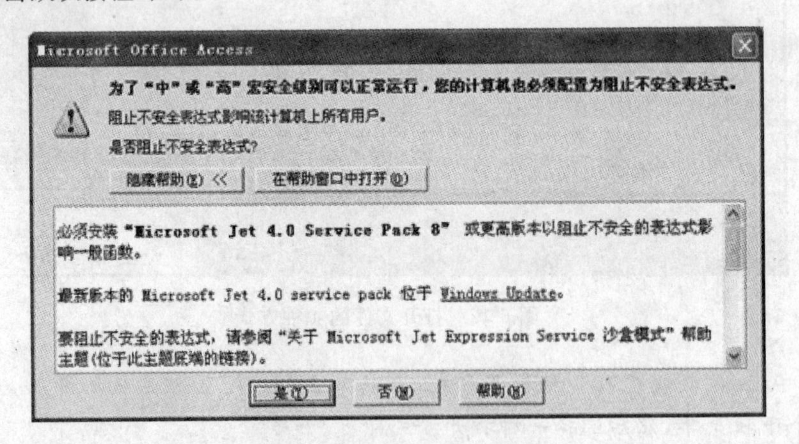


图6-16　阻止不安全表达式

**2. 关闭数据库**

关闭数据库的三种方法如下。

方法1：单击Access 2003窗口“文件”菜单中的“关闭”命令，关闭当前数据库。

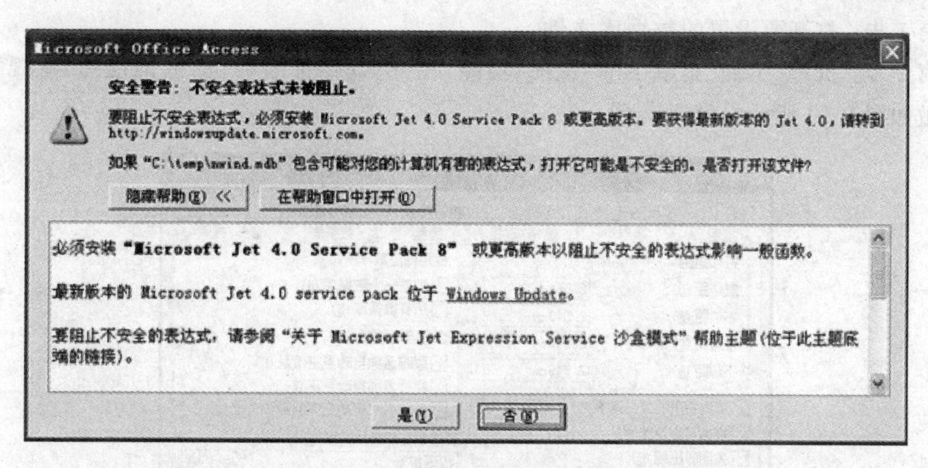


图 6-17　不安全表达式未被阻止

方法 2：单击数据库窗口右上角的"关闭"按钮，关闭当前数据库。

方法 3：双击"数据库"窗口左上角的控制图标。

**3. 管理数据库**

在创建完数据库后，可以对数据库进行一些设置，例如设置默认的数据库格式、设置默认的数据库文件夹，还可以转换数据库的格式，以及查看数据库属性等。

1）设置默认的数据库格式

具体操作步骤如下。

第 1 步：打开要设置的数据库文件。

第 2 步：选择"工具"菜单中的"选项"功能，在弹出的"选项"对话框中选择"高级"选项卡。做如图 6-18 所示的设置。

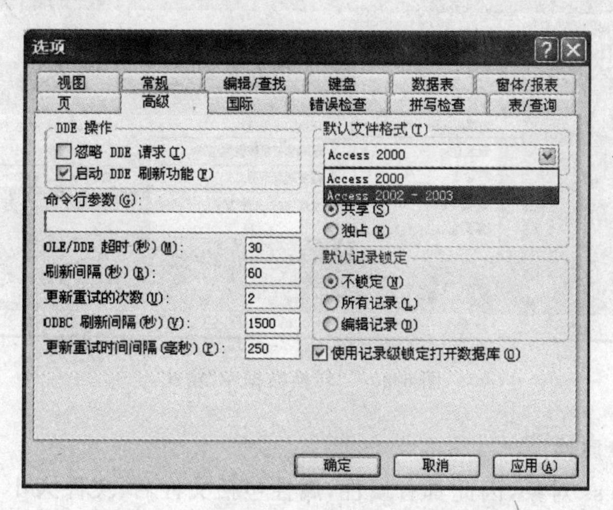


图 6-18　"选项"对话框中的"高级"选项卡

2）设置默认文件夹

具体操作步骤如下。

第 1 步：打开要设置的数据库文件。

第 2 步：选择“工具”菜单中的“选项”功能，在弹出的“选项”对话框中选择“常规”选项卡。做如图 6-19 所示的设置。

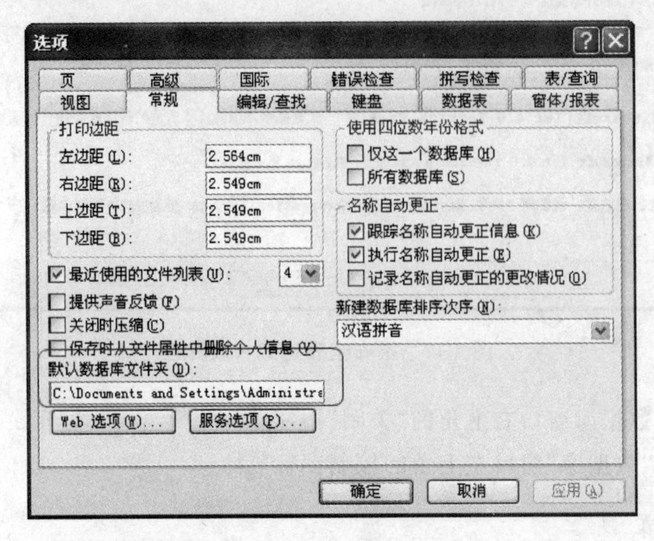


图 6-19 “选项”对话框中的“常规”选项卡

3）转换数据库

具体操作步骤如下。

第 1 步：打开要设置的数据库文件。

第 2 步：选择“工具”菜单中的“数据库实用工具”菜单中的“转换数据库”功能。做如图 6-20 所示的设置。

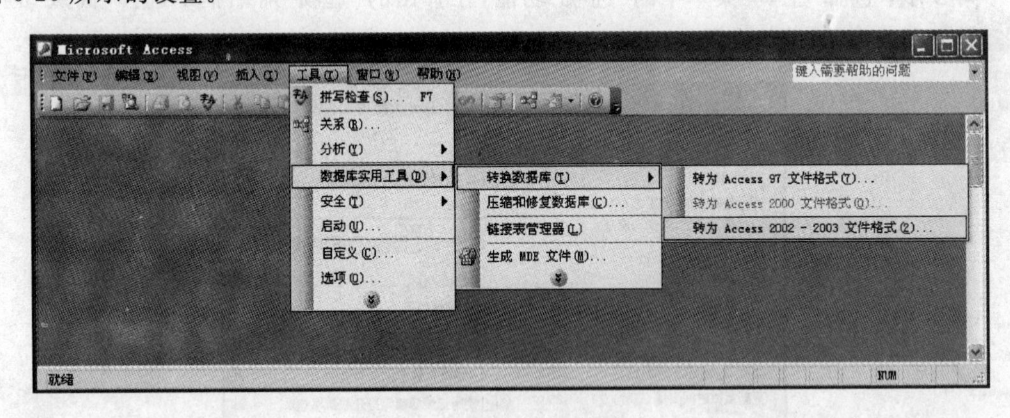


图 6-20 “转换数据库”格式

4）查看数据库属性

数据库是 Access 对象，因此具有属性，属性包括文件名、文件大小、位置、由谁修订、最后修改日期。数据库属性分为 5 类：常规、摘要、统计、内容、自定义。

具体操作步骤如下。

第 1 步：打开数据库。

第 2 步：选择“文件”菜单中的“数据库属性”功能，打开数据库“属性”对话框，如图 6-21 所示。

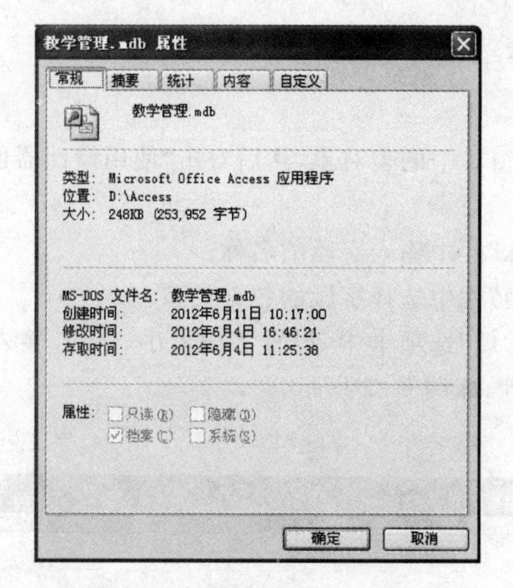


图 6-21 数据库“属性”对话框

第 3 步：分别单击“常规”选项卡、“摘要”选项卡、“统计”选项卡、“内容”选项卡和“自定义”选项卡查看和设置即可。

## 6.3 创建和使用数据表

在关系数据库管理系统中，表是数据库中用来存储和管理数据的对象，它是整个数据库系统的基础，也是数据库其他对象的操作依据。

表是与特定主题(如学生或课程)有关的数据的集合，一个数据库中包括一个或多个表。在 Access 中，表将数据组织成列(称为字段)和行(称为记录)的形式。

表由表结构和表内容两部分组成。表结构就是每个字段的字段名、字段的数据类型和字段属性等，表内容就是表的记录。一般来说，先创建表(结构)，然后再输入数据。

### 6.3.1 创建数据表

Microsoft Office Access 2003 的数据表由结构和内容两部分构成。通常是先建立数据表结构，即“定义”数据表，然后再向表中输入数据，即完成数据表的内容部分。

数据表结构的创建主要有以下几种方法。一是在“数据表视图”中直接在字段名行输入字段名，这种方法比较简单，但是对每一字段的数据类型、属性值进行设置后，一般还需要在设计视图中进行修改；二是使用设计视图，这是最常用的一种方法；三是通过“表向导”创建数据表结构，其创建方法与使用“数据库向导”创建数据库的方法类似；四是导入表，导入已经存在的数据表；五是链接表，链接到已经存在的数据表。

数据表的设计视图窗口分为上下两个区域，上面的区域由“字段名称”、“数据类型”和

“说明”3 个列表组成，用于输入数据表字段信息，下面的区域由“常规”和“查阅”两个选项卡组成，右侧是帮助提示信息。

### 1. 使用设计器创建表

具体操作步骤如下。

第 1 步：选中数据库窗口中的表对象，然后双击“使用设计器创建表”选项，打开表设计器(设计视图)。

第 2 步：在“字段名称”栏中输入字段的名称。

第 3 步：在“数据类型”栏中选择字段的数据类型。

第 4 步：在下方的“常规”选项卡中，设置字段大小、格式、输入掩码、默认值、有效性规则、有效性文本等字段属性，如图 6-22 所示。

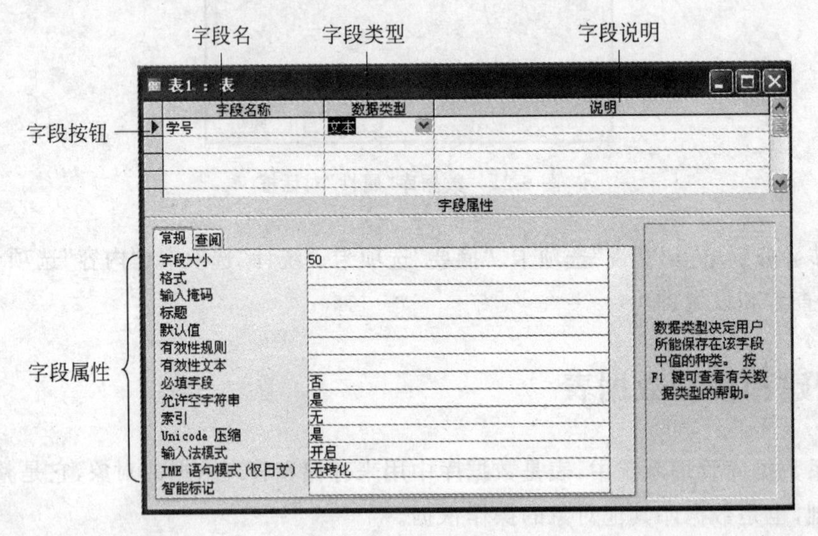


图 6-22 表设计器窗口

其中，

1) 字段名命名规则

- 字段名最长可达 64 个字符(包括空格)。
- 字段名可以包含汉字、字母、数字、空格和其他字符。
- 字段名不能包含句号、感叹号、圆括号或方括号。
- 不能以空格作为字段名的第一个字符。

2) Access 中可用的字段数据类型

Access 中所有可用的字段数据类型、用法和存储空间的大小见表 6-6。

表 6-6 Access 中可以使用的数据类型

| 数据类型 | 可存储的数据 | 大小 |
|---|---|---|
| 文本 | 用于文本或文本与数字的组合 | 最长为 255 个字符，一个汉字和一个英文字母都是一个字符 |
| 备注 | 长文本或文本与数字的组合 | 最长为 65 536 个字符 |

续表

| 数据类型 | 可存储的数据 | 大　　小 |
|---|---|---|
| 数字 | 数值 | 字节：1B(0～255)<br>整型：2B(−32 768～32 767)<br>长整型：4B<br>单精度：4B<br>双精度：8B |
| 日期/时间 | 日期时间值 | 8B |
| 货币 | 货币数据 | 8B |
| 自动编号 | 添加记录时自动插入唯一的序号 | 4B |
| 是/否 | 逻辑值 | 1B |
| OLE 对象 | 在其他使用 OLE 时程序创建的对象 | 最大为 1GB |
| 超链接 | 保存超级链接的字段 | 最大为 64 000 个字符 |
| 查阅向导 | 允许用户使用组合框选择来自其他表或一个值列表中的值。在数据类型中选择此项会启动向导进行定义 | 4B |

3)"格式"属性

格式用于定义数字、日期、时间和文本的显示方式。该字段属性只影响数据的显示方式,不影响数据的存储方式。对不同的数据类型使用不同的设置。详见表 6-7～表 6-9。

**表 6-7　文本与备注类型的格式设置**

| 符号 | 说　明 | 设　置 | 输入数据 | 显示 |
|---|---|---|---|---|
| @ | 要求文本字符 | @@@-@@-@@@@ | 465043799 | 465-04-3799 |
| & | 不要求文本字符 | (&&&)&&&&&&&& | 01087654321 | (010)87654321 |
| < | 强制所有字符为小写 | < | DAVID | David |
| > | 强制所有字符为大写 | > | Hello | HELLO |

文本和备注类型的字段,可以在"格式"属性中使用特殊的符号来创建自定义格式。

数字与货币数据类型,可以将"格式"属性设置为预定义的数字格式或自定义的数字格式。

**表 6-8　数字与货币类型的预定义格式**

| 设置 | 说　明 | 输入数据 | 显示 |
|---|---|---|---|
| 常规数字 | (默认值)以输入的方式显示数字 | 3456.789 | 3456.789 |
| 货币 | 使用千位分隔符,负数、小数以及货币符号、小数点位置按照 Windows"控制面板"中的设置为准 | 3456.789 | ￥3,456.79 |
| 欧元 | 使用欧元符号 | 3456.789 | €3456.79 |
| 固定 | 至少显示一位数字 | 3456.789 | 3456.79 |
| 标准 | 使用千位分隔符 | 3456.789 | 3,456.789 |
| 百分比 | 乘以 100 再加上百分号 | 0.45 | 45% |
| 科学记数 | 使用标准的科学记数法 | 3456.789 | 3.46E+03 |

**表 6-9　数字与货币类型的自定义格式**

<table>
<tr><th>符号</th><th>说　　明</th><th>自定义格式</th><th>示例</th></tr>
<tr><td>.(英文句号)</td><td>小数分隔符</td><td rowspan="8">自定义的数字格式可以有 1～4 个节；使用分号作为列表项分隔符；每一节都包含不同类型的数字格式设置：<br>第 1 节 正数格式<br>第 2 节 负数格式<br>第 3 节 零值格式<br>第 4 节 Null 值格式</td><td rowspan="8">+0.0、-0.0、0.0 表示：在正数或负数之前显示正号或负号，如果数值为 0 则显示为 0.0<br>0、(0)、Null 表示：按常用方式显示正数、负数在圆圈中显示，如果值为 Null 则显示为 Null</td></tr>
<tr><td>,(英文逗号)</td><td>千位分隔符</td></tr>
<tr><td>0</td><td>数字占位符，显示一个数字或 0</td></tr>
<tr><td>#</td><td>数字占位符，显示一个数字或不显示</td></tr>
<tr><td>$</td><td>显示原义字符“$”</td></tr>
<tr><td>%</td><td>百分比，数字乘以 100 再加一个百分号</td></tr>
<tr><td>E-或 e-</td><td>科学记数法，该符号必须与其他符号一起使用，如 0.00E-00</td></tr>
<tr><td>E+或 e+</td><td>科学记数法，该符号必须与其他符号一起使用，如 0.00E+00</td></tr>
</table>

4）输入掩码

输入掩码用于定义数据的输入格式。使用输入掩码可以使数据输入更加容易，并且可以控制用户在文本框类型的控件中输入的值，例如，可以为“电话号码”字段创建一个输入掩码，向用户显示如何准确地输入新号码：(　　)______-______。

在创建时，可以使用特殊字符来定义输入掩码。输入掩码的定义字符集见表 6-10。

**表 6-10　输入掩码的定义字符集**

| 字符 | 说　　明 | 输入掩码 | 示例 |
|---|---|---|---|
| 0 | 数字 0～9，必须输入，不允许加号+或减号- | (000)000-0000 | (206)-555-0246 |
| 9 | 数字或空格，非必须输入，不允许加号和减号 | (999)999-9999 | ( )555-0246 |
| # | 数字或空格，“+”与“-”都可以输入，非必须输入 | #999 | -20 |
| L | 字母必须输入到该位置 | 000L0 | 339M3 |
| ? | 字母能够输入到该位置，非必须输入 | >L???? L? 000L0 | GREENGR339M3 |
| A | 字母或数字，必须输入 | (000)AAA-AAAA | (206)555-TELE |
| a | 字母或数字，非必须输入 | (aa)aaa | O23 |
| & | 字符或空格，必须输入 | (&&)&&& | (12)345 |
| C | 字符或空格，非必须输入 | (CC)CCC | (12)34 |
| . , : ; - / | 小数点位置、千位分隔符、时间日期分隔符 | 000.00<br>99,999<br>00:00:00<br>0000/00/00 | 556.15<br>12,345<br>13:08:20<br>2011/05/24 |
| < | 将所有字母转换为小写 | >L<?????????? | Maria |
| > | 将所有字母转换为大写 | >L0L 0L0 | T2F 8M4 |
| \ | 使后面的字符以字面字符显示 | \A | 只显示为 A |
| password | 隐藏输入的文本，以“*”代替显示 | MING | **** |

Access 还提供了输入掩码向导来定义“输入掩码”属性，不过，只能处理文本与日期类型的字段。

**2. 使用向导创建表**

使用向导创建表，可以从基于 Access 示例表中选择想要的表类型来创建表。具体操作步骤如下。

第 1 步：单击数据库窗口中的表对象，打开表列表。

第 2 步：双击“使用向导创建表”，打开如图 6-23 所示的“表向导”对话框。

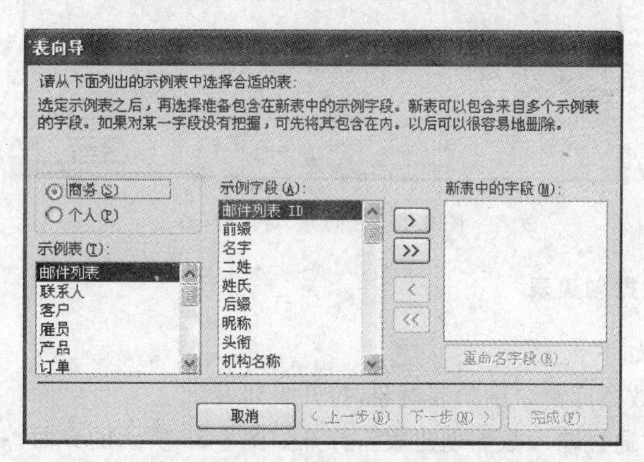


图 6-23 “表向导”对话框(a)

第 3 步：从“示例表”列表中选择合适的表(如学生和课程)。

第 4 步：在“示例字段”列表中选择所需要的字段，单击 > 按钮，将选中的字段添加到“新表中的字段”列表框中。若单击了 >> 按钮，则可将全部字段添加到“新表中的字段”列表框中。选中某个字段，还可单击“重命名字段”按钮 重命名字段(R)... 重新命名字段。

第 5 步：单击“下一步”按钮，弹出如图 6-24 所示的对话框。

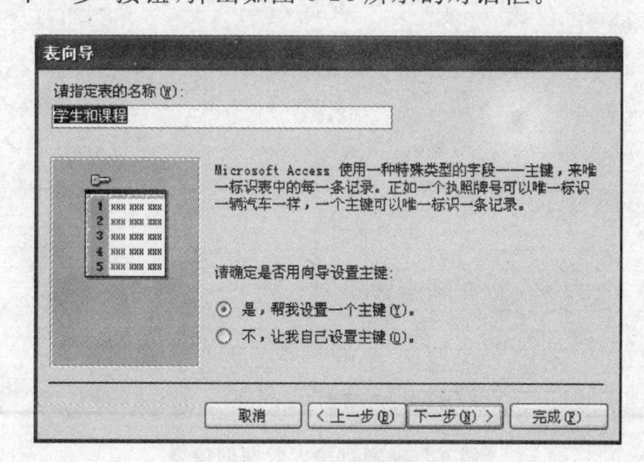


图 6-24 “表向导”对话框(b)

第 6 步：输入新表的名称，并确定是否用向导设置主关键字。

第 7 步：单击“下一步”按钮，弹出如图 6-25 所示的对话框。

第 8 步：单击“完成”按钮。

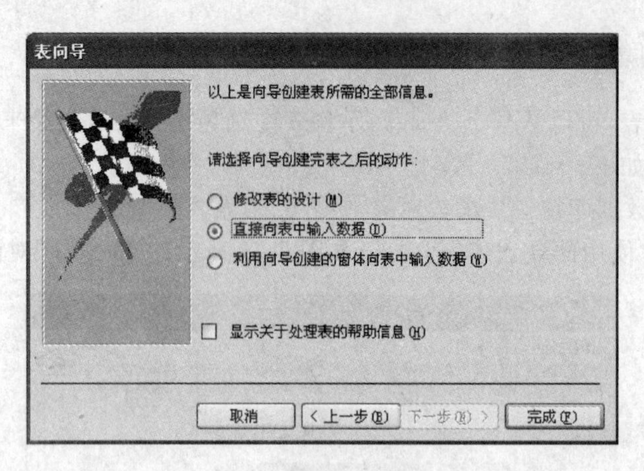


图 6-25 “表向导”对话框(c)

### 3. 通过输入数据创建表

具体操作步骤如下。

第 1 步：单击数据库窗口中的表对象，打开表列表。

第 2 步：双击“通过输入数据创建表”，打开如图 6-26 所示的界面。

第 3 步：直接在表中输入数据。

利用这种方法创建的表，其字段名使用默认字段名(字段 1，字段 2，……)，Access 会根据输入的数据自动指定数据类型。用户可以再通过修改表结构去修改字段名及类型等字段信息。

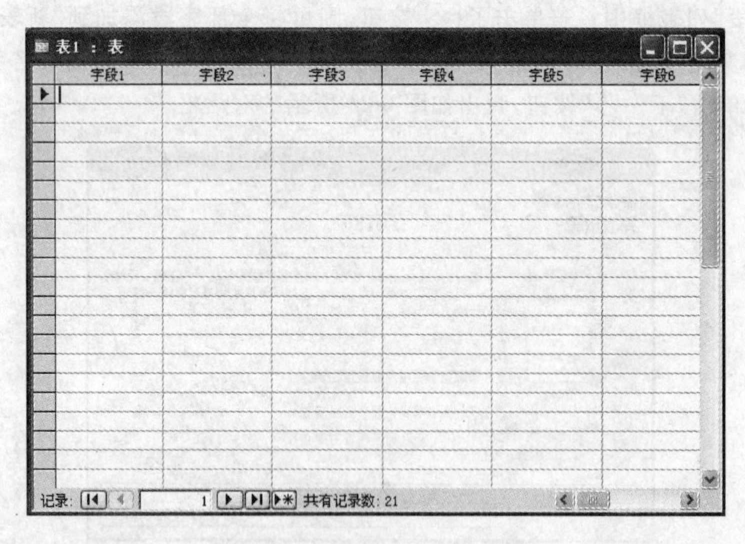


图 6-26 通过输入数据创建表

### 4. 通过导入数据创建新表

Access 可以通过从另一个数据库文件或文本文件中导入数据的方法创建新表。

1) 导入 Access 数据库文件

具体操作步骤如下。

第 1 步：打开 Access 数据库。

第 2 步：选择“文件”菜单中的“获取外部数据”菜单中的“导入”功能，或单击表对象中的“新建”按钮 新建(N)，在弹出的如图 6-27 所示的“新建表”对话框中选中“导入表”，然后单击“确定”按钮。

第 3 步：在弹出的“导入”对话框中，选择一个需要导入数据的 Access 数据库文件(如“订单 1.mdb”)，单击“导入”按钮，打开如图 6-28 所示的“导入对象”对话框。

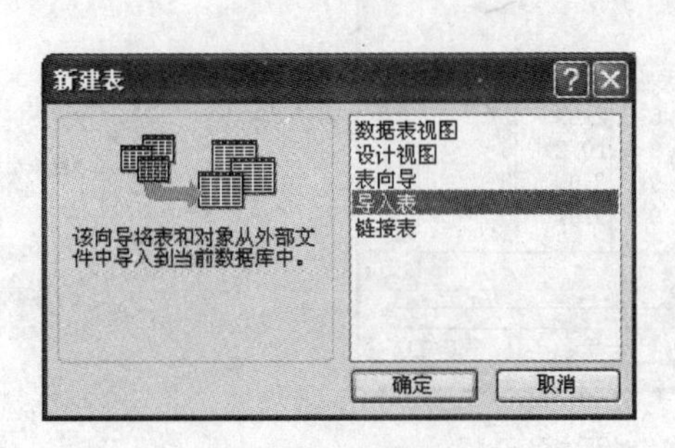


图 6-27 “新建表”对话框

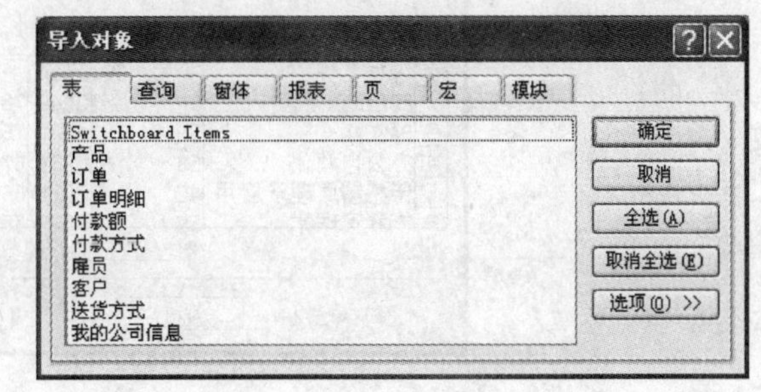


图 6-28 “导入对象”对话框

第 4 步：在“表”选项卡中，选中需要导入的表，单击“确定”按钮，完成导入表，导入的表名与原数据库中的表名相同。

2) 导入 Excel 文件

具体操作步骤如下。

第 1 步：打开 Access 数据库。

第 2 步：选择“文件”菜单中的“获取外部数据”菜单中的“导入”功能，或单击表对象中的“新建”按钮 新建(N)，在弹出的“新建表”对话框(见图 6-27)中选中“导入表”，然后单击“确定”按钮。

第 3 步：在弹出的“导入”对话框中，选择“文件类型”为“Microsoft Excel(＊.xls)”，然后选择要导入的 Excel 文件，如图 6-29 所示。

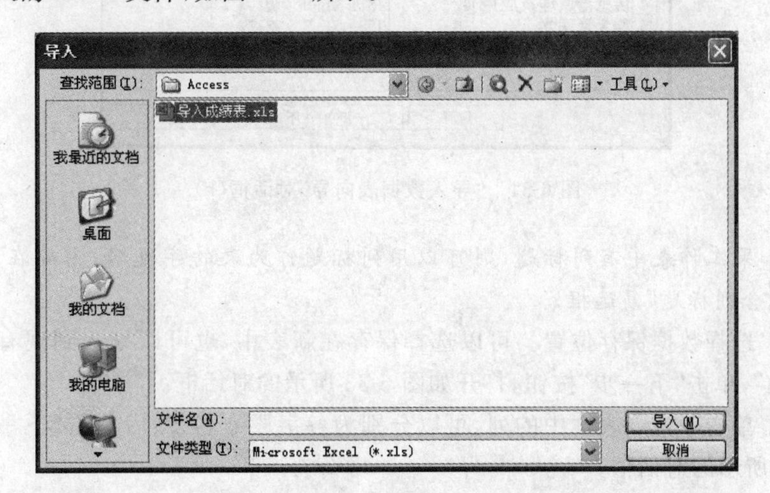


图 6-29 “导入”对话框

第 4 步：单击“导入”按钮，打开如图 6-30 所示的“导入数据表向导”对话框。

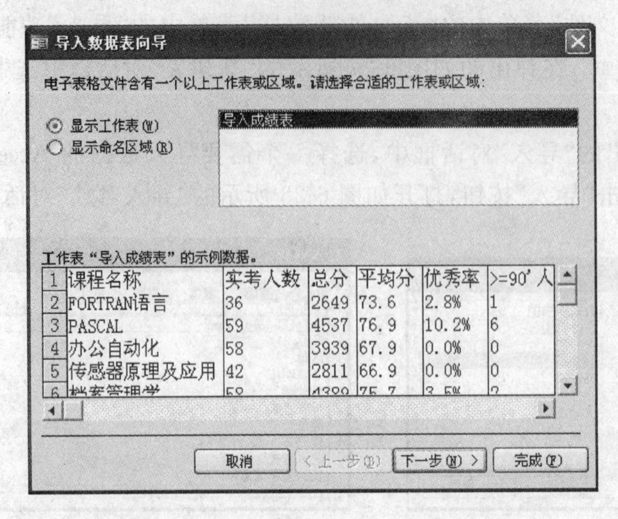


图 6-30 “导入数据表向导”对话框(a)

第 5 步：选择要导入的工作表或工作表区域，然后单击“下一步”按钮，打开如图 6-31 所示的对话框。然后单击“下一步”按钮，打开如图 6-32 所示的对话框。

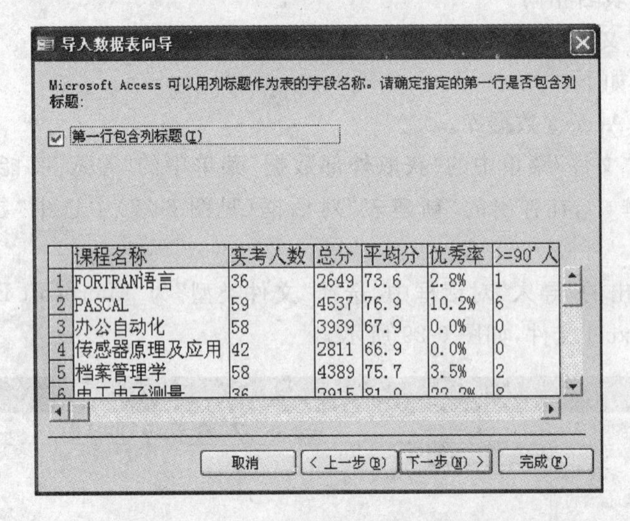


图 6-31 “导入数据表向导”对话框(b)

**说明**：如果工作表中有列标题，则可以用列标题作为表的字段名，需要在图 6-31 中选中“第一行包含列标题”复选框。

第 6 步：选择数据保存位置。可以选择保存在新表中，也可以导入到现有表中。此处选择“新表中”，单击“下一步”按钮，打开如图 6-33 所示的对话框。

第 7 步：单击下方列表框中的列，可以分别为各字段命名，然后单击“下一步”按钮，打开如图 6-34 所示的对话框。

第 8 步：选择“让 Access 添加主键”，然后单击“下一步”按钮，打开如图 6-35 所示的对话框。

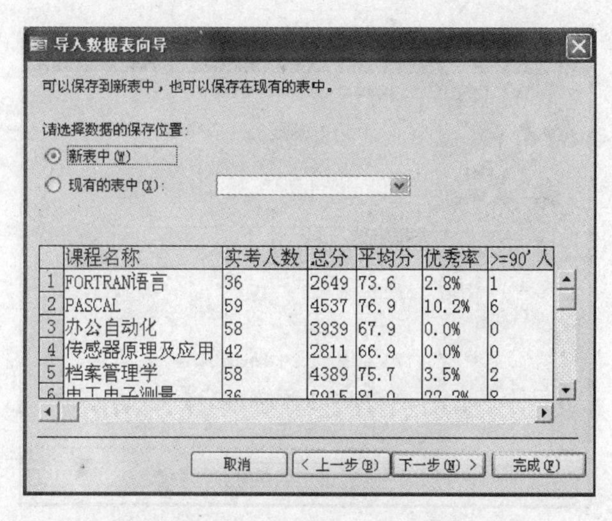


图 6-32 “导入数据表向导”对话框(c)

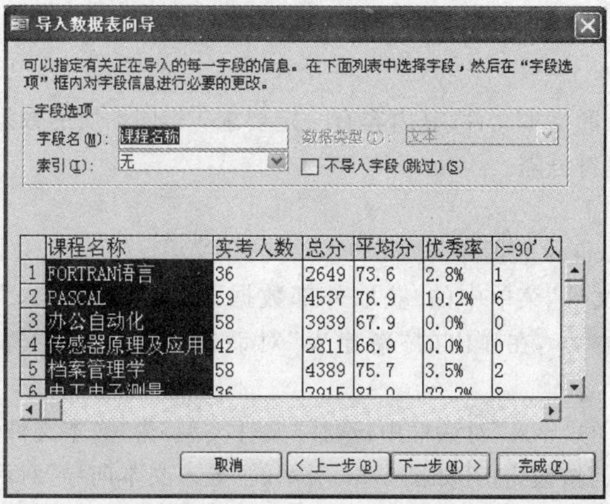

导入数据表向导

可以指定有关正在导入的每一字段的信息。在下面列表中选择字段，然后在“字段选项”框内对字段信息进行必要的更改。

字段选项

字段名(M)：课程名称　数据类型(T)：文本

索引(I)：无　不导入字段(跳过)(S)

| | 课程名称 | 实考人数 | 总分 | 平均分 | 优秀率 | >=90'人 |
|---|---|---|---|---|---|---|
| 1 | FORTRAN语言 | 36 | 2649 | 73.6 | 2.8% | 1 |
| 2 | PASCAL | 59 | 4537 | 76.9 | 10.2% | 6 |
| 3 | 办公自动化 | 58 | 3939 | 67.9 | 0.0% | 0 |
| 4 | 传感器原理及应用 | 42 | 2811 | 66.9 | 0.0% | 0 |
| 5 | 档案管理学 | 58 | 4389 | 75.7 | 3.5% | 2 |

取消　< 上一步(B)　下一步(N) >　完成(F)

图 6-33 “导入数据表向导”对话框(d)

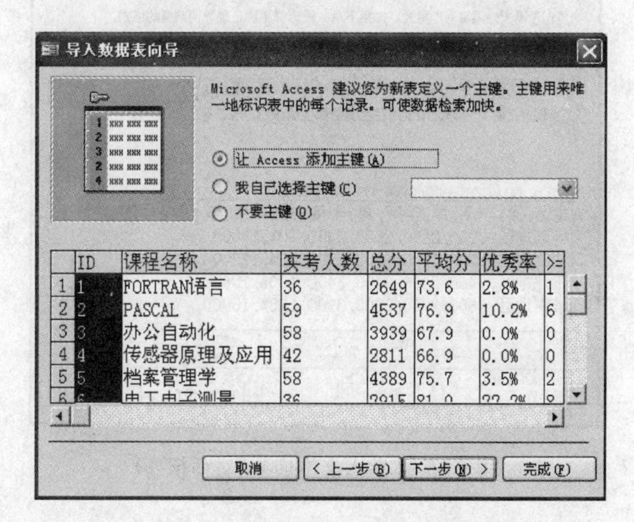


图 6-34 “导入数据表向导”对话框(e)

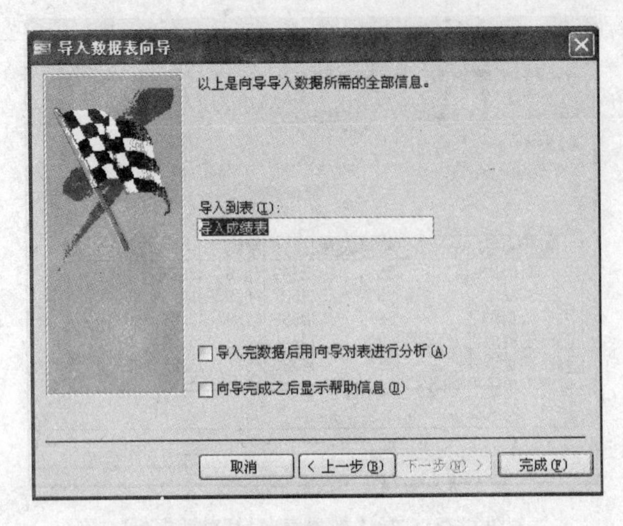


图 6-35 “导入数据表向导”对话框(f)

第 9 步：输入新表名，然后单击“完成”按钮。

3）导入文本文件

能够被正确导入的文本文件，其内容有一定要求：相同性质的数据放在同一列，这些数据之间使用相同分隔符分隔。

具体操作步骤如下。

第 1 步：打开 Access 数据库。

第 2 步：选择“文件”菜单中的“获取外部数据”菜单中的“导入”功能，或单击表对象中的“新建”按钮 新建(N)，在弹出的“新建表”对话框中选中“导入表”，然后单击“确定”按钮。

第 3 步：在弹出的“导入”对话框中，选择“文件类型”为“文本文件”，然后选择要导入的文本文件，单击“导入”按钮，打开如图 6-36 所示的“导入文本向导”对话框。

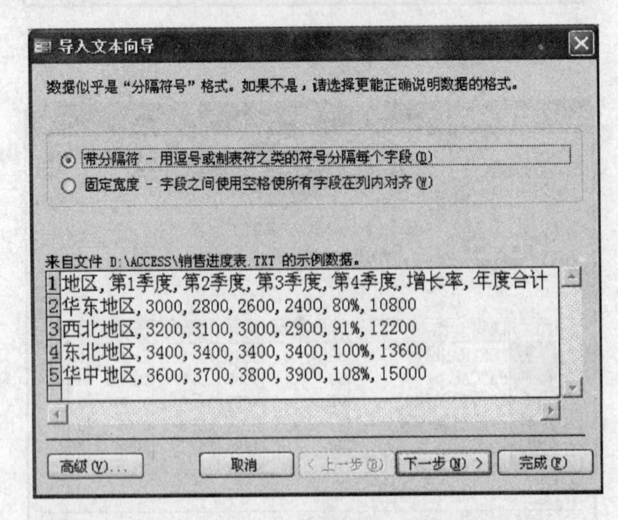


图 6-36 “导入文本向导”对话框(a)

第 4 步：根据文本文件中数据之间的实际分隔符进行选择，然后单击“下一步”按钮，打开如图 6-37 所示的对话框。

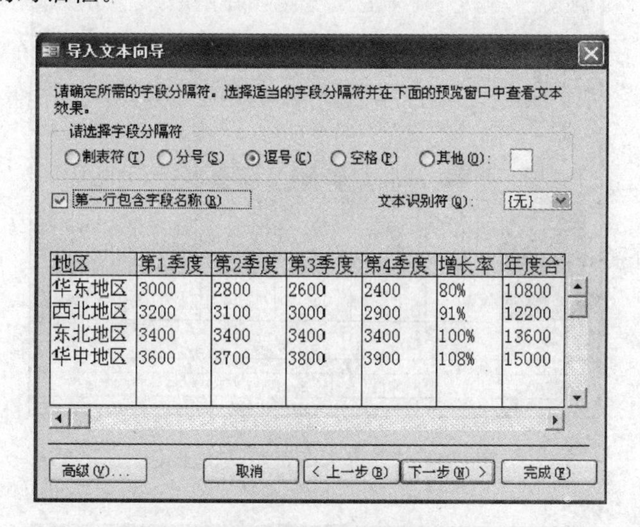


图 6-37 “导入文本向导”对话框(b)

第 5 步：选择分隔符，或选中“其他”后在文本框中输入分隔符。若第一行为字段名称，则还需要选中“第一行包含字段名称”，单击“下一步”按钮，打开如图 6-38 所示的对话框。

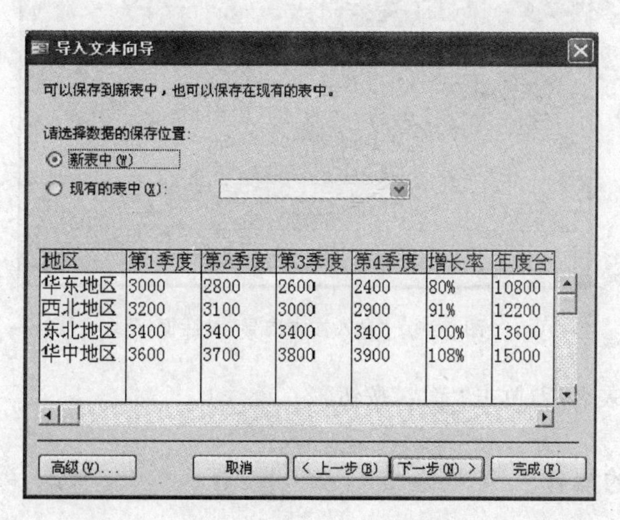


图 6-38 “导入文本向导”对话框(c)

第 6 步：选择数据的保存位置，此处选择“新表中”，然后单击“下一步”按钮，打开如图 6-39 所示的对话框。

第 7 步：选择下面列表框中的不同字段，设置各字段的字段名与字段的数据类型，还可以选择是否要导入某个字段，然后单击“下一步”按钮。

第 8 步：选择“让 Access 添加主键”，然后单击“下一步”按钮，打开如图 6-40 所示的对话框。

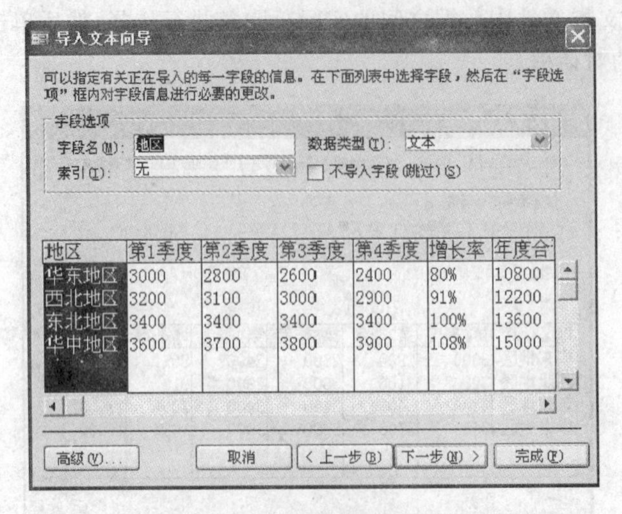


图 6-39 “导入文本向导”对话框(d)

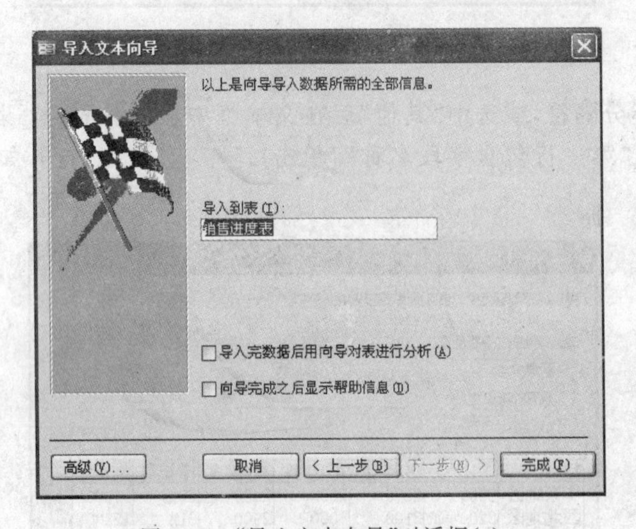


图 6-40 “导入文本向导”对话框(e)

第 9 步：输入表名后，单击“完成”按钮。

## 6.3.2 数据表的操作

### 1. 打开和关闭表

1) 打开表

此处的打开表是指在“数据表”视图中打开表。

在数据库窗口右侧窗格的表对象列表中双击要打开的表(或者单击要打开的表，然后单击工具栏中的“打开”按钮，或使用快捷菜单的“打开”命令)。

表打开后以一个新的二维表格的形式在“数据表”视图窗口中显示表中的数据。

2）关闭表

单击某表的“数据表”视图窗口右上角的“关闭”按钮便可以关闭该表。

**2. 修改表结构**

表在创建之后，可以随时修改表的结构。

1）“表设计器”窗口

表结构的修改是在设计视图中，通过表设计器来完成的。

进入设计视图有如下两种方法。

方法1：选中某张表，单击界面中的 设计(D) 按钮。

方法2：在浏览表时（数据表视图），选择“视图”菜单中的“设计视图”功能，或单击工具栏上的 按钮切换到设计视图。

表结构修改后，需要保存表。

在设计视图中，可以选择“视图”菜单中的“数据表视图”功能，或单击工具栏上的 按钮切换到数据表视图。

2）表结构的修改

修改表结构主要是实施以下几种操作。

（1）插入字段

有如下两种方法。

方法1：若在数据表视图下，可以通过选择“插入”菜单中的“列”功能，或者选中某一列，然后右击，在快捷菜单中选择“插入列”命令。

方法2：若在设计视图下，可以通过选择“插入”菜单中的“行”功能，或者选中某一行，然后单击工具栏上的 按钮。

（2）删除字段

有如下两种方法。

方法1：在数据表视图下，选中某一列（或将鼠标定位于某一列中），选择“编辑”菜单中的“删除列”功能，或者右击选中的列，在快捷菜单中选择“删除列”。

方法2：在设计视图下，单击字段名左侧的按钮，选中某一字段，然后选择“编辑”菜单中的“删除”或直接按下 Delete 键。

**注意**：某字段被删除后，是不可恢复的。

3）修改字段名

有如下两种方法。

方法1：在数据表视图下，双击某字段的字段名，可以直接修改其名称。

方法2：在设计视图下，将光标定位到某字段名上，直接修改即可。

**3. 输入记录**

具体操作步骤如下。

第1步：打开 Access 数据库。

第2步：双击需要添加数据的表，打开数据表视图。

第3步：单击数据表视图窗口最下方状态栏中的 ▶* 按钮，输入所需要的数据即可。

**说明：**

(1)“文本”类型的字段，可输入的最大文本长度为255个字符，当然具体长度由“字段大小”属性决定。

(2)“数字”及“货币”类型的字段，只允许输入有效数字。如果试图输入一个字母，Access会提示“您为该字段输入的值无效”。

(3)“日期/时间”类型的字段只允许输入有效的日期和时间。

(4)“是/否”类型的字段，只能输入下列值之一：Yes、No、True、False、On、Off。当然也可以在“格式”属性中定义自己满意的值。

(5)“自动编号”类型的字段，不允许输入任何值。

(6)“备注”类型的字段，允许输入文本长度可达64 000字节。按下Shift+F2键，可以显示一个带有滚动条的“显示比例”对话框，如图6-41所示。

图6-41 “显示比例”对话框

(7)“OLE对象”类型的字段，可以输入图片、图表、声音等，即OLE服务器所支持的对象均可存储在“OLE对象”类型的字段中。可以通过选择“插入”菜单中的“对象”命令，打开如图6-42所示的插入对象对话框来实现OLE对象的插入。

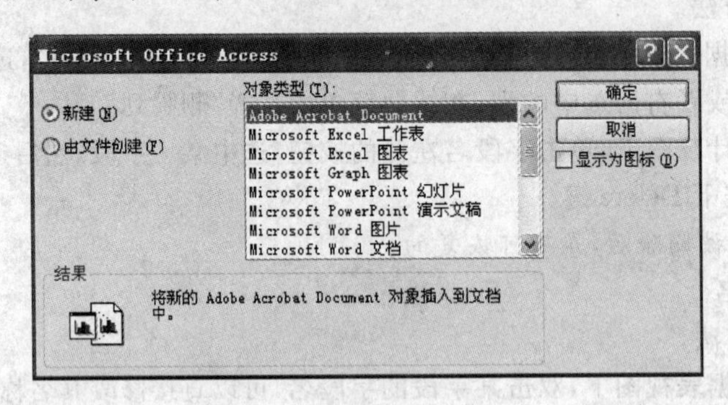


图6-42 插入对象对话框

**4. 记录的编辑**

编辑记录主要包含对记录内容的修改、删除等。

1) 修改记录

修改记录非常简单，在数据表视图下，直接将光标定位于要修改数据的字段中，输入新数据或修改即可。

2）删除记录

具体操作步骤如下。

第1步：在数据表视图下，单击记录前的选定按钮选中一条记录；或者在记录前的选定按钮上拖动鼠标，可以选择多条连续的记录。

第2步：选择“编辑”菜单中的“删除”功能，或单击工具栏上的 按钮，此时弹出如图6-43所示的消息框。

图6-43　删除记录消息框

第3步：单击“是”按钮，即可删除记录；单击“否”按钮，放弃删除。

**注意**：记录一旦被删除，是不可恢复的。

**5. 记录的排序和筛选**

在数据表视图中对记录进行排序和筛选，有利于清晰地了解数据、分析数据和获取有用的数据。

1）排序

打开一个数据表进行浏览时，Access一般以表中主关键字的顺序显示记录。如果表中没有定义主关键字，则以记录的物理顺序显示。如果想要改变记录的显示顺序，可以对记录进行排序。

具体操作步骤如下。

第1步：将光标定位于要排序的字段中。

第2步：单击工具栏上的 按钮，按照升序排序；或单击工具栏上的 按钮，按降序排序。

关闭数据表视图时，Access会提醒用户是否要保存对表的设计的修改。若保存修改，则下次打开表浏览时，记录按排序后的顺序显示，否则还是按排序前的顺序显示记录。

2）筛选

（1）按选定内容筛选

具体操作步骤如下。

第1步：选择某字段中的某个字段值。

第2步：单击工具栏上的 按钮，即可按选定的内容筛选。

第3步：单击工具栏上的 按钮，可以取消筛选。

（2）内容排除筛选

具体操作步骤如下。

第1步：选择某个字段值。

第2步：选择“记录”菜单中的“筛选”菜单中的“内容排除筛选”功能。

假如当前选中的字段为“籍贯”，字段值为“江苏苏州”，则执行上述操作后，筛选的结果为所有城市不等于“江苏苏州”的记录。

（3）按窗体筛选

具体操作步骤如下：

第1步：单击工具栏上的 按钮，打开“按窗体筛选”窗口，如图6-44所示。

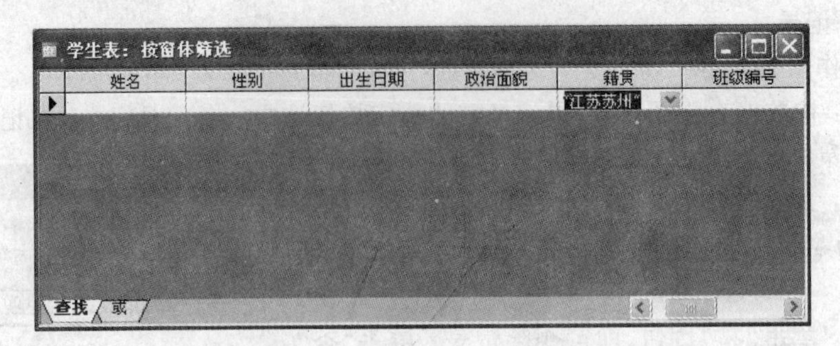


图 6-44 “按窗体筛选”窗口

第 2 步：单击相关字段旁的下拉按钮，进行选择。在同一个标签中的各字段条件是“与”的关系，若想要使各条件的关系为“或”，可以单击窗口下方的 或 。

第 3 步：筛选条件设置完成后，单击工具栏上的“应用筛选”按钮 ，Access 将会把筛选结果显示在数据表中。再次单击工具栏上的 按钮，可以取消筛选。

3）高级筛选/排序

具体操作步骤如下。

第 1 步：选择“记录”菜单中的“筛选”菜单中的“高级筛选/排序”功能，打开如图 6-45 所示的“筛选”窗口。

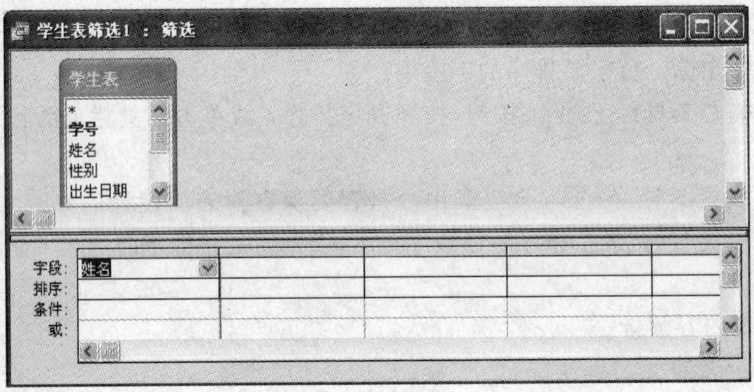

图 6-45 “筛选”窗口

第 2 步：选择一个字段（如，姓名）。

第 3 步：在“条件”中右击，在快捷菜单中选择“生成器”，打开“表达式生成器”对话框，如图 6-46 所示。

第 4 步：在“表达式生成器”对话框中，输入相关的条件表达式。例如“LIKE 李 * ”。

第 5 步：单击“表达式生成器”对话框的“确定”按钮，返回“筛选”窗口。

第 6 步：单击工具栏上的“应用筛选”按钮 。

**6. 记录的查找和替换**

当用户需要在数据库中查找某个记录的某个字段时，可以使用“查找”功能；若要将字段值进行修改，可以使用“替换”功能。

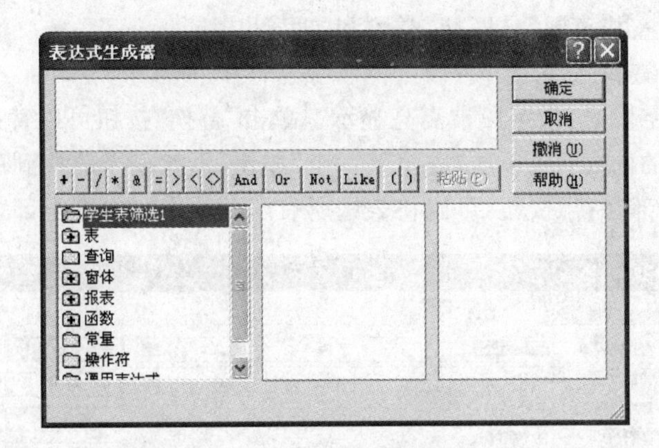


图 6-46 “表达式生成器”对话框

1）查找

具体操作步骤如下。

第1步：选择“编辑”菜单中的“查找”功能，或按下组合键 Ctrl＋F，打开如图6-47所示的“查找和替换”对话框。

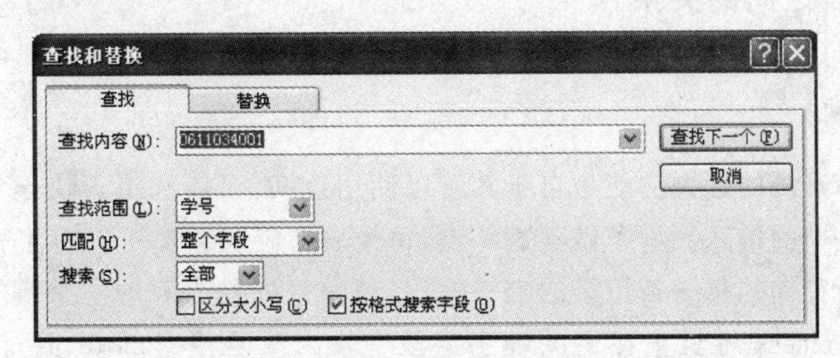


图 6-47 “查找和替换”对话框“查找”选项卡

第2步：在“查找内容”文本框中输入要查找的信息。

第3步：选择“查找范围”，可以是当前字段，也可以是整个表。

第4步：在“匹配”中，可以选择“字段任何部分”、“整个字段”和“字段开头”。

**说明：**

(1)“字段任何部分”：表示字段值中只要含有与查找内容一致的信息即为匹配。

(2)“整个字段”：表示字段值必须要与查找内容完全一致。

(3)“字段开头”：字段值的开头部分与查找内容一致即为匹配。

第5步：指定“搜索”方向（有“全部”、“向下”、“向上”）。

第6步：单击“查找下一个”按钮，进行查找。

当找到匹配的字段时，该字段被高亮显示。

2）替换

具体操作步骤如下。

第1步：选择“编辑”菜单中的“替换”功能，打开如图6-48所示的“查找和替换”对话框。

第2步：在“查找内容”文本框中输入要查找的信息。

第3步：在“替换为”文本框中输入替换数据。

第 4 步：选择“查找范围”、“匹配”类型和“搜索”方向。

第 5 步：单击“查找下一个”按钮。

当找到匹配的字段时，该字段被高亮显示。单击“替换”按钮可以替换该字段的内容，然后查找下一个匹配的内容；或单击“查找下一个”按钮，不替换当前找到的匹配数据，继续查找下一条；单击“全部替换”按钮，可以将表中所有匹配的字段内容全部替换。

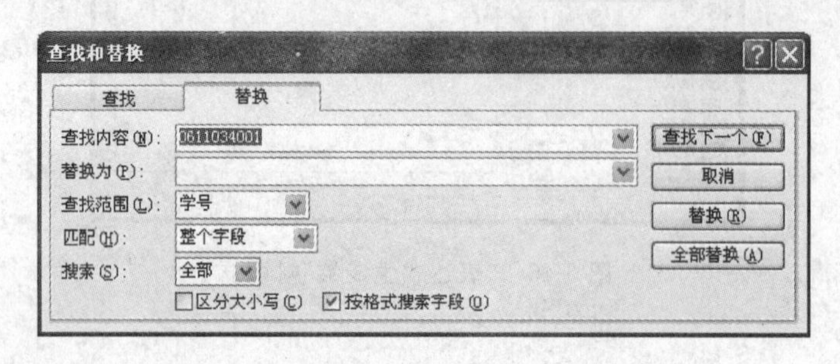


图 6-48 “查找和替换”对话框“替换”选项卡

### 6.3.3 数据表之间的关系

#### 1. 设置主键

关系数据库系统的强大功能来自于其可以使用查询、窗体和报表快速地查找并组合存储在各个不同表中的信息。为了做到这一点，每个表都应该包含一个或者一组关键字段，这些字段是表中所存储的每一条记录的唯一标识，该信息即称为表的主关键字。指定了表的主关键字之后，Access 将阻止在主关键字字段中输入重复值或 Null 值。主关键字(简称“主键”)并不是必须要求的，但对每个表还是应该指定一个主关键字。主关键字可以由一个或多个字段构成，它使记录具有唯一性。设置主关键字的目的就是保证表中的所有记录都是唯一可识别的。

设置主键的方法有以下 3 种。

方法 1：选中要设置主键字段的所在行，然后在工具栏中单击“主键”按钮 来设置主键字段。

方法 2：选中要设置主键字段的所在行，然后直接在该行上右击，在弹出的快捷菜单中选择“主键”菜单项来设置主键字段。

方法 3：选中要设置主键字段的所在行，然后在菜单栏中选择“编辑”菜单中的“主键”功能来设置主键字段。

设置主键的具体操作步骤如下。

第 1 步：打开 Access 数据库。

第 2 步：选择某个表，然后单击界面中的 设计(D) 按钮，打开表设计器。

第 3 步：在表设计器中单击某个字段。若主键由多个字段构成，可以按住 Ctrl 键，然后分别单击相关字段。

第 4 步：选择“编辑”菜单中的“主键”功能，或单击工具栏上的主键按钮即可。

如果在建立新表时没有指定主关键字，Access 在保存表时会询问是否要定义主键，如图 6-49 所示。

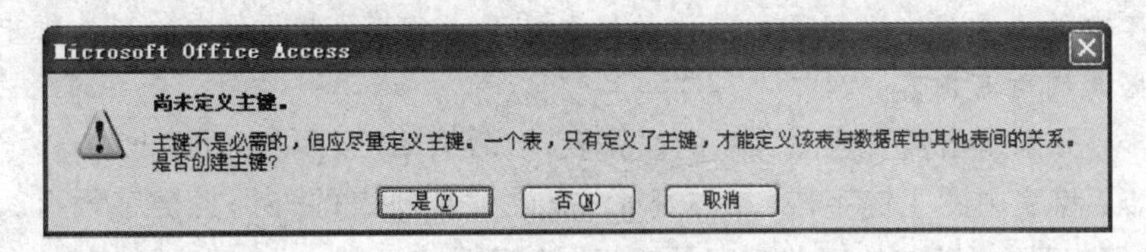


图 6-49 创建主键提示框

单击“是”按钮，就会自动创建一个主关键字，该主关键字是一个自动编号类型的字段，字段名默认为“编号”。

在表中定义主关键字可以保证每条记录的唯一性，还能加快查询、检索及排序的速度，还有利于表之间的相互连接。

**2. 创建关系**

在 Access 中，每个数据表都是数据库中一个独立的部分，其本身有很多功能，但是每个数据表又不是完全孤立的，数据表与数据表之间可能存在着相互的联系。这种在两个数据表的公共字段之间所建立的联系被称为关系，关系可以分为一对一、一对多、多对多等 3 种。

(1) 一对一：即 $A$ 数据表中的每一条记录仅能在 $B$ 数据表中有一个匹配的记录，并且 $B$ 数据表中的每一条记录仅能在 $A$ 数据表中有一个匹配的记录。

(2) 一对多：一对多关系是关系中最常用的类型。即 $A$ 数据表中的一条记录能与 $B$ 数据表中的许多记录匹配，但是在 $B$ 数据表中的一条记录仅能与 $A$ 数据表中的一条记录匹配。

(3) 多对多：即 $A$ 数据表中的记录能与 $B$ 数据表中的许多记录匹配，并且在 $B$ 数据表中的记录也能与 $A$ 数据表中的许多记录匹配。对多关系的两张表可以通过创建纽带表分解成这两张表与纽带表的两个一对多关系，纽带表的主键包含两个字段，分别是前两个表的外部关键字。

在 Access 中创建关系的种类中最常见的是一对多关系。

**说明：**

(1) 创建表之间的关联时，相关联的字段不一定要有相同的名称，但必须有相同的类型。

(2) 当主键字段是“自动编号”类型时，只能与“数字”类型且“字段大小”属性相同的字段关联。

(3) 如果两个字段都是“数字”字段，只有“字段大小”属性相同，两个表才能关联。

建立两表之间的关系具体操作步骤如下。

第 1 步：关闭所有打开的表。不能在打开表的情况下创建或修改关系。

第 2 步：选择“工具”菜单中的“关系”功能，或单击工具栏上的按钮。

第 3 步：如果数据库尚未定义任何关系，则自动显示“显示表”对话框，如图 6-50 所示。

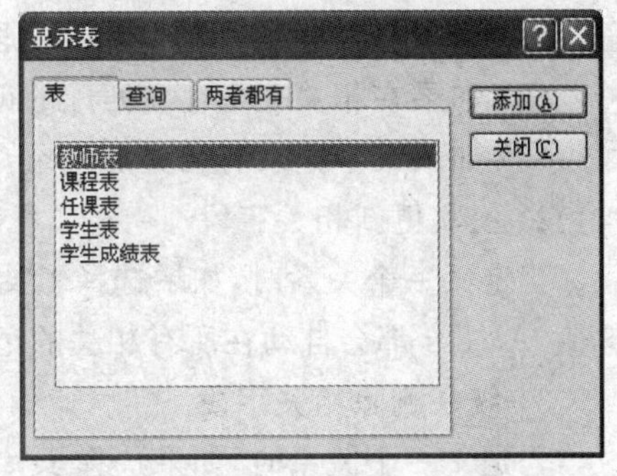


图 6-50 “显示表”对话框

**说明**："显示表"对话框主要由"表"、"查询"、"两者都有"3个选项卡组成。"表"选项卡中的列表框中显示的是当前数据库中的基本数据表，"查询"选项卡中的列表框中显示的是当前数据库中的基于基本数据表的查询数据表，"两者都有"选项卡中的列表框中显示的是前两种数据表的所有内容。

第4步：分别双击需要建立关系的两张表，然后关闭"显示表"对话框。

第5步：将表中的主键字段(粗体显示)拖放到其他表的外部关键字段上。一般情况下，为了方便起见，主键与外部关键字具有相同的字段名。

第6步：系统此时显示"编辑关系"对话框，如图6-51所示。在"编辑关系"对话框中，有三个以复选框形式标识的关系选项，可供用户去选择，但必须在先选中"实施参照完整性"复选框后，其他两个复选框才可用。

第7步：单击"创建"按钮，则完成了关系的创建。弹出如图6-52所示的窗口。

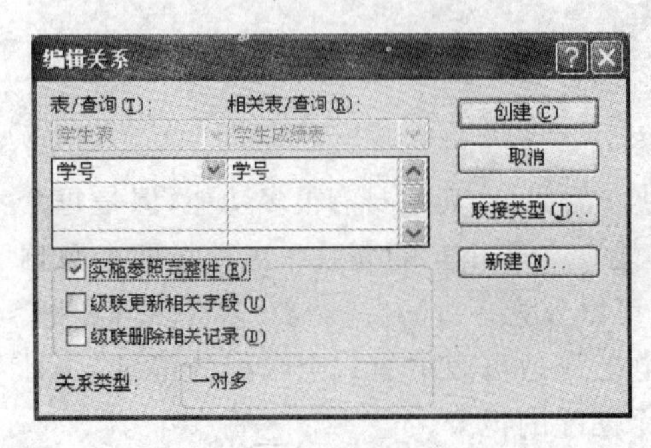


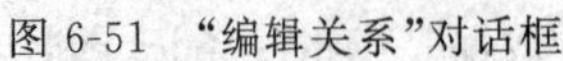
图6-51 "编辑关系"对话框

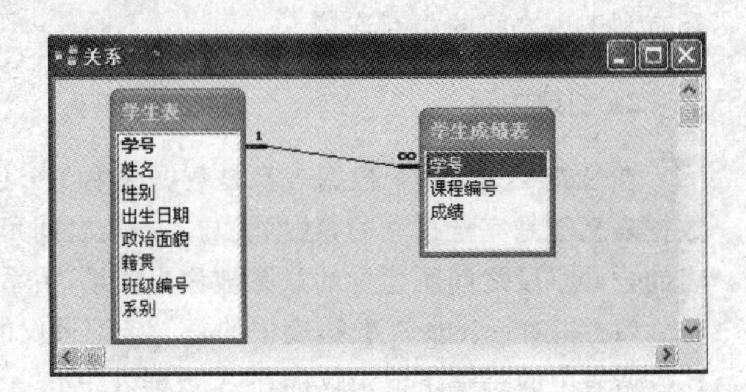


图6-52 "关系"窗口

第8步：关闭"关系"窗口时，Access会询问是否保存该布局，可以根据需要选择。

### 3. 编辑关系

1) 实施参照完整性

Access使用"参照完整性"来确保相关表中记录之间关系的有效性，并且不会意外地被删除或修改。如果设置了"实施参照完整性"，则要遵循下列规则。

(1) 不能在相关表的外部关键字段中输入不存在于主表中的主关键字段中的值。

例如，学生表与学生成绩表之间的关系，如果以学生表的"学号"字段与学生成绩表的"学号"字段建立了关系，并为之设置了"实施参照完整性"选项，则学生成绩表中的"学号"字段值必须存在于学生表中的"学号"字段中。

(2) 如果在相关表中存在匹配的记录，则不能从主表中删除这个记录。

(3) 如果某个记录有相关的记录，则不能在主表中更改主关键字段值。

2) 级联更新相关字段

当定义一个关系时，如果选择了"级联更新相关字段"，则不管何时更改主表中的记录主键值，Access都会自动在所有相关的记录中将主键值更新为新值。

3) 级联删除相关字段

当定义一个关系时，如果选择了"级联删除相关字段"，则不管何时删除主表中的记录，Access都会自动删除所有相关表中的相关记录。

#### 4. 删除关系

具体操作步骤如下。

第 1 步：关闭所有打开的表。

第 2 步：选择“工具”菜单中的“关系”功能，或单击工具栏上的 按钮。

第 3 步：单击要删除的关系的连线，此时连线会变粗变黑。

第 4 步：按下 Delete 键。弹出如图 6-53 所示的提示框。

图 6-53　删除关系提示框

第 5 步：单击“是”按钮，即可删除关系；单击“否”按钮，放弃删除。

## 6.4　查询

### 6.4.1　查询概述

在 Access 数据库中，表是存储数据的最基本的数据库对象，而查询则是对表中的数据进行检索、统计、分析和查看的又一个非常重要的数据库对象。

一个查询对象实际上是一个查询命令，实质上它是一个 SQL-SELECT 语句。运行一个查询对象实质上就是执行该查询中规定的 SQL-SELECT 命令。

简单地说，查询是从一个或多个表中查找到满足条件的记录组成一个动态数据表，并以数据表视图的方式显示。查询根据所基于的数据源的数量分为单表查询与多表查询，在设计多表查询时，一定要建立表与表之间的联接。

Access 中的查询有 5 种：选择查询、参数查询、交叉查询、操作查询(含生成表查询、追加查询、更新查询与删除查询)和 SQL 查询。

### 6.4.2　在查询设计器中设计查询

#### 1. 选择查询

选择查询是最常见的查询类型，它从一个或多个表中检索数据，并且在“数据表视图”中显示结果。也可以使用选择查询来对记录进行分组，并且对记录作总计、计数、平均值以及其他类型的总和计算。

1) 基于单表的查询

具体操作步骤如下。

第 1 步：打开数据库，选择“查询”对象。

第 2 步：单击数据库窗口中的 设计(D) 按钮，打开查询设计器窗口与“显示表”对话框，如图 6-54 所示。

第 3 步：选择要使用的表(如学生表)，单击“添加”按钮，可以将表添加到查询设计器

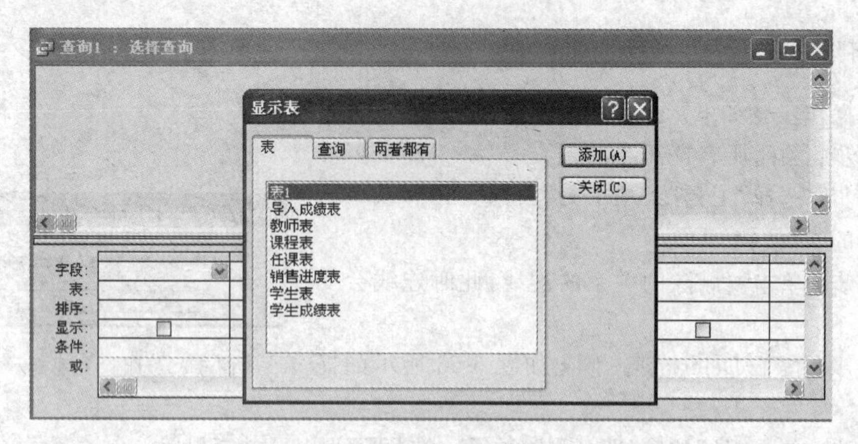


图 6-54 查询设计窗口与“显示表”对话框

中。也可以双击相关的表名，将表添加到查询设计器中。

第 4 步：单击“关闭”按钮，关闭“显示表”对话框。

**说明：**

(1) “显示表”对话框有三个选项卡。Access 默认选中“表”选项卡。当选择“查询”选项卡时，在该列表框中会显示全部的查询；当选中“两者都有”时，在该列表中显示全部的表和查询。Access 查询的数据源可以是表也可以是查询。用户可以在任何时候单击工具栏上的按钮，来打开“显示表”对话框。在表上右击，选择“删除表”可以移除添加进查询的数据源表。

(2) 从图 6-54 可知，查询设计器窗口有两部分，上半部分用于显示查询所基于的数据源(表或查询)，下半部分用于设计查询结果中所具有的列、查询条件等。查询设计器中用到的各项内容见表 6-11。

**表 6-11 查询项目及含义**

| 项　目 | 含　义 |
| --- | --- |
| 字段 | 用来设置查询结果中要输出的列，一般为字段或字段表达式 |
| 表 | 字段所基于的表或查询 |
| 排序 | 用来指定查询结果是否在某字段上进行排序 |
| 显示 | 用来指定当前列是否在查询结果中显示，复选框选中时表示要显示 |
| 条件 | 用来输入查询限制条件 |
| 或 | 用来输入逻辑的“或”限制条件 |
| 总计 | 在汇总查询时会出现，用来指定分组汇总的方式 |

第 5 步：单击“字段”后文本框，在“字段”下拉列表中选择相关字段(若要输出所有字段，可以选择“ * ”)，或在显示表区域将表中的字段直接拖放到“字段”中，或双击显示表区域中表的相关字段，来添加查询结果中要输出的列(如添加学号、姓名、性别字段)。

第 6 步：单击“排序”后文本框，在“排序”下拉列表中选择“升序”、“降序”或“不排序”，来指定查询结果是否在某字段上进行排序(如指定按学号升序进行排序)。

第 7 步：在“显示”后的各复选框中指定查询结果中显示哪些字段(如显示学号、姓名字段)。

第 8 步：单击某字段下的“条件”文本框，设置查询条件（如在性别查询条件中设置“女”）。设置结果如图 6-55 所示。

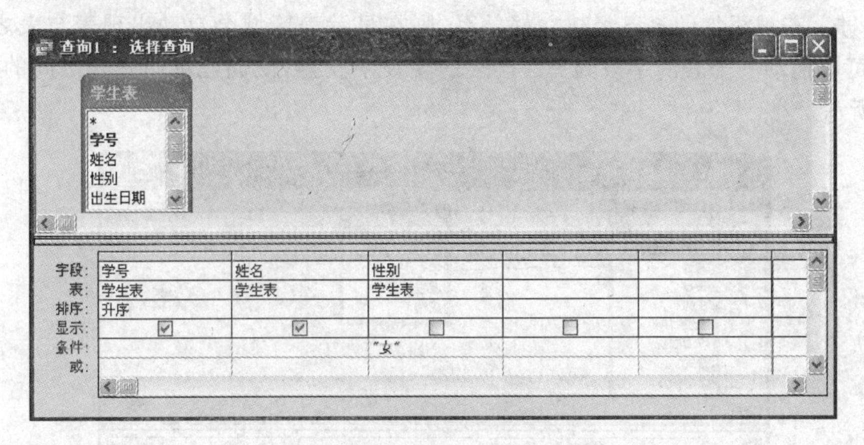


图 6-55 设置基于“学生表”的各查询项目

第 9 步：单击工具栏上的 按钮，指定“查询名称”保存当前查询。

第 10 步：单击工具栏上的 按钮可以运行查询，查看查询结果，如图 6-56 所示。

**说明：**

(1) 查询在运行状态（数据表视图）时，可以单击工具栏上的 按钮，返回设计器窗口。

(2) 若要改变字段在查询结果中显示的标题，可以在设计器窗口中右击某字段，然后在快捷菜单中选择“属性”，打开如图 6-57 所示的“字段属性”对话框。在“标题”后输入需要显示的字段标题。若要改变数值型字段在查询结果中显示的格式，在“格式”后选择需要显示的字段格式。

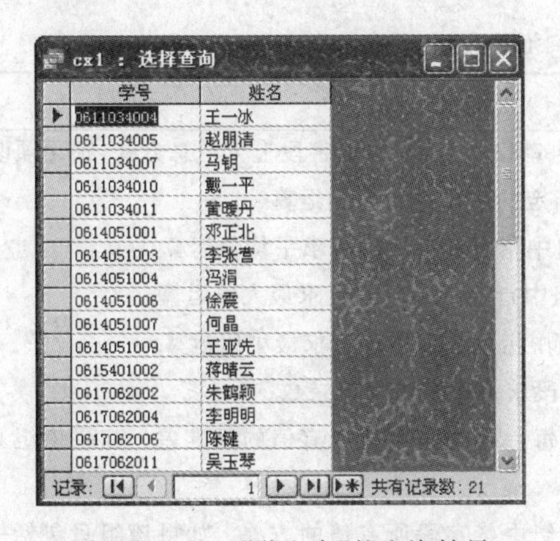


图 6-56 基于“学生表”的查询结果

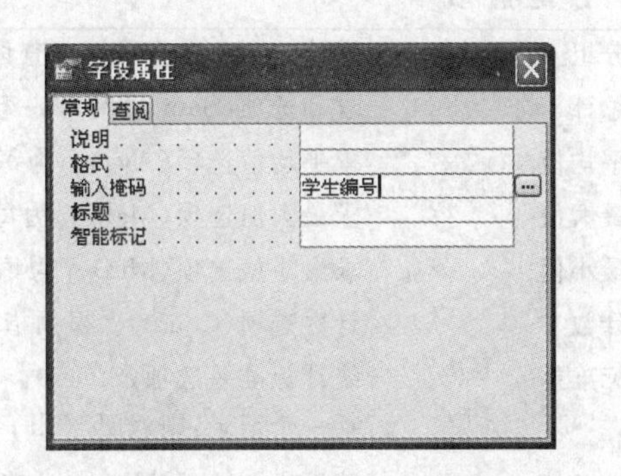


图 6-57 “字段属性”对话框

2) 基于多表的查询

设计基于多表的查询时，必须将多个表联接起来。

具体操作步骤如下。

第 1 步：打开数据库，选择“查询”对象。

第 2 步：单击数据库窗口中的 设计(D) 按钮，打开查询设计器窗口与“显示表”对话框

（如图 6-54 所示）。

第 3 步：添加查询所基于的数据源。

第 4 步：若被添加的表已经建立好关系，则在显示表区域会自动出现表与表之间的连线，否则可以拖动一个表的字段到另一个表的相关字段上，便创建了两张表之间的联接，如图 6-58 所示。

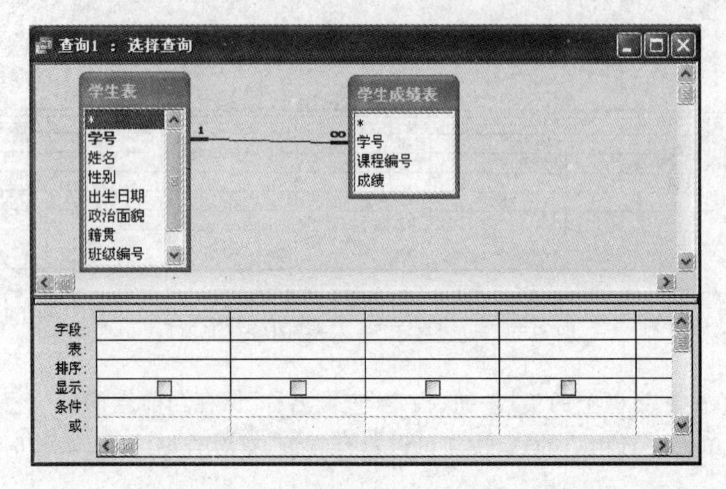


图 6-58　表与表之间的联接

接下来的设计步骤与单表的设计步骤相同。

3）汇总查询

有时用户需要对表中的记录进行汇总统计，这时就使用汇总查询功能。

在 Access 中汇总(分组)选项见表 6-12。

**表 6-12　查询汇总方式**

| 分组选项 | 含　义 |
|---|---|
| 分组 | 默认选项。选择了汇总查询时自动出现，若在当前字段上无汇总方式，则无须改变 |
| 总计 | 求和选项(Sum)。为每一组中指定的字段进行求和运算 |
| 平均值 | 求平均值选项(Avg)。为每一组中指定的字段进行求平均值运算 |
| 最大值 | 求最大值选项(Max)。为每一组中指定的字段进行求最大值运算 |
| 最小值 | 求最小值选项(Min)。为每一组中指定的字段进行求最小值运算 |
| 计数 | 计数选项(Count)。根据指定字段求每一组中的记录数 |
| 标准差 | 统计标准差选项(StDev)。计算每一组中某字段所有值的标准差。如果该组只包括一个记录，则返回 Null |
| 方差 | 统计方差选项(Var)。计算每一组中某字段所有值的方差。如果该组只包括一个记录，则返回 Null |
| 第一条记录 | 求第一个值选项(First)。根据指定字段求每一组中第一个记录该字段的值 |
| 最后一条记录 | 求最后一个值选项(Last)。根据指定字段求每一组中最后一个记录该字段的值 |
| 表达式 | 表达式选项(Expression)。可以在字段行中建立计算字段 |
| 条件 | 条件选项(Where)。用于指定表中哪些记录可以参加分组汇总 |

下面以两个具体实例介绍汇总查询的设计。

【例 6-1】 基于"学生表"与"学生成绩表"，查询平均分大于或等于 75 分的所有男同学的学号、姓名和平均分，结果按平均分从高到低(降序)的顺序排列。

具体操作步骤如下。

第 1 步：打开数据库，选择"查询"对象。

第 2 步：单击数据库窗口中的 设计(D) 按钮，打开查询设计器窗口与"显示表"对话框。

第 3 步：将"学生表"与"学生成绩表"添加到查询数据源中。

第 4 步：拖动"学生表"中的"学号"字段到"学生成绩表"中的"学号"字段上，建立两张表之间的联接。

第 5 步：单击工具栏上的 Σ 按钮或选择"视图"菜单中的"总计"命令，打开总计功能。

第 6 步：查询的各项设置如图 6-59 所示。

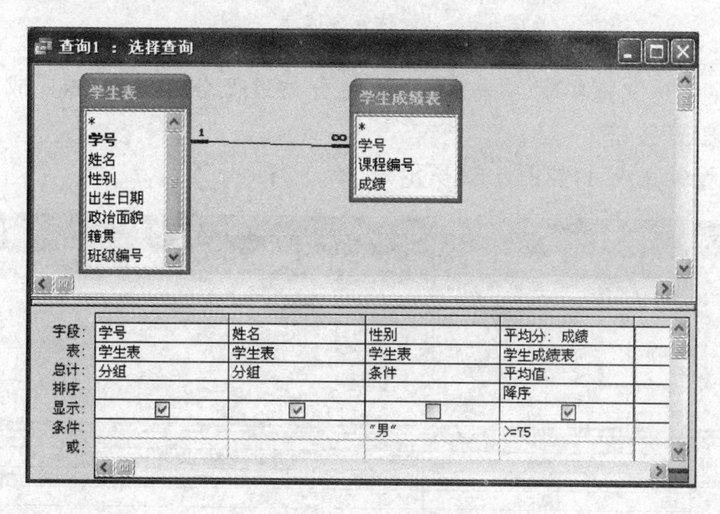


图 6-59 汇总查询

第 7 步：单击工具栏上的 ! 按钮，运行查询，查询结果如图 6-60 所示。

第 8 步：选择"文件"菜单中的"保存"命令保存查询。

【例 6-2】 查询各学生课程的最高分与最低分之差。

具体操作步骤如下。

第 1 步：在数据库窗口中选择"查询"对象。

第 2 步：单击数据库窗口中的 设计(D) 按钮，打开查询设计器窗口与"显示表"对话框。

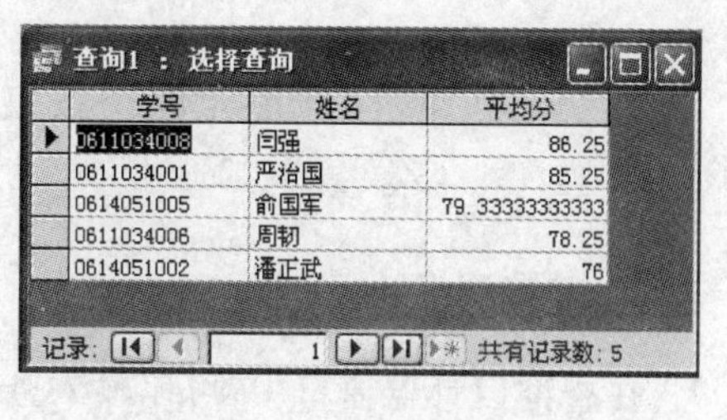

| 学号 | 姓名 | 平均分 |
|---|---|---|
| 0611034008 | 闫强 | 86.25 |
| 0611034001 | 严治国 | 85.25 |
| 0614051005 | 俞国军 | 79.3333333333 |
| 0611034006 | 周韧 | 78.25 |
| 0614051002 | 潘正武 | 76 |



图 6-60 汇总查询结果

第 3 步：将"学生成绩表"添加到查询中。

第 4 步：单击工具栏上的 Σ 按钮，打开"总计"功能。

第 5 步：双击"学生成绩表"中的"学号"字段。

第 6 步：双击"学生成绩表"中的"成绩"字段，在"总计"选项中选择"最大值"。

第 7 步：双击"学生成绩表"中的"成绩"字段，在"总计"选项中选择"最小值"。

第 8 步：双击“学生成绩表”中的“成绩”字段，在“总计”选项中选择“表达式”，然后右击此字段，在快捷菜单中选择“生成器”，打开“表达式生成器”对话框，如图 6-61 所示。

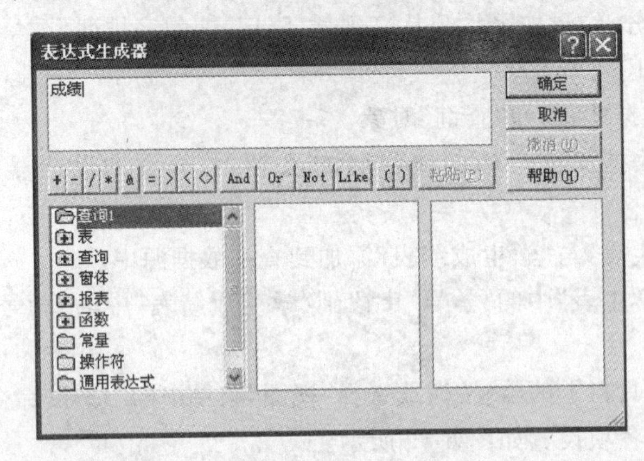


图 6-61 “表达式生成器”对话框

第 9 步：在表达式框中输入表达式“最高分与最低分之差：Max([成绩])-Min([成绩])”后单击“确定”按钮。

第 10 步：设置完成后，如图 6-62 所示。

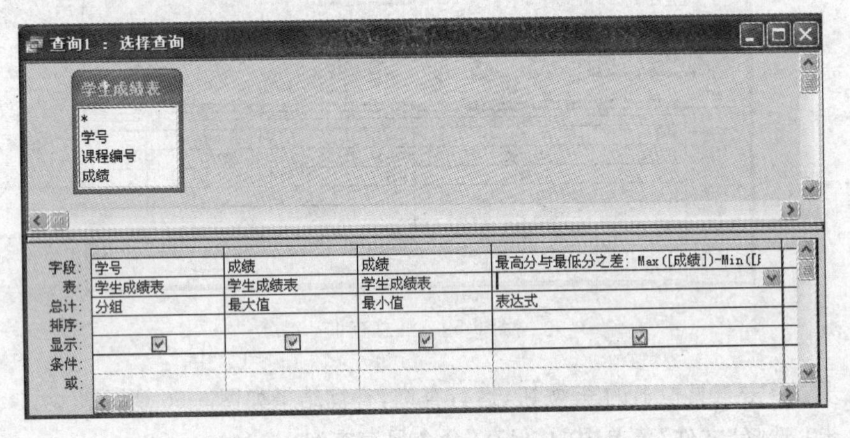


图 6-62 查询的各项设置

第 11 步：单击工具栏上的 ! 按钮，运行查询。

第 12 步：保存查询。

**2. 参数查询**

在查询设计器窗口中，可以输入查询条件。但有时查询条件可能需要在运行查询时才能确定，此时就需要使用参数查询。

**【例 6-3】** 为学生表创建参数查询。在运行查询时，根据输入的性别，统计此性别的人数。

具体操作步骤如下

第 1 步：在数据库窗口中选择“查询”对象。

第 2 步：单击数据库窗口中的 设计(D) 按钮，打开查询设计窗口与“显示表”对话框。

第 3 步：将“学生表”添加到查询数据源中。

第 4 步：单击工具栏上的 Σ 按钮，打开总计功能。

第 5 步：选择“查询”菜单中的“参数”命令，打开“查询参数”对话框输入参数，并指定数据类型，如图 6-63 所示。

第 6 步：单击“确定”按钮。

第 7 步：双击“学生表”中的“性别”字段。

第 8 步：在“条件”中输入“[请输入性别]”。

第 9 步：双击“学生表”中的“性别”字段，在“总计”选项中选择“计数”。

第 10 步：单击工具栏上的 ! 按钮，运行查询，此时出现“输入参数值”对话框，如图 6-64 所示。

图 6-63 “查询参数”对话框

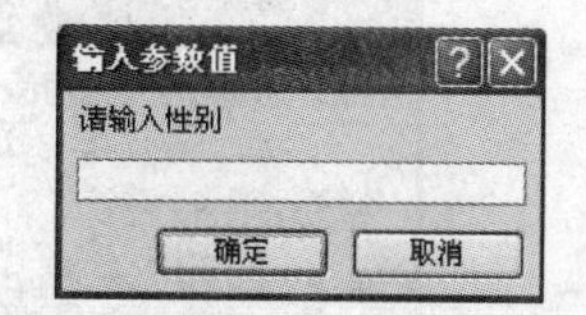


图 6-64 “输入参数值”对话框

第 11 步：输入“男”或“女”便可以显示该性别的人数。

如果想要输入一个新的参数值，需要重新运行查询。

### 3. 交叉表查询

使用交叉表查询可以计算并重新组织数据的结构，这样可以更加方便地分析数据。交叉表查询可以计算数据的总计、平均值、计数或其他类型的总和，这种数据可分为两组信息：一类在数据表左侧排列，另一类在数据表的顶端。

**【例 6-4】** 在“教学管理”数据库的“学生表”中，统计出各班男、女学生的人数。

具体操作步骤如下。

第 1 步：在数据库窗口中选择“查询”对象。

第 2 步：单击数据库窗口中的 新建(N) 按钮，打开“新建查询”对话框，如图 6-65 所示。

第 3 步：选择“交叉表查询向导”选项，然后单击“确定”按钮。打开如图 6-66 所示的“交叉表查询向导”对话框。从列表中选择“表：学生表”选项。

第 4 步：单击“下一步”按钮，弹出如图 6-67 所示的对话框。在“可用字段”列表中选择所需要的字段“班级编号”，单击 > 按钮，将选中的字段添加到“选定字段”列表框中。

第 5 步：单击“下一步”按钮，弹出如图 6-68 所示的对话框。在列表中选择“性别”字段。

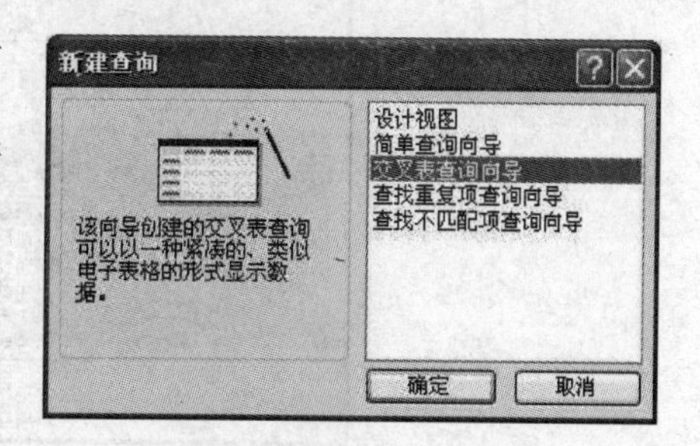


图 6-65 “新建查询”对话框

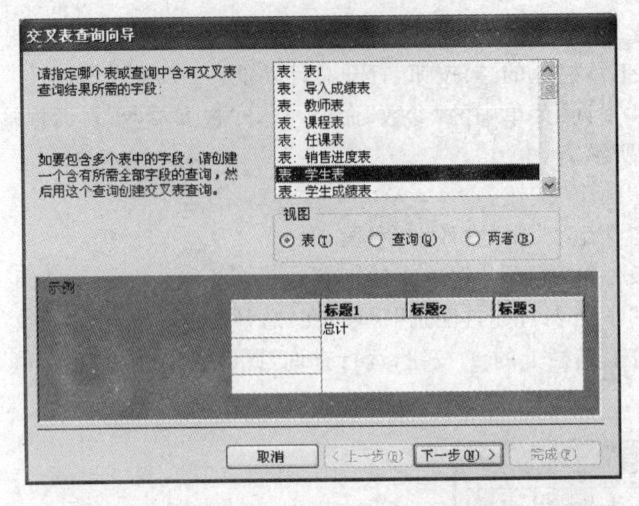


图 6-66 “交叉表查询向导”对话框(a)

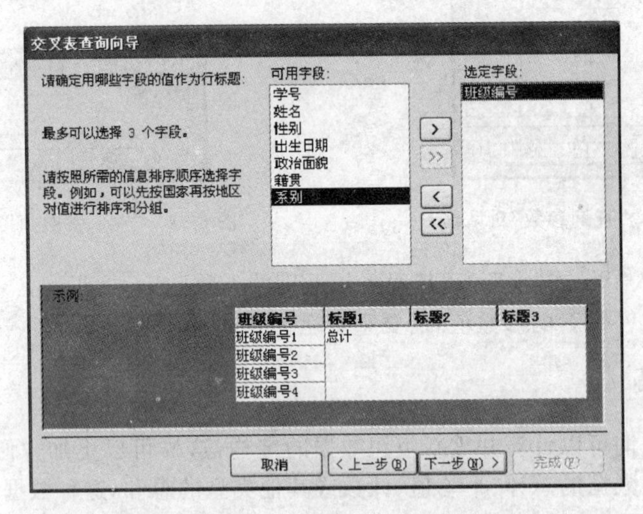


图 6-67 “交叉表查询向导”对话框(b)

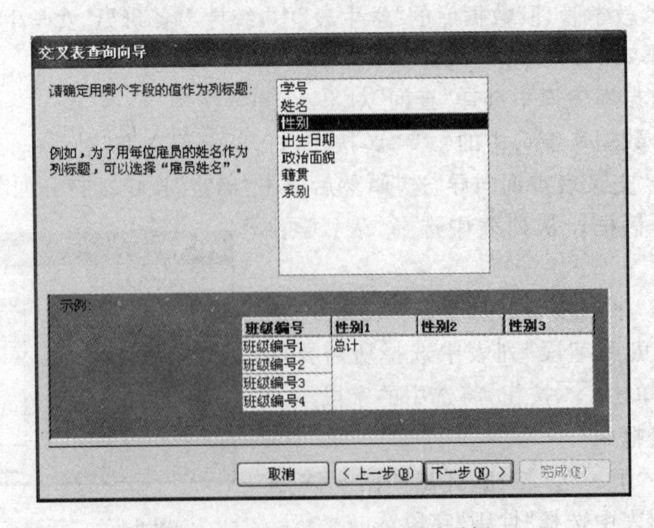


图 6-68 “交叉表查询向导”对话框(c)

第 6 步：单击“下一步”按钮，弹出如图 6-69 所示的对话框。在“字段”列表中选择“学号”字段，在“函数”列表中选择“计数”。取消“是，包括各行小计”复选框的选中状态。

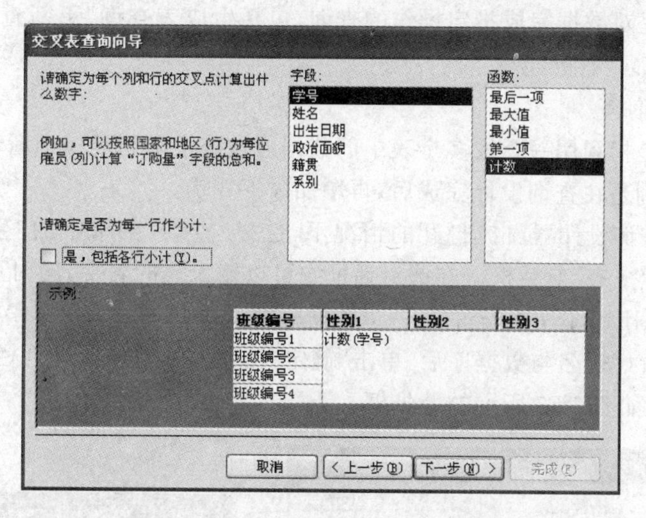


图 6-69 “交叉表查询向导”对话框(d)

第 7 步：单击“下一步”按钮，弹出如图 6-70 所示的对话框。在“请指定查询的名称”文本框中输入“统计出各班男、女学生的人数”。

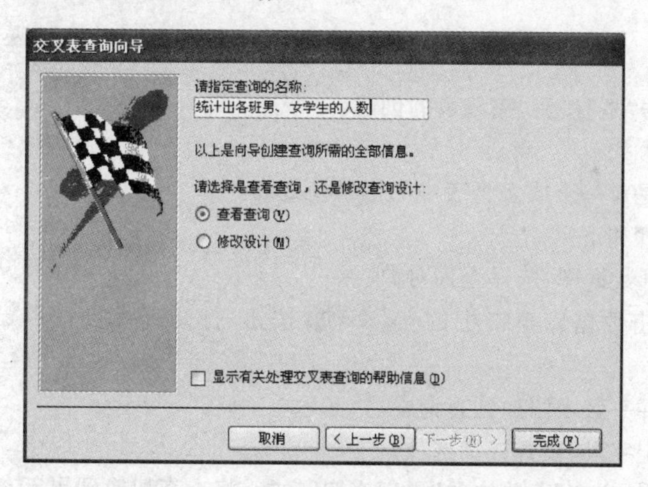


图 6-70 “交叉表查询向导”对话框(e)

第 8 步：单击“完成”按钮。查询结果如图 6-71 所示。

统计出各班男、女学生的人数 ：交叉表查询

| 班级编号 | 男 | 女 |
| --- | --- | --- |
| 100101 | 6 | 5 |
| 100201 | 4 | 6 |
| 200101 | 13 | 9 |
| 300201 | 1 | 1 |

记录：1 共有记录数：4

图 6-71 “统计出各班男、女学生的人数”查询结果

**4. 操作查询**

操作查询就是对数据完成指定操作的查询，包括生成表查询、更新查询、追加查询和删除查询。

1）生成表查询

生成表查询是指利用一个或多个表中的数据通过查询来创建一个新表。

生成表的查询是在查询设计完成后，再增加以下3步。

第1步：在查询设计器窗口打开的情况下，选择"查询"菜单中的"生成表查询"，打开图6-72所示的"生成表"对话框。在此对话框中可以输入表的名字，同时可以指定生成的表是保存在当前数据库中还是指定的另一个数据库中。

第2步：设置好表名与数据库后，单击"确定"按钮。然后单击工具栏上的运行按钮，运行查询，此时出现如图6-73所示的警告框。

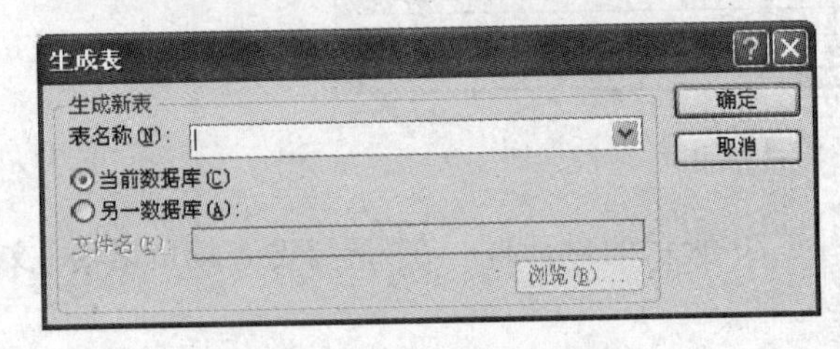


图6-72 "生成表"对话框

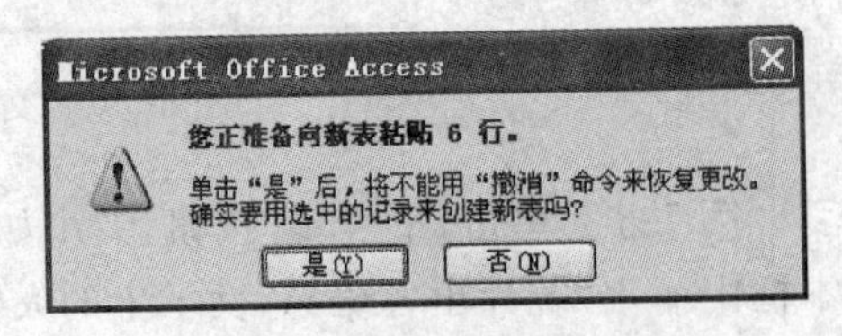


图6-73 "生成表"警告框

第3步：单击"是"按钮，完成表的创建。

2）更新查询

更新查询就是对一个或多个表中的记录作更改。

具体操作步骤如下。

第1步：打开数据库，选择查询对象。

第2步：单击数据库窗口中的 设计(D) 按钮，打开查询设计器窗口与"显示表"对话框。

第3步：选择一张表添加到查询中。

第4步：选定字段、设置查询选项。

第5步：选择"查询"菜单中的"更新查询"功能，将查询切换到更新查询方式。此时，查询设计器窗口下半部分会出现"更新到"项目。

第6步：在对应字段的"更新到"栏中输入新内容。

第7步：单击工具栏上的 ! 按钮，运行查询，此时出现更新数据的警告框。

第8步：单击"是"按钮，完成记录的更新。

3）追加查询

追加查询就是从一个表或多个表中提取出数据并追加到另一个表的末尾。

要追加记录的表必须是已存在的。在使用追加查询时，要注意：若追加记录的表中有主键时，追加记录不能有空值或重复主关键字值；追加的数据中不要含有自动编号字段。

具体操作步骤如下。

第 1 步：打开数据库，选择查询对象。

第 2 步：单击数据库窗口中的 设计(D) 按钮，打开查询设计器窗口与“显示表”对话框。

第 3 步：选择一张表添加到查询数据源中。

第 4 步：选定字段、设置查询选项。

第 5 步：选择“查询”菜单中的“追加查询”功能，将查询切换到追加查询方式。此时，查询设计器窗口下半部分会出现“追加到”项目。

第 6 步：在每个选中的字段中选择“追加到”另一个表中的字段。

第 7 步：单击工具栏上的 ! 按钮，运行查询，此时出现追加数据的警告框。

第 8 步：单击“是”按钮，完成记录的追加。

4) 删除查询

删除查询就是从一个表或多个表中按照一定的条件删除一组记录。

具体操作步骤如下。

第 1 步：打开数据库，选择查询对象。

第 2 步：单击数据库窗口中的 设计(D) 按钮，打开查询设计器窗口与“显示表”对话框。

第 3 步：选择一张表添加到查询中。

第 4 步：选定需要设置条件的字段。

第 5 步：选择“查询”菜单中的“删除查询”功能，将查询切换到删除查询方式。此时，查询设计器窗口下半部分会出现“删除”项目。

第 6 步：在相关字段的“条件”中输入删除条件。

第 7 步：单击工具栏上的 ! 按钮，运行查询，此时出现删除数据的警告框。

第 8 步：单击“是”按钮，完成记录的删除。

### 6.4.3 使用 SQL 语句创建查询

在 Access 中，创建和修改查询最方便的方法是使用查询“设计视图”。但是，在创建查询时并不是所有的查询都可以在系统提供的查询“设计视图”中进行的，有的查询只能通过 SQL 语句来实现。SQL 查询是使用 SQL-SELECT 语句创建的一种查询。

#### 1. 使用 SQL-SELECT 语句创建查询

具体操作步骤如下。

第 1 步：打开数据库，选择查询对象。

第 2 步：单击数据库窗口中的 设计(D) 按钮，打开查询设计器窗口与“显示表”对话框。

第 3 步：关闭“显示表”对话框。

第 4 步：选择“视图”菜单中的“SQL 视图”功能，切换到“SQL 视图”，如图 6-74 所示。

第 5 步：在“SQL 视图”中输入相关的 SQL 语句。

图 6-74 SQL 视图

第 6 步：单击工具栏上的 ! 按钮，运行查询。

**2. SQL-SELECT 语句**

SQL 是结构化查询语言(Structured Query Language)的英语缩写。SQL 语言是一种综合的、通用的、功能极强的关系数据库语言。当前流行的几乎所有的基于关系模型的数据库管理系统(DBMS)都支持 SQL，而且也被许多程序设计语言所支持。

SQL 语言包括 4 个部分。

(1) 数据定义：命令有 Create、Drop 和 Alter，分别用来定义数据表、删除数据表、修改数据表的结构等。

(2) 数据操作：命令有 Insert、Update 和 Delete，分别用来对记录做插入、更新和加删除标记等。

(3) 数据查询：命令是 Select，用于对表中的数据进行提取和组合。

(4) 数据控制：命令有 Grant、Revoke，用于对数据库提供必要的控制和安全防护等。

下面主要介绍 SQL-SELECT 语句的用法。

语法：

```
SELECT [ALL/DISTINCT] */字段列表/*
    FROM 表名1[, 表名2]…
    [WHERE 条件]
    [GROUP BY 字段列表 [HAVING 条件]]
    [ORDER BY 字段列表 [ASC/DESC]];
```

末尾的分号可以省略。

SELECT-SQL 语句的执行过程是这样的：根据 WHERE 子句的条件，从 FROM 子句指定的表中选取满足条件的记录，再按字段列表选取字段，得到查询结果。若有 GROUP BY 子句，则将查询结果按指定的字段列表进行分组。若 GROUP BY 后有 HAVING，则只输出满足条件的元组。若有 ORGER BY 子句，则查询结果按指定的字段列表中的字段值进行排序。

**【例 6-5】** 查询 1993 年出生的学生的基本信息。

```
SELECT * FROM 学生
    WHERE 出生年月>=#1993-1-1# AND 出生年月<=#1993-12-31#;
```

**【例 6-6】** 查询所有姓张的教师的教师编号和姓名。

```
SELECT * FROM 教师 WHERE 姓名 LIKE "张*";
```

**【例 6-7】** 查询统计男女学生的人数。

```
SELECT 性别,COUNT(*) AS 人数 FROM 学生 GROUP BY 性别;
```

**【例 6-8】** 查询任课两门以上的教师姓名。

```
SELECT 教师编号 AS 表达式1, 教师姓名 AS 表达式2, Count(*) AS 门数
    FROM 教师
    GROUP BY 教师编号 HAVING COUNT(*)>=2;
```